W0333361

Aneignen, Auswählen

Auf den **Methoden**-Seiten lernst du Schritt für Schritt wichtige Methoden.
Auf den **Wahl**-Seiten kannst du nach deinem Interesse und nach Schwierigkeit zwischen Themen auswählen.
Auf den **Orientierungs**-Seiten kannst du die Themen mit einem Raum verbinden.
Auf den **Handlungs**-Seiten kannst du den Schritt vom Wissen zum Handeln vollziehen.

Üben, Nachschlagen

Mit den **Trainings**-Seiten kannst du deine neuen Kenntnisse und Fertigkeiten üben und anwenden.
Im **Arbeitsanhang** findest du wichtige Hilfen für das Lernen im Geographieunterricht (z. B. Operatoren auf dem hinteren Buchdeckel).

Symbole im Buch

○	leicht
◒	mittel
●	schwierig
	Partnerarbeit
	Gruppenarbeit
	Lösungshilfen ab S. 228
MK	Aufgaben und Seiten zum Thema Medienkompetenz
SP	Aufgaben und Seiten zur Sprachbildung

Schulbuch mit Medien

D	Dokumente, z. B. Arbeitsblätter
V	Videos, z. B. Erklärvideos
W	Weblink, z. B. Linktipps

Die Medien (Videos, Dokumente und Weblinks) zum Schulbuch sind online und offline verfügbar!

1. Auf **schueler.klett.de** anmelden
2. Nutzerschlüssel oder QR-Code einlösen
3. Digitale Medien online nutzen oder in die **Klett Lernen App** laden

Nutzer-Schlüssel
noNR-1HZ3-mgwd

1. Auflage 1 5 4 3 2 1 | 28 27 26 25 24

Autoren: Prof. Dr. Thomas Hoffmann, Nadine Hornung, Dr. Wilfried Korby, Arno Kreus, Kristina Planer, Thomas Rosenthal, Andreas Schmid, Matthias Scholliers
Mit Beiträgen von: Christian Beck, Dr. Egbert Brodengeier, Prof. Dr. Friedhelm Frank, Helmut Obermann, Kathleen Renz, Dietmar Wagener

Entstanden in Zusammenarbeit mit dem Projektteam des Verlages.

Gestaltung: normaldesign, Jens-Peter Becker, Schwäbisch Gmünd
Externe Kartographie: Artalis Jacqueline Böttcher, Mühlhausen/Felchta;
Satz: Satzkiste GmbH, Stuttgart
Druck: PASSAVIA Druckservice GmbH & Co. KG, Passau

Printed in Germany
ISBN 978-3-12-105222-6

9 783121 052226

Terra 7/8

Erdkunde
Gymnasium

Prof. Dr. Thomas Hoffmann
Nadine Hornung
Dr. Wilfried Korby
Arno Kreus
Kristina Planer
Thomas Rosenthal
Andreas Schmid
Matthias Scholliers

Ernst Klett Verlag
Stuttgart · Leipzig · Dortmund

Inhalt

5 In den Trockenräumen

6 In den Polarräumen

7 Eine Welt – ungleiche Welt?!

12 Herausforderung Klimawandel 190

13 Raumanalyse Burundi 210

14 Arbeitsanhang 220

15 Haack-Kartenteil 240

1

Die Welt verändern

M1 Kleinkredit für Legehennen durch die Grameen Foundation

Muhammad Yunus wurde 1940 in Chittagong, im Süden von Bangladesch geboren. Dank eines Stipendiums konnte er in den USA Wirtschaftswissenschaften studieren. Zurück in Chittagong wurde er zunächst Projektmanager und später Direktor der Grameen Bank. Anders als viele Banker dieser Welt entschied er, den Armen Geld ohne Sicherheiten zu leihen. Damit wollte er gezielt gegen die weitverbreitete Armut in seinem Land in den 1970er-Jahren vorgehen. Vor allem Frauen nahmen bisher diese Chance wahr. Sie können sich mithilfe sehr kleiner Kreditsummen eine Kuh, eine Nähmaschine oder Legehennen kaufen, so die Basis für eine solide wirtschaftliche Existenz legen und ein Leben in Würde führen.

Die Kräfte der Natur und das Handeln der Menschen gestalten die Erde und damit auch unsere Lebensgrundlagen. Dabei werden immer Fehler gemacht und es entstehen ernsthafte Probleme. Menschen engagieren sich, diese Herausforderungen zu meistern und die durch Armut, Hunger und andere Merkmale gekennzeichneten schwierigen Lebensverhältnisse anderer zu verbessern. Wangari Maathai und Mohammed Yunus sind zwei dieser Menschen, die mit viel Engagement und Tatkraft geholfen haben. Dafür erhielten beide den Friedensnobelpreis: Frau Maathai für die Verbesserung der ökologischen Lebensverhältnisse, Herr Yunus für Verbesserungen im ökonomischen Bereich.

Wangari Maathai kam 1940 südlich von Nairobi, der Hauptstadt Kenias, zur Welt. Sie starb 2011. Auch sie konnte nur dank eines Stipendiums in den USA und Deutschland Biologie studieren. Wangari Maathai war die erste Kenianerin, die einen Doktortitel erwarb und Professorin an der Universität in Nairobi wurde. Sie erkannte, dass sich das Leben vieler Menschen infolge der Rodung der Wälder und der dadurch verstärkten Erosion verschlechterte. Wangari Maathai beschloss, gegen diese Entwicklung vorzugehen. Ihre Idee war, viele Millionen Bäume zu pflanzen. Mittlerweile hat die von ihr gegründete „Grüngürtelbewegung“ (Green Belt Movement) allein in Afrika etwa 50 Millionen Bäume neu gepflanzt. Sie hatte die Bedeutung der Bäume für die Existenzsicherung der Menschen erkannt und befürwortete daher ein Leben mit der Natur als Grundsatz.

M2 Pflanzaktion der Grüngürtelbewegung (Green Belt Movement)

Globale Herausforderungen

M1 Globale Herausforderungen für menschliche Bedürfnisse

MENSCHLICHE BEDÜRFNISSE	GLOBALE HERAUSFORDERUNGEN		
Gesundheit	**Seuchen stoppen**	**Armut bekämpfen**	**Klima stabilisieren**
		Finanzsystem und Wirtschaft stabilisieren	Biodiversität erhalten
Nahrung zum Essen	**Welternährung**	Böden und Fischgründe schützen	Wälder nutzbar halten
Sichere Geburt	Voraussetzungen sicherer Geburt		
Wasser zum Trinken	Zugang zu sicherem Wasser		Verfügbarkeit von Wasser
Luft zum Atmen	Saubere Luft in Innenräumen		Saubere Luft in Städten
Unversehrtheit	Verkehrssicherheit, Arbeitsschutz Frieden und Sicherheit Katastrophenschutz	Sichere Technologien	Schadstoffvermeidung Erhalt der Ozonschicht
Material und Energie	Nachhaltige Ressourcennutzung		
Chancen, die Lebensbedingungen zu verbessern	Kooperation, Bürgerschaftlichkeit und Demokratie	Menschenrechte und Geschlechtergerechtigkeit	Information und Bildung, Forschung und Innovation

„Die Welt hat genug für die Bedürfnisse aller Menschen, aber nicht für die Gier.“ (Mahatma Gandhi)

Wangari Maathai und Muhammad Yunus sind zwei von vielen Menschen, die sich mit den vielerorts durch Armut und Umweltzerstörung geprägten Lebensbedingungen nicht abfinden wollten. Sie haben sich entschlossen zu handeln und ihren Teil für eine zukunftsfähige Entwicklung der Erde beizutragen. Überwindung der Armut und Schutz der Natur richten sich gegen zwei zentrale Missstände in unserer Welt. Zugleich steht die Menschheit vor weiteren globalen Herausforderungen.

Vor allem die ungleichen Entwicklungschancen zwischen Staaten und innerhalb der einzelnen Gesellschaften führen dazu, dass die bestehenden sozialen und räumlichen Unterschiede weiter zunehmen. Die Globalisierung der Weltwirtschaft erscheint dabei den einen als Lösung, anderen als Ursache dieser Fehlentwicklung. In jedem Fall aber gilt die Beseitigung der Armut in den sich entwickelnden Ländern als Schlüssel, um die „geteilte Welt“ in Richtung „eine Welt der Chancengleichheit“ zu verändern.

Die herrschenden Unterschiede wirken zudem als Motor für die weltweit zu beobachtende Zunahme der Migrationsströme sowie der Verstädterung. Beide Prozesse werden durch das anhaltend hohe Bevölkerungswachstum verstärkt.

Insbesondere aber verschärft der Klimawandel die globalen Herausforderungen. Unstrittig ist, dass die Durchschnittstemperatur der Erde deutlich angestiegen ist und vor allem in den Ländern des Südens die Lebensbedingungen durch Wassermangel, Ernteeinbußen und Wetterextreme massiv beeinträchtigt. Hinzu kommt die Tatsache, dass die Weltbevölkerung bis zum Jahr 2050 voraussichtlich auf mehr als 10 Milliarden Menschen anwachsen wird. Um zu erahnen, was dies bedeutet, stelle man sich vor, dass zur heutigen Weltbevölkerung die Bewohner Indiens, der USA und der Russischen Föderation noch einmal hinzukommen.

Angesichts dieser Situation müssen nicht nur Einzelne, sondern Jeder zugunsten einer zukunftsfähigen Entwicklung in der „Einen Welt“ handeln. Viele haben bereits damit begonnen.

Lösungsansatz Nachhaltigkeit

Die Menschheit steht an einem entscheidenden Punkt ihrer Geschichte. Wir erleben eine zunehmende Ungleichheit und eine immer größere Armut, mehr Hunger, Krankheiten und Analphabetentum sowie eine fortschreitende

M2 Lösungsansatz Nachhaltigkeit – „Nachhaltigkeitsviereck"

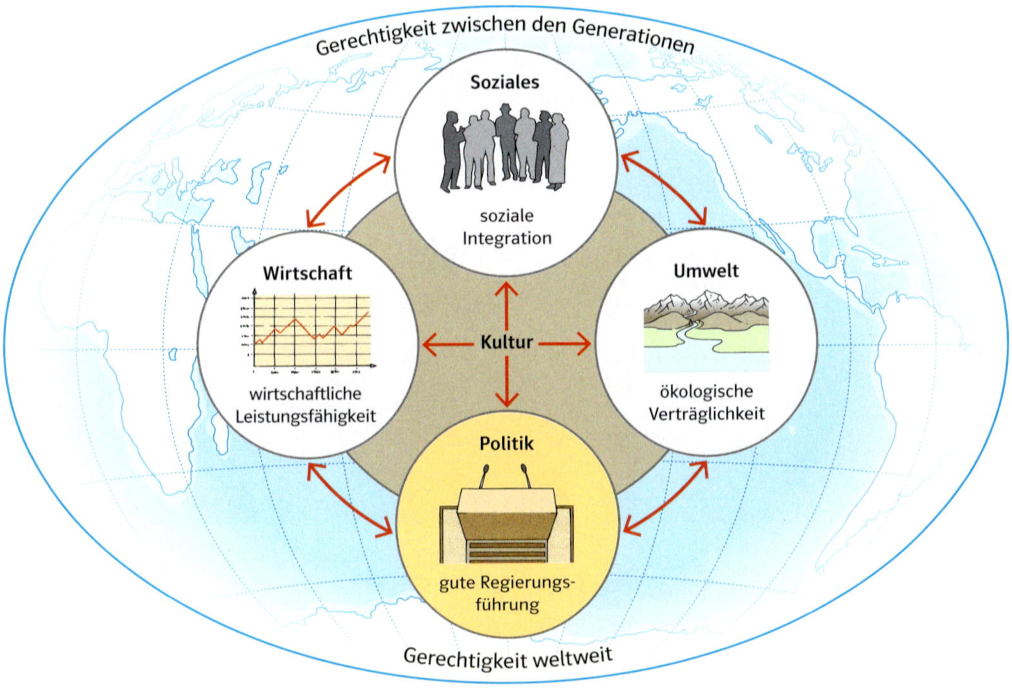

Schädigung der Ökosysteme. Durch eine Vereinigung von Umwelt- und Entwicklungsinteressen kann es uns jedoch gelingen, die Deckung der Grundbedürfnisse, die Verbesserung des Lebensstandards aller Menschen, einen größeren Schutz und eine bessere Bewirtschaftung der Ökosysteme und eine gesicherte Zukunft zu gewährleisten. Das vermag keine Nation allein zu erreichen, während es uns gemeinsam in einer globalen Partnerschaft, die auf eine nachhaltige Entwicklung ausgerichtet ist, gelingen kann.

Auf diese Botschaft hat sich die Weltgemeinschaft im Rahmen der Welt-Umweltkonferenz 1992 in Rio de Janeiro verständigt und in der „Agenda 21" das Nachhaltigkeitsprinzip festgeschrieben. Dieses verpflichtet alle so zu handeln, dass spätere Generationen die gleichen Lebens- und Entwicklungsmöglichkeiten haben wie wir heute.

Dies kann erreicht werden, wenn wir ökologisch im Sinne der Natur, gesellschaftlich im Sinne der Menschen und zugleich wirtschaftlich erfolgreich entscheiden und handeln.

Dies setzt eine gute Regierungsführung (good governance) voraus. Das bedeutet, dass politische Entscheidungen zum Wohle der Menschen, der Natur und der Wirtschaft getroffen werden.

Wangari Maathai und Muhammad Yunus und viele andere verbindet die Überzeugung, dass nur durch ein auf Nachhaltigkeit ausgerichtetes Handeln aller Armut und Ungleichheit sowie Umweltzerstörung und Klimawandel begegnet werden kann. Und sie verbindet die Überzeugung, dass nur viele kleine, lokal umgesetzte Schritte zur Verbesserung der globalen Situation führen. „Think global – act local" lautet daher das in Rio de Janeiro ausgegebene Motto für nachhaltiges Handeln.

Die Geographie leistet dazu einen wichtigen Beitrag. Sie versteht die wechselseitige Beeinflussung menschlichen Handelns und naturräumlicher Bedingungen als System. Mit der Erkenntnis von und dem Verständnis für das System Erde kann im Geographieunterricht die Basiskompetenz für ein nachhaltiges Handeln in der „Einen Welt" erworben werden.

M3
Hans Carl von Carlowitz (1645–1714)

Hans Carl von Carlowitz war Ende des 17. Jh. Oberberghauptmann in Freiberg, Sachsen. Zu seinen Aufgaben zählte u.a. die ausreichende Bereitstellung von Holz für den Ausbau neuer Stollen im Bergbau. Seine Überlegungen, wie der Wald am besten zu bewirtschaften sei, führten ihn zu der Erkenntnis, dass man nie mehr Holz einschlagen dürfe, als gleichzeitig nachwachse. Dieses von ihm erkannte Prinzip diente als Vorlage des Nachhaltigkeitsprinzips, das auf der Welt-Umweltkonferenz von Rio de Janeiro (1992) beschlossen wurde.

M1 Agroforstwirtschaft im Regenwald

M2 Nachhaltiges Bauen durch Gebäudebegrünung

Nachhaltige Entwicklung

→ Nachhaltigkeitsziele
Seite 117

Nachhaltige Entwicklung gilt als die Handlungsorientierung für das 21. Jahrhundert. Doch was bedeutet das für unsere Weltbevölkerung von über 8 Mrd. Menschen, die unter verschiedenen klimatischen Bedingungen leben und vielfältigen Kulturen angehören? Geht es dabei nur um bestimmte Themen oder findet nachhaltige Entwicklung ihren Niederschlag in mehr oder weniger allen Bereichen?

Die Ziele einer nachhaltigen Entwicklung nach dem Nachhaltigkeitsviereck sind, die gesellschaftlichen, wirtschaftlichen, politischen und umweltbezogene Entwicklungen so zu gestalten, dass gesellschaftliche Gerechtigkeit und wirtschaftlicher Wohlstand erreicht werden, die politische Teilhabe aller sichergestellt und eine gute Regierungsführung sowie die natürlichen Lebensgrundlagen gesichert sind.
Die Vereinten Nationen haben diese Zielsetzung im Zuge der „Agenda 2030“ noch stärker ausdifferenziert und insgesamt 17 Ziele für eine nachhaltige Entwicklung benannt, die bis 2030 verwirklicht werden sollen. Diese sog. „Sustainable Development Goals“ (SDG) reichen von der Beseitigung von Armut und Hunger über die Gleichberechtigung von Frauen, die Versorgung mit umweltfreundlicher Energie bis hin zur Bekämpfung des Klimawandels u. a. Alle Staaten der Welt haben sich verständigt, die nachhaltige Entwicklung auf ihrem Staatsgebiet anzugehen und so die vereinbarten Ziele bis 2030 zu erreichen. Die globalen Ziele gelten nicht nur für alle Staaten, sondern auch für alle Regionen. In Deutschland müssen also alle Bundesländer, Landkreise, Städte und Gemeinden an diesem Prozess teilhaben. Denkt man weiter, dann sind auch die Ämter, Schulen, soziale Einrichtungen, Unternehmen, Banken, der Handel und letztlich die Bevölkerung aufgerufen, ihren Teil zum Gelingen beizutragen. Nachhaltigkeit entscheidet sich daher im Alltag. Nachhaltiges Handeln ist folglich in allen Lebensbereichen und in allen Weltregionen umsetzbar.
Im Verlauf des Schuljahres wirst du dich mit dem tropischen Regenwald, den Savannen und Wüsten sowie den Polargebieten der Erde befassen. Zudem lernst du Themen wie ungleiche Entwicklung, Städtewachstum und Klimawandel kennen. Dabei wird es auch um die Wechselwirkungen zwischen menschlichem Handeln und der Natur gehen und somit um die Frage nachhaltiger Nutzung und Entwicklung.
Das zeigt sich an den Beispielen …

M3 Nachhaltige Energie durch Solaranlagen

M4 Bekämpfung der Desertifikation durch Anpflanzungen

... Tropischer Regenwald

Mit Blick auf den tropischen Regenwald zeigt sich, dass die Abholzung zwar kurzfristig landwirtschaftliche Erträge sichert, mittel- und langfristig jedoch die Zerstörung der Landschaft nach sich zieht. Kommt aber anstatt der großflächigen Abholzung das Konzept der Agroforstwirtschaft zur Anwendung, zeigen sich deutlich positivere Ergebnisse. Dabei wird der Anbau landwirtschaftlicher Produkte in Kombination mit Bäumen praktiziert. Das führt zu einer besseren Erhaltung der natürlichen Vegetation und gleichzeitig zur Produktion von Nahrungsmitteln.

... Stadtentwicklung

Mehr als die Hälfte aller Menschen, derzeit also mehr als 4 Milliarden, leben in Städten. Bis Mitte des 21. Jahrhunderts sollen es etwa drei Viertel sein. Zugleich konzentrieren sich der größte Teil des Energiebedarfs und der Treibhausgasemissionen auf die Städte. Um dem entgegenzuwirken, arbeiten weltweit Architektinnen und Architekten an der energetischen Verbesserung von Gebäuden zugunsten der nachhaltigen Entwicklung.

... Energieversorgung

Die Art der Energieversorgung hat große Auswirkungen auf den Ausstoß von Treibhausgasen und somit auf den Klimawandel. Da jeder von uns im Alltag ständig Energie nutzt, kann auch jeder einen Beitrag für eine möglichst klimaschonende Energienutzung beitragen. Der Ausbau von Wind- und Solarenergie ist im Rahmen der nachhaltigen Entwicklung daher von besonderer Bedeutung.

... Wüstenausbreitung

Die Ausbreitung der Wüsten ist insbesondere an den Rändern der Sahara, in Arabien, aber auch in Indien, China und Australien zu beobachten. Die Ursachen dafür sind z.T. natürlich bedingt, aber auch aufgrund einer nicht angepassten Wirtschafts- und Lebensweise von Menschen (**Desertifikation**). Die Sicherung der Lebensgrundlagen ist ein zentrales Anliegen der nachhaltigen Entwicklung. Dazu zählt auch das Zurückdrängen der sich ausbreitenden Wüstengebiete. Dabei spielt die Anpflanzung von angepassten Pflanzen eine große Rolle.

2

Globale Wetterphänomene

M1 Die Erde vom Weltall aus

Sonniges, regnerisches oder stürmisches Wetter – ihr habt schon alles erlebt. Auch auf dem Satellitenbild sieht man, wie vielfältig das Wetter ist. Manchmal sind es auch extreme Wettersituationen mit katastrophalen Folgen für Mensch und Natur. Doch wie, warum und wo kommt es zu bestimmten Wetterereignissen und Wetterphänomenen?

Das kennst du schon!

- das Wetter anhand von Wetterelementen charakterisieren
- den Unterschied zwischen Wetter und Klima beschreiben
- typische Wetter- und Klimaphänomene erläutern

Wetter mal so und mal so

Mal Sonnenschein und Trockenheit, mal Regen oder Schnee, mal Sturm – das Wetter ändert sich bei uns in Deutschland fast ständig. Wie ist dies zu erklären und gibt es diesen Wechsel auch in anderen Regionen der Erde?

M1 Deutschland (Ettlingen) im Juli

M4 Deutschland (Ettlingen) im Dezember

Wetterelemente

Temperatur, Strahlung, Luftdruck, Wind, Luftfeuchtigkeit, Bewölkung, Niederschlag

Das Wetter ist immer das Zusammenspiel aller **Wetterelemente** an einem konkreten Ort und zu einem bestimmten Zeitpunkt. In Mitteleuropa wechselt das Wetter sehr schnell, manchmal auch innerhalb eines Tages. Ist das Wetter mehrere Tage über einem großen Gebiet unverändert, dann spricht man von einer Großwetterlage. Das Wetter in Mitteleuropa wird überwiegend geprägt von Großwetterlagen. Dabei sind Westlagen am häufigsten. Der Wind weht dann überwiegend aus westlichen Richtungen und trägt feuchte Meeresluft mit sich. Im Gegensatz dazu bringt der Wind aus östlicher Richtung trockene Kontinentalluft.

M2

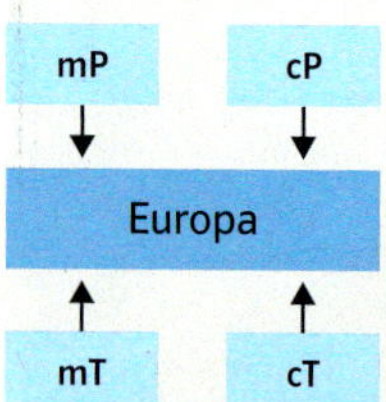

Wetterwirksame Hauptluftmassen schematisch

mP = maritime Polarluft
mT = maritime Tropikluft
cP = kontinentale Polarluft
cT = kontinentale Tropikluft

M3 Hauptluftmassen, die das Wetter in Europa bestimmen

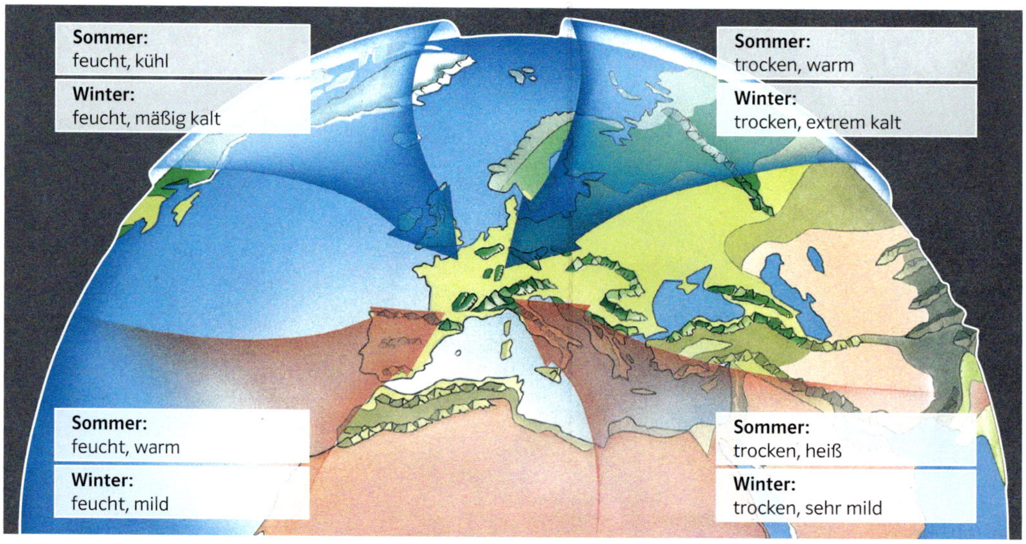

M5 Guatemala (Tikal) im Juli

M7 Guatemala (Tikal) im Dezember

Vier Hauptluftmassen bestimmen weitestgehend unser Wetter in Mitteleuropa: die aus nördlicher Richtung kommende Polarluft (d. h. maritime und kontinentale Polarluft) und die aus südlicher Richtung kommende Tropikluft (maritime und kontinentale Tropikluft). Je nach Jahreszeit unterscheiden sich diese Luftmassen hinsichtlich ihrer Temperatur und Feuchtigkeit.

In den Tropen

Anders als bei uns unterscheidet sich in den äquatornahen Tropen die Dauer von Tag und Nacht kaum. Auch die Temperatur bleibt das ganze Jahr über etwa gleich. In Äquatornähe sind die täglichen Temperaturunterschiede größer als die zwischen Januar und Juli. Daher bezeichnet man ein solches Klima als **Tageszeitenklima**. Erst bei größerer Entfernung vom Äquator nehmen die Jahresschwankungen der Temperatur zu. Wenn diese größer sind als die täglichen Schwankungen der Temperatur, spricht man vom **Jahreszeitenklima**.
Aufgrund der hohen Temperaturen können die Pflanzen in den Tropen das ganze Jahr über wachsen. Dennoch gibt es jahreszeitliche Unterschiede. Im Juli ist es trockener als im Dezember. Das Pflanzenwachstum wird also nicht durch den Mangel an Wärme unterbrochen, sondern nur durch fehlende Feuchtigkeit. Damit bestimmen auch nicht die Temperaturen, sondern die Verteilung der Niederschläge und auch die Höhenlage die **Jahreszeiten**: Fällt für das Wachstum der Pflanzen genug Niederschlag, spricht man von einer **Regenzeit**, bei zu wenig Niederschlag von einer **Trockenzeit**. Aufgrund der hohen Sonneneinstrahlung verdunstet im Bereich des Äquators viel Wasser. Die aufsteigende warme Luft bildet Gewitterwolken, die zu heftigen Regenfällen zur späteren Mittagszeit führen können. Dieses Phänomen des tropischen Mittagsregens tritt zwar häufig auf, aber nicht täglich.

→ tropischer Regenwald Seite 46

M6 Temperaturverlauf in Berlin und Cayenne

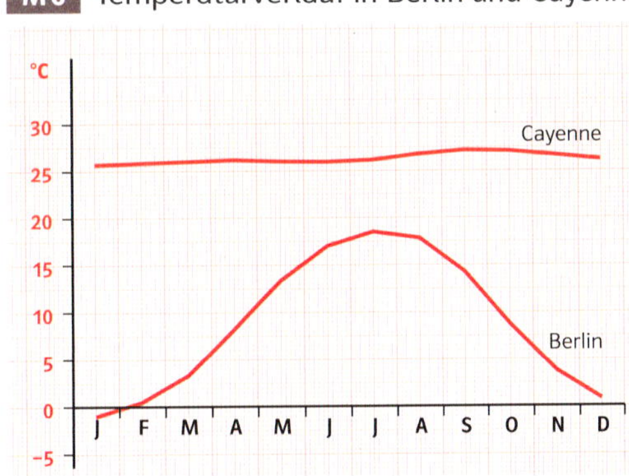

1 ○
Beschreibe die Wettersituation im Juli und Dezember für Mitteleuropa (**Foto M1** und **M4**) und für Amazonien (**Foto M5** und **M7**).

2 ○
Beschreibe mithilfe der **Grafik M2** und **M3** die vier Hauptluftmassen, die das Wetter in Mitteleuropa bestimmen:
a) Luftmassen aus NW,
b) Luftmassen aus SW,
c) Luftmassen aus NO,
d) Luftmassen aus SO.

3 ◒
Vergleiche den jährlichen Temperaturverlauf von Berlin mit Cayenne in den Tropen (**Diagramm M6**).

4 ●
Einige besondere Wettererscheinungen in Mitteleuropa können mit Großwetterlagen in Verbindung gebracht werden. Erkläre „Schafskälte" und „Weihnachtstauwetter".

Tiefdruckgebiete prägen unser Wetter

So wie auf dem Bild ändert sich oftmals innerhalb von wenigen Stunden unser Wetter. Fachleute nennen das den Durchzug eines Tiefdruckgebiets mit einer charakteristischen Wetterabfolge. Was passiert beim Durchzug eines Tiefdruckgebiets in der Regel?

M1 Eine Front zieht auf

Der Atlantik als „Wetterküche" für Tiefdruckgebiete

→ Wolken
Seite 20/21

Ein Blick aus dem All auf den Atlantik und Mitteleuropa zeigt manchmal erstaunliche Strukturen: Wolkenwirbel mit einem Durchmesser von bis zu 2000 km und unterschiedlichen Wolkenformen (M 2). Diese Wolkenwirbel werden auch Tiefdruckgebiete oder **Zyklonen** genannt, weil in ihrem Zentrum der Luftdruck tiefer ist als in der Umgebung. Mithilfe eines Satelliten kann man die Bewegungen dieses Wolkenwirbels verfolgen. Der Geburtsort dieser Tiefdruckgebiete liegt meist über dem Nordatlantik. Mit dem Westwind ziehen sie normalerweise über den europäischen Kontinent hinweg in östlicher Richtung. Überquert das Tiefdruckgebiet Mitteleuropa, dann gibt es einen charakteristischen Wetterablauf:

- An der Vorderseite des Tiefs gleitet warme Luft auf die vor ihr liegende kältere, schwerere Luft auf und wird dadurch angehoben. Die warme Luft kühlt dabei ab und es bilden sich zunächst hakenförmig aufgebogene Federwolken (Cirrus) als erste Zeichen einer nahenden **Warmfront**. Dann entstehen Schichtwolken (Stratus, Nimbostratus), aus denen es anhaltend regnen kann.
- Nach dem Durchzug der Warmfront kann es zum Auflösen der Wolkendecke kommen. Warmluft aus südlicher Richtung fließt in den warmen Bereich ein und steigt in große Höhen auf, sodass es wieder zur Wolkenbildung und eventuell zu örtlich schauerartigem Niederschlag kommen kann.
- Mit der folgenden **Kaltfront** wird rasch die Warmluft nach oben verdrängt. Hoch reichende Haufenwolken (Cumulus) entstehen. Starke Schauerregen mit großen Tropfen und teilweise Hagelbildung sind die Folge. Auch Gewitter gehören dazu. Nach dem Durchzug der Kaltfront hat man oft eine hervorragende Fernsicht aufgrund der klaren Luft.

SP Tipp

Wetterlage beschreiben
→ Aufgabe 3

- Das Tiefdruckgebiet liegt über…
- Das Wolkenband der Warmfront…
- Die Kaltfrontbefindet sich…
- Demnach beeinflusst die Warmluft…
- Unter Kaltlufteinfluss befinden sich dagegen…

1 ◒
Übertrage die **Grafik M 4** in dein Heft. Ordne an den passenden Stellen die Informationen zur Abfolge des Wetterverlaufs aus dem Text zu.

2 ○
An einer Kaltfront fällt häufig Starkregen. Erkläre.

3 ◒ SP
Vergleiche das dargestellte **Satellitenbild M 2** und die **Grafik M 3**.
A Erstelle einen Wetterbericht für Europa für diesen Tag.
B Erkläre mithilfe des Textes die Wetterlage in Europa an diesem Tag.

M2 Satellitenbild einer Zyklone

M3 Grafik einer Zyklone

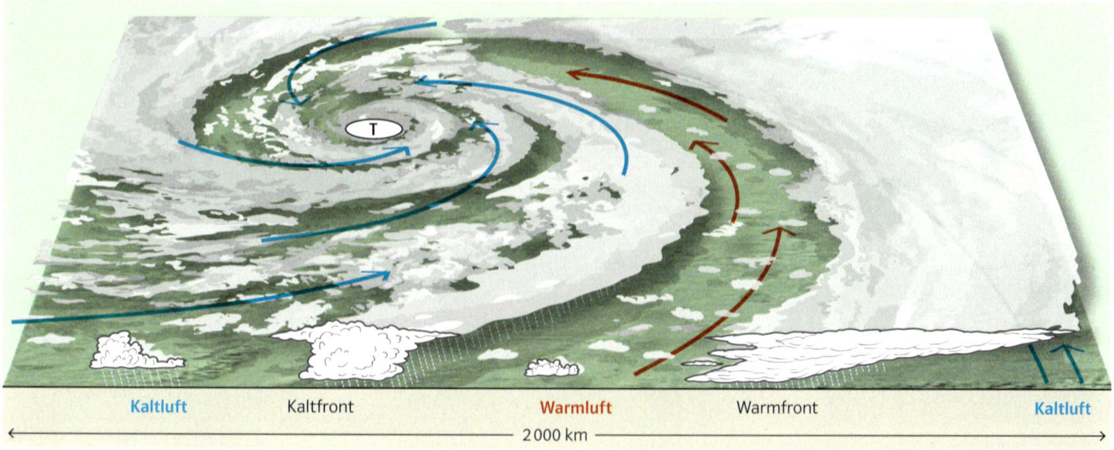

M4 Luft und Wolkenformen einer Zyklone

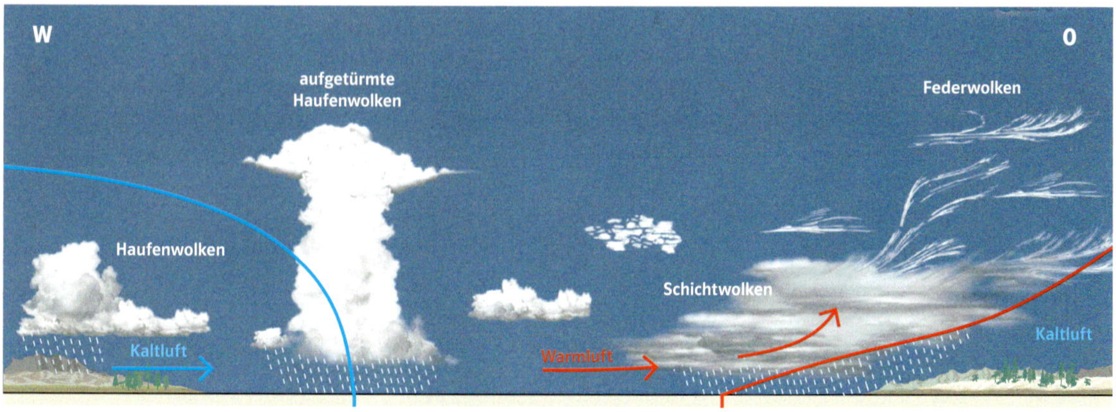

4 ● 🔑

Erstelle den Text einer Wettervorhersage für den Folgetag der dargestellten Wettersituation im **Satellitenbild M2**.

5 MK

Beobachte die aktuelle Bewölkung am Himmel.

a) Erkläre mithilfe der **Grafik M4**, welche Wolkentypen zu sehen sind. ○

b) Charakterisiere das aktuelle Wettergeschehen. Berücksichtige hierzu auch andere Wetterinformationen wie Temperatur, Wind, Windrichtung oder Niederschlag. ◒

c) Überprüfe deine Vermutungen: Informiere dich mithilfe des Internets über die aktuelle Wetterlage. Nutze hierzu auch Satellitenbilder. ●

Winde und Wolken

Der Wetterbericht kündigt einen Wetterwechsel an: Eine Kaltfront soll über uns hinwegziehen. Wolken ziehen auf, plötzlich kommt Wind und es beginnt heftig zu regnen. Wie entstehen eigentlich Winde, Wolken und Niederschlag?

M1 Barometer

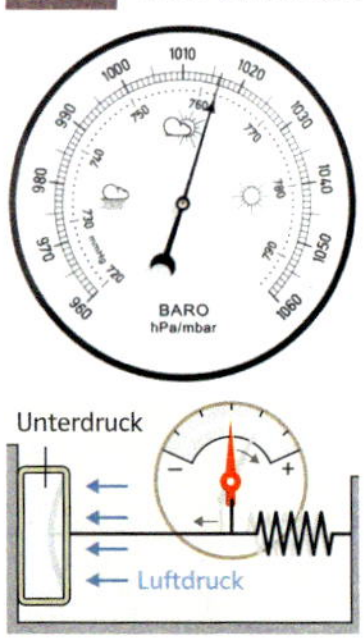

M2 Luftdruck

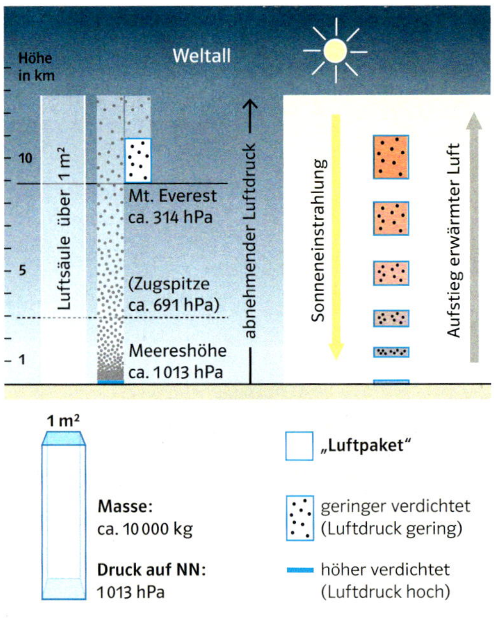

M3 Bodentief

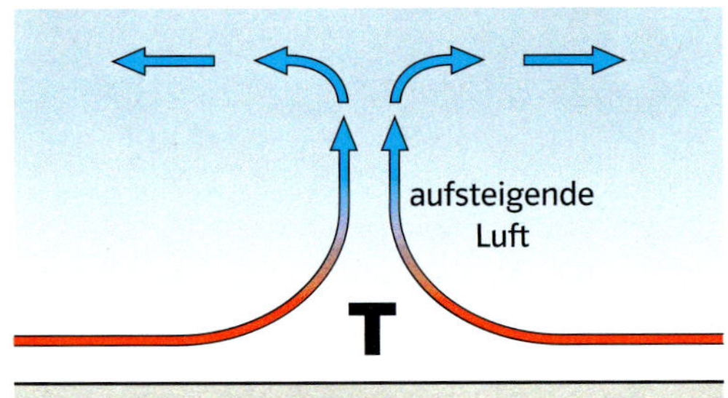

M4 Bodenhoch

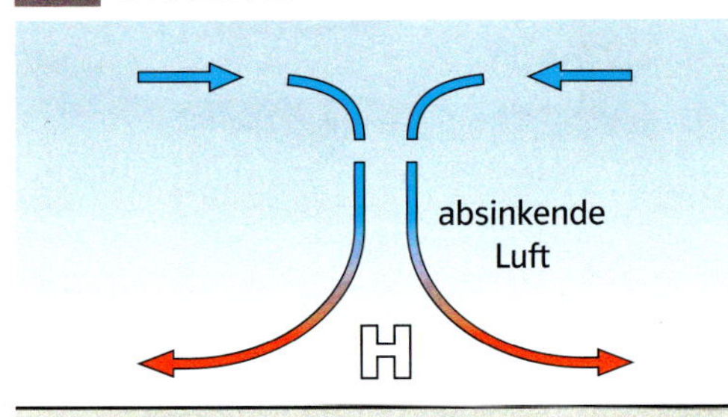

Was bewegt die Luft?

Wer mit dem Fahrrad unterwegs ist, kennt das Phänomen: Du hast Gegenwind und musst kräftig in die Pedale treten. Kitesurfer, Segelboote oder Windkraftanlagen nutzen die Kraft des Windes. Erreicht der Wind sehr hohe Geschwindigkeiten, kann er auch große Schäden anrichten.

Wie entstehen Winde überhaupt? Das hat etwas mit dem **Luftdruck** zu tun: Die Lufthülle der Erde erscheint uns schwerelos und wir bemerken sie nur, wenn sich z. B. bei Fahrten mit dem Aufzug oder durch einen Tunnel der Luftdruck ändert (Druckgefühl im Ohr). Auch wenn wir das Gewicht der Luft im Alltag nicht spüren: Auf jeden Quadratzentimeter der Erdoberfläche drückt ein Kilogramm Luft. Demzufolge lastet auf unseren Schultern ein Gewicht von mehreren Hundert Kilogramm Luft. Weil unser Körper einen Gegendruck erzeugt, werden wird davon nicht zusammengedrückt. Auf einem Berg ist die Luftschicht dünner und damit wird der Luftdruck niedriger, weil weniger Luftteilchen in der Luftschicht sind. Der Luftdruck wird mithilfe eines Barometers gemessen und in der Einheit Hektopascal (hPa) angegeben. Winde können durch die Erwärmung der Erdoberfläche entstehen. Wird die Erdoberfläche stark erwärmt, so erwärmt sich auch die darüber liegende Luft. Sie dehnt sich aus, wird leichter und steigt auf. In der Höhe fließt sie zur Seite ab. Damit sind weniger Luftteilchen über der entsprechenden Fläche vorhanden und folglich sinkt am Boden der Luftdruck. Ein **Tiefdruckgebiet** oder „Tief" ist entstanden. Andererseits entsteht über kälterem Untergrund, wo Luft absinkt und zusätzlich Luft in der Höhe

1 ◒

Vergleiche mithilfe der **Grafik M 2** den mittleren Luftdruck auf Meereshöhe und auf dem Mt. Everest. Erkläre den Unterschied.

nachfließt, am Boden ein **Hochdruckgebiet** oder ein „Hoch". Tief- und Hochdruckgebiete, die durch Erwärmung und Abkühlung entstehen, werden als thermische Druckgebiete bezeichnet.

Ein Wind entsteht

Wenn man das Ventil eines Fahrradschlauches löst, dann strömt Luft heraus. Sie bewegt sich vom Schlauchinneren, in dem ein hoher Druck herrscht, ins Freie, also in ein Gebiet mit niedrigerem Druck. Es ist das Prinzip des Druckausgleichs. Nach dem gleichen Prinzip entstehen auch Winde. Sie gleichen den Druckunterschied zwischen Gebieten mit hohem und niedrigem Luftdruck aus. Dabei bewegen sich die die Luftteilchen immer von Gebieten mit hohem Luftdruck zu Gebieten mit niedrigem Luftdruck. Die Luftbewegung, die dadurch entsteht, wird als Wind bezeichnet. Je größer der Druckunterschied ist, umso größer ist auch die Geschwindigkeit des Windes. Ein Wind wird danach benannt, aus welcher Richtung er weht. Ein Wind, der zum Beispiel von Westen nach Osten weht, wird als Westwind bezeichnet. Ein Wind strömt nicht auf direktem Weg von einem Hochdruckgebiet zu einem Tiefdruckgebiet, sondern er wird durch die Erddrehung abgelenkt.

Wie man Wind beobachtet und misst

Die Geschwindigkeit und die Richtung von Wind werden mit speziellen Geräten gemessen. Die Windgeschwindigkeit wird in Meter pro Sekunde (m/s) oder Kilometer pro Stunde (km/h) angegeben. In der Schifffahrt beschreibt man die Windstärke z. B. mithilfe der Beaufort-Skala (0 bis 12).

M5 Entstehung von Hoch- und Tiefdruckgebieten

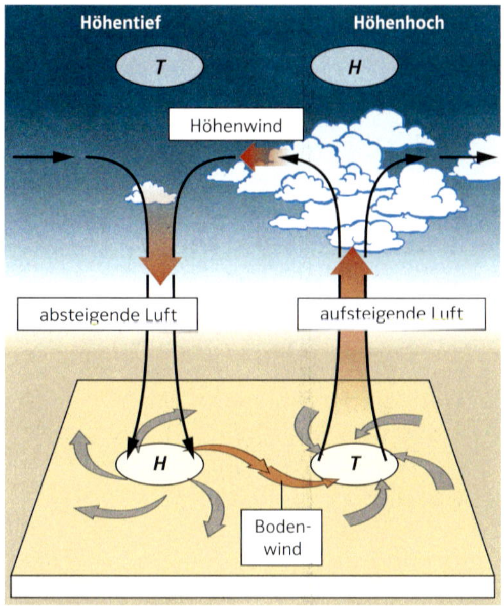

M6 Entstehung eines Tiefdruckgebietes

Material:
14 Teelichter oder Kerzen mit feuerfester Unterlage; Streichhölzer

Durchführung:
Stelle die Kerzen im windstillen Klassenzimmer kreisförmig auf und beobachte die Flammen.

Auswertung:
Zeigen alle Flammen nach innen, dann deuten sie ein thermisches Tief an.

M7 Windwegmesser

M8 Windrichtungsmesser

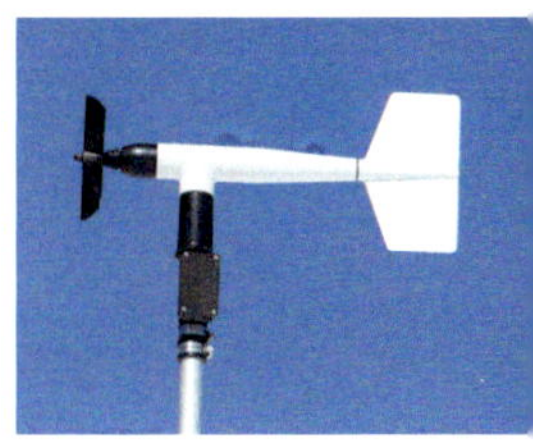

2 ◒ SP 🔑
Erkläre mithilfe der **Grafiken M3–M5**,
a) wie ein Tief und Hoch in Bodennähe entsteht,
b) wie Wind entsteht.

3
Führe den Versuch **M6** durch.
a) Beschreibe deine Beobachtungen. ○
b) Vergleiche deine Beobachtungen mit der **Grafik M3**. ◒

4 ◒
Forscherinnen und Forscher lassen einen Wetterballon von der Erde aus in die oberen Schichten der Atmosphäre aufsteigen. Dabei befüllen sie den Ballon nur mit wenig Gas, weil er sonst platzen würde. Erkläre.

5 ◒
Joghurtbecher oder Chipstüten wirken im Hochgebirge aufgebläht. Erkläre dieses Phänomen.

M9 Wolkengattungen

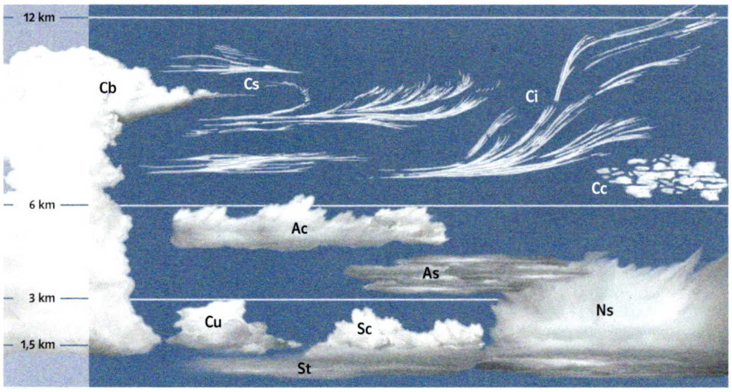

Wolkengattungen:

hohe Wolken:
Cirrus (Ci)
Cirrocumulus (Cc)
Cirrostratus (Cs)

mittelhohe Wolken:
Altocumulus (Ac)
Altostratus (As)

tiefe Wolken:
Stratocumulus (Sc)
Stratus (St)

Wolken mit großer vertikaler Ausdehnung:
Nimbostratus (Ns)
Cumulus (Cu)
Cumulonimbus (Cb)

Wolkenentstehung – ohne Wasser entstehen keine Wolken

Wasser gibt es in der Natur in drei unterschiedlichen Zuständen: flüssig (z.B. im Grundwasser, Meerwasser), fest (als Eis, Schnee) und gasförmig (Wasserdampf in der Atmosphäre). Durch verschiedene Prozesse kann Wasser von einem Zustand in einen anderen übergehen. Durch Verdunstung erhält die **Atmosphäre** ständig Wasser in Form von Wasserdampf. In der Luft, die uns umgibt, ist also gasförmiges Wasser (Wasserdampf), das wir aber nicht sehen können. Je höher die Lufttemperatur ist, umso mehr Wasserdampf wird aufgenommen. Beim Föhnen von nassen Haaren nutzen wir diesen Effekt. Kalte Luft kann weniger Wasserdampf aufnehmen als warme. Es gibt auch eine natürliche Obergrenze, bis zu der Luft bei einer bestimmten Temperatur eine maximale Menge an Wasserdampf aufnimmt. Dies ist die maximal absolute Feuchte. Häufig finden wir die Angabe relative Luftfeuchtigkeit in Prozent. Dies gibt das Verhältnis der in der Luft vorhandenen zu der von ihr maximal aufnehmbaren Wasserdampfmenge an.
In einem Wohnraum sollte die Luftfeuchtigkeit zwischen 40 und 60 Prozent liegen. Dieser Wert wird als optimal für das Wohlbefinden angesehen. Hauchen wir einen Spiegel an, so beschlägt dieser und verliert seine Spiegelwirkung. Die warm-feuchte Atemluft trifft auf eine kältere Spiegeloberfläche. Kühlt feuchte Luft ab, bilden sich kleinste Wassertröpfchen, die nun sichtbar sind. Es wird der Taupunkt von Wasser erreicht und unsichtbarer Wasserdampf kondensiert zu flüssigem Wasser. Diesen Vorgang nennt man Kondensation. Am Taupunkt herrscht immer 100 % relative Luftfeuchte.

Niederschlag entsteht

Es müssen verschiedene Bedingungen erfüllt sein, damit Wolken entstehen können:
- Zunächst muss Luft abgekühlt werden. Je kälter die Luft wird, desto weniger Wasserdampf kann sie speichern.
- Wird der Taupunkt erreicht, kondensiert der Wasserdampf bei weiterer Abkühlung.
- Um feinste schwebende Teilchen (Aerosole), die als Kondensationskerne wirken, lagern sich dann immer mehr kleinste Wassertropfen an.
- Erst viele kleine Wassertropfen bilden eine Wolke.
- Wachsen Millionen von kleinsten Wassertröpfchen oder Eiskristallen zusammen, dann werden sie so groß, dass sie nicht mehr schweben können. Es kommt zum Niederschlag als Regen oder Schneefall.

M10 Niederschlagsarten

Niederschlag	Art	Zustand	Größe in mm
Nieselregen	fallend	flüssig	0,1 bis 0,5
Regen	fallend	flüssig	0,5 bis 4
Nebel	fallend	flüssig	> 0,001
Schnee	fallend	fest	
Graupel	fallend	fest	> 0,5
Hagel	fallend	fest	4 bis 50
Tau	abgesetzt	flüssig	
Reif	abgesetzt	fest	

6 ○ SP
Erkläre an Beispielen aus dem Alltag in einem kurzen Text das Phänomen:
A Kondensation,
B Verdunstung.

7
Erkläre, wie Schnee entsteht.

8
Erkläre, warum nicht aus jeder Wolke Niederschläge fallen.

9
Es gibt Tage, an denen keine einzige Wolke am Himmel zu erkennen ist. Erläutere.

M11 Wolken bilden sich

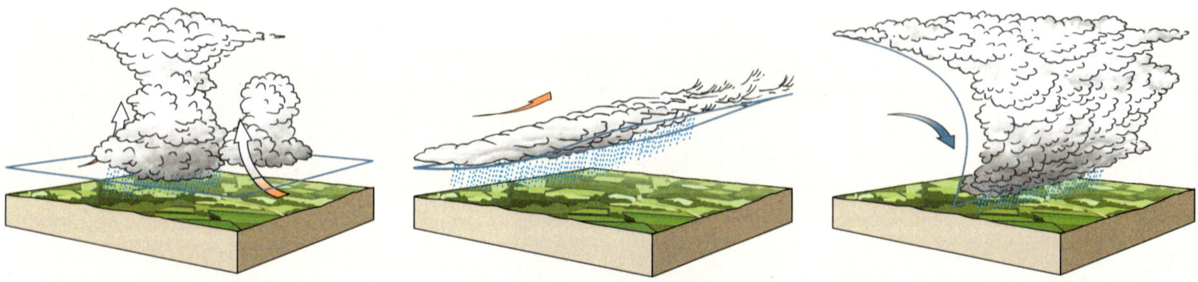

A

Die von Sonneneinstrahlung erhitzte Bodenoberfläche erwärmt die darüberliegende Luft, die aufsteigt. Mit der Höhe nimmt der Luftdruck ab und die Luft dehnt sich aus. Dabei kühlt sie sich ab. Wird die Luft bis zum Taupunkt abgekühlt, kondensiert der in ihr enthaltene Wasserdampf. Bei vertikaler Luftströmung entstehen Haufen- oder Cumuluswolken. Sie können heftige Niederschläge bringen.

B

Feuchte und wärmere Luftmassen werden vom Wind über ein Gebiet mit kälterer Luft geschoben. Beim Aufgleiten kondensiert das Wasser erst in großer Höhe. Dort bilden sich zunächst Cirren (Federwolken) und in der Folge sehr dichte Schichtwolken. Die Niederschläge sind ergiebig und lang anhaltend.

C

Kalte Luftmassen dringen vor und stoßen auf feuchte und wärmere Luft, die dadurch zum schnellen Aufstieg gezwungen wird. Es entsteht eine dichte Quellbewölkung in Form von hoch aufgetürmten Haufenwolken. Es kommt zu kräftigen Niederschlägen.

M12 Wasser in der Luft und Wolkenbildung

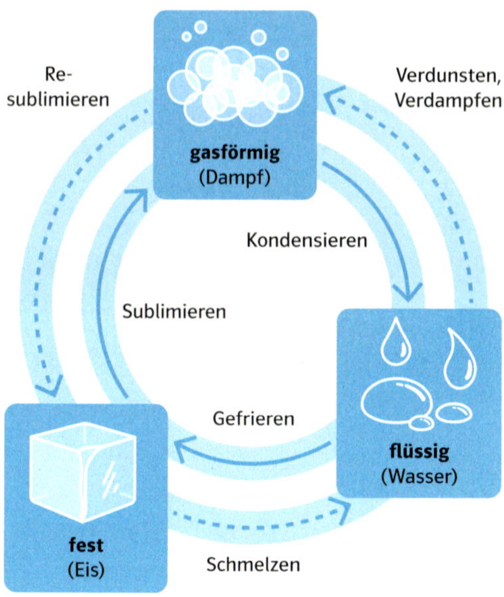

M13 Versuche zur Wolkenentstehung

Material:
hohes Becherglas, Kühlelement aus Tiefkühlschrank, heißes Wasser, Streichholz

Durchführung:

Versuch 1: Gieße vorsichtig heißes Wasser etwa 3 cm hoch in das Becherglas. Lege das Kühlelement oben darauf.

Versuch 2: Wiederhole den Versuch 1. Bevor das Kühlelement aufgelegt wird, entzünde ein Streichholz und blase es im Becherglas aus, sodass der Rauch im Becherglas bleibt.

Auswertung:
Notiere die Beobachtungen.

10 ◒
Stelle mithilfe der **Grafik M 11** die Entstehung von Cumulonimbuswolken dar. Nutze dazu auch eine eigene Skizze.

11 ○
Analysiere die aktuelle Bewölkung. Bestimme mithilfe der **Grafik M 9**, welche Wolkentypen zu sehen sind.

12 ◒
Begründe den Unterschied der simulierten Wolkenentstehung bei den Versuchen.

Sturmgiganten

Hurrikans und Tornados zählen zu den größten Naturgewalten der Erde. Sie sind Wirbelstürme, die jedes Jahr hohe Schäden anrichten und oftmals Menschenleben kosten. Was ist der Unterschied und können sie auch in Mitteleuropa vorkommen?

M1 Satellitenbild eines Hurrikans auf der Nordhalbkugel

Entstehung eines Hurrikans

Hurrikane entstehen immer über warmen Meeren mit Wassertemperaturen über 27 °C. Intensive Sonneneinstrahlung lässt große Mengen Wasser verdunsten, die von warmer Luft aufgenommen wird. Warme und feuchte Luftmassen strömen ein, steigen auf und kühlen dabei ab. Der in der Luft enthaltende Wasserdampf kondensiert und es bilden sich hoch aufgetürmte Quellwolken. Bei dieser Kondensation wird sehr viel Wärme frei und dem Luftraum wird ununterbrochen Energie zugeführt. Dadurch schießt immer mehr Luft in die Höhe. Durch die Ablenkung der Windströmung beginnt das Sturmsystem sich ringförmig um das Zentrum zu drehen. Im Zentrum der Hurrikans entsteht nach einiger Zeit das sog. Auge. Dort herrscht meist absteigende Luftbewegung mit Wolkenauflösung. Am Boden des Auges ist es weitgehend still und niederschlagsfrei. Hurrikans bilden sich meist zwischen 10 und 20 Grad nördlicher Breite im westlichen Atlantik, in der Karibik oder im Golf von Mexiko, aber niemals in Äquatornähe. Solange sich ein tropischer **Wirbelsturm** über warmes Meerwasser bewegt, steht genügend Energie für die Erhaltung des Wirbels zur Verfügung. Kommt er aber an Land, ist die Zufuhr von Energie unterbrochen, da der Regen die Temperatur des Bodens erniedrigt. Zusätzlich wird die Reibung des Landes wirksam. Der tropische Wirbelsturm wird instabil. Dennoch reicht die Energie aus, um küstennah verheerende Schäden und Überflutungen anzurichten.

M2 Hurrikan auf der Nordhalbkugel (Schnitt)

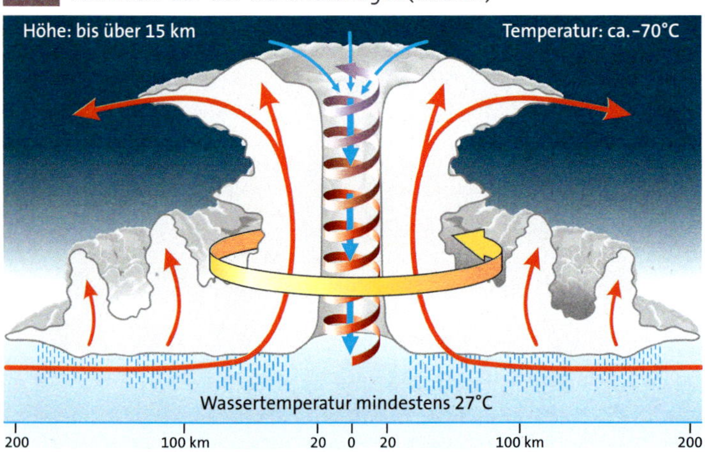

M3 Steckbrief Hurrikan

- tropischer Wirbelsturm in Mittel- und Nordamerika
- entsteht ausschließlich über Ozeanen
- Durchmesser von 500 bis über 2 000 km
- Durchmesser der windstillen und fast niederschlagsfreien Zone im Zentrum („Auge“) zwischen 15 bis 70 km
- Höhe bis zu 10 km
- Windstärke mehr als 119 km/h
- Rotationsgeschwindigkeit bis zu 300 km/h
- Zugeschwindigkeit etwa 30 km/h
- Luftdruck im Kern weniger als 950 hPA
- Niederschlag mehr als 200 mm pro Tag
- Dauer mehrere Tage
- Hurrikan-Saison beginnt im Juni

1 ○ Beschreibe die Lage des Hurrikans in **Foto M1**.

2 ◒ SP Erkläre die Entstehung eines tropischen Wirbelsturms.

M4 Steckbrief Tornado

- Wirbelwind mit senkrechter Wirbelachse = Tornadorüssel
- Durchmesser: 20 m bis einige 100 m, selten 1–2 km
- Zugbahn: meistens nur wenige Kilometer
- Zuggeschwindigkeit: etwa 50 km/h
- extrem hohe Windgeschwindigkeit im Tornadorüssel: bis zu 800 km/h
- Klassifizierung: nach der Rotationsgeschwindigkeit im Rüssel (Fujita-Skala)
- Luftdruckverhältnisse im Tornadorüssel noch wenig erforscht
- Tornadolebensdauer: einige Minuten
- Vorkommen: auf allen Kontinenten außer der Antarktis
- Häufigkeit des Auftretens: USA > 1 000/Jahr; Europa ca. 300/Jahr

M5 Tornado in Oklahoma

Entstehung von Tornados

Die Entstehung von **Tornados** ist komplex und noch nicht bis ins Letzte erforscht. Tornados entstehen über Land oder Wasser. Hauptvoraussetzung ist feuchtwarme Luft, die mit trockener, kalter Luft zusammentrifft. Die extremen Temperatur- und Feuchtigkeitsunterschiede sorgen für uneinheitliche Luftbewegungen, Verwirbelungen und Turbulenzen. Feuchtwarme Luft ist relativ leicht und steigt auf. Dabei kondensiert der Wasserdampf der feuchten Luft und setzt Wärme frei. Es bilden sich riesige Gewitterwolken. Treffen diese auf einen kalten Wind in der Höhe, der in eine andere Richtung weht, kommt es zu starken Luftwirbeln. Die feuchte Luft wird in einer Spirale, dem Tornadorüssel, nach oben gerissen. Gleichzeitig stürzt die Kaltluft an den Seiten nach unten.

Im Allgemeinen liegt die Lebensdauer bei nur wenigen Minuten. Auch die zurückgelegte Wegstrecke ist mit etwa 30 km im Vergleich zum Hurrikan sehr gering. Aufgrund ihrer extremen Windstärken, die auf über 500 km/h geschätzt werden, hinterlassen Tornados meist eine Schneise der Verwüstung.

Tornados treten zunehmend häufiger auch in Mitteleuropa auf und richten zum Teil enorme Schäden an, wie im Mai 2015 in Bützow (Mecklenburg-Vorpommern), 2016 in Minden (Nordrhein-Westfalen), 2017 in Töppel (Sachsen-Anhalt) oder im Mai 2022 bei Lippstadt (Nordrhein-Westfalen).

?!
Kaum zu glauben

In Minnesota wurde 1931 ein 83 t schwerer Zug von einem Tornado 25 m hoch in die Luft geschleudert. Viele der 117 Passagiere wurden getötet.

M6 Entstehung eines Tornados

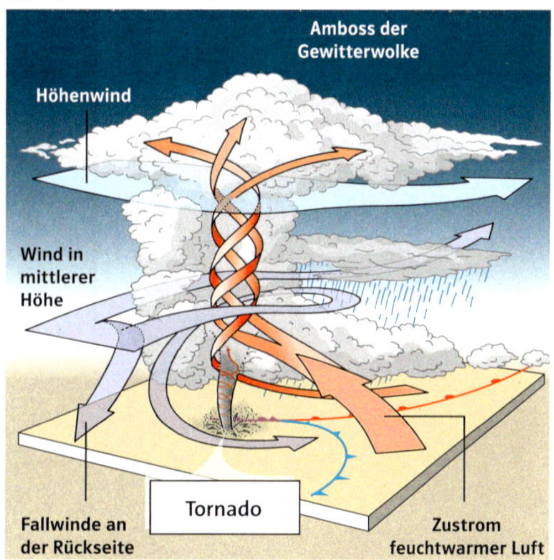

3 ○
Erstelle eine tabellarische Übersicht mit den folgenden Kennzeichen eines Hurrikans: Vorbedingung, Entstehung, Ablauf, Durchmesser, Zuggeschwindigkeit, Länge der Zugbahn, Dauer, Spitzengeschwindigkeit, Vorwarnzeit.

4 ◒
Tornados:
a) Beschreibe den Ablauf.
b) Erkläre die Entstehung.

5 ◒
Vergleiche Hurrikans und Tornados.

Gewitter und Unwetter – was tun?

Etwa alle Minute blitzt es Tausende Male irgendwo auf unserem Planeten. In Deutschland werden jährlich über 700 000 Blitze erfasst. Besonders häufig treten Gewitter entlang der Schwäbischen Alb, im Raum Stuttgart und im Schwarzwald auf. Wie entstehen diese Gewitter und wie kann man sich davor schützen?

M1 Gewitter über Stuttgart

M2 Entstehung eines Sommergewitters

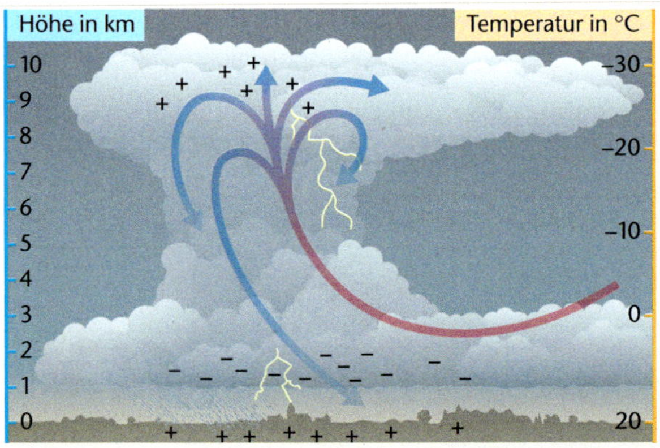

- Wasser verdunstet am Boden und feuchte Luft steigt nach oben; es bilden sich Wolken
- in den oberen Schichten der Wolke herrschen sehr kalte Temperaturen, sodass Wassertröpfchen zu Eiskörnchen gefrieren
- in der Wolke bewegen sich Wassertröpfchen und Eiskörnchen auf und ab; durch die Reibung laden sich diese elektrisch auf
- die Eiskörnchen laden sich positiv auf und sammeln sich im oberen Bereich der Wolke; in der unteren Schicht überwiegen die negativ geladenen Wassertröpfchen
- die unterschiedlichen Ladungen in der Wolke oder zwischen den Wolken gleichen sich durch einen Blitz aus
- zudem gleichen sich auch die unterschiedlichen Ladungen zwischen Wolke und Erde aus; die Blitze schlagen bevorzugt in die höchsten Punkte ein (z. B. Bäume)

Entstehung von Gewittern

Gewitter können schnell entstehen und sich verändern. Sie kündigen sich im Sommer oftmals mit schwüler, feuchter Luft an. Die Gewitterwolken erscheinen im Anfangsstadium im Sonnenschein hell und haben die Form eines Blumenkohls, der rasch in die Höhe wächst. Im Endstadium können sie eine Höhe von fast 12 km erreichen und die Form eines Amboss annehmen. An der Unterseite sind die Gewitterwolken oft dunkel und haben einen scharfen Rand. Auftretende Winde können ein Gewitter zudem verstärken.
Wenn ein Blitz entsteht, fließt ein starker elektrischer Strom zwischen der Wolke und dem Boden oder innerhalb der Wolke selbst. Dieser Strom erwärmt die Luft entlang des Blitzes auf mehrere Tausend Grad Celsius, was zu einer plötzlichen und starken Ausdehnung der Luft führt. Das verursacht eine Schallwelle, die wir als Donner hören. Oftmals sind Gewitter von Sturm- oder Orkanböen mit Starkniederschlägen begleitet. Darüber hinaus kann Hagel zu erheblichen Schäden führen.

M3 Wie weit ist ein Gewitter entfernt?

„Um die genaue Entfernung des Blitzes zu ermitteln, lässt sich die Schallgeschwindigkeit ausnutzen. Während der Blitz ... zeitgleich zum Auftreten zu sehen ist (Lichtausbreitung rund 300 000 km pro Sekunde), legt der Schall des Donners nur rund 330 m pro Sekunde zurück. Für einen Kilometer braucht er also 3 Sekunden. Zählt man nun die Sekunden zwischen dem Blitz und den Donner und teilt diese durch 3, hat man die Entfernung zum Gewitter in Kilometern. Beispiel: Zwischen Blitz und Donner lagen 9 Sekunden, dann hat der Blitz in etwa 3 Kilometern Entfernung eingeschlagen. Hat das Gewitter eine Entfernung von etwa 10 km unterschritten, wird es zunehmend gefährlich."

Trippler, Simon: Die Entfernung von Gewittern, Deutscher Wetterdienst vom 28.06.2020 (15.08.2023)

M4 Wettergefahrenkarte des Deutschen Wetterdienstes

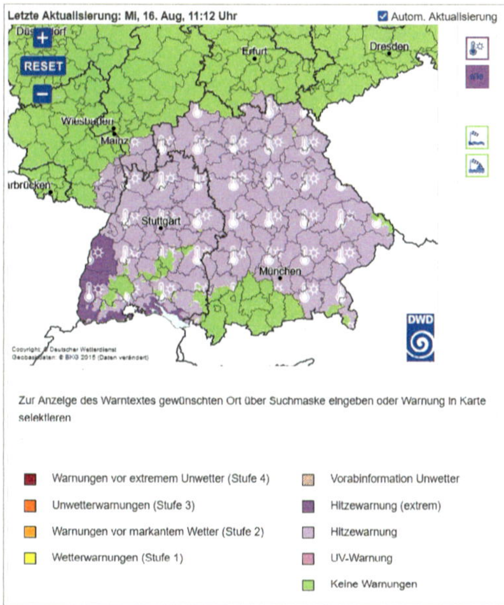

M5 Warn-App NINA

NINA

Notfall-Informations- und Nachrichten-App

Schnell informiert und richtig handeln

Da Gewitter lebensgefährlich sein können, ist es wichtig, sich vor einem Gewitter zu schützen. Dazu gehört neben der Information über die Wetter- und Gefahrensituation auch das Wissen, wie man sich bei einem Gewitter und Unwetter richtig verhält. Informationen bekommst du schnell über die Notfall-Informations- und Nachrichten-App des Bundes (Warn-App NINA), die WarnWetter App oder die Seiten des Deutschen Wetterdienstes (DWD).

M6 Verhaltensregeln bei Gewitter

- „Rasch Schutz suchen in einem Haus oder Auto. Häuser haben meist Blitzableiter, das Auto (auch Wohnwagen) leitet den Strom ab in die Erde.
- Sofort das Schwimmbecken oder den See verlassen – auch wenn man mit einem Boot unterwegs ist – und mindestens 30 m Abstand (ca. 60 Schritte) zum Ufer halten. Wasser leitet den Strom besonders gut.
- Blitze schlagen im höchstgelegenen Punkt ein. ... Deshalb Hügelkuppen, Masten, Türme, Hochsitze und alle ... Bäume meiden. ... Falls man im Wald ist, sich zwischen den Bäumen aufhalten.
- Ein Zelt ... bietet keinen Schutz und muss verlassen werden.
- Keinen Regenschirm aufspannen und vom Fahrrad / Roller steigen. Beide enthalten Metall, was Blitze anziehen kann.
- Überhaupt alle aus Metall bestehenden und Strom leitenden Gegenstände meiden, wie zum Beispiel Spielplatzgeräte, Leitern, Metallzäune.
- Erwischt das Unwetter einen „auf freiem Feld“ oder gar im Gebirge ..., nicht im Gewitter herumlaufen, sondern an einer tieferen Stelle in die Hocke gehen. Nur die eng beieinander stehenden Füße dürfen den Boden berühren (Hände umschließen die Knie). Warten, bis das Gewitter vorübergeht.
- Wenn zum Beispiel Kinder in einer Gruppe unterwegs sind und kein Unterschlupf zu erreichen ist, sollen sie sich möglichst einzeln in eine Vertiefung hocken und einander nicht berühren.
- Im Haus sollten besonders empfindliche Elektrogeräte wie Computer, Fernseher vom Stromnetz getrennt werden, um eine Überspannung nach Blitzeinschlag zu vermeiden.“

Bundeszentrale für gesundheitliche Aufklärung (2023): Gewitter – Was (nicht nur) Kinder wissen sollten (15.08.2023)

M7 WarnWetter App des Deutschen Wetterdienstes

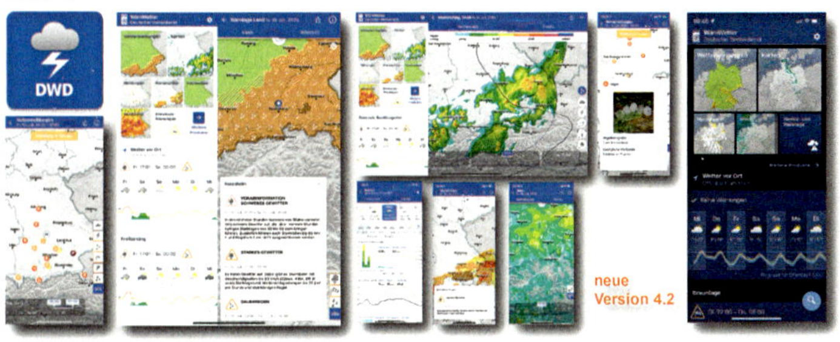

1 ◒ MK
Erstellt ein Informationsblatt oder einen Kurzvortrag zum Thema: Was passiert eigentlich bei einem Gewitter?

2 ○ MK
Erkläre, wie du Informationen über Unwettergefahren mithilfe einer App oder des Internets bekommst.

3 ◒ MK
Überprüfe, ob du dich richtig bei einem Gewitter verhältst. Entwickle dazu – ausgehend von den **Verhaltensregeln bei Gewitter (M 6)** – einen Fragebogen, mit dem du das richtige Verhalten bei Gewitter überprüfen kannst.

Wichtige Begriffe

- Atmosphäre
- Hochdruckgebiet
- Hurrikan
- Jahreszeiten
- Jahreszeitenklima
- Kaltfront
- Luftdruck
- Regenzeit
- Tageszeitenklima
- Tiefdruckgebiet
- Tornado
- Trockenzeit
- Warmfront
- Wirbelsturm
- Zyklone

Sich orientieren

1 Ordne zu

a) Nenne die vier Hauptluftmassen mit ihren Eigenschaften, die das Wetter in Europa bestimmen.

b) Ordne sie den Ziffern in M 8 zu.

Kennen und verstehen

2 Nenne die Begriffe

a) Wasserdampf in der Luft

b) das Zusammenspiel aller Wetterelemente an einem konkreten Ort zu einem bestimmten Zeitpunkt

c) tropischer Wirbelsturm vor der Küste Floridas

d) Fachbegriff für Gewitterwolke

M1

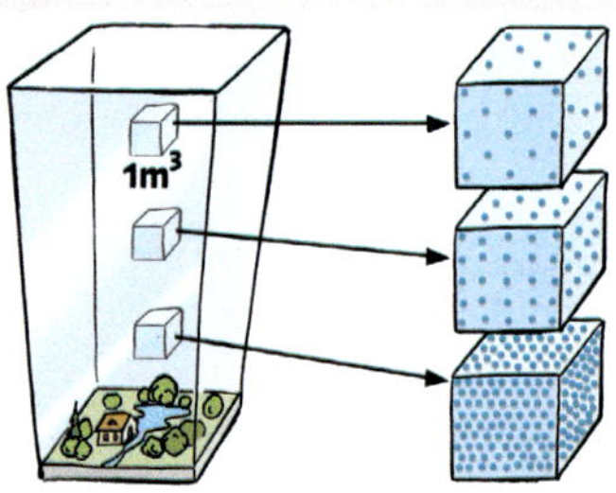

M2

3 Nenne die richtige Aussage.

a) Die Lufttemperatur nimmt mit zunehmender Höhe ab.

b) Der Luftdruck ist im Hochgebirge höher als im Tal.

4 Ergänze die Aussagen

a) Der Luftdruck wird in der Einheit … angegeben.

b) Steigt erwärmte Luft nach oben, entsteht am Boden …

c) Luft bewegt sich vom … zum …

d) Ein Ostwind weht von … nach …

e) Cirruswolken und fallender Luftdruck sind Vorboten für eine …

5 Aussagen überprüfen

Welche Aussage beschreibt die absolute und die relative Feuchte?

a) Gibt an, wie viel Wasserdampf in Gramm pro Kubikmeter Luft enthalten ist.

b) Ist der Quotient aus absoluter und maximaler Luftfeuchte, multipliziert mit 100.

6 Wolkenexperte

Nenne die Wolkenformen (**M 2**, **M 4**) und erkläre ihre Entstehung.

M3

M4

7 Geheimnisse der Luftdichte

Erkläre die Aussage der **Grafik M 1** und formuliere ganze Sätze.

8 Nebelbildung

In klaren Herbstnächten bildet sich häufig Nebel in Tälern (**Foto M 3**). Erkläre.

Fachmethoden anwenden

9 Skizze erstellen

Übertrage die Grafiken **M 9** und **M 10** in dein Heft und beschrifte jeweils die Abbildungen. Folgende Begriffe stehen zur Verfügung: Warmfront, Kaltfront, warme Luftströmung, kalte Luftströmung, Haufenwolken, Federwolken, Schichtwolken, Gewitterwolken.

10 Skizze erstellen

Übertrage die Skizze **M 5** in dein Heft und beschrifte sie. Benutze auch die Farben Rot für warme Luftmassen und Blau für kalte Luftmassen.

M5

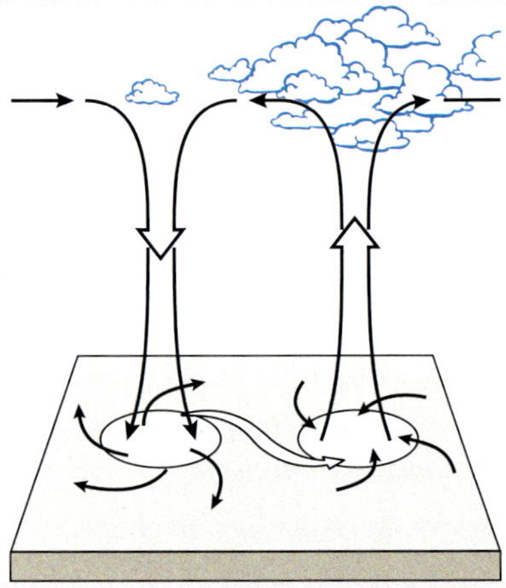

Beurteilen und bewerten

11 Beurteile die Aussagen.
a) Die Energie der Sonne erwärmt den Erdboden und Wasser steigt auf.
b) Die Temperatur von aufsteigender Luft steigt an.
c) Warme Luft steigt auf und kalte Luft sinkt ab.
d) Eine Abkühlung von feuchter Luft kann zur Kondensation führen.

12 Gemeinsamkeiten und Unterschiede
Das **Foto M6** zeigt eine Zyklone über Nordeuropa und das **Foto M7** einen Hurrikan vor der Südküste der USA. Beide Sturmgebilde zeigen Gemeinsamkeiten und Unterschiede. Bewerte.

M6

M7

M8 Hauptluftmassen in Europa

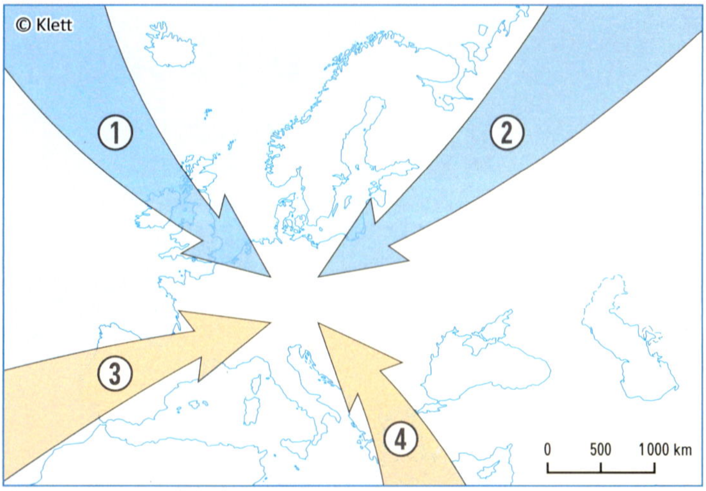

M9

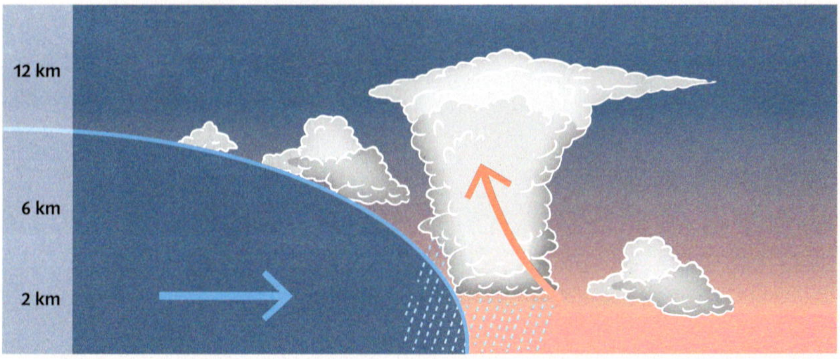

M10

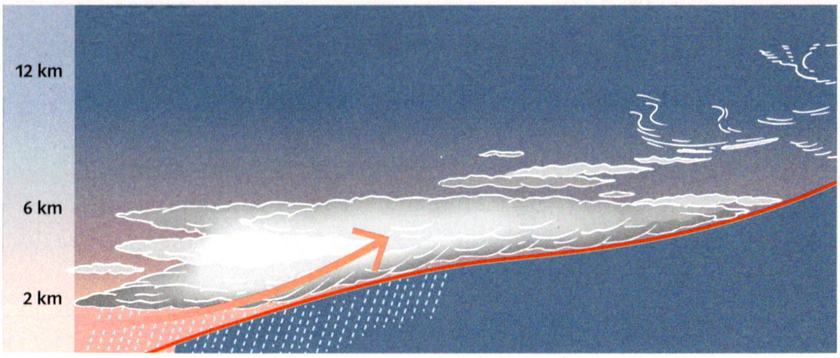

Jetzt kannst du ...

- typische Wetterabläufe der inneren Tropen im Vergleich zu Mitteleuropa beschreiben;
- das Zusammenwirken der Wetterelemente erklären;
- den Durchzug einer Zyklone beschreiben;
- ein ausgewähltes Wetterextrem sowie daraus resultierende Bedrohungen darstellen;
- die Entstehung eines Gewitters erklären und eigene Verhaltensweisen während eines Gewitters herausarbeiten.

3

Klima- und Vegetationszonen der Erde

M1 Landschaftszonen der Erde

Auf der Erde gäbe es ohne die Sonnenstrahlung kein Leben. Die Sonne ist unser wichtigster Energielieferant. Allerdings ist sie auf der Erde ungleich verteilt: Während am Äquator das ganze Jahr über hohe Temperaturen herrschen, sind die Pole ganzjährig mit Eis bedeckt. Wie lassen sich diese Unterschiede erklären? Welche Folgen hat dies für die Vegetation? Und wie nutzt der Mensch die unterschiedlichen Landschaften? Antworten darauf erhältst du in diesem und den folgenden Kapiteln.

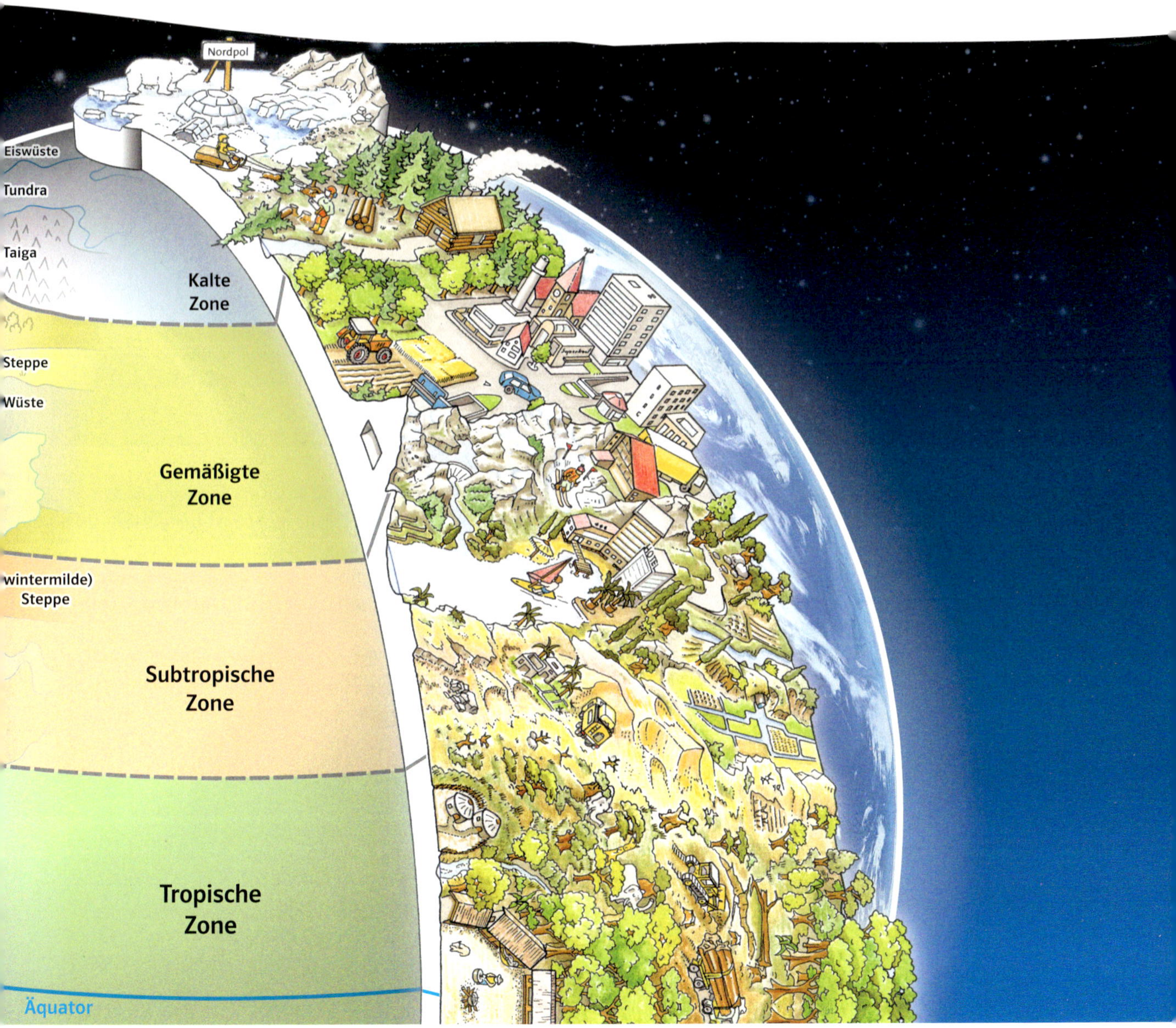

Das kennst du schon!

- Zusammenhänge zwischen Klimazone, Vegetation und landwirtschaftlicher Nutzung erklären
- klimatische Eigenschaften der Klimazonen und ihre charakteristische Vegetation nennen

Licht und Wärme – ungleich verteilt

Warum sind die Tage und Nächte bei uns unterschiedlich lang? Und warum herrschen auf der Erde unterschiedliche Temperaturen?

M1 Die Bahn der Erde um die Sonne

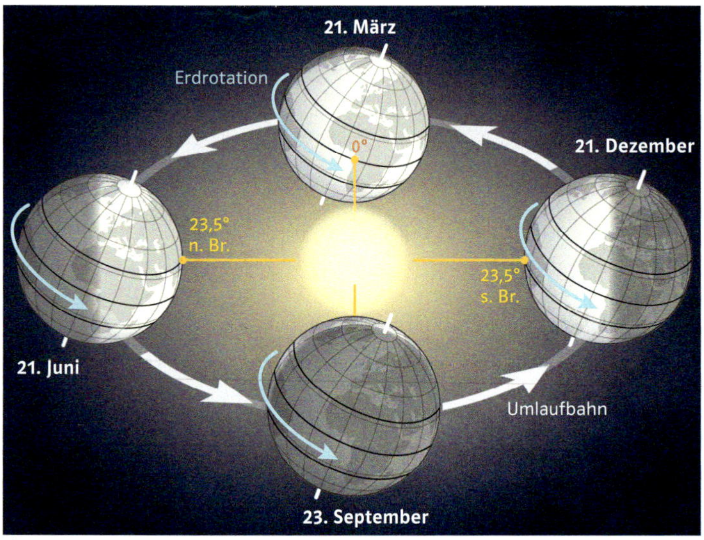

M3 Neigung der Erdachse

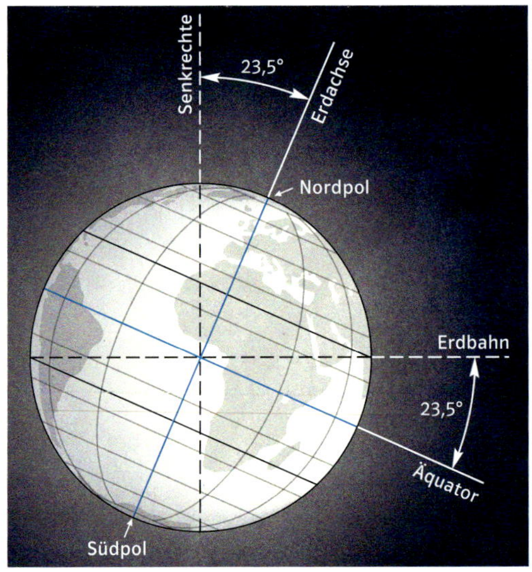

Im Laufe eines Jahres, genau in 365 Tagen und 6 Stunden, bewegt sich die Erde einmal um die Sonne (Erdrevolution). Zudem dreht sich die Erde alle 24 Stunden einmal um sich selbst (Erdrotation). Die Erdachse ist bei diesem Umlauf um die Sonne in einem Winkel von 23,5 Grad geneigt. Diese Neigung der Erdachse bleibt während des Umlaufs um die Sonne immer gleich.
Grundsätzlich wird immer nur die der Sonne zugewandte Hälfte der Erde beleuchtet (Tag), die andere liegt im Schatten (Nacht). Im Laufe eines Jahres verändern sich jedoch die Einfalls-

M2 Der Tagesbogen der Sonne im Jahresverlauf

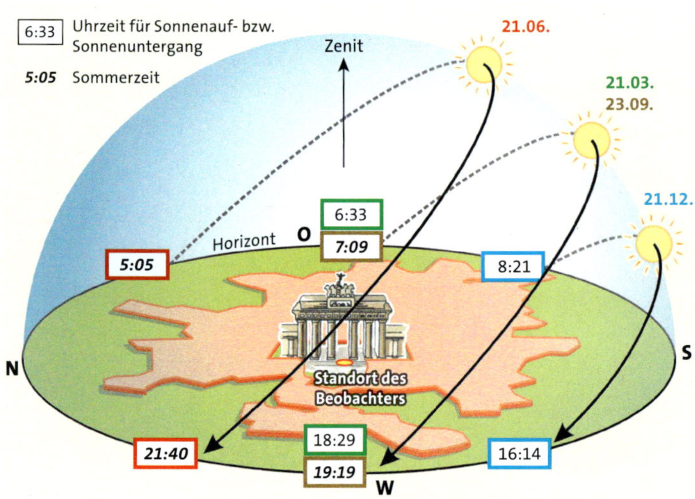

1 Beschreibe mithilfe der **Grafiken M1 und M3** in Stichpunkten die unterschiedliche Beleuchtung der Erde im Jahresverlauf.

2 Erkläre die gleiche Länge von Tag und Nacht am 21. März und am 23. September.

winkel der Sonnenstrahlen auf die Erde. Ein halbes Jahr wird die nördliche, ein halbes Jahr die südliche Halbkugel stärker bestrahlt und dadurch stärker erwärmt. Es entstehen die **Jahreszeiten**. Am 21. Juni ist der Nordpol der Erde zur Sonne geneigt, der Südpol dagegen abgewandt. Die Schattengrenze verläuft an den Polarkreisen. An diesem Tag geht die Sonne nördlich des Polarkreises nicht unter, es herrscht **Polartag**. Wir in Deutschland merken das an den langen Tagen und den hohen Tagesbögen der Sonne im Sommer.

Beleuchtungszonen und Tageslängen

Weil sich der Neigungswinkel der Erdachse während der Drehung der Erde um die Sonne nicht ändert, lassen sich drei **Beleuchtungszonen** ableiten:

Die **Polarzonen** zwischen den beiden Polen und den Polarkreisen sind Bereiche der Erde, in denen es den Polartag und die Polarnacht gibt. An den Polarkreisen dauert der Polartag 24 Stunden, an den Polen ein halbes Jahr. Der Sonnenstand im Sommerhalbjahr der jeweiligen Halbkugel ist niedrig.

In der **Gemäßigten Zone**, zwischen den Polar- und den **Wendekreisen**, wechseln im Verlauf eines Jahres die Sonnenstände. Dadurch entstehen die uns bekannten typischen vier Jahreszeiten mit unterschiedlich langen Tagen und Nächten. Je näher ein Ort an den Wendekreisen liegt, desto kleiner werden die Unterschiede.

Die **Tropenzone** liegt zwischen den Wendekreisen. Weil der Sonnenstand in dieser Zone ganzjährig hoch ist, gibt es keine temperaturbedingten Jahreszeiten wie bei uns. Die Tage und Nächte sind dort das ganze Jahr fast gleich lang. Nur wenn bei uns Frühling und Herbst beginnen, am 21. März und 23. September, sind überall auf der Erde zwölf Stunden Tag und zwölf Stunden Nacht. Diese Erscheinung wird als Tagundnachtgleiche bezeichnet. Nur in den Tropen kann die Sonne im **Zenit** stehen, d.h. senkrecht über dem Beobachter auf der Erdoberfläche. Am 21. Juni „erreicht“ der Zenitstand seinen nördlichsten Punkt bei 23,5 Grad Nord. Dann „wendet“ sich der Sonnenhöchststand wieder nach Süden. Die Breitenkreise 23,5 Grad Nord und Süd werden daher Wendekreise genannt. Weil diese Verlagerung des Zenitstandes eine Folge der geneigten Erdachse ist, spricht man von einer scheinbaren Wanderung zwischen den Wendekreisen.

M4 Zenitstände der Sonne im Jahresverlauf

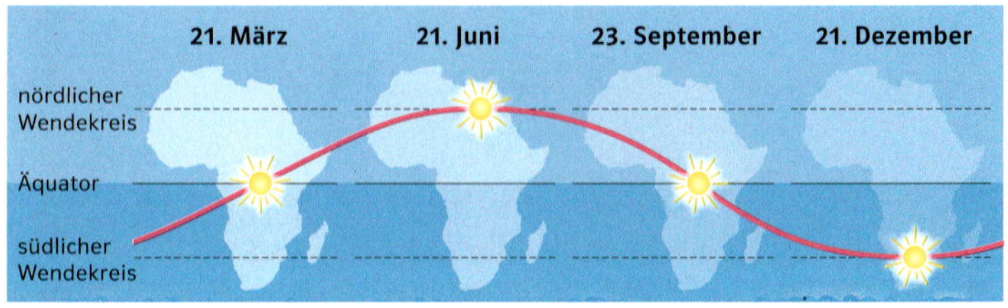

M5 Die Beleuchtungszonen der Erde

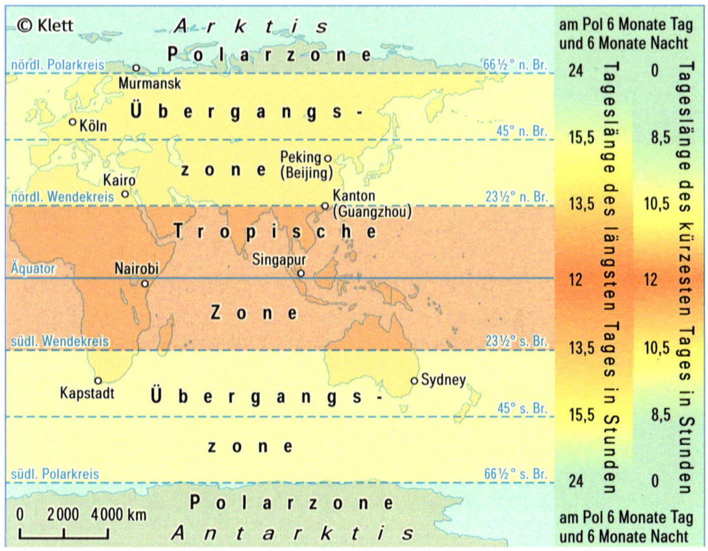

3 ○
Erstelle eine Tabelle zu den Jahreszeiten auf der Nord- und Südhalbkugel.

Datum	Nordhalbkugel	Südhalbkugel
21. März	Frühling	...
21. Juni	...	...
23. September	...	...
21. Dezember	...	...

4 ◒ MK
Erkläre die Entstehung der Jahreszeiten für die Nord- und Südhalbkugel. Nutze hierfür auch das Erklärvideo.

5 ● 🔑
Erläutere die Folgen für Tageslängen und Jahreszeiten, wenn die Erdachse nicht geneigt wäre.

M6 Die Erwärmung der Erdoberfläche

Nur etwa die Hälfte der Sonnenstrahlung erreicht die Erdoberfläche. Die anderen Anteile werden von der Atmosphäre, insbesondere den Wolken, aufgenommen oder in den Weltraum zurückgestrahlt. Die Luft über der Erdoberfläche wird nicht direkt durch die Sonnenstrahlen erwärmt. Erst beim Auftreffen der Sonnenstrahlen auf die Erdoberfläche werden diese in Wärme umgewandelt. Die Festlands- und Meeresflächen strahlen diese Wärme aus, sodass sich die darüberliegenden Luftschichten erwärmen.

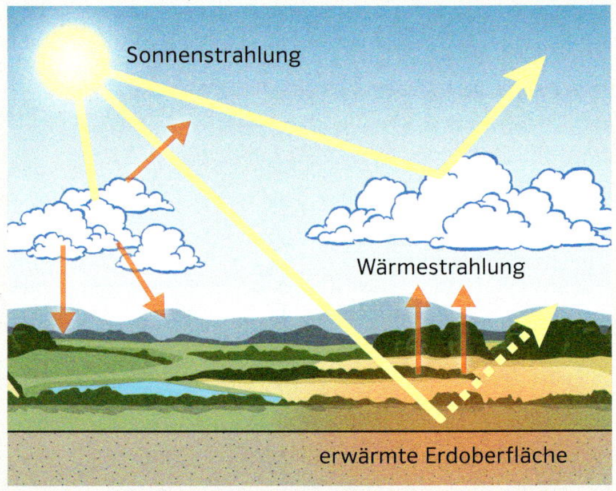

Die Erwärmung der Erdoberfläche

Durch die Kugelgestalt der Erde treffen die Sonnenstrahlen am Äquator fast senkrecht auf die Erdoberfläche. Zu den Polen hin wird dieser Einstrahlungswinkel immer kleiner. Dabei gilt: Je kleiner der Einstrahlungswinkel, desto geringer ist die zugestrahlte Energiemenge je Flächeneinheit.

Durch die Schrägstellung der Erdachse verändern sich während des Umlaufs um die Sonnen die Einfallswinkel der Sonnenstrahlen. Die Erde wird dadurch fortlaufend unterschiedlich erwärmt – es entstehen Jahreszeiten. Am 21. Juni ist der Einstrahlungswinkel auf der Nordhalbkugel am größten, der Sommer beginnt. Alle Orte der Erdoberfläche, die auf einem Breitenkreis liegen, erhalten so die gleiche „Menge“ an Sonnenstrahlen. Sie werden aber trotzdem unterschiedlich erwärmt, da die Lufttemperatur nicht nur vom Einstrahlungswinkel der Sonne abhängt.

Ein Blick auf den Globus zeigt, wie sich die Oberflächengestalt entlang eines Breitenkreises verändert. Meeresflächen, Kontinente, Gebirge und Tiefländer wechseln einander ab. Diese Unterschiede wirken sich auch auf die Lufttemperaturen und Niederschläge aus. Die unterschiedlich erwärmten Luftmassen werden dann durch Winde verlagert.

Temperaturzonen

Durch die unterschiedliche Erwärmung der Erdoberfläche finden wir Gebiete auf der Erde mit ähnlichen Jahresdurchschnittstemperaturen. Sie verlaufen fast parallel zu den Breitenkreisen. Vier große Temperaturzonen lassen sich abgrenzen.

- Die Kalte Zone: mit einer Jahresdurchschnittstemperatur um oder unter 0 °C und kalten Wintern;
- die Gemäßigte Zone: mit einer Jahresdurchschnittstemperatur um 8 °C und gemäßigten Winter und Sommer;
- die Subtropen: mit Jahresdurchschnittstemperaturen um etwa 18 °C und milden Wintern und heißen Sommern;
- die Tropen: mit Jahresdurchschnittstemperaturen um etwa 25 °C, immer heiß und niemals Frost.

Doch die Verteilung von Land und Meer, die Auswirkungen von Meeresströmungen und die Höhenlage führen zu Abweichungen.

M7 Sonneneinstrahlung und Beleuchtungszonen

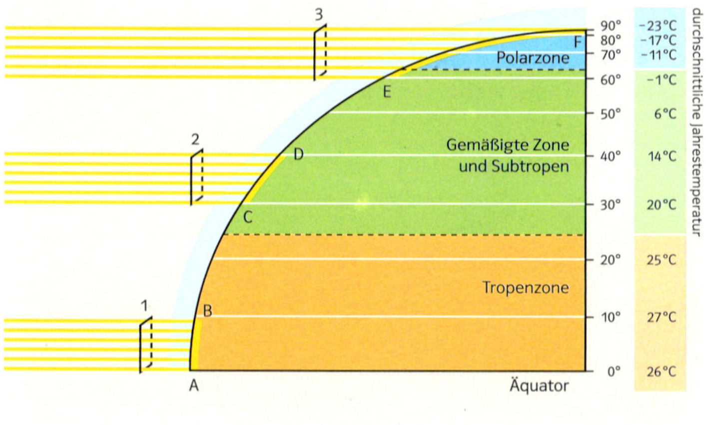

M9 Der Zusammenhang von Einfallswinkel und erwärmter Fläche (z.B. Tropen und Gemäßigte Zone)

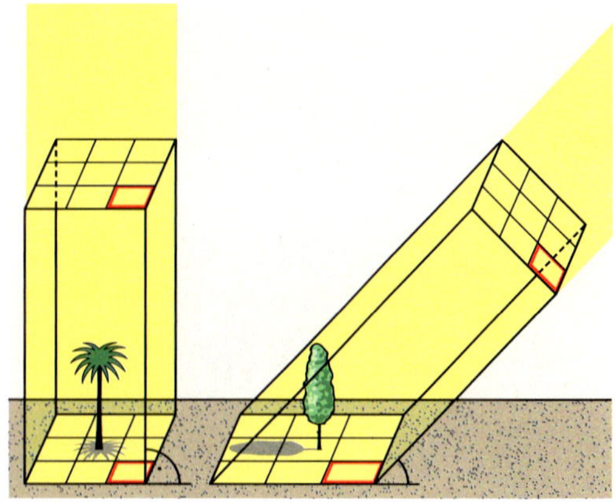

M8 Jahresdurchschnittstemperaturen

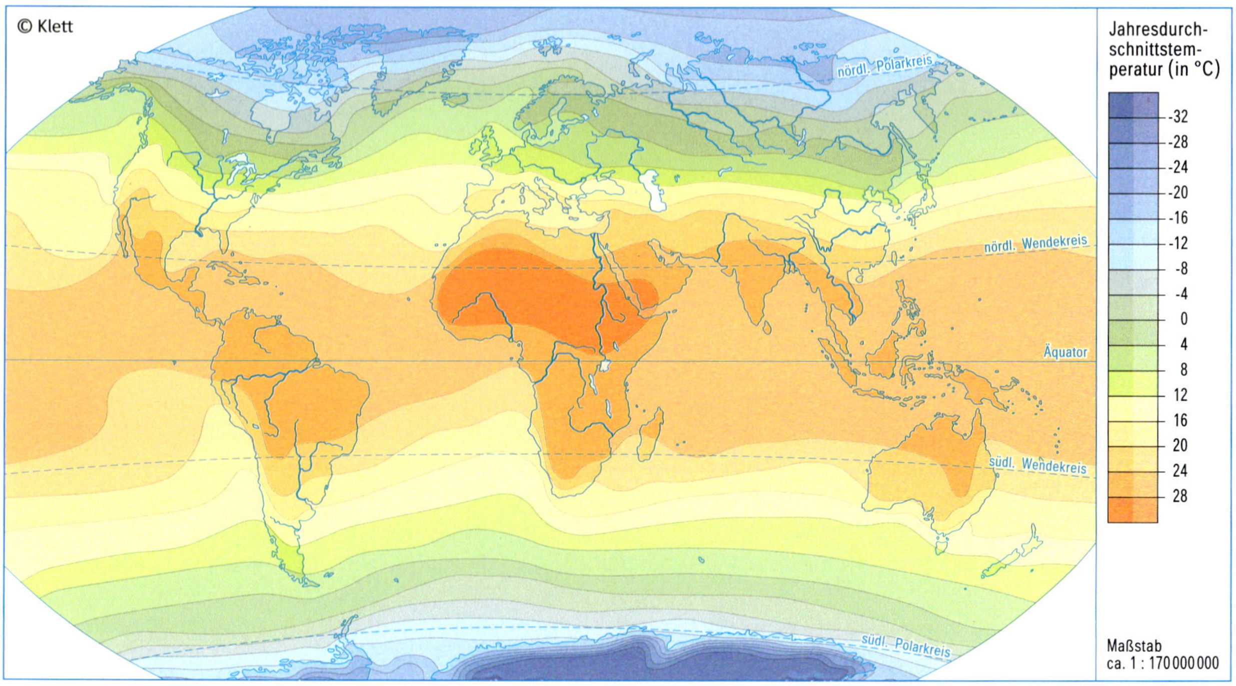

6 ◒
Erkläre mithilfe des Textes sowie der **Grafiken M 7 und M 9** das Zustandekommen der unterschiedlichen Jahresdurchschnittstemperaturen auf der Erde.

7 ◒
Analysiere die **Karte M 8**

8 ● 🔑
Nenne mögliche Gründe für die unterschiedliche Erwärmung von Orten gleicher geographischer Breite.

Winde wehen mit System

Luftmassen sind in Bewegung und Winde beeinflussen das Wettergeschehen auf der Erde. Einige Winde bringen Hitze und Trockenheit, andere Kälte oder Wolken mit ausgiebigen Niederschlägen. Ist dies Zufall oder steckt dahinter ein System?

M1 Die Erde an einem 6. Juli (Aufnahme vom Satelliten Meteosat)

M2 Passatkreislauf und Lage der ITC im März und September

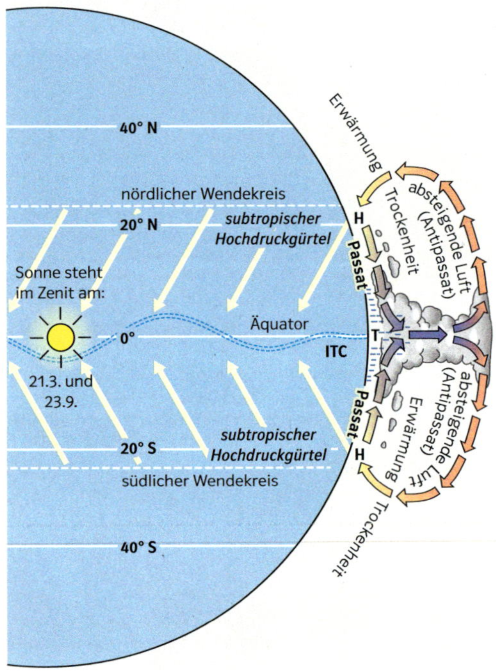

Auch im weltweiten Maßstab werden Luftdruckunterschiede ständig durch Winde ausgeglichen. Luftdruck und Winde bestimmen so die atmosphärische Zirkulation. In den Tropen, im Bereich des Zenitstandes der Sonne, steigt ständig erwärmte Luft auf. Mit zunehmender Höhe kühlt sie sich ab, wobei der Wasserdampf kondensiert. Es bilden sich mächtige Wolken, aus denen ergiebige Niederschläge fallen können. Mit dem Aufstieg der erwärmten Luft kommt es am Boden zur Abnahme und in der Höhe zu einer Zunahme des Luftdrucks gegenüber den umgebenden Gebieten. So entstehen am Boden **Tiefdruckgebiete**, die als äquatoriale Tiefdruckrinne die ganze Erde umspannen. In der Höhe strömen die abgekühlten Luftmassen nach Norden und Süden ab. Im Bereich der Wendekreise sinkt dann die Luft zu Boden. Absinkende Luft bedeutet Erwärmung, Auflösung der Wolken und damit Ausbleiben von Niederschlägen. Am Boden entstehen dadurch trockene Gebiete mit hohem Luftdruck: Hier befindet sich der subtropische / randtropische Hochdruckgürtel **(Hochdruckgebiet)** mit seinen charakteristischen Trockengebieten (z. B. Sahara). Der Luftdruckunterschied zur äquatorialen Tiefdruckrinne wird durch bodennahe Winde **(Passate)**, in Richtung Äquator ausgeglichen. Durch die Erdrotation werden sie abgelenkt und zu Nordost- und Südostpassat. Dieser ständige Kreislauf wird als **Passatkreislauf** oder Passatzirkulation bezeichnet. Weil sich diese Zirkulation um die ganze Erde erstreckt, spricht man auch von einem Windgürtel.

1

Bewölkung in Äquatornähe:

a) Beschreibe die Bewölkungsverteilung an den Wendekreisen (**M1**). ○

b) Erkläre mithilfe der **Grafik M2** die Verteilung der Bewölkung. ◒

M3 Passatkreislauf und ITC-Lage, Juli

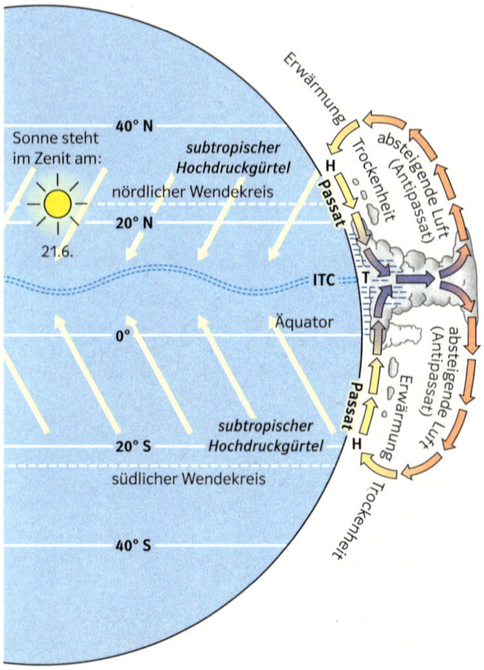

M4 Passatkreislauf und ITC-Lage, Dezember

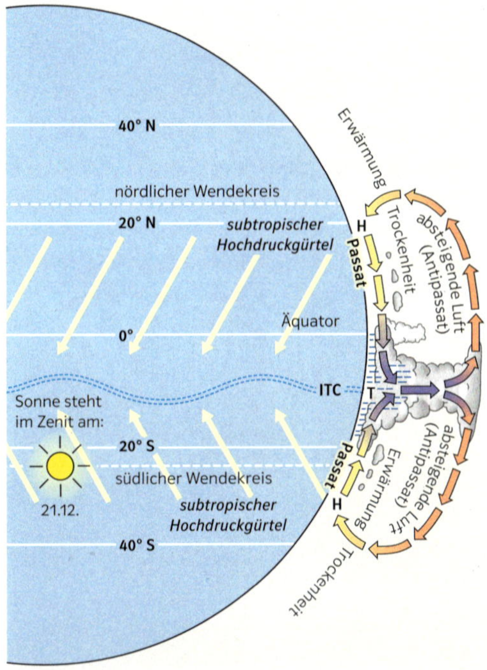

?!
Kaum zu glauben

Schon Kolumbus nutzte auf seiner Überfahrt nach Amerika die Passatwinde. „Trade winds" – Handelswinde nannten die Matrosen der Segelschiffe daher die beständig wehenden Passatwinde zwischen den Wendekreisen.

Dort, wo Nordost- und Südostpassat zusammentreffen, liegt die **Innertropische Konvergenzzone (ITC)**. Es ist die Zone der aufsteigenden Luftmassen, die sich mit dem Zenitstand der Sonne überwiegend verlagern. Mit der scheinbaren Verlagerung des Zenitstandes der Sonne verschieben sich auch die Tiefdruckgebiete, im Juni auf die Nordhalbkugel und im Dezember auf die Südhalbkugel. Dadurch verlagern sich ebenso die Niederschläge, die man als **Zenitalregen** bezeichnet. Mit der Verlagerung des Zenitalregens kommt es zum Wechsel von **Trockenzeit** zur **Regenzeit** in den Randgebieten der Tropen. In gleicher Weise verschieben sich die Hochdruckgebiete und damit Bereiche mit trockener Luft. Auch in ihren Eigenschaften unterscheiden sich die Passatwinde: Haben sie einen weiten Weg über das Festland zurückgelegt, sind sie trocken und heiß. Passate, die lange Strecken über das Meer wehen, bringen viel Feuchtigkeit mit sich.

M5 Niederschläge und Passate in Afrika im Juli und Dezember

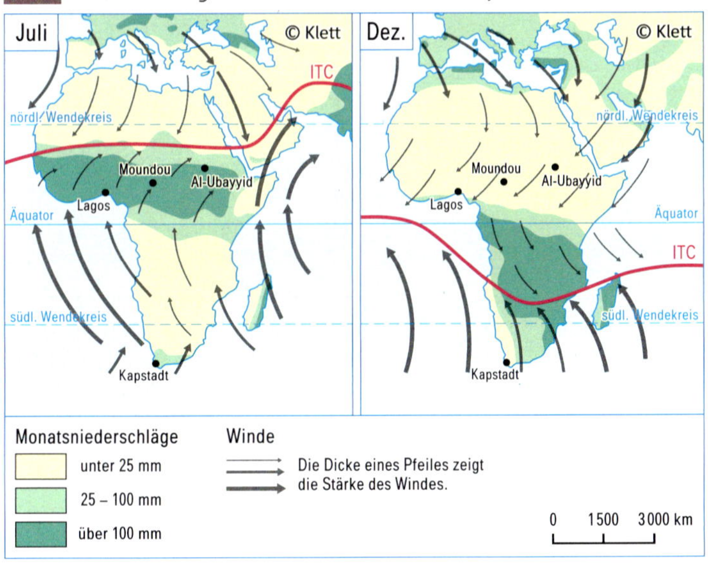

2 ◒ 👥

Passatkreislauf:

a) Erstellt eine Skizze des Passatkreislaufes.

b) Beschreibt die jeweiligen Abläufe.

3 ◒

Erläutere die unterschiedliche Lage der ITC in den **Grafiken M3 und M4** zum Passatkreislauf im **Juli** und **Dezember**.

4 ● 🔑

Begründe die Niederschlagsverteilung in Afrika im Juli und im Dezember (**Karte M5**).

Ein Klimadiagramm auswerten: Regenzeit und Trockenzeit erkennen

Wie man ein einfaches Klimadiagramm zeichnet und auswertet, hast du bereits gelernt. Jetzt erfährst du, wie du Regen- und Trockenzeiten in einem Klimadiagramm erkennen kannst.

M1 Savanne in Zentralafrika zur Regenzeit

M2 Savanne in Zentralafrika zur Trockenzeit

Vegetationszeit

Anzahl der Tage im Jahr, in denen ein Pflanzenwachstum möglich ist. Sie ist überwiegend temperaturabhängig. Als Faustregel gilt, dass die meisten Pflanzen Tagesmitteltemperaturen von mindestens 5 °C bei ausreichender Wasserversorgung benötigen.

Klimadiagramme werden so gezeichnet, dass die beiden y-Achsen im Verhältnis von 1:2 dargestellt werden. Einer Monatsmitteltemperatur von 10 °C entspricht ein monatlicher Niederschlag von 20 mm.
Als Formel notiert sieht das folgendermaßen aus: N = 2T.
Verläuft die Niederschlagskurve unter der Temperaturkurve, wird dieser Zeitraum als **arid** (trocken) bezeichnet. Als Formel gilt: N < 2T. Während dieser Trockenzeit ist für das natürliche Pflanzenwachstum zu wenig Feuchtigkeit vorhanden. Dieser Zeitraum wird im Klimadiagramm mit Punkten gekennzeichnet.
Verläuft die Niederschlagskurve oberhalb der Temperaturkurve, dann fällt mehr Niederschlag als verdunstet. Das Klima ist in dieser Zeit **humid**, also feucht genug für natürliches Pflanzenwachstum. Im Klimadiagramm wird dieser Zeitraum schraffiert.
Wenn sich die beiden Kurven schneiden, gilt: N = 2T. Dies ist die Trockengrenze.

1. Schritt: Klimastation verorten

Lies den Namen (1) und die Höhenlage (2) der Klimastation ab. Schau im Atlas nach und beschreibe die Lage des Ortes im Gradnetz (3).

Beispiel: Al-Ubayyid (12°N / 30°O) liegt im Land Sudan in Ostafrika, 574 m über dem Meeresspiegel.

2. Schritt: Jahreswerte bestimmen

Lies die mittlere Jahrestemperatur (4) und den Jahresniederschlag (5) ab. Nenne den kältesten und den wärmsten Monat.

Beispiel: Die mittlere Jahrestemperatur beträgt in Al-Ubayyid 26,4 °C. Der Jahresniederschlag beträgt ...
Der wärmste Monat ist der ... mit ...°C.
Der kälteste Monat ...

M3 Klimadiagramm von Al-Ubayyid

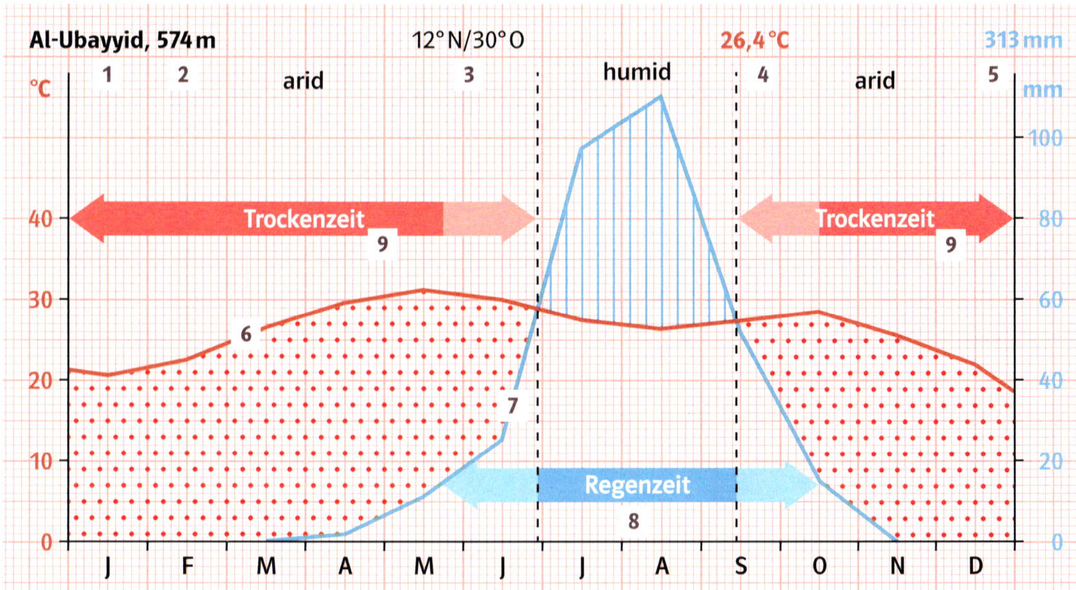

3. Schritt: Jahresverlauf beschreiben

Beschreibe jetzt den Kurvenverlauf der Temperatur (6) und des Niederschlags (7).

Beispiel: Die Temperaturkurve im Klimadiagramm der Stadt Al-Ubayyid verläuft nie unter dem Gefrierpunkt. Die Temperaturen steigen von Dezember bis ... an und sinken dann in den Sommermonaten ... und ... leicht ab. Bis ... nehmen die Temperaturen wieder leicht zu, und sinken dann bis ... wieder.
Von November bis ... fällt so gut wie kein Niederschlag. Im April fängt es an zu regnen. Die höchsten Niederschläge mit bis zu 110 mm fallen in den Sommermonaten ... und ... . Danach regnet es bis zum ... jeden Monat weniger.

4. Schritt: Niederschlagstyp erkennen

Stelle fest, wie viele Monate die Regenzeit (8) und die Trockenzeit (9) dauern. Bestimme dann die ariden und die humiden Monate. Erläutere die Auswirkungen des Klimas auf das Pflanzenwachstum.

Beispiel: Die Regenzeit dauert in Al-Ubayyid von Mai bis Mitte Oktober. Etwa ... Monate dauert die Trockenzeit. In den Monaten ... herrscht ein humides Klima. In den Monaten ... ist das Klima arid, also zu trocken für ein natürliches Pflanzenwachstum. In dieser Zeit wachsen Pflanzen nur mit künstlicher Bewässerung.

1 ○
Beschreibe die **Fotos M1** und **M2**.

2 ○
Erkläre die Begriffe humid und arid.

3 ○
Arbeite die fehlenden Inhalte in der Auswertung des Klimadiagramms von Al-Ubayyid heraus.

4 ◒
Arbeite für die Orte Lagos und Kapstadt (Anhang) die Dauer der Regen- und Trockenzeit heraus.

5 ●
Begründe, woran man erkennen kann, ob ein Klimadiagramm auf der Nordhalbkugel oder auf der Südhalbkugel liegt.

AFB I: 1 AFB II: 2, 3, 4, 5

Klima- und Vegetationszonen der Erde

M1 Klima- und Vegetationszonen

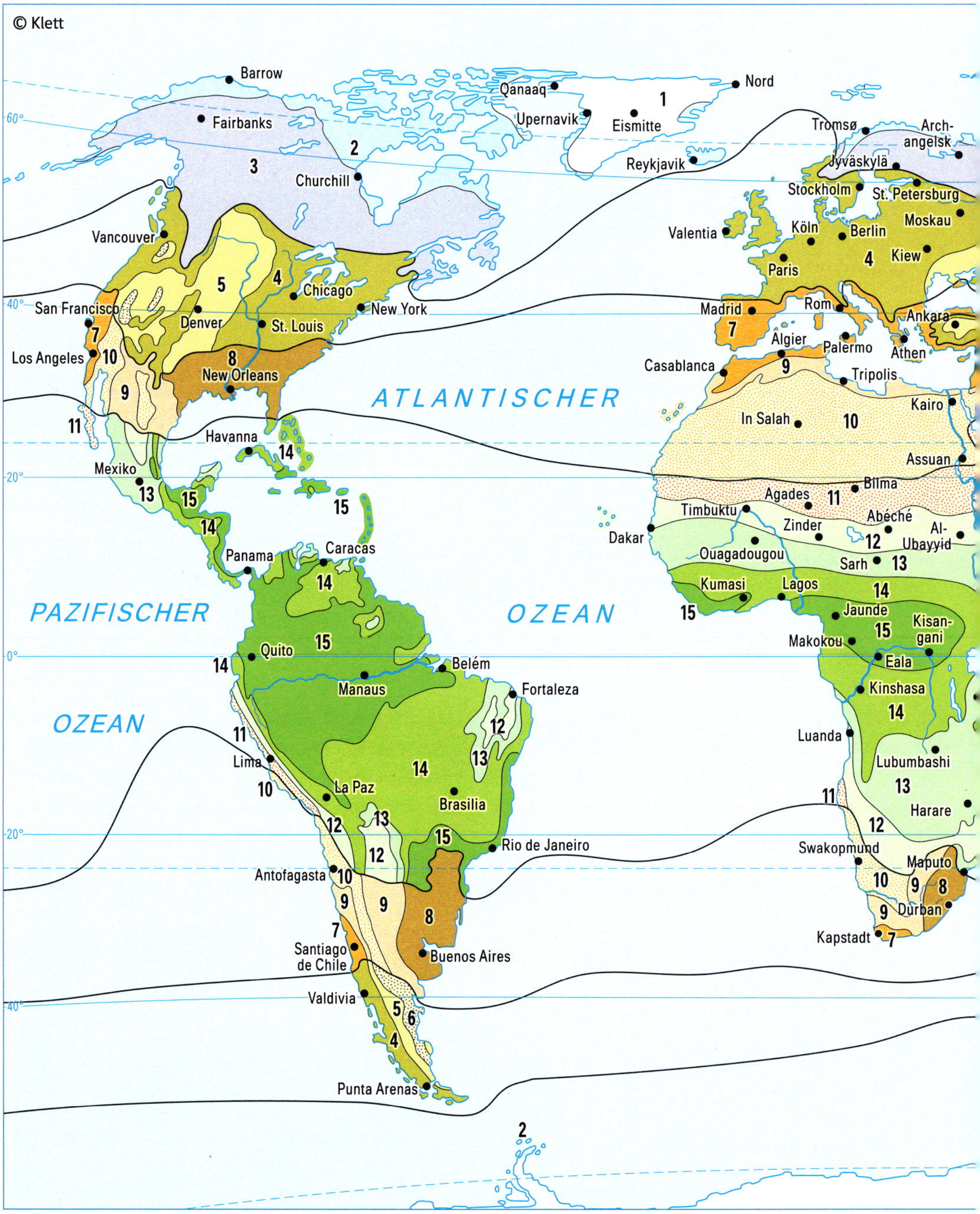

Neben der Temperatur ist der Niederschlag der wichtigste Faktor zur Abgrenzung von Zonen. Die großen Temperaturzonen der Erde werden deshalb weiter in Klimazonen untergliedert. In jeder Klimazone entwickeln sich typische Vegetationsformen, da die Pflanzen sich an die bestehenden klimatischen Bedingungen angepasst haben. Sie umspannen die Erde wie Bänder parallel zu den Breitenkreisen vom Nordpol zum Südpol. Ihre Ausprägung wird durch die unterschiedliche Sonneneinstrahlung und die davon abhängigen Windsysteme beeinflusst.

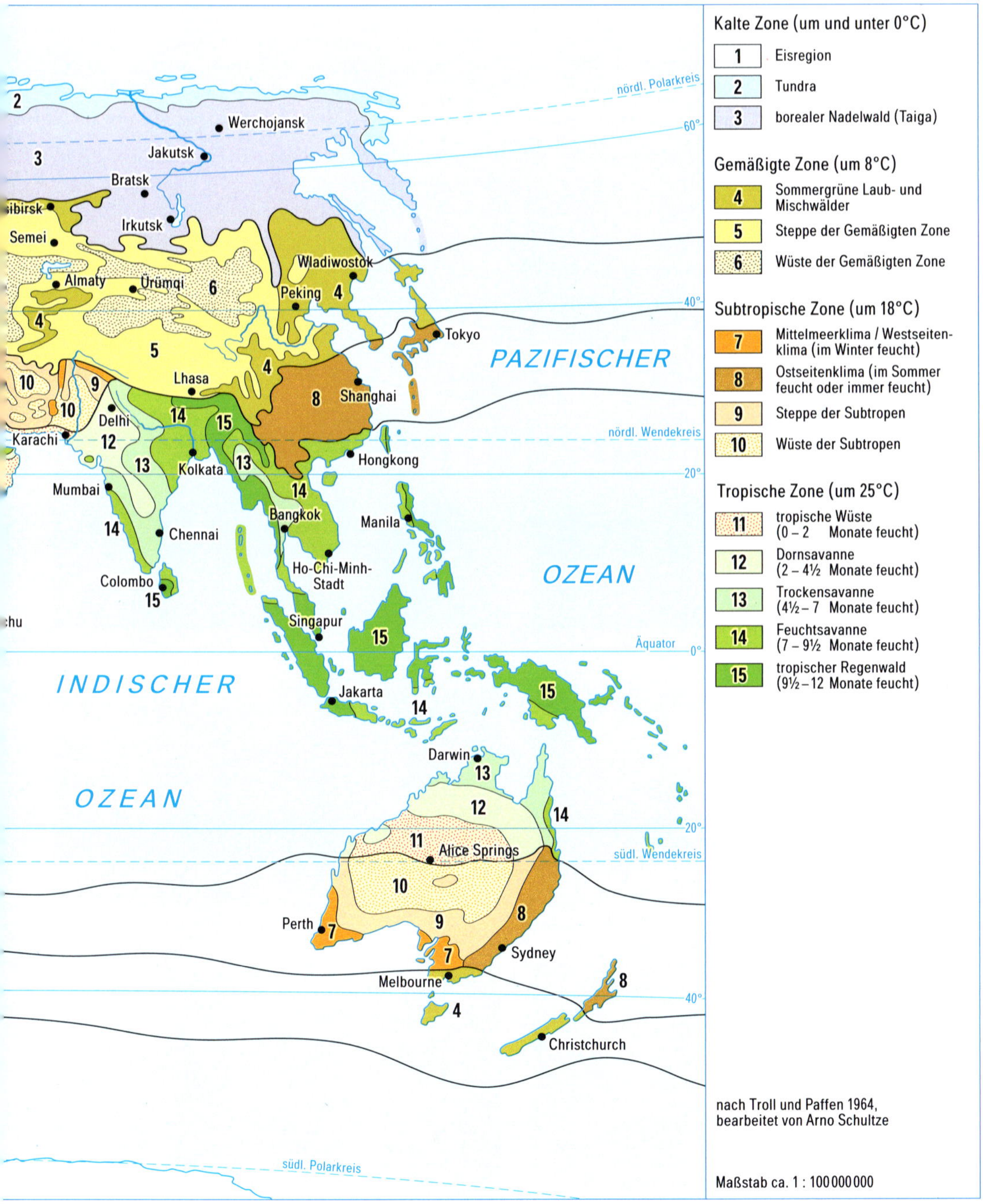

Dieser Erkenntnis folgend werden Klimadaten und Vegetationsmerkmale so miteinander zusammengefasst und in einer Karte dargestellt. Die Karte nach Troll und Pfaffen ist also eine Kombination von Klima- und Vegetationszonen.

1 ○
Nenne die Vegetationszonen Europas von Norden nach Süden

2 ○
In allen Klimazonen gibt es Wüsten. Nenne je eine Wüste aus jeder Klimazone mithilfe des Atlas.

Klima und Vegetation zwischen Pol und Äquator

Bei einem Flug vom Nordpol bis zum Äquator ändert sich die Vegetation ständig. Warum ist das so?

↢ Karte der Klima- und Vegetationszonen der Erde
Seite 38/39

Licht, Wärme, Wasser und Nährstoffe – das brauchen Pflanzen zum Wachsen. Doch nicht alle Pflanzen haben dieselben Ansprüche. Einige Arten können eisige Kälte, andere große Hitze aushalten. Manche Pflanzen brauchen sehr viel Wasser, andere kommen mit sehr wenig aus. Für das Wachstum der Pflanzen sind also Temperatur und Niederschlag entscheidend. Sie sind auch die wichtigsten Elemente des Klimas.

Ein Gebiet mit einem bestimmten Klima weist eine zugehörige typische Vegetation auf. Zu jeder Klimazone gehören deswegen die entsprechenden Vegetationszonen. Durch die Eingriffe des Menschen in die Natur, z. B. Landwirtschaft und Siedlungen, wurde jedoch die natürliche Vegetation stark zurückgedrängt.

M1

M2

M3

M4

M5

M6

1 ○

Beschreibt die **Fotos M1 bis M6** der verschiedenen Vegetationszonen.

2 ◐ SP

Ordnet die **Fotos M1 bis M6** den passenden **Klimadiagrammen M7 bis M12** zu.
Erläutert die Zuordnung.

M7

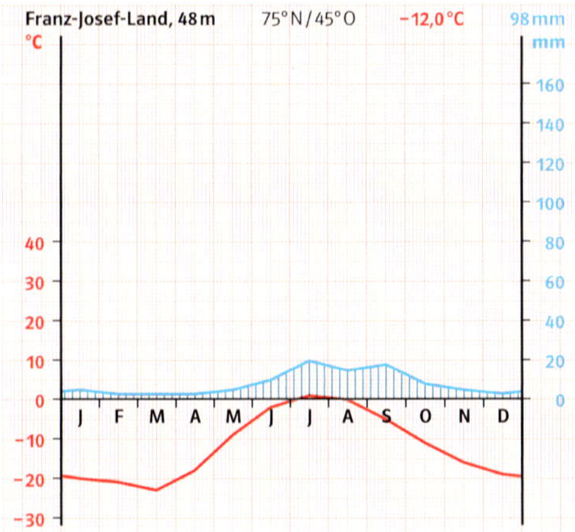

M8

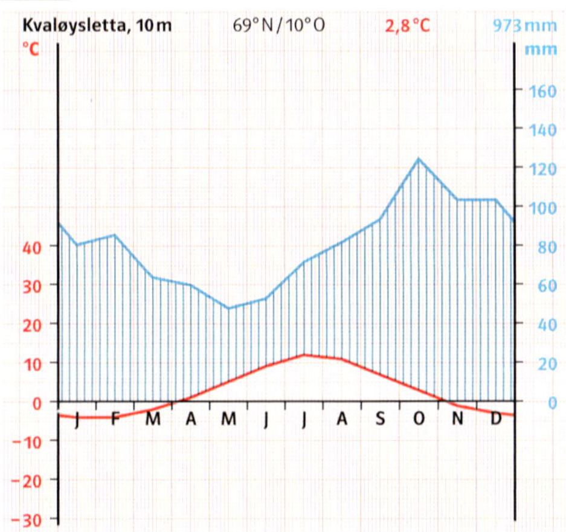

M9

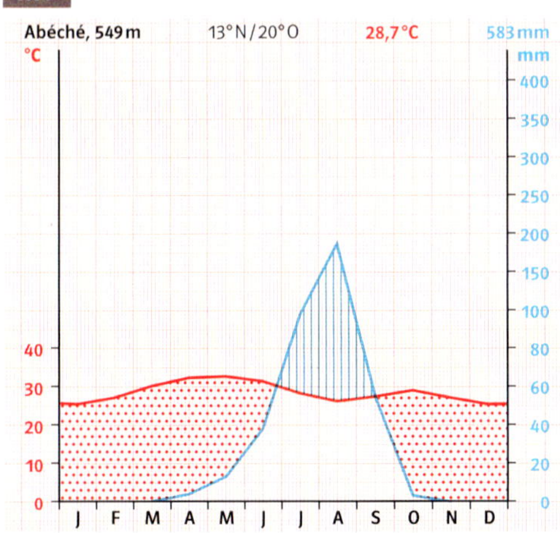

M10

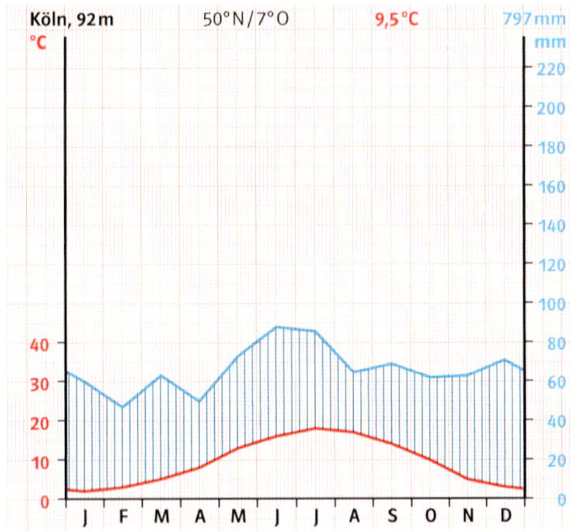

M11

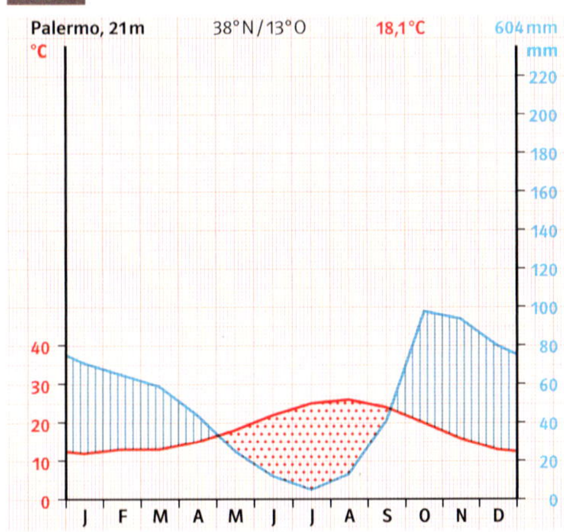

M12

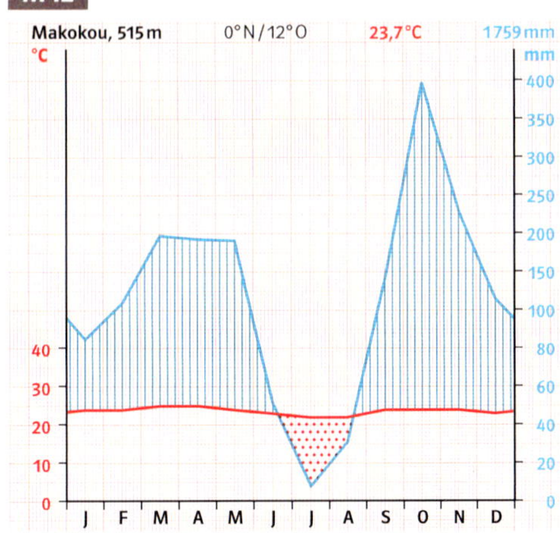

SP **Tipp**

Fotos und Klimadiagramme zuordnen

→ Aufgabe 2

Klimastation x weist extrem hohe / niedrige Temperaturen / Niederschläge auf. Das passt zu Foto y, das üppige / gar keine Vegetation zeigt.

3 ○

Ordnet die **Klimastationen M7 bis M12** in die Karte der Klima- und Vegetationszonen nach Troll und Paffen ein (Seite 38/39).

4 ◒

Klima und Vegetation:

A Beschreibt in Stichworten den Zusammenhang zwischen Klima und Vegetation am Beispiel der Tropischen Zone und der Kalten Zone.

B Erläutert den Zusammenhang zwischen Klima und Vegetation.

Höhenstufen der Vegetation

Im 19. Jahrhundert berichteten Forscher von ihren Tropenexpeditionen immer wieder von schneebedeckten Bergen. Das löste in Europa Verwunderung aus: Wie kann es sein, dass es Schnee in den heißen Tropen gibt? Unmöglich?!

M1 Im tropischen Regenwald von Ecuador

M3 Schopfbäume in 4 000 m Höhe in Ecuador

M4 Cotopaxi, höchster aktiver Vulkan Ecuadors (5 897 m)

Berge haben eine Eigenschaft, die jeder Wanderer kennt: Je höher man kommt, desto kühler wird es. Die Temperaturen nehmen mit der Höhe im Mittel um 0,6 °C pro 100 m ab. Mit zunehmender Höhe ist weniger für das Pflanzenwachstum notwendige Wärme vorhanden. Pflanzen, die viel Wärme und eine lange Vegetationszeit benötigen, können mit zunehmender Höhe daher schlechter oder gar nicht wachsen. Hierdurch bilden sich Höhengrenzen, an denen sich bestimmte geographische Erscheinungen ändern, z. B. die Schneegrenze, die Waldgrenze oder die Anbaugrenze für verschiedene Kulturpflanzen. Zwischen den Höhengrenzen bilden sich **Höhenstufen** aus. Sie unterscheiden sich in Klima, Vegetation und landwirtschaftlicher Nutzung.

Im tropischen Tageszeitenklima tritt mit zunehmender Höhe täglicher Frostwechsel auf. Außerhalb der Tropen führt die Temperaturabnahme mit der Höhe zu einer Verkürzung der Vegetationszeit.

Für die Höhenstufen gibt es in vielen Gebieten spezielle Bezeichnungen. In Mittel- und Südamerika spricht man von „Tierra caliente" (heißes Land), „Tierra templada" (gemäßigt warmes Land), „Tierra fría" (kaltes Land), „Tierra helada" (Frostland) und „Tierra nevada" (Schneeland).

M2 Landschaftszonen-Höhenstufen-Modell

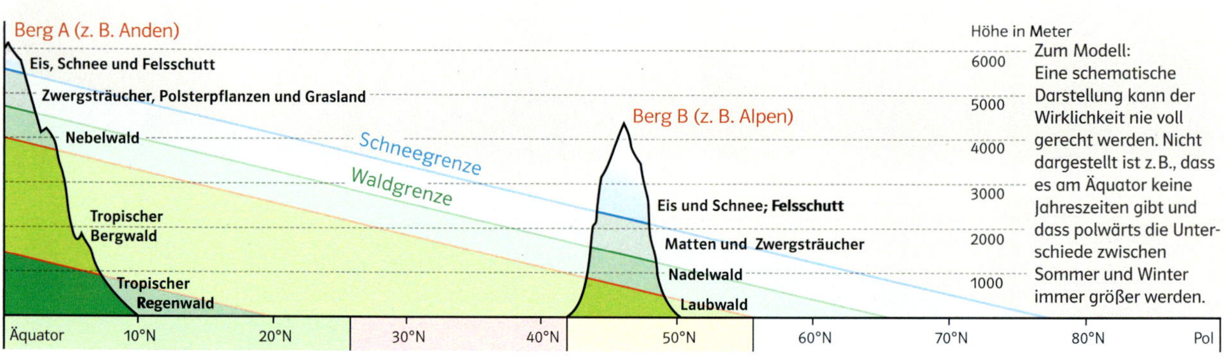

M5 Höhenstufen in Südamerika

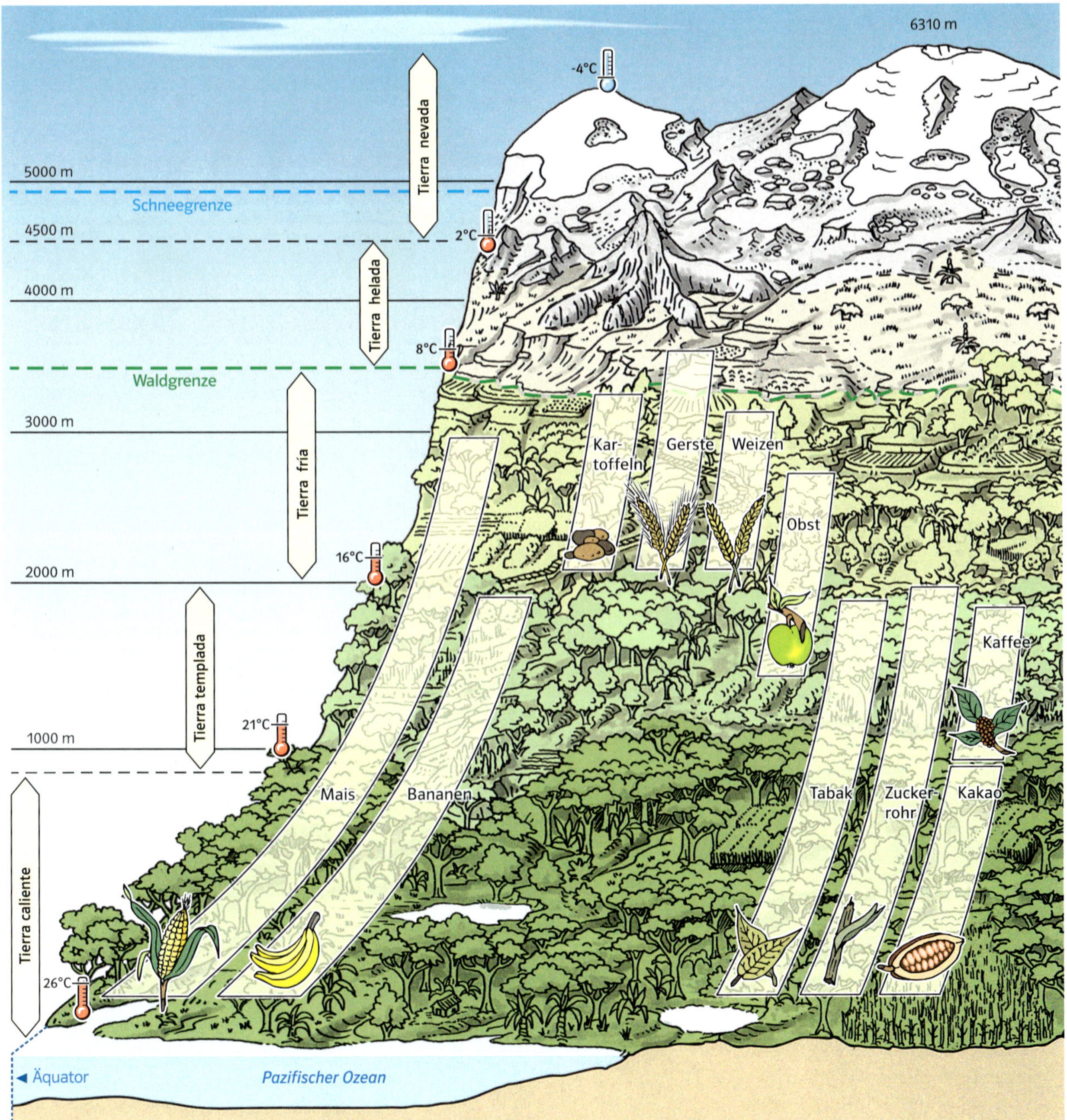

1 ◒

Arbeite mit dem **Blockbild M5**:

a) Beschreibe die Höhenstufen der Anden.

b) Erkläre an diesem Beispiel, warum sich Höhenstufen ausbilden.

c) Erkläre, warum es in den Tropen Schnee geben kann.

2 ●

Analysiert das **Modell M2**:

a) Vergleicht die Höhenstufen der äquatornahen Berge (Anden) mit denen der äquatorfernen Berge (Alpen).

b) Arbeitet eine Regel heraus, die die Veränderungen der Höhenstufen vom Äquator zum Pol beschreibt.

3 ●

Höhengrenzen sind auch Anbaugrenzen. Begründe dies anhand zweier Beispiele.

Wichtige Begriffe

- arid
- Beleuchtungszonen
- Gemäßigte Zone
- Hochdruckgebiet
- Höhenstufe
- humid
- Innertropische Konvergenzzone (ITC)
- Jahreszeiten
- Passat
- Passatzirkulation
- Polarnacht, Polartag
- Polarzone
- Regenzeit
- Tiefdruckgebiet
- Trockenzeit
- Tropische Zone
- Vegetationszeit
- Wendekreise
- Zenit
- Zenitalregen

Sich orientieren

1 Kennen du dich aus?

Arbeite mit der Karte **M 1** und mit dem Atlas.

a) Nenne die Breitenkreise A–E und die Hauptklimazonen 1–7.

b) Ordne den folgenden Städten die entsprechenden Länder und Klimazonen zu: New York, Los Angeles, Rio de Janeiro, Buenos Aires, Moskau, Kairo, Kapstadt, Mumbai, Tokio, Beijing, Sydney.

c) Nenne die Kontinente, die Anteile an allen Hauptklimazonen haben.

Kennen und verstehen

2 Nenne die Begriffe

a) Klimazone, in der es ganzjährig gleich warm ist

M1 Klimazonen der Erde

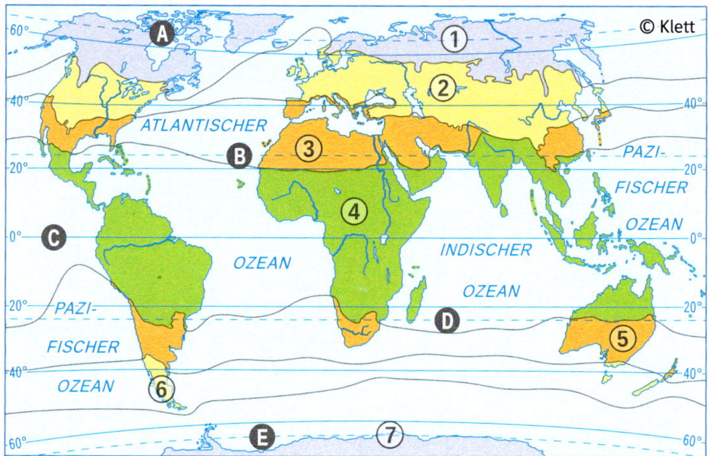

M2

J	K	R	U	L	M	A	U	R	H	I	M	Z	N	O
G	E	H	M	S	J	H	J	S	W	Q	E	E	O	Z
Z	P	C	L	S	K	A	L	T	E	Z	O	N	E	Y
H	W	J	A	E	A	A	H	W	Q	L	N	I	B	V
Y	E	X	O	V	N	N	R	R	W	A	Z	T	U	S
Z	N	I	F	O	S	K	L	E	B	D	W	C	X	A
I	D	F	B	B	T	H	L	E	W	S	M	N	N	V
G	E	M	A	E	S	S	I	G	T	E	Z	O	N	E
A	K	G	N	D	S	0	I	E	R	W	Q	E	O	P
L	R	Z	N	N	N	L	N	X	O	R	Z	I	I	Q
K	E	Z	Y	A	O	W	Q	N	P	L	A	N	E	T
M	I	N	C	V	E	G	J	K	E	S	F	J	K	G
Z	S	U	B	T	R	O	P	E	N	Z	F	H	J	K

b) Senkrechtstand der Sonne über einem Beobachter

c) Klimazone, in der wir leben

d) Klimazone, die im Norden an die Gemäßigte Zone anschließt

e) Klimazone, die nördlich an die Tropische Zone angrenzt

f) Bereiche der äquatorialen Tiefdruckrinne, in dem die Passatwinde zusammenströmen

3 Finde die Begriffe

Finde die sieben versteckten Begriffe in der Buchstabentafel **M 2**.

4 Ergänze die Aussagen

Schreibe die Sätze richtig auf.

a) Am Äquator sind Tag und Nacht stets …

b) Borealen Nadelwald gibt es nur in der …

c) Die Jahreszeiten entstehen durch die …

d) Je flacher der Einfallwinkel der Sonnenstrahlen ist, umso … ist der Energieeintrag pro Flächeneinheit.

e) Die Sonne steht am Polarkreis … im Jahr im Zenit.

f) Je südlicher wir auf unserer Erdhalbkugel reisen, um so … Jahresmitteltemperaturen gibt es.

g) Klimatisch aride Verhältnisse zeigen eine … an.

5 Expertenwissen gesucht

Begründe, warum die Wendekreise bei 23,5° N und bei 23,5° S liegen.

6 Beleuchtungsverhältnisse

Die **Grafik M 3** stellt vier Positionen dar, die die Erde beim Umlauf um die Sonne in einem Jahr einnimmt. Die Sonne ist hier viel zu klein dargestellt.

a) Ordne den Positionen 1 und 3 sowie 2 ein Datum zu.

b) Beschreibe jeweils einen Tag am nördlichen Polarkreis in den Positionen 1 bis 4.

7 Zenitstände bestimmen
Die **Grafik M 7** zeigt den Zenitalstand der Sonne für jeden Monat eines Jahres. Nenne für die Stände 1, 4, 7 und 10 das genaue Datum.

8 Zirkulationsverhältnisse
Erläutere das **Schema M 4** und die Lage der Innertropischen Konvergenzzone im Jahresverlauf.

9 Übertrage deine Kenntnisse
Ronja fliegt Weihnachten nach Kapstadt. Markus berichtet, er verbringe seine Sommerferien dort. Erläutere, welche Kleidung Ronja und Markus einpacken.

Fachmethoden anwenden

10 Temperaturkurven (M 5)
Ordne die Temperaturkurven 1 bis 4 den Städten Berlin, Rom, Kiruna und Lagos richtig zu. Begründe.

11 Klimadiagramm analysieren
a) Analysiere das **Diagramm M 6**.
b) Ordne Al-Ubayyid einer der Hauptklimazonen zu.

12 Fotos auswerten
a) Beschreibe die Vegetation in den beiden **Fotos M 8** und **M 9**.
b) Ordne das **Foto M 8** und das **Foto M 9** einer Klimazone zu.

Beurteilen und bewerten

13 Zusammenhänge erkennen
Das **Klimadiagramm M 6** und das **Foto M 9** passen zueinander. Beurteile.

M 3 Beleuchtung der Erde (Ansicht von oben)

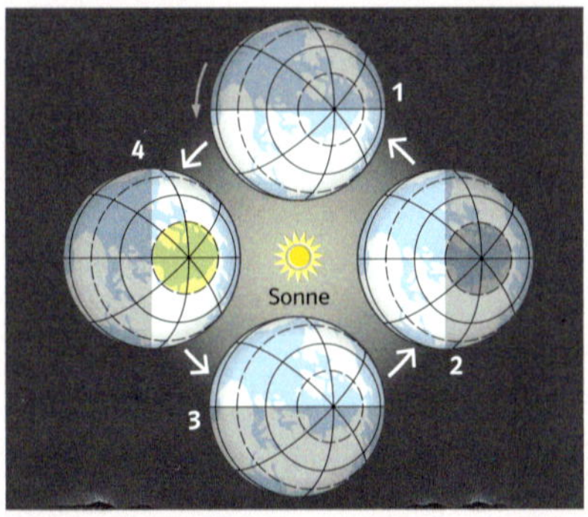

M 7

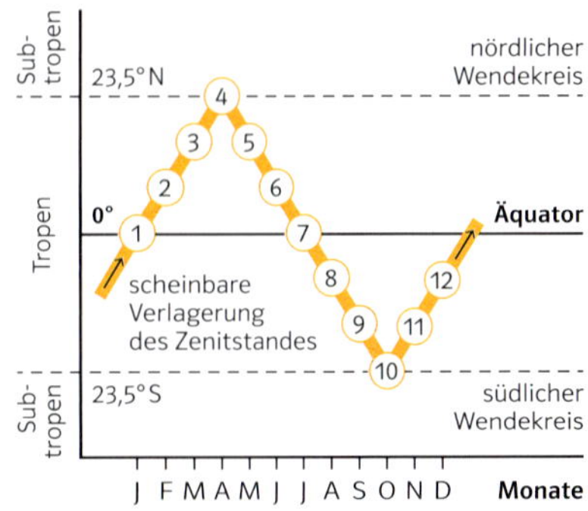

M 4

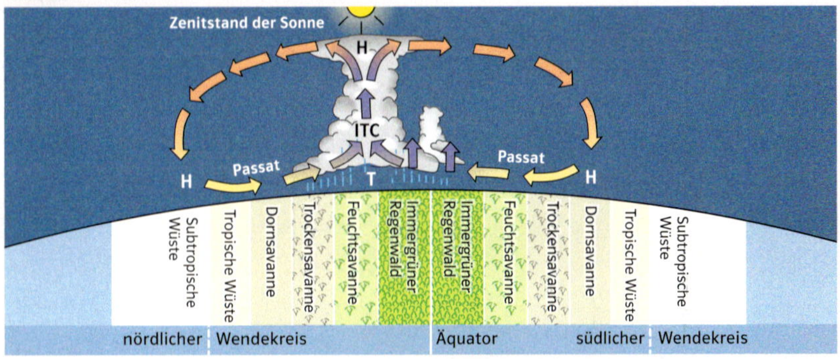

M 5

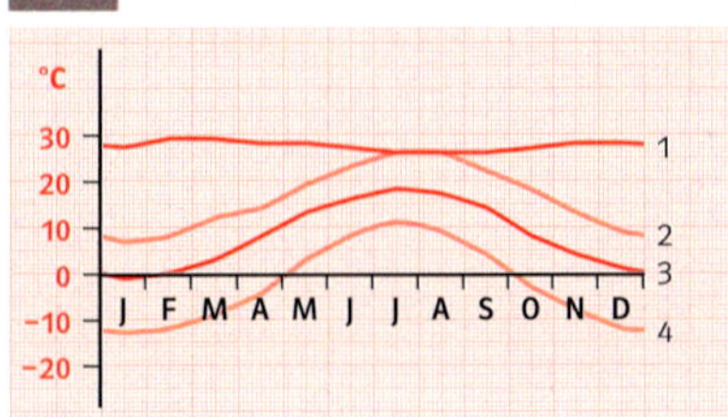

M 8

M 6

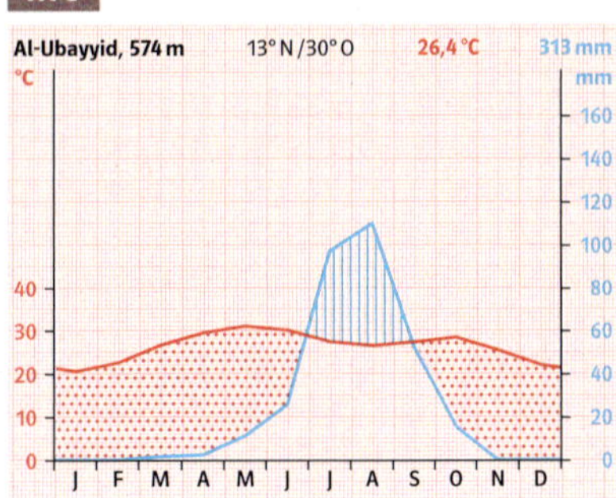

M 9

Jetzt kannst du ...

- typische Merkmale der Klimazonen der Erde erläutern;
- den Passatkreislauf erklären;
- den Zusammenhang zwischen Klima und natürlicher Vegetation im globalen Überblick erklären;
- Klimadiagramme analysieren;
- die Höhenstufen der Vegetation erklären.

4

In den Tropen

M1 Tropischer Regenwald

Die Tropenzone ist die größte und wärmste Klimazone der Erde. Entsprechend der Niederschläge haben sich in diesem Bereich verschiedene Vegetationszonen herausgebildet, die vom Menschen ganz unterschiedlich genutzt werden.
Dieses Kapitel nimmt vor allem den tropischen Regenwald in den Blick.
Weshalb engagieren sich so viele Menschen bei uns und anderswo für den Erhalt des tropischen Regenwaldes? Worin liegt der besondere Reichtum dieses einzigartigen Lebensraumes? Wie groß ist das Ausmaß seiner Zerstörung und Gefährdung? Welche Maßnahmen werden zum Schutz des tropischen Regenwaldes durchgeführt?

M2 Eisenerztagebau im tropischen Regenwald, Carajás

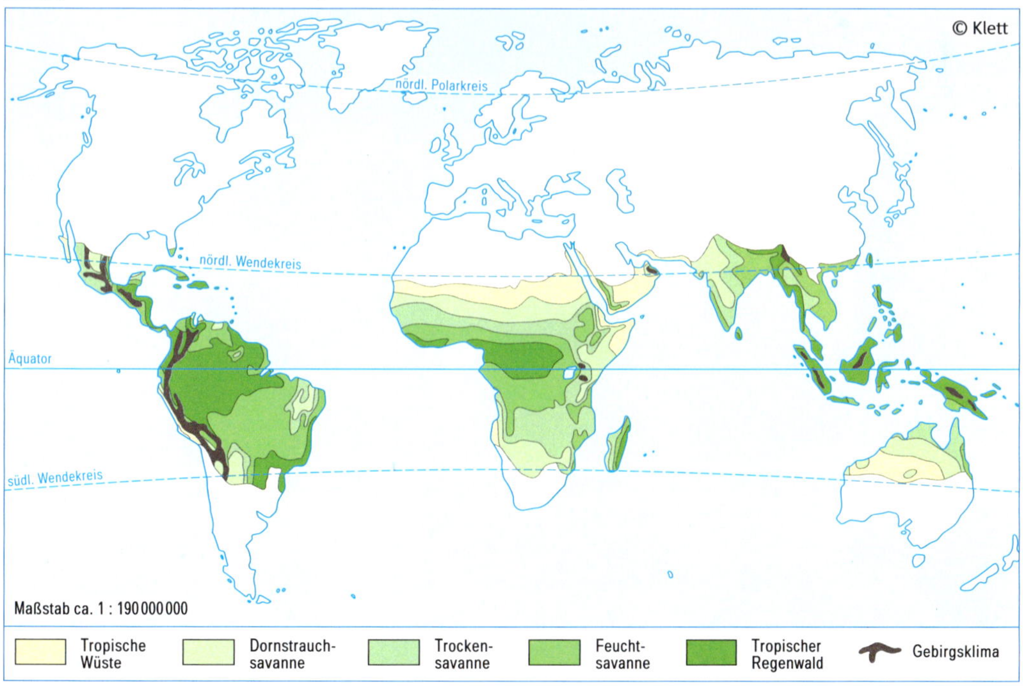

M3 Tropenzone

Das kennst du schon!

- Wetterphänomene und das Klima charakterisieren
- Elemente und Bedeutung des Bodens darstellen
- Zusammenhänge von Landwirtschaft und naturräumlicher Ausstattung erläutern

Was für ein Wald!

In Amazonien (Brasilien) gibt es mindestens 50 000 verschiedene Blütenpflanzen, in ganz Westeuropa dagegen nur ca. 3 000. Warum ist der Regenwald so einzigartig?

Die Zone der immerfeuchten **Tropen** erstreckt sich nördlich und südlich des Äquators. Hier gleicht jeder Tag dem anderen. Unterschiede zwischen einzelnen Monaten oder Jahreszeiten wie bei uns gibt es nicht. Lediglich die Tagestemperaturen schwanken um bis zu 10 °C. Wir bezeichnen dieses Klima deshalb als **Tageszeitenklima**. Ein weiteres Merkmal sind die hohen Niederschläge von mindestens 1 500 mm im Jahr. Sie nehmen zweimal jährlich, wenn die Sonne im Zenit steht, deutlich zu. So ist es im tropischen Regenwald ständig warm und feucht. In diesem Treibhausklima gedeihen die immergrünen Pflanzen in üppiger Fülle.

M1 Im Regenwald

M2 Bromelie

M3 Blauer Pfeilgiftfrosch

M4 Klimadiagramm von Manaus

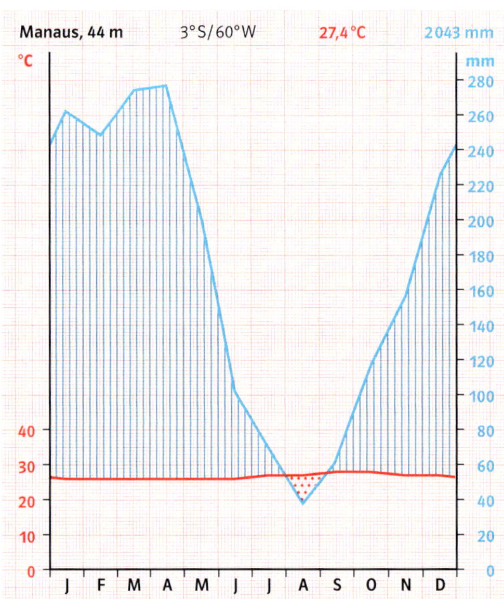

Stockwerkbau

Der tropische Regenwald gleicht einem Haus mit mehreren Stockwerken. Das Dachgeschoss bilden die Urwaldriesen, die bis zu 60 m hoch werden und wie Inseln aus dem Kronendach herausragen. Das eigentliche Dach des Regenwaldes stellt die Kronenschicht in 30 – 40 m Höhe dar. Hier leben etwa zwei Drittel aller Tier- und Pflanzenarten. Aufgrund des nahezu geschlossenen Blätterdaches der Kronenschicht dringt nur wenig Licht in die darunter liegenden Bereiche. In der untersten Schicht, der Strauch- und Krautschicht, kommen je nach Dichte des Kronendachs stellenweise weniger als 10 % des Lichts an. Hier gedeihen Farne und Pilze.

Kurzgeschlossen – der Mineralstoffkreislauf

Beim mitteleuropäischen Wald sind große Teile der zirkulierenden Mineralstoffe im Boden enthalten. Im Regenwald sind sie fast ausschließlich in den Pflanzen gespeichert. Abgestorbene sowie zu Boden fallende Pflanzenteile werden im feuchten und heißen Klima schnell von Kleinstlebewesen und Pilzen zersetzt. Die frei-

M5 Ökosysteme tropischer Regenwald und sommergrüner Laubwald im Vergleich

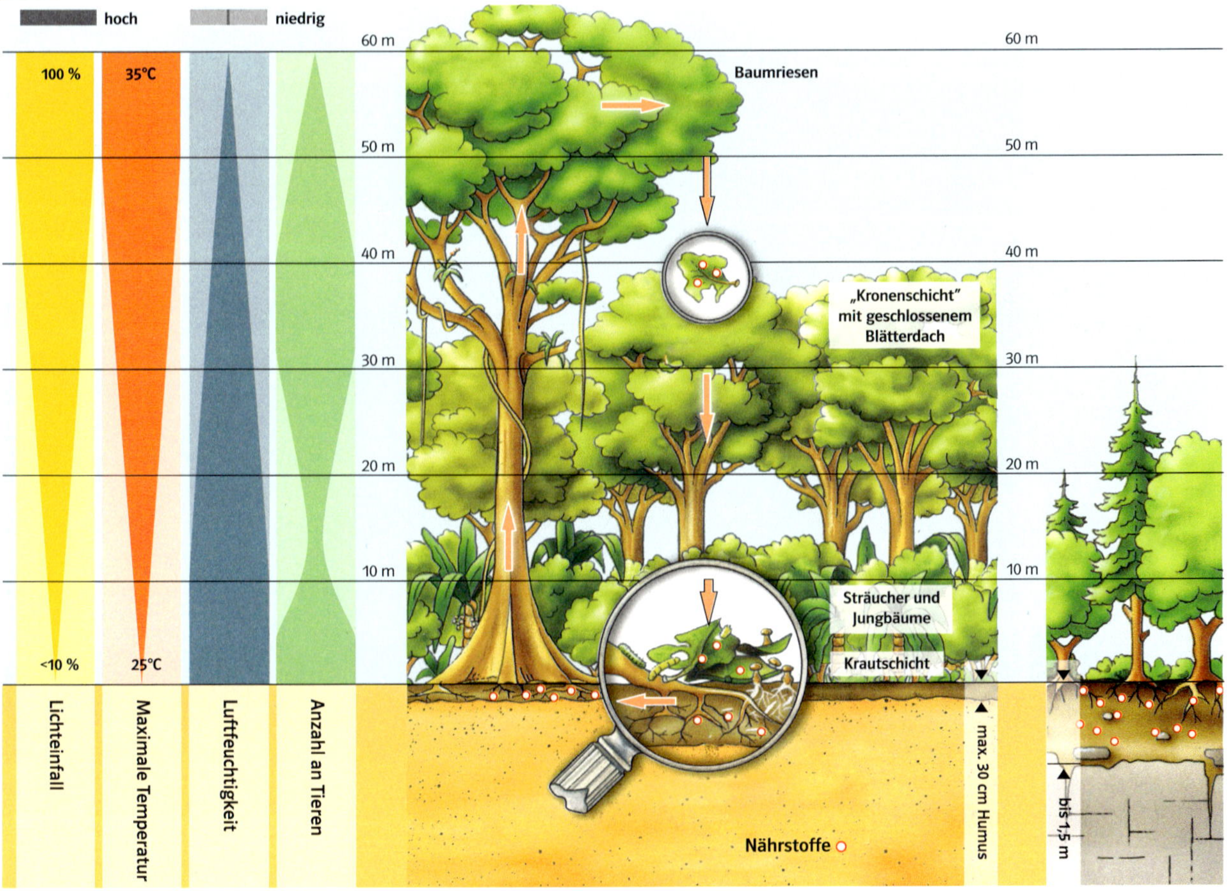

gesetzten Mineralstoffe dringen lediglich in die oberste etwa 15 – 30 cm dünne Schicht des Bodens ein. Dort werden sie über die flachen Feinwurzeln der Bäume sofort wieder aufgenommen und in den Kreislauf zurückgegeben. Da die tiefgründigen mineralstoffarmen Böden der Tropen hier nur eine untergeordnete Rolle spielen, sprechen wir von einem kurzgeschlossenen **Mineralstoffkreislauf**.

Vielfalt so weit das Auge reicht

Mehr als ein Drittel aller Pflanzenarten gehört zur Flora der tropischen Regenwälder. Wachsen in einem Wald in Deutschland etwa fünf verschiedene Baumarten auf einem Hektar, so sind es hier mehr als 100 Arten. Bezüglich der Fauna registrierten Forschende auf nur zehn Bäumen in Borneo mehr als 3000 Insektenarten. Ständig werden neue Tier- und Pflanzenarten entdeckt. Insgesamt ist der Regenwald ein hochkomplexes **Ökosystem**.

1 ○
Arbeite mit dem **Klimadiagramm M4**:
a) Beschreibe das Klimadiagramm.
b) Erkläre den Begriff Tageszeitenklima.

2 ◒
Arbeite mit der **Grafik M5**:
a) Erläutere die Lebensbedingungen in den einzelnen Stockwerken des tropischen Regenwaldes.
b) Vergleiche den Aufbau des tropischen Regenwaldes und eines sommergrünen Laubwaldes bei uns.
c) Beschreibe den Mineralstoffkreislauf in eigenen Worten.

3 ●
Erklärt den Satz: „Der Regenwald wächst im Gegensatz zum Laubwald in Mitteleuropa nicht aus dem Boden, sondern lebt auf diesem".

4 ◒
Bewerte die Einzigartigkeit des tropischen Regenwaldes.

Landwirtschaftliche Nutzung so ...

M1 Brandrodungsinsel

Die tropischen Regenwälder, z. B. im afrikanischen Kongobecken, werden seit Jahrtausenden von Menschen besiedelt und genutzt. Die indigene Bevölkerung hat sich im Laufe vieler Generationen an das Leben in der Vegetationszone angepasst. Neben dem Sammeln von Früchten und der Jagd betreiben sie heute teilweise noch Ackerbau. Die Menschen legen mitten im Regenwald Felder an, auf denen sie Grundnahrungsmittel, aber auch Nutzpflanzen wie Baumwolle oder Heilpflanzen anbauen. Dabei wird zunächst in der Nähe des Dorfes ein Waldstück gerodet, zumeist mit einfachen Hilfsmitteln wie Beilen. Die abgeschlagenen Äste, aber auch die gefällten Bäume oder die noch stehenden Baumstümpfe werden nach einer gewissen Trocknungszeit verbrannt. Die in den Pflanzen gespeicherten Mineralstoffe werden so dem Boden als Dünger zugeführt. Auf dem durch diese Brandrodung entstandenen Feld werden zu Beginn der Regenzeit Bohnen, Erbsen, Hirse, Mais, Bananen oder andere Produkte in **Mischkultur** angebaut. Die Feldarbeit übernehmen überwiegend die Frauen. Sind nach wenigen Jahren die Mineralstoffe im Boden verbraucht, geben die Menschen das Feld auf und roden eine neue Fläche. Auf der Brache des verlassenen Feldes siedelt sich mit der Zeit selbstständig ein neuer Wald an, der **Sekundärwald**. Er ist meist lichter und artenärmer als der **Primärwald**.

M2 Während der Brandrodung

M3 Schema des Wanderfeldbaus mit Brandrodung

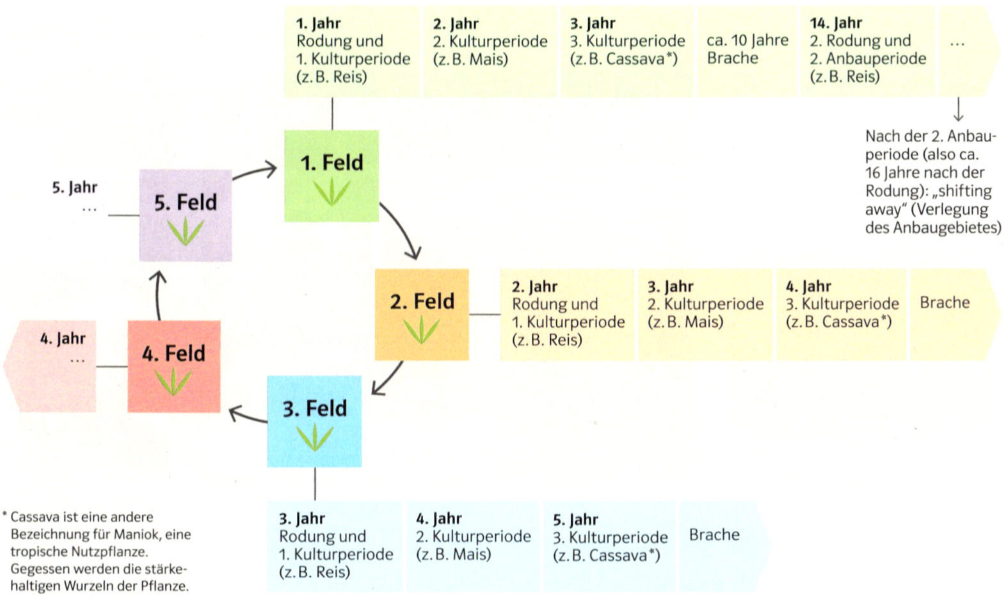

* Cassava ist eine andere Bezeichnung für Maniok, eine tropische Nutzpflanze. Gegessen werden die stärkehaltigen Wurzeln der Pflanze.

M4 Ertrag und Nutzungsdauer beim Wanderfeldbau mit Brandrodung

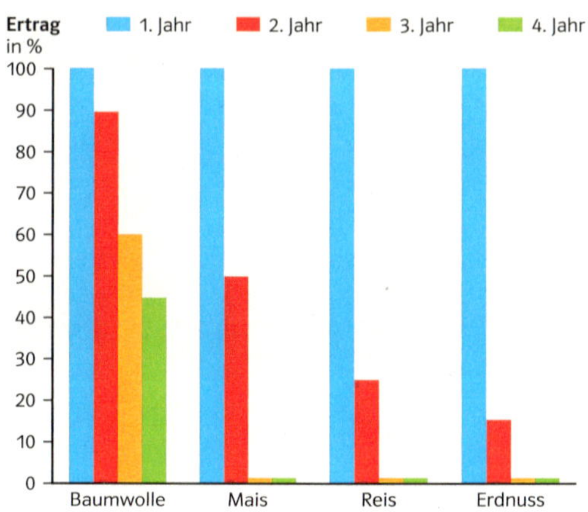

M5 Bestellung eines Maniokfeldes

Indigene Bevölkerung
Nachkommen der ursprünglichen, vorkolonialen Bewohner eines Gebietes. Sie haben dieses als erste besiedelt und ihre Lebensweise an die dort herrschenden Lebensbedingungen angepasst.

Wenn in der Nähe des Dorfes keine Flächen mehr vorhanden sind, zieht das gesamte Volk weiter und baut neue Hütten an einer anderen Stelle. Diese traditionelle Form der Landnutzung wird **Wanderfeldbau** oder auch **Shifting Cultivation** genannt. Da die Erträge gering sind, dient diese Wirtschaftsform nur der Selbstversorgung.
Diese auf den ersten Blick behutsame und ökologisch angepasste Nutzung des Waldes ist heute kaum noch möglich. Wegen seines hohen Flächenbedarfs kann der Wanderfeldbau nur wenige Menschen ernähren. Durch das starke Bevölkerungswachstum und das zunehmende Eindringen von ausländischen Firmen in die Regenwälder ist ein Großteil der indigenen Bevölkerung gezwungen, ihre traditionelle Wirtschaftsform aufzugeben. Die Siedlungen werden nicht mehr verlegt und die Felder in kürzerem Wechsel genutzt, sodass sich der Boden kaum noch erholen kann. Damit sinken aber auch die Erträge. Zudem wird die Brandrodung zunehmend kritisiert, weil riesige Mengen organisch gebundener Energie verfeuert werden und damit Kohlenstoffdioxid (CO_2) freigesetzt wird. Darüber hinaus geht die **Bodenfruchtbarkeit** zurück.

... und so – zum Nutzen von Mensch und Wald?

M6 Bananenanbau

A
Bananenplantage in Guatemala

B
Schlepper ziehen die Bananenbüschel zur Verarbeitungshalle

C

Banane

Das Wort Banane kommt aus dem Arabischen. Dort heißt „banan“ Finger. Die Blüten der Bananenstaude hängen nach unten. Erst nach dem Blühen erstrecken sich die Bananenfinger und wachsen dem Licht entgegen. So erhalten sie ihre leicht gebogene Form.

Der Anbau der Banane gelingt am besten bei einer Temperatur von 27 °C und hohen Niederschlägen von 2 500 mm oder Bewässerung. Die Anbaugebiete liegen deshalb im Bereich des tropischen Regenwaldes. Die Bananenstaude wird bis zu fünf Meter hoch und bildet einen Stamm aus geschachtelten Blättern. Nach sieben bis neun Monaten schiebt sich eine rot-violette Blüte durch das Blätterdach, an der später die Bananenfinger wachsen. Bis zu 20 Früchte ergeben eine Hand und 15 Hände bilden die 35 bis 50 kg schweren Büschel.

Plantagenwirtschaft

Bananen werden überwiegend auf **Plantagen** angebaut. Diese Form landwirtschaftlicher Großbetriebe ist in Entwicklungsländern weitverbreitet. Anbau und Vermarktung sind in der Hand weniger Konzerne. Diese besitzen weltweit große Landflächen, die in **Monokultur** bewirtschaftet werden. Produziert werden **Welthandelsgüter**. Das sind Agrarprodukte, die über den nationalen Markt hinaus Bedeutung erlangen und besonders im internationalen Handel von Bedeutung sind. Zu den Welthandelsgütern zählen Bananen, Kaffee, Kakao, Tee oder Palmöl. Die Anzahl der Plantagen in kleinbäuerlichem Besitz ist stetig gesunken, da die Kleinbauern mit den kapitalstarken multinationalen Unternehmen nicht konkurrieren konnten. Diese können durch eine intensive Nutzung der Böden und niedrige Löhne mit sehr geringen Herstellungskosten arbeiten.

Von der Staude zum Supermarkt

Die Plantage „Valle de la Estrella“ liegt in Costa Rica. Dort wachsen auf 2 400 ha Land Bananen in Monokultur. Damit sich die Pflanzen gut entwickeln und der Boden nicht zu rasch auslaugt, muss viel gedüngt werden. Gegen Pflanzenkrankheiten und Schädlinge werden bis zu 40-mal im Jahr mit Flugzeugen große Mengen Gift gespritzt. Dies ist eine starke gesundheitliche Belastung für die 1600 Arbeiterinnen und Arbeiter der Plantage und führt auf Dauer zur Verseuchung von Boden und Grundwasser. Oft reicht der Verdienst der auf der Plantage arbeitenden Eltern nicht aus, um den Lebensunterhalt der Familie zu gewährleisten. Dann müssen die Kinder ab dem Alter von zehn Jahren mithelfen und ab 14 Jahren wie Erwachsene zehn bis zwölf Stunden am Tag arbeiten.

1 ○

Wanderfeldbau:

a) Beschreibe das **Foto M 1**.

b) Ordne den Buchstaben A – E folgende Begriffe zu: tropischer Regenwald, frisch gerodetes Feld, bebautes Feld, Sekundärwald, vor Kurzem aufgegebenes Feld.

2 ◒

Erkläre die Zusammenhänge zwischen Ertrag und Nutzungsdauer (**Diagramm M 4**).

3

Brandrodungswanderfeldbau:

a) Nennt Vor- und Nachteile des Brandrodungswanderfeldbaus. ○

b) Erklärt, warum er heute eher kritisch beurteilt wird. ◒

Arbeiterinnen und Arbeiter waschen frisch geerntete Bananen

D
Sortieren, Etikettieren und Verpacken

E
Bananen vor der Verladung

Die Bananenbüschel werden grün geerntet. In der Packstation werden sie desinfiziert, gewaschen, sortiert und in Kartons verpackt. In Kühlcontainern bei einer Temperatur von 13 °C legen sie ihre zwölf Tage lange Reise per Schiff nach Deutschland zurück. Hier kommen sie zum Nachreifen in eine Reiferei und von dort zum Verkauf in den Supermarkt.

M7 Bananenernte 2021 (in Mio. t)

Anbauland	Erntemenge (Mio. t)
Indien	33,1
China	12,1
Indonesien	8,7
Brasilien	6,8
Ecuador	6,7
Philippinen	5,9
Angola	4,3
Guatemala	4,2
Tansania	3,6
Costa Rica	2,6

M8 Zusammensetzung des Bananenpreises

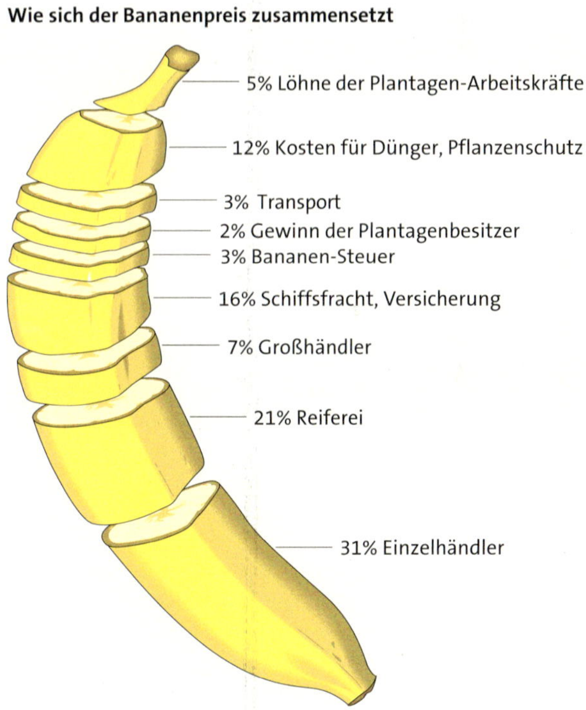

4 ◒
Beschreibe die Produktionskette der Bananenproduktion.

5 ◒
Vergleiche Wanderfeldbau und Plantagenanbau nach Größe, Vielfalt der Anbauprodukte, Dauer der Nutzung, Nutzungszweck, …

6 ●
Beurteile den Anbau in Monokultur.

7 ●
Vor einigen Jahren führte eine weltweit steigende Bananenproduktion zu sinkenden Weltmarktpreisen. Um den Verlust auszugleichen, werden die Anbauflächen ausgeweitet. Stellt die Folgen dar, die sich daraus ergeben.

Abgeholzt ist schnell, aber dann ...

Die Zahlenangaben zur Regenwaldzerstörung variieren sehr stark. Laut der Vereinten Nationen vernichtet der Mensch jährlich rund 158 000 km² tropische Wälder – das sind rund 42 Fußballfelder pro Tag.

Du hast gelernt, dass der Tropenwald ein sehr komplexes und zugleich sensibles Ökosystem ist. Rodet der wirtschaftende Mensch größere zusammenhängende Flächen, hat das Auswirkungen auf den Boden, den Wasserhaushalt, das Klima, die Tier- und Pflanzenwelt und somit auch auf die Bewohnerinnen und Bewohner.

Ökologische Auswirkungen

Der **Stockwerkbau** schützt den Boden vor der Wucht des Regens und gibt ihm durch seine Wurzeln den nötigen Halt. Großflächige Rodungen nehmen dem Boden den Schutz und Halt und es kommt rasch zur **Erosion**. Besonders betroffen sind Flächen mit Reliefenergie. Hier werden Rinnsale schnell zu Bächen oder kleineren Flüssen, die den wertvollen Boden unwiederbringlich abtransportieren.

Die Abholzung der Wälder hat auch Auswirkungen auf das globale Klima. Der tropische Regenwald wird von der Wissenschaft als der linke Lungenflügel der Erde bezeichnet. Seine Baumriesen sind „Dampf-Geysire“ aus Holz und befeuchten mit der üppigen Vegetation die Luftströme hoch über dem Regenwalddach und fördern damit die Regenbildung. Forschende haben berechnet, dass der brasilianische Regenwald mehr Wasser in die Atmosphäre „ausschwitzt“, als der Amazonas täglich in den Atlantik transportiert. Die Brandrodung durchbricht nicht nur diesen Kreislauf, sondern verstärkt durch das freigesetzte Kohlenstoffdioxid (CO_2) die weltweite Erwärmung der Erde.

Die fehlenden Wälder verändern auch lokal das Klima. Tagsüber sind Temperaturen von 50 °C auf den gerodeten Flächen keine Seltenheit mehr. Da vor dem Kahlschlag die Temperaturen in Bodennähe 26 °C betrugen, stellt diese Veränderung eine extrem hohe Belastung für Tiere, Pflanzen und den Menschen dar.

Wirtschaftliche und soziale Auswirkungen

Ökonomisch gesehen haben die Rodungen viele positive Auswirkungen: Es wird Siedlungs- und Ackerfläche gewonnen, man schafft Arbeitsplätze und die verkauften Rohstoffe bringen Gelder ins Land.

Die Zerstörung des Regenwaldes verursacht aber besonders bei der indigenen Bevölkerung enorme soziale Auswirkungen. Der tropische Regenwald in Südamerika, Afrika und Asien ist ihre Lebensgrundlage. Ein Beispiel dafür sind die Penan, eine 10 000 Mitglieder starke Volksgruppe, die auf der Insel Borneo lebt. Traditionen der Penan sind das Jagen, Fischen und das

Reliefenergie

Beschreibung des Höhenunterschiedes zwischen dem höchsten und niedrigsten Punkt eines Gebietes. Sie dient gleichzeitig als Maß für das Erosionspotenzial des Gebietes.

M1 Straßenbau für den Transport von Tropenholz

SP Tipp

Erläutere

→ Aufgabe 1

- Die Folge von ... ist ...
- Das ist deswegen, weil ...
- Die Ursache von ... ist ...

M2 Folgen der Regenwaldrodung

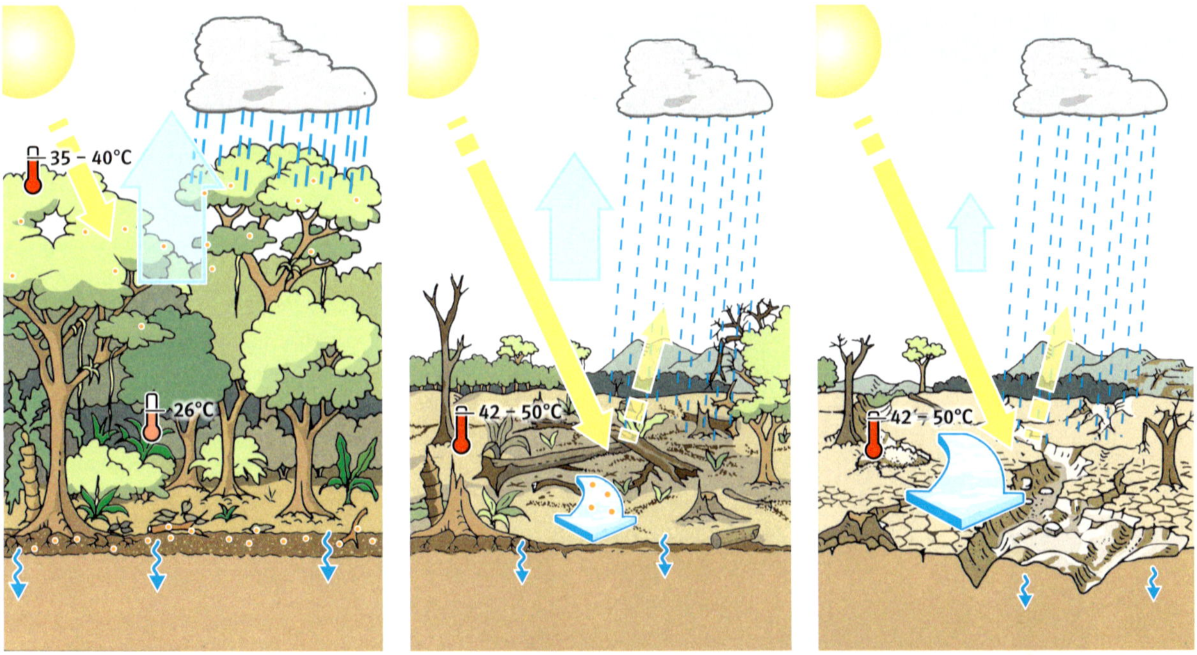

Sammeln von über 300 verschiedenen Wildfrüchten, Wurzeln und Pflanzen, die zur Ernährung und als Medizin verwendet werden. Die meisten Penan sind Analphabeten. Ihre Kenntnisse über die biologischen Zusammenhänge der von ihnen bewohnten Region sind dagegen sehr groß. Nach einer Studie kennen sie über 100 verschiedene Fruchtpflanzen und über 50 verschiedene Heilpflanzen.
Die an den Tropenwald angepasste Nutzung der Penan wird aktuell durch das starke Eindringen von Holzfirmen in ihr Gebiet bedroht. Mit der Abholzung des Regenwaldes verschwinden auch die Penan. Auf diesem Weg gehen dem Volk und der Menschheit viele Kenntnisse verloren.

M3 Brandrodung in Amazonien

1 ◒ SP

Arbeite mit der **Grafik M2**:
a) Beschreibe die Grafik und die jeweiligen Veränderungen.
b) Erläutere die Auswirkungen der Regenwaldabholzung auf Boden und Vegetation.

2

Auswirkungen der Rodungen:
a) Stelle die ökologischen, ökonomischen und sozialen Folgen in einer Tabelle dar. ◒
b) Beurteile danach die Wichtigkeit dieser Folgen. ●

3 ◒ MK

Arbeitet mithilfe einer Internetrecherche weitere indigene Völker heraus, die im Regenwald leben. Berichtet eurer Klasse über Lebensraum, Traditionen und deren aktuelle Lage.

MK Ursachen der Waldrodung mittels Satellitenbild und thematischer Karte auf der Spur

Hochauflösende Satelliten- und Luftbilder stehen uns heute in vielfacher Weise zur Verfügung. Wir können uns dadurch in natürlichen Farben einen anschaulichen Eindruck der Erdoberfläche „von oben" verschaffen.

Wie du ein Satellitenbild mithilfe einer thematischen Karte und einem virtuellen Globus auswerten kannst, zeigt dir das Beispiel. Beantworte dazu die folgende Leitfrage: Welche Ursachen sind für die Abholzung des Regenwaldes in der Region Marabá / Carajás (Brasilien) verantwortlich?

1. Schritt: Karte und Satellitenbild verorten

Vergleiche dazu die Karte und das Satellitenbild. Verändere den Bildausschnitt im virtuellen Globus (z. B. Google Earth oder ESRI Map Viewer) durch Verschieben und / oder Hinein- und Herauszoomen, bis du übereinstimmende Bereiche (z. B. Waldgebiete) im Satellitenbild und in der Karte erkennst.

2. Schritt: Bildinhalt auswerten

Betrachte zunächst die einzelnen Legendensymbole in der thematischen Karte. Suche dazu den entsprechenden Ort im Satellitenbild und betrachte diesen aus unterschiedlichen Höhen (durch Hinein- und Herauszoomen). Vergleiche anschließend die Darstellung in der der Kartelegende und im Satellitenbild und erstelle dazu eine Vergleichstabelle (M 1). Beschreibe darin, was du im Satellitenbild sehen kannst (Farben, Formen, Strukturen).

3. Schritt: Zusätzliche Geo-Informationen zur Veranschaulichung nutzen

In einigen virtuellen Globen und digitalen Kartendiensten kannst du zusätzliche Informationen zur Veranschaulichung nutzen, z. B.:

- Street-View-Funktion
- Fotos und 360°-Bilder
- sog. „Timelapse"-Satellitenbilder aus früheren Zeiten, um mit der heutigen Situation vergleichen zu können (Google Earth)

4. Schritt: Bildinhalte deuten und die Fragestellung klären

Erkläre die Bedeutung der Inhalte im Satellitenbild für die Abholzung des Regenwaldes. Stelle dabei Zusammenhänge zwischen den Bildinhalten her und schreibe dazu einen Text. Gehe dabei auch auf die Veränderungen der letzten Jahrzehnte ein.

Beispiel: Die Abholzung des Regenwaldes in dieser Region hat viele Ursachen. Dazu zählt u. a. die Entdeckung großer Rohstofflagerstätten und die damit verbundenen Rodungen seit 1990, die heute noch andauern. Darüber hinaus werden die gerodeten Flächen als Rinderweiden genutzt. Die Erschließung erfolgt über Straßen, für die ebenfalls Regenwald gerodet wird. Ein großer Bereich wurde durch einen Stausee überschwemmt, der mit einem Kraftwerk Energie für die Städte, den Bergbau und die Industrie liefert. ...

5. Schritt: Informationsgehalt und Aussagewert in Bezug auf die Fragestellung bewerten

Wichtige Fragestellungen dabei sind: Welche Ursachen der Rodung im Regenwald sind sowohl in der Atlaskarte dargestellt als auch im digitalen Satellitenbild zu erkennen? Welche Ursachen sind nur in der thematischen Karte und welche nur im Satellitenbild erkennbar?

Beispiel: Nicht auf den ersten Blick, aber beim genaueren Hinsehen, sind die meisten Inhalte der thematischen Karte, die in der Legende dargestellt werden, auch im Satellitenbild zu

M1 Vergleichstabelle

Symbol Kartenlegende	Beschreibung	Was wird im Satellitenbild dargestellt?
magenta-rotes Rauten-Symbol (Fe)	rot-braune Farbe, geschwungene Linien, beim Hineinzoomen Gebäude, Rohre, sehr große Fahrzeuge (Lkws), Bagger, Kräne, Schienen	Abbau von Eisenerz im Tagebau mit den dazugehörigen Anlagen und Geräten sowie vom Menschen hinterlassenen Spuren im Regenwald.
...	...	...

M2 Region Marabá / Carajás: Satellitenbild des Kartenausschnitts

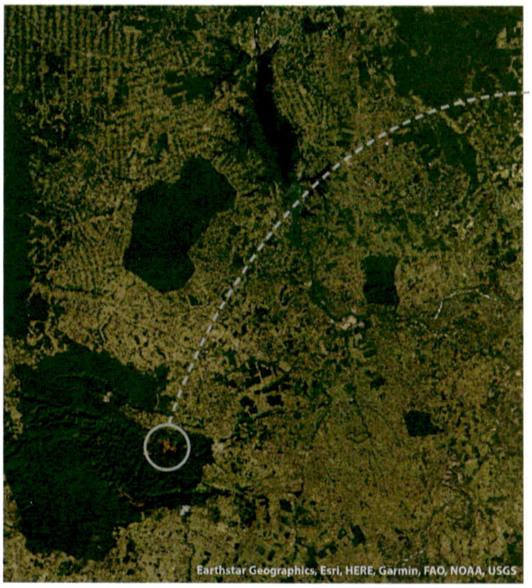

M4 Region Marabá / Carajás: Vergrößerter Bildausschnitt des Satellitenbildes

M3 Region Marabá / Carajás: Rodung des Regenwaldes dargestellt als thematische Karte

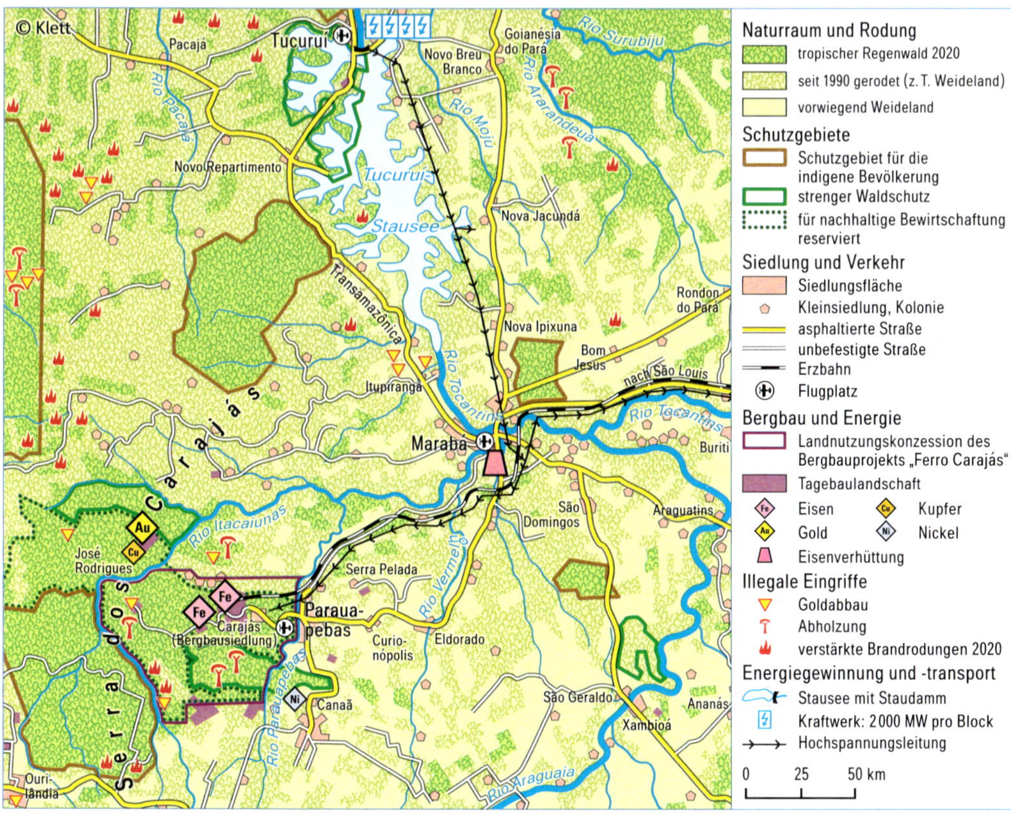

erkennen. Vor allem durch Hineinzoomen werden z. B. die Städte, Straßen und Eisenbahnen sichtbar. Nur über die thematische Karte, nicht aber direkt aus dem Satellitenbild, sind folgende Elemente erkennbar: …

1 ◒
Analysiere die **Satellitenbilder M 2 und M 4** sowie die **Karte M 3** mithilfe der angegebenen Schritte.

2 ◒
Erläutere die Bedeutung der Rohstoffe für den Rodungsprozess.

Mehr als nur Wald

Noch vor ein paar Tausend Jahren bedeckten die Regenwälder mehr als zwölf Prozent der Erdoberfläche. Heute sind es weniger als vier Prozent. Dabei handelt es sich um den artenreichsten Lebensraum unserer Erde. Geht er für immer verloren? Was tut der Mensch dagegen?

M1 Kletterpflanze Aristolochia trilobata: Behandlung von Grippe und Fieber

M3 Auf „Duftjagd"

M2 Croton lechleri: Zapfstelle am Stamm

Das Amazonas-Becken ist das größte zusammenhängende verbliebene Regenwaldgebiet der Erde. Es erstreckt sich über neun Staaten Südamerikas. Den größten Anteil hat Brasilien mit einer Landfläche größer als Westeuropa. Viele bezeichnen die Amazonas-Regenwälder mit ihrer überwältigenden **Artenvielfalt** als Schatzkammer der Weltnatur. So konnten hier bisher z. B. über 40 000 Pflanzenarten, 427 Säugetierarten, 1294 Vogelarten sowie über 3 000 verschiedene Fischarten identifiziert werden. Schon seit Langem haben sich die Menschen der Natur bedient, um Beschwerden zu lindern und Kranke zu heilen. Gerade der Regenwald ist eine riesige Naturapotheke mit noch sehr vielen unerforschten Heilpflanzen. Er beherbergt drei Viertel aller weltweit vorkommenden Arten und jede davon enthält zahlreiche Inhaltsstoffe: Stoffe, die Wunden heilen, Schmerzen lindern, aber auch gefährliche Wirkung haben oder sogar töten können. So finden Forschende immer wieder bisher unentdeckte Substanzen, die sie in ihren Labors niemals entwickeln könnten. Wird darunter auch mal ein Mittel gegen bislang unheilbare Krankheiten sein? Ja, ein Beispiel ist Croton lechleri, ein schnell wachsender Baum der tropischen Regenwälder in Kolumbien, Ecuador und Peru. Das Harz des Baumes wird „Drachenblut" genannt und ist in ganz Europa seit dem 16. Jahrhundert bekannt. Der Saft wird heute unter anderem als Flüssigpflaster mit entzündungshemmender Wirkung eingesetzt. Auch die Kosmetikbranche folgt dem Trend „Zurück zur Natur" und entdeckt die Tropen. Inhaltsstoffe aus Ingwer, Süßholz, Mangos, Papayas oder Ananas finden sich in Gesichts- und Körpercremes. Angeblich schützen sie vor Hautalterung. Öle aus der Kokosnuss sollen helfen, Feuchtigkeitsverluste der Haut zu vermeiden. Was liegt näher als diesen Artenreichtum zu schützen? Aber wie?

SP Tipp

Beurteile
→ Aufgabe 1Bb

- Aufgrund von …
- Aus ökologischer, ökonomischer oder sozialer Sicht ist …
- Letztendlich lässt sich sagen, dass …

M4 Beispiel Baumschwebebahn

Malaysia ist der größte Exporteur von Tropenholz. Damit dies so bleiben kann, bemüht sich das Land um eine nachhaltige Nutzung seiner tropischen Wälder. Neben zahlreichen anderen Projekten hat man eine sogenannte „Baumschwebebahn“ entwickelt, welche die selektiv geschlagenen Baumstämme zu einem Sammelplatz schafft. Dadurch müssen keine breiten Schneisen für Transportfahrzeuge in den Wald geschlagen werden. Nach dem Prinzip eines Skilifts wird lediglich eine schmale Trasse durch den Wald gelegt, in der auf Stützpfeilern ein etwa 1 000 Meter langes Stahlband gespannt wird. An diesem Stahlband wird eine Seilwinde befestigt, mit der täglich rund 30 Baumstämme vom Boden gehoben und zu einem Sammelplatz abtransportiert werden können. Durch die Baumschwebebahn werden die Waldschäden auf ein Minimum reduziert. Das Prinzip lässt sich überall anwenden und der Aufbau dauert nur zehn Tage. Damit sich dies jedoch rechnet, bedarf es in den Importländern einer ausreichend großen Anzahl von Konsumenten, die bereit sind, einen etwas höheren Preis für das umweltschonend gewonnene Tropenholz zu zahlen.

M5 Artenvielfalt auf der Erde

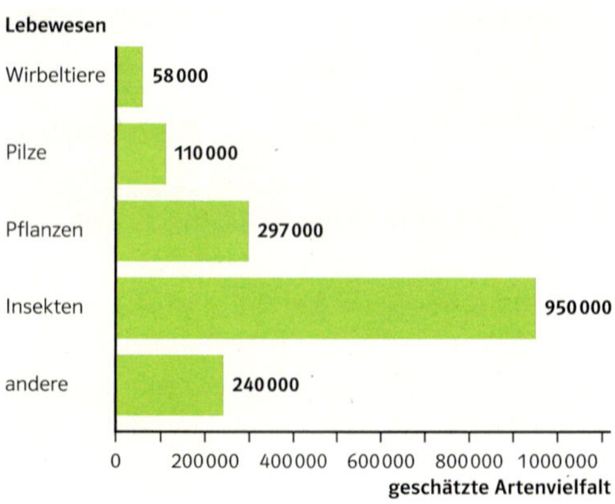

M6 Artenvielfalt in tropischen Regenwäldern

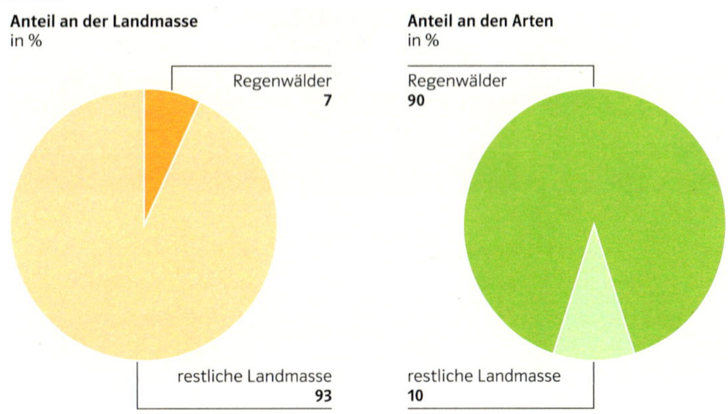

Nachhaltige Waldnutzung

Das weltweit anerkannte Leitbild der **Nachhaltigkeit** strebt einen Konsens (Einigkeit) unterschiedlicher Interessen an. Ziel ist es, die tropischen Regenwälder unter Berücksichtigung ökonomischer, sozialer und ökologischer Aspekte so zu nutzen und zu bewirtschaften, dass nachfolgende Generationen hierdurch keinen Schaden erleiden.

Trotz zahlreicher Initiativen ist man insgesamt aber noch weit von einer **nachhaltigen Waldnutzung** und Bewirtschaftung der Regenwälder entfernt. Neben zahlreichen Interessenkonflikten vor Ort sind vor allem das starke Bevölkerungswachstum, der Kapitalmangel und das fehlende Know-how entwicklungshemmende Rahmenbedingungen.

1

Nachhaltige Waldnutzung

A Bearbeite ein Beispiel für die Nutzung des Regenwaldes:

a) Beschreibe die Funktionsweise der Baumschwebebahn. ○

b) Bewerte, inwiefern dieses Projekt ein Beispiel für nachhaltige Waldnutzung darstellt. ●

B Finde Gründe für die Bewahrung des natürlichen Waldes:

a) Beschreibe mithilfe der **Grafiken M5** und **M6** die Artenvielfalt im tropischen Regenwald. ◒

b) SP Beurteile in diesem Zusammenhang die Einrichtung von Nationalparks zur Rettung des tropischen Regenwaldes. ●

Savanne ist nicht gleich Savanne

Eine Safari durch die Savannen Afrikas: Für immer mehr Reisende wird dieser Traum Wirklichkeit. Dabei beeindrucken nicht nur die wilden Tiere, sondern auch die Vielfalt der Pflanzenwelt.

M1 Affenbrotbaum (Baobab)

↼ **Passatkreislauf**
Seite 34/35

↼ **Klimadiagramm auswerten**
Seite 36/37

SP Tipp

Erläutern
→ Aufgabe 3

- Aufgrund von …
- Deshalb …
- Infolge von …

Savanne ist die Sammelbezeichnung für die wechselfeuchten Landschaften der Tropischen Zone zwischen Regenwald und Wüste. Unterschiedliche Savannentypen entstehen vor allem, weil sich die Dauer der Regenzeit und die Höhe der Niederschläge mit zunehmender Entfernung vom Äquator verändern. Die Anzahl arider Monate nimmt zu, die Anzahl humider Monate ab. Dafür verantwortlich ist die Passatzirkulation. Mit der Verlagerung des Zenitstands der Sonne verschiebt sich auch die Innertropische Konvergenzzone (ITC), im Juni auf die Nordhalbkugel und im Dezember auf die Südhalbkugel. Dadurch verlagern sich die Niederschläge und die Bereiche mit trockener Luft. Bedingt durch die verschieden langen Regen- und Trockenzeiten unterscheiden sich Art und Wuchshöhe der Vegetation zwischen verschiedenen Savannen erheblich. Man untergliedert die Savannen in Feuchtsavannen, Trockensavannen und Dornsavannen.

1 ○
Vergleiche mithilfe der Materialien (**Feuchtsavanne M 2/3/4, Trockensavanne M 5/6/7, Dornsavanne M 8/9/10**) und dem Atlas die drei verschiedenen Savannentypen in einer Tabelle (Lage, Dauer der Regenzeit / Trockenzeit, Jahresniederschlag in mm, Art und Höhe der Vegetation).

2
Savannentypen:
A Nenne Gemeinsamkeiten der drei Savannentypen. ○
B Erläutere die Überschrift „Savanne ist nicht gleich Savanne“. ◒

3 SP
Auf den Niederschlag kommt es an:
a) Erkläre die Entstehung von Regen- und Trockenzeiten. ◒
b) Begründe die unterschiedlichen Niederschlagsmengen in Save, Ouagadougou und Zinder. ●
c) Erläutere die Auswirkungen der unterschiedlichen Niederschlagsmengen auf die Vegetation. ●

AFB I: 2A AFB II: 1, 2B, 3 → Lösungshilfen ab S. 228

V 10 Video Savanne

M2

Feuchtsavanne

M5

Trockensavanne

M8

Dornsavanne

M3

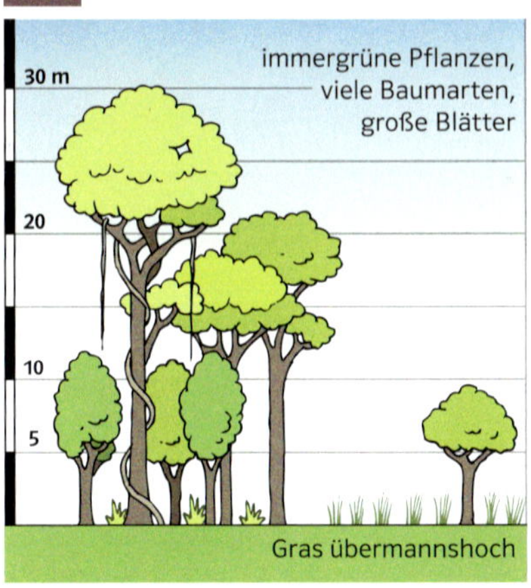

Feuchtsavanne

M6

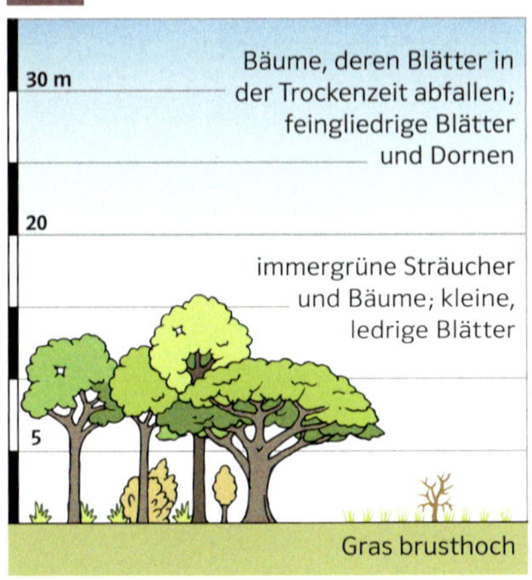

Trockensavanne

M9

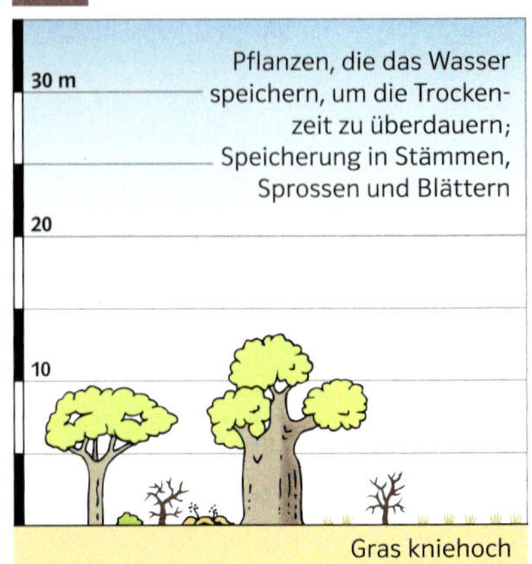

Dornsavanne

M4

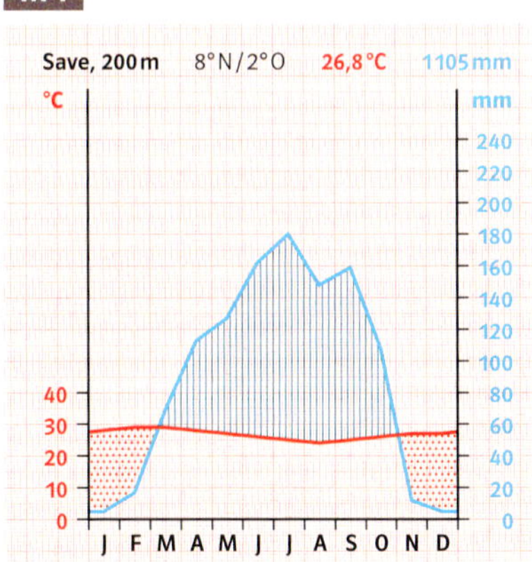

Feuchtsavanne:
7–9½ Monate feucht;
Niederschlag 1000–2000 mm

M7

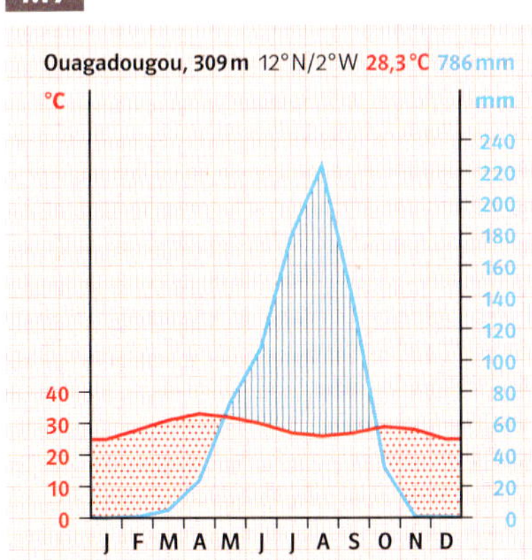

Trockensavanne:
4½–7 Monate feucht;
Niederschlag 500–1000 mm

M10

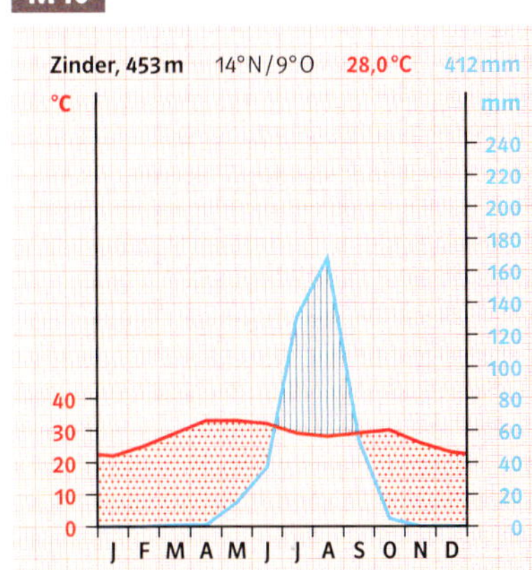

Dornsavanne:
2–4½ Monate feucht;
Niederschlag 200–500 mm

Der Regenwald und ich

Rindfleisch, Soja, Kosmetik und Palmöl – der Regenwald liefert viele Rohstoffe, die wir alle täglich brauchen. Aber können wir mehr tun als nur verbrauchen?

1 MK

Der Regenwald und ich
Stellt mithilfe der Beispiele dar, was ihr konkret für den Regenwald tun könnt. Wie ihr das umsetzt, zeigt euch das Beispiel „Rohstoffe aus dem Regenwald“.

Arbeitet mithilfe einer Internetrecherche weitere Themen (B bis E) heraus:
- A Rohstoffe aus dem Regenwald
- B Kakao aus dem Regenwald
- C Tropenholz aus dem Regenwald
- D Papier aus dem Regenwald
- E Rinderzucht aus dem Regenwald

AFB II: 1

M2 Der Regenwald – Grundlage für viele Rohstoffe

M1 Rohstoffe aus dem Regenwald

A

Was gibt der Regenwald mir?
Aus Coltanerz wird Tantal gewonnen, welches in Smartphones, Computern und Spielekonsolen verarbeitet wird. Die Abbauregionen des Erzes liegen in unzugänglichen Regenwaldgebieten Zentralafrikas, Ruanda, Brasilien und in Australien. 2022 lagen etwa 210 Millionen ungebrauchter Smartphones oder Handys in deutschen Schubladen. In jedem Gerät steckt das wertvolle Metall, das man durch Recycling für neue Geräte wiederverwenden kann.

Das mache ich für den Regenwald!
Ich kann die Nachfrage nach Coltan beeinflussen, indem ich mein Gerät (z. B. Smartphone, Laptop oder Fernseher) länger benutze. Gebrauchte Geräte kann ich weiterverkaufen und defekte Smartphones an Regenwaldprojekte spenden.

M3 Kakao aus dem Regenwald

B

Was gibt der Regenwald mir?
Der Kakaobaum ist im tropischen Regenwald beheimatet und benötigt ein warmes und feuchtes Klima. Er wächst daher in der unteren Baumschicht unter sog. Schattenpflanzen. Für die Schaffung von Kakaoanbauflächen wurde und wird viel Regenwald abgeholzt. 90 Prozent der weltweiten Produktion wird von Kleinbauern produziert und von fünf Großunternehmen gekauft.

Das mache ich für den Regenwald!
Jeder Deutsche verzehrte 2022 fast sechs Kilogramm Schokoladenwaren. Durch verantwortungsvollen Konsum von Schokoladenprodukten kann ich ...

M4 Tropenholz aus dem Regenwald

C

Was gibt der Regenwald mir?
Tropenholz wird von uns Menschen aufgrund seiner hohen Festigkeit, Haltbarkeit und Resistenz gegen Schädlinge häufig genutzt. Das schöne Aussehen und die natürliche Maserung von Tropenholz machen es zu einem begehrten Material für die Herstellung von Möbeln, von Gartenmöbeln bis hin zu Fensterrahmen.

Das mache ich für den Regenwald!
Auf den Kauf von Tropenholz sollte man entweder verzichten oder zumindest auf eine FSC®-Zertifizierung achten, denn ...

M5 Papier aus dem Regenwald

D

Was gibt der Regenwald mir?
Papier besteht aus Zellstoff, der aus Holzfasern gewonnen wird. Brasilien ist der größte Lieferant von Zellstoff für uns. Der Regenwald wird gerodet, um Zellstoff zu bekommen und um Eukalyptusplantagen anzulegen, da diese Pflanze besonders schnell viel Zellstoff liefert. Der Regenwald wird genutzt, um Papier zu produzieren.

Das mache ich für den Regenwald!
Einschränkung beim eigenen Verbrauch und Recycling können helfen ...

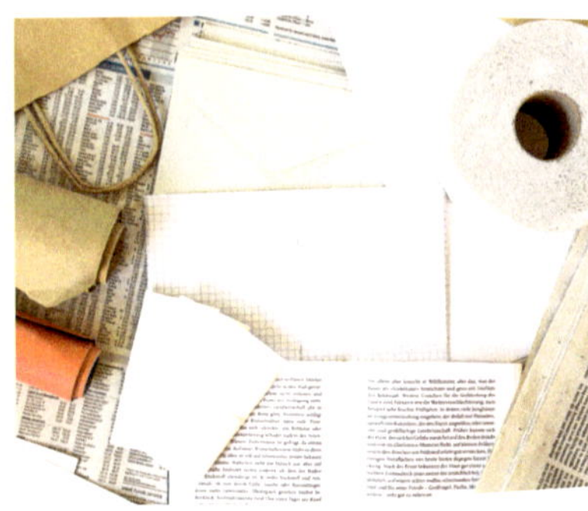

M6 Rinderzucht aus dem Regenwald

E

Was gibt der Regenwald mir?
Die Rindfleischproduktion ist einer der Haupttreiber für die Entwaldung des Regenwaldes, insbesondere in Ländern wie Brasilien. Um Platz für Weideflächen zu schaffen, werden große Waldgebiete gerodet. Diese Entwaldung hat erhebliche Auswirkungen auf die ökologische Vielfalt, den Klimawandel und die Lebensgrundlagen der lokalen Bevölkerung.

Das mache ich für den Regenwald!
Ich kann den eigenen Fleischkonsum ...

Wichtige Begriffe

- Artenvielfalt
- Bodenfruchtbarkeit
- Erosion
- Mineralstoffkreislauf
- Mischkultur
- Monokultur
- Nachhaltigkeit
- Ökosystem
- Plantage
- Primärwald
- Savanne
- Sekundärwald
- Shifting Cultivation
- Stockwerkbau
- Tageszeitenklima
- Tropen(zone)
- Welthandelsgüter

M1 Eingriffe in den tropischen Regenwald

Sich orientieren

1 Kennst du dich aus?

a) Nenne die Staaten, die großflächige Regenwaldgebiete aufweisen: USA, Myanmar, Argentinien, Pakistan, Malaysia, Demokratische Republik Kongo, Venezuela, Kolumbien, Iran, Kongo, Gabun, Brasilien, Kamerun, Ukraine, Peru, Tansania, Namibia, Papua-Neuguinea, Chile, Indonesien.

b) Ordne die Regenwaldstaaten nach Kontinenten zu und erstelle eine Tabelle.

c) Arbeite die drei Staaten mit der größten Regenwaldfläche heraus.

Kennen und verstehen

2 Eingriffe finden

Nenne mithilfe der **Grafik M1** die Arten von Eingriffen in den tropischen Regenwald.

3 Richtig oder falsch?

Überprüfe die falschen Aussagen und schreibe sie richtig auf.

a) Im tropischen Regenwald regnet es jeden Tag mindestens einmal.

b) Die Böden der tropischen Regenwälder sind sehr fruchtbar.

c) Der Sekundärwald unterscheidet sich nicht vom Primärwald.

4 Begriffe finden

Die in Klammern bezeichneten Buchstaben ergeben ein Lösungswort mit 19 Buchstaben:

a) Land mit dem größten zusammenhängenden Regenwald (1)

b) Kennzeichen der tropischen Tier- und Pflanzenwelt (2)

c) preiswertes Pflanzenöl (2)

d) Vegetationszone, die an den tropischen Regenwald anschließt (6)

e) Wald, der sich nach der Brache ansiedelt (6)

f) Voraussetzung für Pflanzenwachstum (5)

g) großflächiger Anbau nur einer Kulturpflanze (4)

h) geschlossenes Regenwalddach (7)

i) Kennzeichen des Regenwaldaufbaus (12)

j) Früchte für den Export (3)

k) Bezeichnung für das Klima des tropischen Regenwaldes (3)

l) wasserreichster Fluss der Erde (8)

m) Pflanzen, die auf Pflanzen wachsen (11)

n) landwirtschaftlicher Großbetrieb in den Tropen (8)

o) Schlingpflanze (1)

p) Nachkommen der ursprünglichen, vorkolonialen Bewohner (3)

q) Name für die höchsten Regenwaldbäume (2)

r) zukunftsfähiges Wirtschaftsprinzip (6)

s) asiatische Menschenaffenart (6)

Fachmethoden anwenden

5 Analysiere die **thematische Karte M2**.

M2 Erschließung Amazoniens

6 **Argumente sammeln**
Die indigene Bevölkerung, Regierungen, Wissenschaftlerinnen und Wissenschaftler, Holzfäller und andere Gruppen haben ein Interesse am Regenwald. Erörtere Argumente für und gegen eine Nutzung des Regenwaldes.

Beurteilen und bewerten

7 Erstellt eine Liste mit 5 Produkten, die Palmöl enthalten. Arbeitet Ersatzprodukte heraus, die kein Palmöl enthalten (Recherche).

Jetzt kannst du ...

- die Verbreitung des tropischen Regenwalds beschreiben;
- die an den Naturraum angepasste Wirtschaftsweise des Wanderfeldbaus erklären;
- die Merkmale der Plantagenwirtschaft in Abgrenzung zum traditionellen Wanderfeldbau erläutern;
- die Ursachen für die Rodung des tropischen Regenwaldes nennen und das Ausmaß der Zerstörung beschreiben;
- die ökologischen, sozialen und wirtschaftlichen Folgen der Zerstörung des tropischen Regenwaldes nennen und erklären;
- die besondere Bedeutung des Regenwaldes für die Menschheit erläutern;
- eine thematische Karte und ein Satellitenbild analysieren;
- Maßnahmen für eine nachhaltige Nutzung des tropischen Regenwaldes herausarbeiten.

5

In den Trockenräumen

M1 Stein- und Felswüste

Wüsten üben auf uns eine große Faszination aus. Sie bedecken riesige Flächen und sind auf fast allen Kontinenten verbreitet. Trotz Hitze und Wassermangel stecken diese Trockenräume voller Leben, da sich Tiere und Pflanzen an diesen Naturraum angepasst haben.
Wie leben die Menschen und die Tiere in diesen Extremräumen?
Wie haben sie sich auf Hitze und Wassermangel eingestellt?

M2 Sandwüste

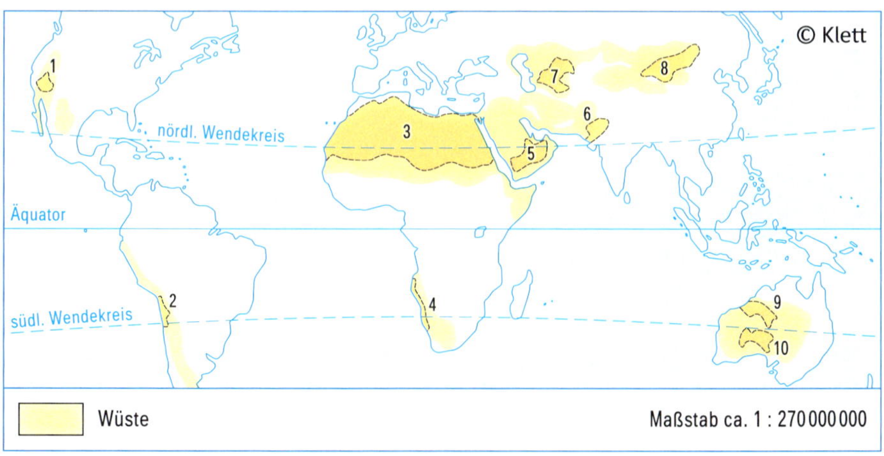

M3 Randtropische und außertropische Wüsten

Das kennst du schon!

- Wetterphänomene und das Klima charakterisieren
- Bedeutung des Wassers bei der Formung der Erdoberfläche erläutern
- Klimadiagramme auswerten

Wüsten – ein Meer aus Sand?

Auch wenn wir noch nicht da gewesen sind – wir machen uns häufig ein Bild von einer Landschaft, einer Stadt oder einem Feriengebiet.
Merkmale oder Besonderheiten, von denen wir gelesen bzw. gehört haben, von denen wir Fotos oder Filme gesehen haben, setzen wir zu „unserem Bild“ einer Landschaft oder eines Ortes zusammen.
Welches Bild hast du von der Wüste?

M1 Fotos aus der Wüste? Ja oder Nein?

M2 Unser Bild von der Wüste

Wie sieht es deiner Meinung nach in einer Wüste aus? Wie fühlt es sich an, wenn du mitten in einer Wüste stehst? Welche Geräusche hörst du?
Schau dir die Fotos noch einmal an. Welches davon ist deinem Bild von einer Wüste besonders ähnlich? Welches ist deiner Meinung nach gar nicht in einer Wüste aufgenommen?
Vielleicht helfen auch die folgenden Anregungen euer Bild von der Wüste zu erkunden und miteinander zu vergleichen.

- Schreibt je fünf Begriffe auf, die eurer Meinung nach bei der Beschreibung des Begriffs „Wüste“ nicht fehlen dürfen.
- Vergleicht eure Begriffe mit denen eures Nachbarn.
- Einigt euch gemeinsam auf fünf Begriffe, die wichtig für die Beschreibung einer Wüste sind.
- Sammelt die Begriffe an der Tafel.

Stellt Fragen! Was möchtet ihr noch wissen, um euer Bild von der Wüste zu vervollständigen? Schreibt die Fragen auf.
Bittet eure Lehrerin / euren Lehrer von den Begriffen und Fragen an der Tafel ein Foto zu machen. Vielleicht kommt ihr am Ende des Wüstenkapitels noch einmal darauf zurück.

Zahlen, Daten, Fakten

Etwa 20 Prozent der Landfläche unserer Erde sind mit Trockenwüsten bedeckt. Die größte davon ist die Sahara in Nordafrika. Mehr als zehn Staaten haben Anteil an dieser bekanntesten Wüste der Welt. Im Gegensatz zu Eiswüsten werden Trockenwüsten nicht durch fehlende Wärme, sondern durch mangelnde Niederschläge bestimmt. Fallen durchschnittlich weniger als 250 mm Niederschlag im Jahr, spricht man von einer Wüste. In den Kernwüsten werden oft auch deutlich unter 150 mm Niederschlag gemessen (zum Vergleich: Konstanz = 836 mm Niederschlag im Jahr). Die Temperaturen können in manchen Wüsten bis über 50 °C erreichen. Die höchste Temperatur wurde im Death Valley in der Mojavewüste in Nordamerika mit 56,7 °C gemessen. Hohe Temperaturen und Wassermangel führen in den Trockenwüsten dazu, dass keine oder nur spärliche Vegetation vorhanden ist.

Wüsten sind kein Meer aus Sand

Wüsten sind abwechslungsreiche Landschaften und hohe Gebirge sind hier keine Seltenheit. Der höchste Berg in der Sahara ist fast 3 500 m hoch und damit 500 m höher als der höchste Berg Deutschlands.
Der Anteil der **Sandwüsten** – auch Ergs genannt – beträgt in den Wüsten weltweit nicht mehr als 20 Prozent. Die Sandkörner der oft mehrere Hundert Meter hohen Dünen sind unter 2 mm groß – meist sogar noch viel kleiner.
Der weitaus größte Teil der Wüstengebiete wird von **Stein- und Felswüsten**, den Hamadas, gebildet. Sie bestehen meist aus grobem scharfkantigem Gesteinsschutt und nehmen fast drei Viertel der Wüstenflächen ein. Für Fahrzeuge ist es unmöglich, die Hamada zu durchqueren.
Den kleinsten Anteil an den Wüsten haben die **Kieswüsten** (= Serire). Sie bestehen überwiegend aus Kiesen, die zwischen 6 cm und etwa 2 mm groß sind.

M4 Randtropische und außertropische Wüsten

a) Große Arabische Wüste (Rub al-Chali)
b) Wüste Tharr
c) Mojavewüste
d) Sahara
e) Große Victoriawüste
f) Atacama
g) Gobi
h) Namib
i) Große Sandwüste
j) Karakum / Kysylkum

M3 Oberflächenformen der Wüste und deren weltweiten Anteile

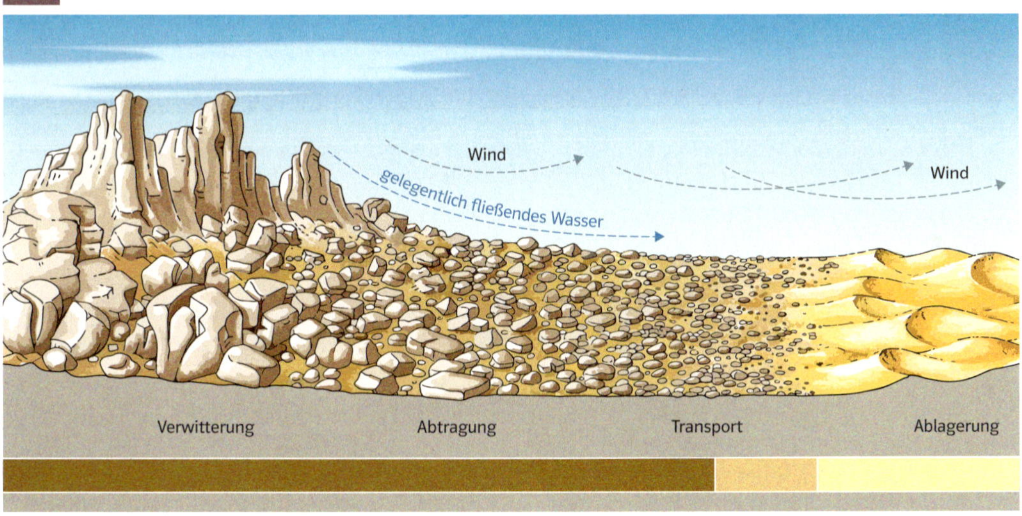

1 ◒ Arbeite mit der Karte (Seite 67) und dem Atlas:
A Ordne den Ziffern der Karte die Buchstaben bzw. Namen der Wüsten in der Infobox M4 richtig zu.
B Wähle vier Wüsten aus und beschreibe:
- deren Lage im Gradnetz,
- deren Entfernung zur Küste.

2 ○ Arbeite mit der **Grafik M3**:
a) Ordne den Farben der Leiste (dunkelbraun, mittelbraun, hellbraun) die im Text angeführten Oberflächenformen der Wüsten zu.
b) Nenne drei Begriffe, die bei der Beschreibung der jeweiligen Oberflächenformen vorkommen müssen.

3 ○ MK Erkläre mithilfe einer Internetrecherche den Begriff „Wadi“.

4 ● Überprüfe nun, ob und wie sich dein Bild von der Wüste verändert hat.

Oasen – Inseln in der Wüste

Fata Morgana

Die erhitzte Luft in der Wüste führt manchmal zu Luftspiegelungen, die einem Menschen Dinge zeigen, die in Wirklichkeit viel weiter weg sind, als es zunächst scheint, oder optische Täuschungen hervorrufen.

Die Sonne sticht vom Himmel, die Luft flimmert vor Hitze, 50 °C im Schatten – aber den gibt es kaum. Wie eine Fata Morgana erscheint einem Wüstenwanderer am Horizont ein Palmenwald, eine Quelle, aus der frisches, kühles Wasser sprudelt – eine grüne Insel inmitten der Wüste, eine Oase.

M1 Oase Tinerhir in Marokko

Oasengärten

Überall dort, wo in der Wüste Wasser an die Erdoberfläche tritt oder durch Pumpen aus dem Untergrund gefördert werden kann, finden wir **Oasen**, Siedlungen mit Gärten, Obstbäumen und Palmen. Das Wasser wird zur Bewässerung über ein Labyrinth kleiner Kanäle auf Felder und Beete geleitet.

Zwar prägen Dattelpalmen das Bild der Oase, die landwirtschaftliche Nutzung ist aber vielfältig. Die Gärten in einer traditionellen Oase sind häufig stockwerkartig angelegt. Dattelpalmen spenden Schatten für niedrigere Baumkulturen, die Granatäpfel, Feigen, Zitronen und Orangen tragen. Im untersten Stockwerk werden Gemüse, Getreide und Futterpflanzen angebaut.

Die Anbauflächen sind klein und werden intensiv bearbeitet, meist mit der Hacke. Die Oasenbauern umgeben die Gärten oft mit Zäunen aus Palmwedeln zum Schutz vor Wind und wanderndem Sand, aber auch zur Abwehr von hungrigen Schafen und Ziegen.

M2 Oasengarten

Nomaden – Wanderhirten und Kaufleute

Die Verbindung zwischen den oft weit voneinander entfernten Oasen stellt der **Nomadismus** her. Die Wanderhirten ziehen mit ihren Karawanen von Wasserstelle zu Wasserstelle. Zusätzlich betreiben sie Handel und transportie-

1 ○

Arbeite mit dem Atlas:

a) Nenne einige Oasen in der Sahara.

b) Beschreibe die Lage dieser Oasen innerhalb des jeweiligen Staatsgebietes.

ren auf ihren Lasttieren wichtige Handelsgüter zwischen den Oasen oder zwischen den Nord- und Südrändern der Sahara.

Wandel der Lebensweise

Die Lebensweise der Nomaden wandelt sich. Immer mehr von ihnen werden sesshaft, häufig werden sie von den Staaten dazu gezwungen. Zudem können sie nicht mehr mit der modernen Technik konkurrieren, denn durch die Sahara führen heute asphaltierte Straßen. Lkw lösen die Kamelkarawanen ab und bringen Lebensmittel und andere Güter in die Oasenstädte. Diese Öffnung nach außen bewirkte einen grundlegenden Wandel in den Oasen.

Oasen im Wandel

Die Landwirtschaft in den Oasen verliert an Bedeutung. Gewerbebetriebe und Fabriken entstanden und stellten Arbeitsplätze. Andererseits verließen viele Oasenbewohnerinnen und Oasenbewohner ihre Heimat und suchten in den Küstenstädten oder sogar im Ausland wie etwa Frankreich Arbeit. Mit ihrem Verdienst können sie ihre Familien unterstützen. In den Oasen selbst entwickelte sich zudem ein weiterer wichtiger Erwerbszweig. Über die besseren Straßen können jetzt auch Touristen in größerer Zahl die Inseln in der Wüste erreichen. Für sie entstanden Hotelanlagen mit Swimmingpools, Gartenanlagen wurden erweitert, andere touristische Einrichtungen wie Restaurants ausgeweitet. Immer mehr Menschen in den Oasen leben heute direkt oder indirekt vom Tourismus.

M3 Schema einer Oase im Wandel

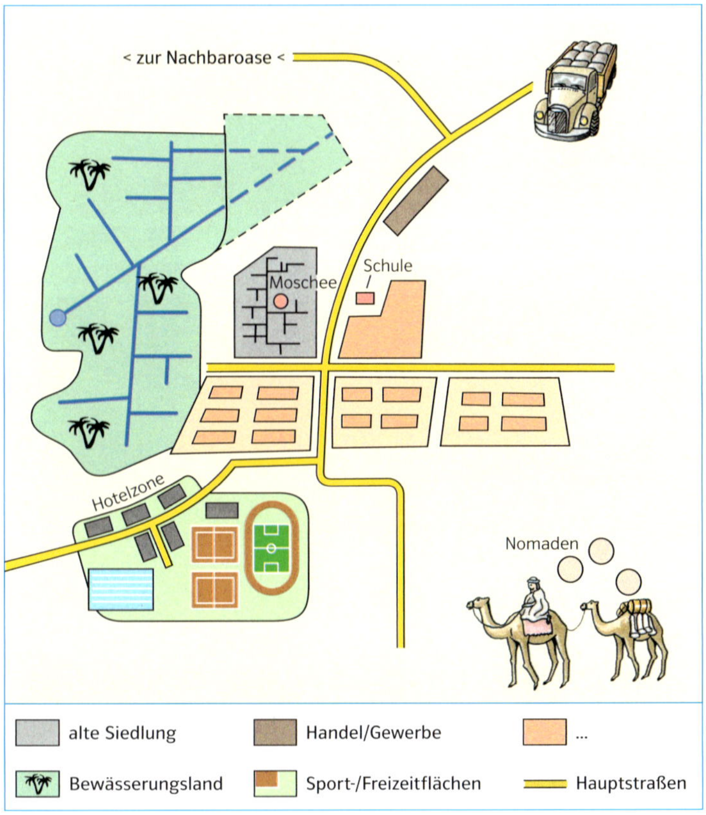

M4 Hotelanlage in einer Oase

2 ◒
Erläutere die Bedeutung einer traditionellen Oase für die Menschen in der Wüste.

3 ◒
Beschreibe mithilfe des Textes und des **Fotos M 2** den Aufbau von Oasengärten.

4 ◒
Erkläre anhand der **Grafik M 3** den Wandel von Oasen.

5 ●
Bewerte den aktuellen Strukturwandel der Oasen jeweils aus der Sicht eines Oasenbewohners, eines Nomaden und eines Touristen.

AFB I: 1, 3 AFB II: 2, 4 AFB III: 5

Ohne Wasser läuft nichts

Wasser ist die entscheidende Lebensgrundlage für die Oasen. Doch wie gelangt das Wasser überhaupt dorthin? Wie wird es gefördert und wie wird es genutzt?

M1 Oasentypen

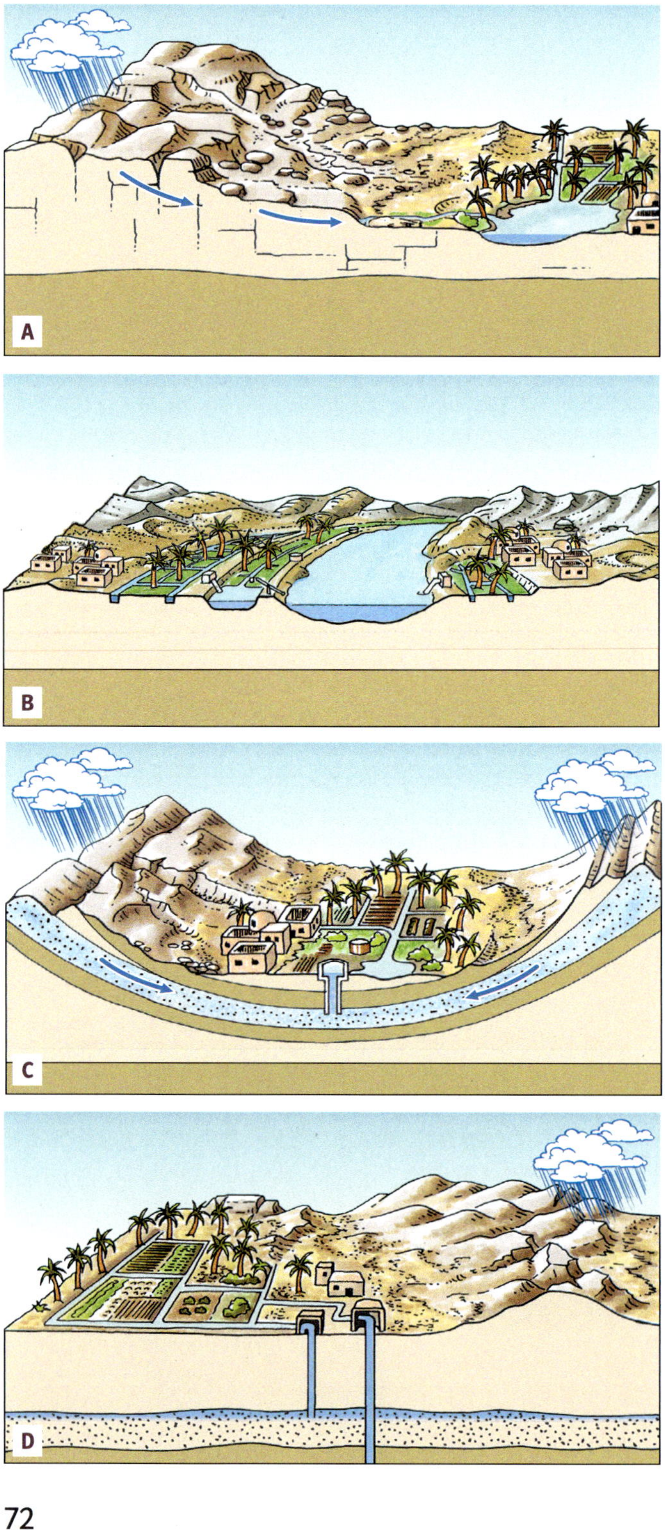

Oasentypen – Methoden der Wassergewinnung

Wenn Flüsse durch eine Wüste fließen, entsteht eine Flussoase. Die wohl bekannteste ist die des Nils in Ägypten. Das Quellgebiet dieses großen Stromes liegt in den feuchten Tropen Ost- und Zentralafrikas. Von dort wird das Wasser nach Norden durch die Wüste bis ins Mittelmeer transportiert.

Bei anderen Oasen ist Wasser in nicht allzu großer Tiefe vorhanden. Es wird als Grundwasserstrom von feuchteren Bergländern herangeführt und tritt in einer Quelle zu Tage. Meist werden Brunnen angelegt, um die wasserführende Schicht zu erreichen.

Eine Besonderheit sind die artesischen Brunnen. Zwischen zwei schräg abfallenden, wasserundurchlässigen Schichten fließt im Untergrund Wasser zur Mitte bzw. zum tiefstgelegenen Punkt ab. In der wasserführenden Schicht baut sich dadurch ein hoher Wasserdruck auf. Bohrt man diesen Grundwasserstrom an, so steigt das Wasser von selbst nach oben und sprudelt heraus. Wenn der Druck nachlässt, wird das noch vorhandene Wasser mit Pumpen gefördert.

Als in den 1960er-Jahren in Nordafrika Bohrungen nach Erdöl stattfanden, entdeckte man in Tiefen bis zu 2000 m fossiles Wasser. Diese Wasservorkommen sind vor mehreren Tausend Jahren entstanden. Die damals gefallenen Niederschläge sind versickert und haben sich auf wasserundurchlässigen Schichten angelagert. Durch moderne Technik ist es heute möglich, das Wasser an die Oberfläche zu pumpen. Da es nicht in den Wasserkreislauf einbezogen ist, wird es auch nicht erneuert.

Bewässerungstechniken

Bei der traditionellen Graben- und Furchenbewässerung leiten offene Gräben das Wasser in die Bewässerungsgebiete. Von diesen Hauptgräben wird es auf die einzelnen Anbauparzellen verteilt. Das Wasser versickert in vielen flachen Furchen oder Beeten und gelangt somit an die Pflanzenwurzeln. Diese Bewässerungsart ist arbeitsintensiv und kostengünstig.

M2 Graben- und Furchenbewässerung

M4 Karussellbewässerung

M5 Tröpfchenbewässerung

M3 Bewässerungstechniken im Vergleich

Art der Wasserzuleitung	Kosten	Arbeitsaufwand [Stunde pro ha]	Wirkungsgrad [Durchschnitt in %]	Weltweite Verbreitung [in %]
Schwerkraftbewässerung: Gräben und Furchen	niedrig	12 – 30	40 – 50	85
Sprühtechniken mit „Sprinklern“ oder „Karussells“	mittel	3 – 5	60 – 70	10
Tröpfchenbewässerung: Schläuche im Wurzelbereich	hoch	10	80 – 95	5

Allerdings liegen die durch Verdunstung und unkontrollierte Versickerung verursachten Wasserverluste bei 80 Prozent.
Grüne Scheiben mitten in der Wüste sind das Ergebnis der Karussellberegnung. Der Beregner kreist um einen festen Mittelpunkt und versprüht das Wasser kreisförmig. Bei Großanlagen sitzt in der Mitte des Systems ein Tiefbrunnen. Dem Wasser können Dünger und Pflanzenschutzmittel zugesetzt werden. Die größten dieser Kreisflächen sind über 200 ha groß. Diese Systeme sind windempfindlich, weisen große Verdunstungsverluste auf und die benötigten Förderpumpen sind sehr teuer.
Die Tröpfchenbewässerung ist die modernste, aber auch kostenaufwendigste Bewässerungsmethode. Ein Netz von Schläuchen leitet das Wasser direkt und gezielt zu den Pflanzen. Über kleine Düsen wird es tröpfchenweise an die Wurzeln der Pflanzen abgegeben. Nur der unmittelbare Wurzelbereich wird feucht gehalten. Diese Technik erzielt den höchsten Wirkungs- und Ausnutzungsgrad des Bewässerungswassers (80 bis 95 Prozent).
Bei falscher Anwendung der Bewässerungstechniken besteht in ariden Gebieten die Gefahr der **Bodenversalzung**. An der Bodenoberfläche bilden sich dann Salzkrusten. Das führt häufig zum Totalverlust der Anbaufläche und zu entsprechenden Ernteausfällen (siehe Arbeitsblatt Bodenversalzung).

1 ○
Bezeichne die Oasentypen (**Grafik M1, A – D**) mithilfe des Textes.

2 ◒ MK
Oasenraten – testet euch gegenseitig. Entscheidet euch für einen Oasentyp. Behaltet jeweils die Entscheidungen für euch. Wählt eine von den folgenden Aufgaben aus:
- **A** Erstellt einen kurzen Bericht eines Touristen, der diese Oase besucht. Was sieht er? Was fällt besonders auf?
- **B** Arbeitet fünf Begriffe heraus, die den Oasentyp umschreiben, ohne ihn zu nennen.
- **C** Erstellt in Form einer Zeichnung drei markante Merkmale des Oasentyps.

3 ◒
Erläutere die unterschiedlichen Möglichkeiten der Wassergewinnung in Oasen.

4 ◒
Erstelle eine Liste mit den Vor- und Nachteilen der einzelnen Bewässerungstechniken.

Wenn die Wüste wächst

M1

Die Nomaden, die Karawanenhandel durch die Wüste betrieben, bezeichneten das sich südlich an die Sahara anschließende Gebiet als Sahel (arab.: As-Sahil = Ufer / Küste). Hier konnten sich Tiere und Menschen mit Wasser und Nahrung versorgen. Doch heute ist die Sahelzone gefährdet. Die Wüste breitet sich immer mehr aus.

M2 Musas Geschichte

Musa und seine Familie sind Halbnomaden. Ihre Heimat ist die Dornsavanne im Niger, wo einige Halbnomaden in kleinen Dörfern leben. Schon immer waren sie der Bedrohung durch die Dürre ausgesetzt, aber meist war es möglich, Kolbenhirse und sogar Melonen anzubauen. Musas Vater hatte eine große Schafherde, einige Ziegen und Kamele. In der Trockenzeit zog er mit seinen Tieren in den Süden, wo die Regenzeit länger andauerte. Die Familie bewirtschaftete währenddessen die Felder in Dorfnähe. Als wir vor wenigen Jahren einmal wieder in Musas Dorf kamen, bot sich uns ein erschreckendes Bild. Wo die Frauen versucht hatten, etwas zu pflanzen, ragten verdorrte Hirsestrünke aus dem Boden, die nicht größer waren als die Finger eines Kindes. Wenn der Wind heftig wehte, trug er den lockeren Boden vom Acker fort und begrub die Strohdachhütten der Familien halb unter sich. Musas Vater blieben von seinen Tieren nur noch zwei Esel, drei Ziegen und zwei Schafe übrig. Alle anderen waren verhungert, verdurstet oder notgeschlachtet.

Der **Sahel** war früher das kulturelle und wirtschaftliche Zentrum zwischen Nordafrika und Südafrika. Bis heute gibt es hier bedeutende Städte, wie z. B. Niamey im Niger.
Eine genaue Abgrenzung der Region ist jedoch schwierig. Denn in der Sahelzone kommt es immer wieder zu Dürreperioden und zur Ausbreitung von Wüsten in Gebiete hinein, in denen allein aufgrund der natürlichen klimatischen Verhältnisse keine Wüsten sein dürften. Dieser Prozess der Wüstenausbreitung wird als **Desertifikation** bezeichnet. In den letzten Jahrzehnten ist die Wüste allein an ihrer 5 000 Kilometer langen Südgrenze etwa 200 Kilometer weit vorgedrungen und hat große Teile der Dornsavanne verdrängt. Rund eine Million Quadratkilometer Weide- und Ackerland konnten nicht mehr landwirtschaftlich genutzt werden. Hunger in der Bevölkerung war die Folge.
Das Dorf von Musa (**Musas Geschichte**) liegt in der Sahelzone. So wie ihm und seiner Familie erging es dort vielen Menschen. Aber wie konnte es zu der Wüstenausbreitung kommen? Und welche Folgen hat ein solcher Prozess?

Wüste menschengemacht

Die Menschen konnten am Rand der Trockengebiete überleben, solange ihre Wirtschaftsweise der Natur angepasst war. In den letzten Jahrzehnten gab es immer wieder Hungerkatastrophen. Was sind die Ursachen? Die Bevölkerungszahl im Sahel nahm rasant zu und steigt weiterhin. Mehr Menschen brauchen mehr Nahrung, weshalb die landwirtschaftlichen Flächen ausgeweitet wurden. Zudem ver-

1 ○
Die Sahelzone:
a) Beschreibe die Lage der Sahelzone.
b) Nenne mithilfe deines Atlas sechs Staaten, die Anteil an der Sahelzone haben.

2 ○
Beschreibe die Besonderheiten des Klimas in der Sahelzone (siehe **Diagramm M3**).

3 ○
Nenne Ursachen für die Ausbreitung der Wüste im Sahel.

M3 Entwicklung der Jahresniederschläge der Station Niamey (Niger)

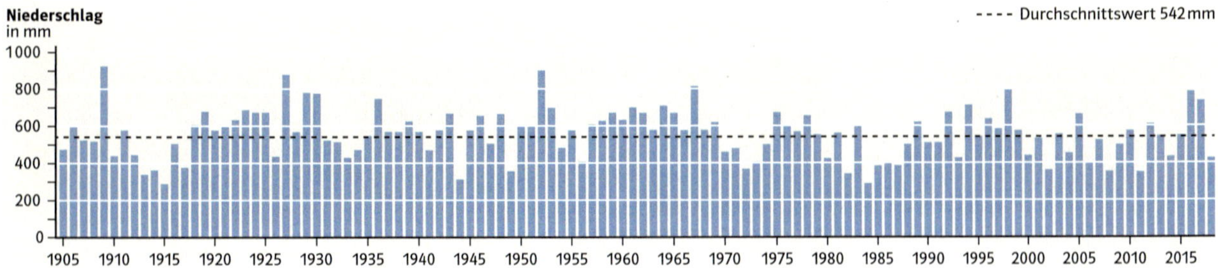

M4 Entwicklung der Tierbestände in Senegal, Mali, Burkina Faso, Niger und Tschad

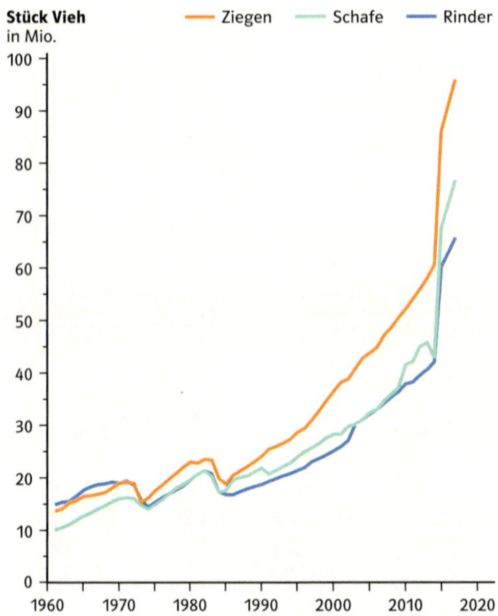

M5 Vor der Wüstenausbreitung

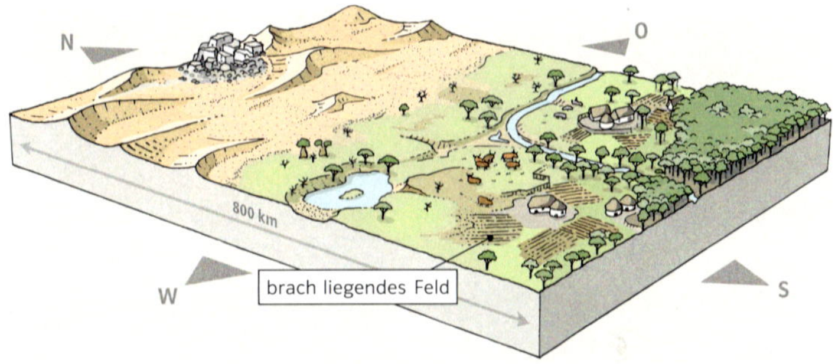

M6 Nach der Wüstenausbreitung

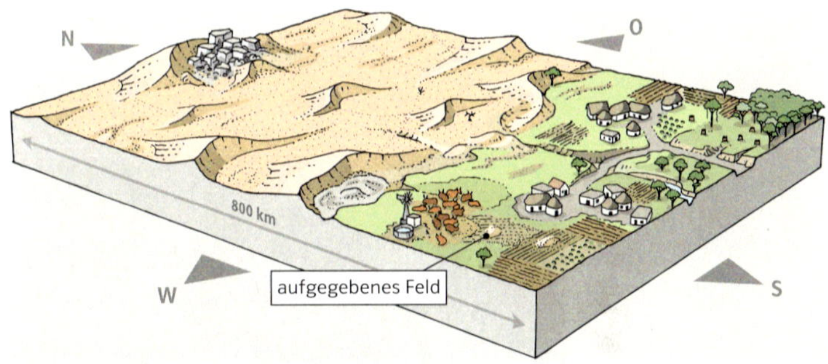

größerten Nomaden nach regenreicheren Jahren ihre Herden. Der steigende Tierbestand führte zu einer Überweidung, die Tiere fanden kaum noch Futter. Schließlich haben einige Staaten die Nomaden gezwungen, sesshaft zu werden und Ackerbau zu betreiben. Die sowieso kargen Baumbestände wurden abgeholzt, um Ackerflächen zu erweitern, Brenn- oder Bauholz zu gewinnen. Dazu variieren die Niederschläge stark von Jahr zu Jahr.

Der steigende Wasserbedarf sollte durch weitere und tiefere Brunnen gedeckt werden. Um die Brunnen zertrampelte und verdichtete das Vieh die oberste Bodenschicht. Somit kann der Regen nicht mehr in den Boden einsickern. Durch die Störung des natürlichen Gleichgewichts breitet sich allmählich die Wüste in die Savannen hinein aus. Es kommt zur vom Menschen gemachten Wüste.

4 ◒
Vergleiche die **Blockbilder M5** und **M6** zur Situation vor und nach der Wüstenausbreitung.

5 ●
Arbeitet im Team. Begründet, warum man im Sahel von einer vom Menschen verursachten Wüste sprechen kann.

6 ●
„Die Menschen im Sahel sind selbst schuld an ihrem Elend."
Bewertet diese Aussage.

Mit einfachen Mitteln gegen die Wüste

Auf dem afrikanischen Kontinent sind 65 Prozent der Ackerböden so sehr zerstört, dass der Anbau von Nutzpflanzen schwer oder gar nicht mehr möglich ist. Dabei gibt es einfache Mittel, dem entgegenzuwirken. Doch wie ist eine nachhaltige Nutzung möglich?

1 ◒
Mittel gegen die Wüste
Wähle ein Beispiel aus, das dich besonders interessiert:

A Steinwälle
Erkläre, wie die Steinwälle dazu beitragen, Landwirtschaft in Gebieten zu betreiben, in denen sich die Wüste verstärkt ausbreitet. Erstelle dazu eine Skizze.

B Zaï
Erkläre, wie die Zaï-Methode hilft, dass Nutzpflanzen auch dort angebaut werden können, wohin die Wüste vorgedrungen ist. Erstelle dazu eine Skizze.

C Aufforstung
Erkläre, wie das dargestellte Aufforstungsprojekt funktioniert. Stelle dazu die einzelnen Phasen in Form einer Skizze dar.

D Rinaudos Methode
Erkläre, wie Rinaudos Methode hilft, karge Landschaften wieder zu begrünen. Stelle dazu die einzelnen Phasen in Form einer Skizze dar.

AFB II: 1

M1 Mit Steinwällen gegen die Wüste

A Dem Bau von Steinwällen hat es Emile Bineye zu verdanken, dass er auf seinen Feldern wieder Hirse ernten kann. Da der Transport der Steine und die Errichtung der Wälle nur in Gemeinschaftsarbeit zu realisieren sind, haben sich Dorfgemeinschaften zusammengeschlossen. Internationale Hilfsorganisationen haben geholfen. Ihr Tipp: In die bereits vorhandenen Erosionsrinnen mit Kieselsteinen gefüllte Drahtkörbe stellen. Hier sammeln sich nach den Regenfällen die ausgewaschenen Bodenbestandteile. Darauf können die Bauern jetzt Futterpflanzen anbauen. Da Emile und seine Nachbarn den Draht häufig nicht bezahlen können, helfen sie sich mit kleinen Steinbarrieren in den Wasserrinnen. Durch die Steinwälle konnte Emiles Dorf das Wasserproblem lösen. Da der Grundwasserspiegel gestiegen ist, können alle ganzjährig Wasser dem Brunnen entnehmen. Sie sollten aber sparsam damit umgehen.
Alternativ können kleine Hecken oder Grünstreifen quer zum Hang oder zum Wind angelegt werden. Die Bauern müssen darauf achten, dass sie Pflanzen wählen, die vom Vieh nicht gefressen werden. Obwohl die Methode schnellen Erfolg verspricht, ist Saatgut für viele Bauern hier zu teuer.

M2 Burkina Faso: mit Zaï gegen die Wüste

B Ein Erfolg versprechender Ansatz für bereits völlig vegetationslose und verkrustete Böden ist die Zaï-Methode. Sie wurde von Bauern in Burkina Faso entwickelt und gelangte von dort in die Nachbarländer. Das Zaï ist ein Loch im Boden mit einem Durchmesser von etwa 30 Zentimeter und einer Tiefe von 20 Zentimeter. Die Zaï werden versetzt in Reihen gegraben.
An Hängen wird der Aushub auf der talwärts gerichteten Seite aufgehäuft. Auf den Boden der Vertiefung legen die Bauern etwas Mist oder Kompost und füllen sie mit dem Aushub auf. Sobald es regnet, werden die Zaï mit Hirse bepflanzt. Obwohl Anlage von Zaï im harten Boden sehr anstrengend und arbeitsintensiv ist, ist sie sehr erfolgreich, weil Kompost und kostbares Wasser gezielt an die Pflanzen gebracht werden.

M3 Aufforstungsprojekt im Sahel

C Viele Böden in Niger sind mittlerweile so stark geschädigt, dass Gräser oder Bäume kaum noch wachsen können. Meist handelt es sich um Weiden mit einer dornigen Strauchschicht, auf denen die Grasnarbe verschwunden ist und die Bäume abgeholzt sind. Hier setzt das Aufforstungsprojekt an. Die lokale Bevölkerung spielt dabei eine zentrale Rolle. Denn sie entscheidet, welche Böden wiederhergestellt und welche Baumarten gesät werden. Dabei handelt es sich meist um lokale Baumarten.
Zunächst werden die Böden mithilfe eines mechanisierten Pflugs gelockert. Danach werden Halbmonde angelegt, d. h. kleine halbmondförmige Aufwerfungen im Boden, die als Windschutz dienen und gleichzeitig Regenwasser zurückhalten. So kann sich die Grasschicht wieder erholen und die neu gepflanzten Bäume können ungestört wachsen.
Nach etwa fünf bis zehn Jahren entsteht wieder eine dichte Baumschicht (ca. 350 Bäume pro Hektar).

M4 Rinaudos Methode

D Bereits in den 1980er-Jahren hat der Australier Tony Rinaudo per Zufall eine verblüffend einfache Methode gefunden, wie karge Landschaften wieder begrünt werden können. Als er im Süden Nigers gerade vor seinem Fahrzeug hockte, schaute er auf einen scheinbar abgestorbenen Baumstumpf. Er sah genauer hin und entdeckte kleine grüne Triebe, die aus dem Stamm ausschlugen. Das war der Beweis dafür, dass der Baum keineswegs tot war. Diese Erkenntnis wollte Rinaudo nutzen, um die Wüstenausbreitung in der Sahelzone zu stoppen. Zuvor musste er aber erst einmal Überzeugungsarbeit bei den Bauern leisten. Für sie war es nahezu unvorstellbar, ihre Ackerflächen nach der Ernte nicht mehr abzubrennen, kein Brennholz mehr einzuschlagen und die Bäume nicht mehr vom Vieh abweiden zu lassen. Doch die ersten Versuche sprachen für sich: Die Flächen, die nach Rinaudos Methode (Farmer Managed Natural Regeneration) gepflegt wurden, erlitten deutlich geringere Ernteverluste durch Dürren.
Aber worin genau liegt sein Erfolgsrezept? Von den Baumstümpfen werden bis auf die vier oder fünf stärksten junge Triebe alle Zweige entfernt. Das abgeschnittene Blattwerk wird als natürlicher Dünger liegen gelassen und nach einigen Wochen eingesammelt. Im Staat Niger wird mittlerweile eine Fläche von beinahe sechs Millionen Hektar auf diese Weise bearbeitet. Die neu begrünte Landschaft lockt bereits viele Tiere an. Auch für die Agrarwirtschaft ist das Land wieder nutzbar.

MK Eine Concept Map erstellen

In Schulmaterialien oder in Zeitungsartikeln treffen wir immer wieder auf Themen, die komplex und zunächst schwer zu verstehen sind. Um ein Problem zu erfassen, ist es oft sinnvoll, Zusammenhänge zu visualisieren, also durch eine Zeichnung zu veranschaulichen. Man kann so nicht nur leichter über das Thema sprechen, man kann sich die Zusammenhänge auch besser merken.

M1 Arbeit an einer Concept Map

→ Wirkungsgefüge
Seite 166/167

Eine Concept Map (concept = Begriff, map = Karte) ist eine Methode, um ein Thema oder ein Problem als Ganzes zu erfassen und Zusammenhänge zu visualisieren. Diese Wissenslandkarten bestehen aus Begriffen (Knotenpunkten), Pfeilen (Verbindungen) und Pfeilbeschriftungen. Eine Concept Map ist somit ein Netz aus Begriffen, zwischen denen Zusammenhänge in Form von beschrifteten Pfeilen dargestellt werden.
Der Vorteil besteht darin, dass eine Concept Map dir schnell einen Überblick über das gesamte Thema verschafft und die Verbindungen zwischen den einzelnen Schlagworten und Ideen dir Erklärungen liefert. Versuch es doch einmal!

1. Schritt: Text lesen und Thema erfassen

Lies die Texte „Wenn die Wüste wächst" und betrachte die einzelnen Abbildungen. Schreibe in einem kurzen Satz auf, worum es jeweils geht.
Folgendes könntest du aufschreiben:

Beispiel: Die unangepasste Nutzung der Sahelzone zerstört den Lebensraum der Bewohnerinnen und Bewohner.

2. Schritt: Text lesen und wichtige Begriffe markieren

Lies die Texte nochmals aufmerksam durch und markiere (mit Bleistift) wichtige Schlagworte und Aussagen.
Schwierige Texte musst du ein zweites Mal lesen.

3. Schritt: Wichtige Oberbegriffe festlegen

Betrachte nochmals genau, was du in den Texten unterstrichen hast. Überlege, welche Oberbegriffe für das Thema (vgl. 2. Schritt) am wichtigsten sind. Du darfst auch Begriffe auswählen, die nicht direkt im Text erwähnt werden, aber daraus hervorgehen.

4. Schritt: Oberbegriffe aufschreiben

Schreibe die wichtigsten Oberbegriffe zu deinem Thema auf kleine Kärtchen. Beachte bitte folgende Regelung:
- Verwende pro Kasten möglichst nur einen Begriff oder Gedanken.
- In Ausnahmefällen darfst du eine Kombination aus Substantiv und Adjektiven in einem Kasten verwenden.

Es könnten diese Begriffe sein:

M2 Concept Map

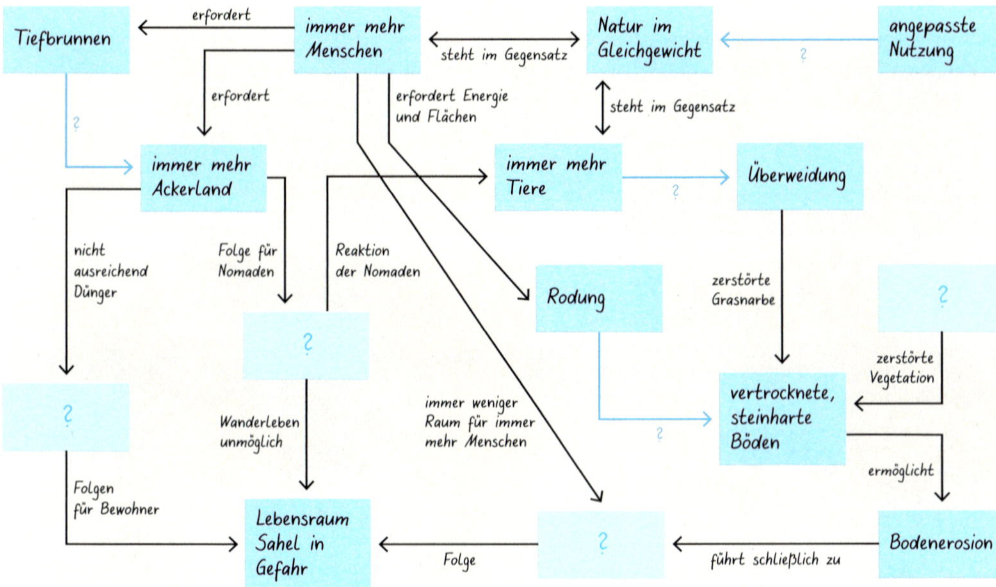

Beispiel: Rodung, Dürren, Überweidung, immer mehr Ackerland, immer mehr Menschen, immer mehr Tiere, Natur im Gleichgewicht, angepasste Nutzung, Tiefbrunnen, Zugang zu Wasser, Trockenheit, vertrocknete und steinharte Böden, Lebensraum Sahel in Gefahr, Desertifikation, Bodenerosion.

5. Schritt: Kärtchen gruppieren

Lege alle Kärtchen auf ein großes Blatt und gruppiere zusammenhängende Begriffe. Es ist wichtig, dass du zwischen den einzelnen Kärtchen genug Platz lässt, falls du später noch Begriffe ergänzen möchtest.

6. Schritt: Kärtchen festkleben

Wenn du mit der Anordnung der Begriffe zufrieden bist, klebe die Kärtchen in der Position fest.

7. Schritt: Zusammenhängende Begriffe verbinden

Verbinde mithilfe einer Linie die Begriffe, die etwas miteinander zu tun haben.

8. Schritt: Verbindungen erklären

Jetzt kommt der wichtigste Schritt: Um die Verbindung zwischen den Begriffen zu erklären, musst du auf jede Verbindungslinie eindeutig und konkret beschriften. Vermeide vollständige Sätze auf den Pfeilen. Verdeutliche deine Erklärung, indem du die Linie mit einer Pfeilspitze versiehst.

In dem Beispiel haben die Oberbegriffe Überweidung und vertrocknete, steinharte Böden miteinander zu tun. Du verbindest die beiden Begriffe und überlegst, was du auf die Verbindungslinie schreiben könntest, z. B. „zerstörte Grasnarbe".

Ergänze nun noch die Pfeilspitze in der richtigen Richtung.

9. Schritt: Begriffe ergänzen

Betrachte deine Concept Map noch einmal und überlege, ob du noch Kärtchen ergänzen musst.

1 ○

Die fast fertige Concept Map zeigt, wie die unangepasste Nutzung der Sahelzone den Lebensraum gefährdet.
Arbeitet in der Gruppe:

a) Übertragt die Concept Map in eure Hefte.
b) Arbeitet die fehlenden Oberbegriffe aus Schritt 4 heraus.
c) Beschriftet die leeren Verbindungslinien mit sinnvollen Erklärungen.

Meister der Anpassung

Die Wüsten gelten als lebensfeindlich. Viele Tiere und Pflanzen haben sich aber an die extremen Bedingungen angepasst. So können sie intensive Sonneneinstrahlung, große Hitze, starke Temperaturunterschiede und lange Trockenheit überstehen.

M1

Cistanchen sind Schmarotzerpflanzen, die mit ihren Wurzeln das Wasser und die Nährstoffe in den Wurzeln anderer Pflanzen anzapfen. Ihre pilzähnliche, gelbe oder violette Blüte wird bis 50 cm hoch, sie hat jedoch keine grünen Blätter.

M2

Fennek, der Wüstenfuchs, gehört zur Familie der Wildhunde. Mit seinen großen Ohren gibt er überschüssige Körperwärme an die Umgebung ab. Außerdem hört er hervorragend. So entgeht ihm bei seinen nächtlichen Beutegängen nicht das kleinste Geräusch von Insekten oder Mäusen.

M3

Der **Skink**, auch Sandfisch genannt, hat Schuppen und kann deshalb elegant durch Sand gleiten, ist aber kein Fisch, sondern eine flinke Echse. Tagsüber ist er im Sand vergraben, um der Tageshitze zu entgehen, nachts geht er auf Futtersuche.

M4

Die **Welwitschia** aus der Namib hat nur zwei korkenzieherartig gedrehte Blätter an einem kurzen, knolligen Stamm und eine gewaltige, am oberen Ende bis zu einem Meter dicke Pfahlwurzel. Die zwei Blätter, die sich in Streifen auffasern, können Tau aufsaugen.

M5

Das **Flughuhn** ist mit seinem Gefieder perfekt getarnt. Weit entfernt von Oasen und Brunnen legt es seine Eier ab, denn dort gibt es kaum Feinde. Um die Jungvögel mit Wasser zu versorgen, fliegt der Hahn zur weit entfernten Wasserstelle und speichert Wasser im Brustgefieder. Von den aufgetankten 80 g Wasser kommen immerhin noch 30 g bei den Jungvögeln an.

M6

Tamarisken sind Sträucher mit sehr kleinen Blättern. Sie besitzen Salzdrüsen, mit denen sie überschüssiges Salz ausscheiden können. Durch diese Eigenart können Tamarisken auf Böden mit höherem Salzgehalt wachsen.

M8 Kakteen, besondere Anpassungskünstler an die Trockenheit

M7 Dromedar, das einhöckrige Kamel

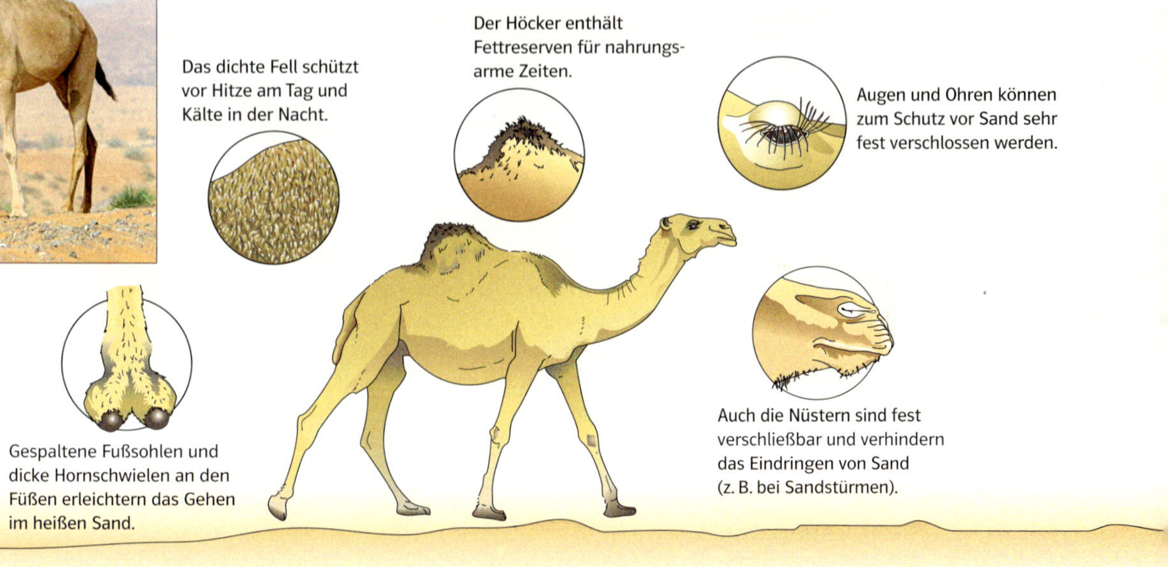

1 ◒
Erläutere, was die vorgestellten Überlebenskünstler in der Wüste gemeinsam haben.

2 ● MK
Wählt ein Tier (**Fennek M2, Skink M3, Flughuhn M5**) und eine Pflanze (**Cistanchen M1, Welwitschia M4, Tamarisken M6**) aus. Gestaltet zu ihnen einen Steckbrief, der im Besonderen auch ihre Anpassungsstrategien an das Wüstenklima enthält.

3 ◒ MK
Arbeite mithilfe einer Internetrecherche die Anpassungsstrategien der Dromedare und Kakteen heraus.

Wichtige Begriffe

- Bodenversalzung
- Desertifikation
- Kieswüste (Serir)
- Nomadismus
- Oase
- Sahel
- Sandwüste (Erg)
- Stein- und Felswüste (Hamada)

M2 Verbreitung der großen Trockenwüsten auf der Erde

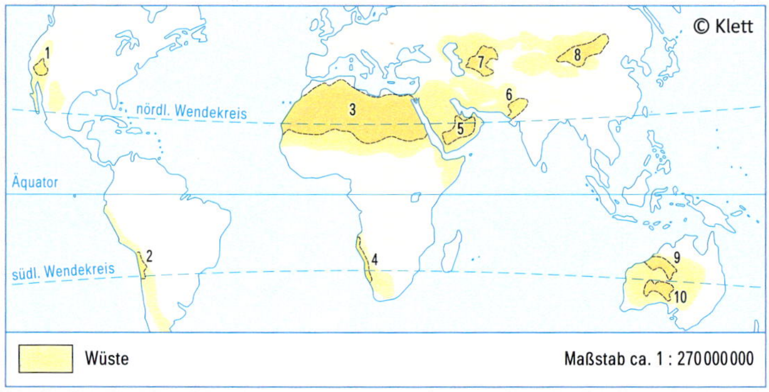

Sich orientieren

1 Kennst du dich aus?

a) Benenne die Trockenwüsten (1 bis 10) in der **Karte M2**.

b) Nenne fünf Staaten auf fünf verschiedenen Kontinenten, die Anteil an einer Trockenwüste haben.

c) Nenne drei Staaten, die Anteil an der Sahara haben.

M1

Kennen und verstehen

2 Finde die Begriffe

a) Zerfall von Gesteinen durch Temperaturschwankungen

b) die Ausblasung von Wind in der Kieswüste

c) grüne Insel in der Wüste

d) wenn man fehlende Niederschläge durch Grundwasser ersetzt

e) Oasentyp, bei dem das Wasser auf natürliche Weise zu Tage tritt

f) zu viele Tiere auf einer zu kleinen Weidefläche

g) Ausbreitung der Wüste

3 Ausreißer gesucht

Ein Begriff gehört jeweils nicht in die Begriffsreihe. Nenne den Begriff und begründe.

a) Regenzeit, Felsen, Wüste, Frost

b) Mali, Niger, Gabun, Tschad

c) Bewässerungslandwirtschaft, Bodenversalzung, humid, Dürre.

d) Hamada, Serir, Wadi, Erg.

M3

4 Wüstenformen

a) Man unterscheidet drei Wüstenformen. Nenne jeweils den deutschen und den arabischen Namen.

b) Nenne die Wüstenformen, die in den beiden **Fotos M1** dargestellt sind und begründe deine Entscheidung.

c) Erkläre, welche Naturkräfte für die Entstehung der Wüstenformen verantwortlich sind.

5 Aussagen ergänzen

Ergänze die Aussagen und schreibe sie richtig auf. Folgende Wortteile stehen zur Verfügung: tro – van – grund – ne – was – pflan – ser – cken – brunnen – ab – sa – lagerung – zen.

a) Aus … kann Wasser nur durch den Einsatz von Motorpumpen gewonnen werden.

b) Die Sahelzone ist der Übergangsbereich zwischen Wüste und …

M4

c) Bodenversalzung verhindert das Wachstum vieler …
d) Dünenbildung in der Wüste ist ein Prozess der …

6 Oasengärten
a) Nenne Möglichkeiten der Versorgung mit Wasser in Oasen.
b) Erkläre den Begriff Stockwerkanbau (siehe **Foto M 3**). Nenne stellvertretend je zwei Anbaupflanzen.
c) Erkläre die Möglichkeit der Bewässerung in dem dargestellten **Foto M 4**.

7 Wandel
Früher wurden Datteln zur Selbstversorgung angebaut, heute werden sie überwiegend exportiert. Erkläre.

8 Bodenschutz
Erkläre die dargestellte Maßnahme (siehe **Foto M 6**).

Fachmethoden anwenden

9 Klimadiagramme auswerten
a) Analysiere das **Klimadiagramm M 5**.
b) Nenne die Klimazone, aus der das **Klimadiagramm M 5** stammt.

10 Concept Map
Die **Abbildung M 7** zeigt einige wirksame Faktoren der Desertifikation im Sahelgebiet.
a) Ordne die farbigen Faktoren folgenden Bereichen zu:
- politisch – sozial – wirtschaftlich
- Auswirkungen auf den Naturraum
- Bevölkerungsentwicklung
- Folgen

b) Ordne die folgende Faktoren den Buchstaben A – D zu: Erhöhung der Viehzahlen, Brunnen, Überweidung, Desertifikation.

Beurteilen und bewerten

11 Wasser im Überfluss?
„Es ist ein Glück, dass neue Technologien heute die Nutzung des fossilen Grundwassers durch Tiefbrunnen (vgl. **Foto M 8**) oder die Wasserversorgung aus künstlichen Stauseen ermöglichen." Bewerte diese Aussage.

12 Desertifikation
Bewerte die Aussage: „Men made deserts".

M 6 Vorbereitungen zur Aufforstung

M 8 Karussellbewässerung in der Sahara

M 5

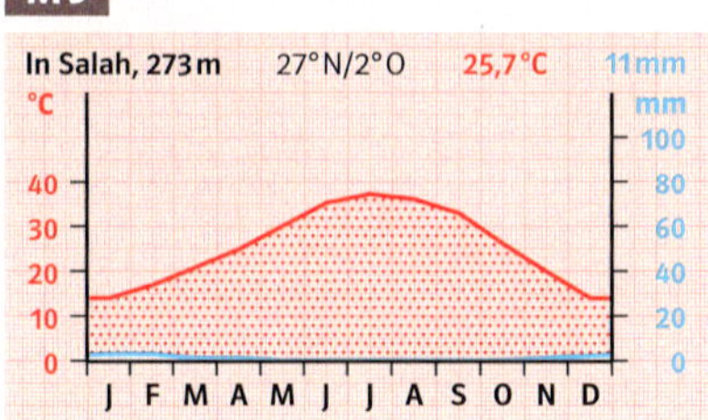

M 7 Concept Map

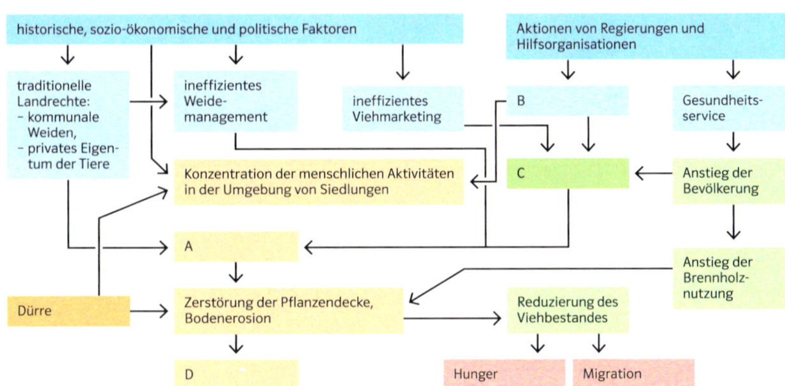

Jetzt kannst du …

- die Verbreitung der Trockenwüsten auf der Erde beschreiben;
- die verschiedenen Wüstenformen benennen, beschreiben und ihre Entstehung erklären;
- den Wandel der Oasenwirtschaft und des Lebens der Nomaden erläutern;
- verschiedene Bewässerungstechniken beschreiben und bezogen auf Aufwand, Nutzen und Auswirkungen bewerten;
- eine Concept Map zur Bearbeitung eines Themas erstellen.

6

In den Polarräumen

M1 Auf Grönland

Die Polarräume sind lebensfeindliche Gebiete. Hier herrschen extreme Witterungsbedingungen mit Temperaturen bis zu −70 °C und Schneestürmen von mehr als 140 km/h vor. Außerdem wird es bis zu einem halben Jahr nicht hell und das andere halbe Jahr nicht richtig dunkel.
Trotzdem dringen immer mehr Menschen in diese Räume vor, um hier zu forschen, zu arbeiten oder zu wohnen. Dadurch verändert sich der empfindliche Lebensraum. Wer sind die Menschen, wie und wovon leben sie? Ist eine menschliche Nutzung unter dem Aspekt der Nachhaltigkeit möglich?

M2 Durch den Permafrost verformte Gleise (Russische Föderation)

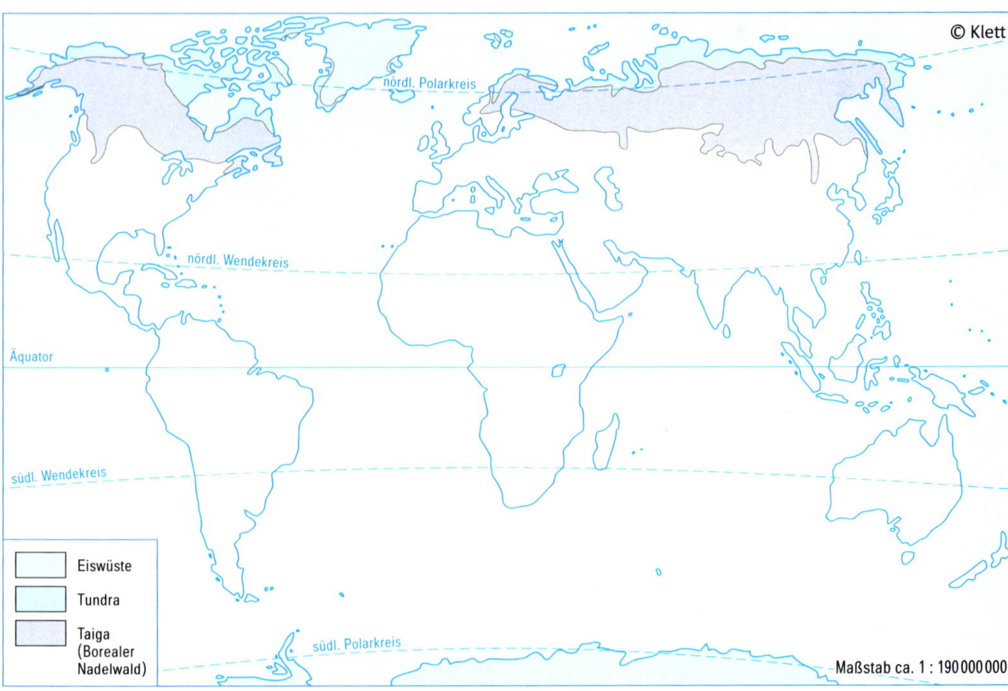

M3 Polarräume

Das kennst du schon!

- die polare Zone Europas anhand von Temperatur, Niederschlag und Vegetation charakterisieren
- Zusammenhänge zwischen Nutzung, Klima und Vegetation erklären

Jenseits der Polarkreise

Rund um die Pole der Erde erstrecken sich die Eiswüsten der Arktis und Antarktis. Obwohl sie infolge der extrem niedrigen Temperaturen auf den ersten Blick ein recht ähnliches Erscheinungsbild aufweisen, gibt es doch große Unterschiede zwischen beiden Regionen. Die Arktis und Antarktis sind wirtschaftlich hart umkämpft aufgrund von riesigen Rohstoffvorkommen.

M1 Arktis

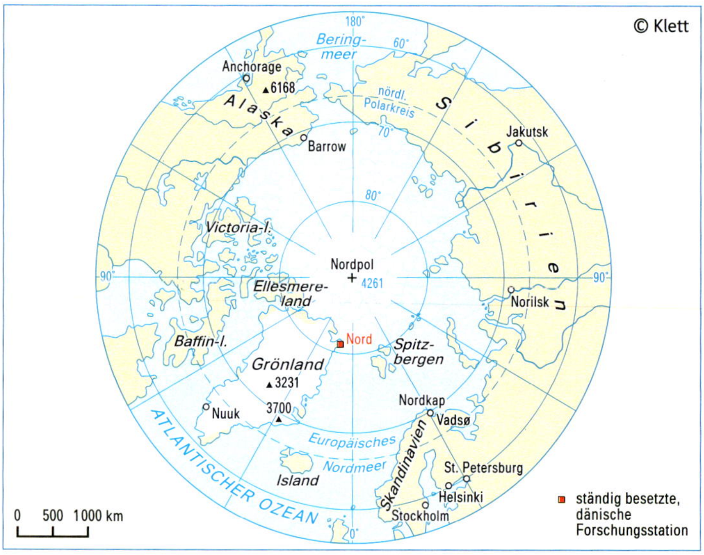

M2 Klimadiagramm Station Nord

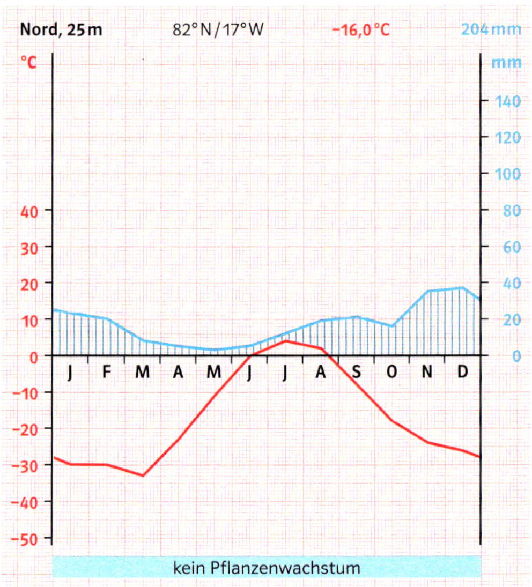

Arktis – Meer von Kontinenten umgeben

Bei der **Arktis** handelt es sich um ein von Landmassen eingeschlossenes Meer, das Nordpolarmeer. Durch das kalte Klima aber hat sich eine riesige Eisfläche aus gefrorenem Meerwasser gebildet. Als **Treibeis** werden einzeln schwimmende Eisschollen bezeichnet. Wenn diese durch Luft- oder Meeresströmungen zusammengeschoben und aufgetürmt werden, bildet sich mehrere Meter dickes **Packeis**. Bewohnt wird die Arktis von ca. 100 000 Menschen. Bedeutende Volksstämme sind die Inuit in Nordamerika und Grönland und die im skandinavischen Bereich der Arktis lebenden Sami. Durch das etwas mildere Klima auf dem Festlandsteil der Arktis bildet sich eine Tundrenvegetation aus Moosen, Flechten und kleinwüchsigen Pflanzen. Bäume gibt es hier nicht und Landwirtschaft kann nur sehr begrenzt betrieben werden. Die Tierwelt in der Arktis ist reichhaltig. Hier kommen unter anderem Eisbären, Moschusochsen, Karibus (Rentiere), Polarfüchse und Schneehasen vor. Die acht Anrainerstaaten der Arktis haben sich 1996 zu einem „arktischen Rat" zusammengeschlossen, um unter anderem die Erschließung und Nutzung der ökologisch sensiblen Polarregion so umweltfreundlich wie möglich zu gestalten.

Antarktis – Kontinent von Meer umgeben

Das Zentrum der **Antarktis** besteht aus einem eisbedeckten Kontinent: Antarktika. Er ist etwas größer als Europa. Von allen Kontinenten ist Antarktika der kälteste, trockenste und win-

M3 Klimadiagramm McMurdo

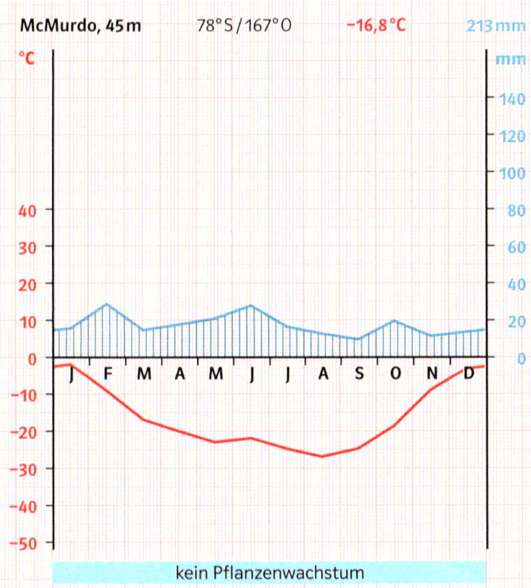

M4 Antarktis

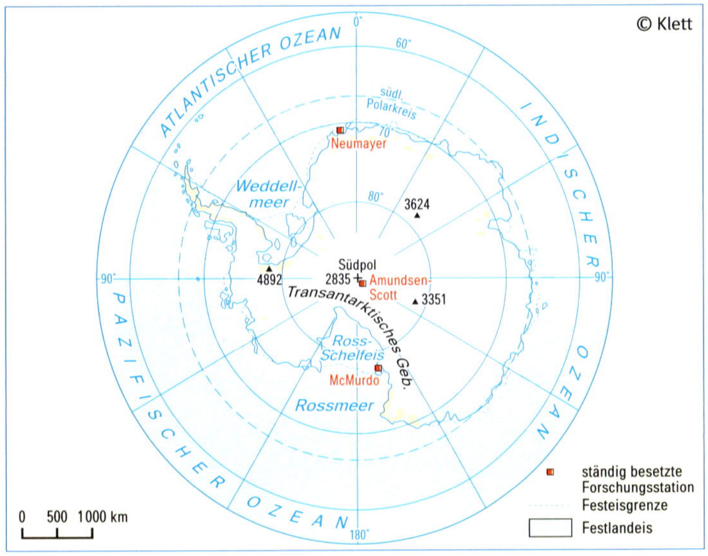

digste. Nur wenige Prozent des Kontinents sind eisfrei, der übrige Teil wird von einem bis zu 4 km mächtigen Eispanzer bedeckt. Eine Besonderheit stellen riesige, mehrere Hundert Meter dicke **Schelfeis**gebiete dar, die weit über den Kontinentrand hinaus ins Meer ragen und dem Wasser aufliegen. An ihrem Rand brechen immer wieder Eisberge ab. Dieser Prozess wird als Kalben bezeichnet. Es gibt keine Landtiere, die dort beständig leben. Pinguine und Robben verbringen zumindest einen Teil ihres Lebens an Land.

Antarktika gehört keinem Staat an, auch gibt es keine Siedlungen. 1959 unterzeichneten einige Länder einen Vertrag, wonach die Antarktis einer friedlichen Nutzung und der wissenschaftlichen Forschung vorbehalten bleiben soll. Viele Länder betreiben mehr als 80 Forschungsstationen (z. B. Neumayer-Station III). Der Antarktisvertrag von 1961 verbietet jede kommerzielle oder militärische Nutzung der Antarktis bis zu seinem Auslaufen im Jahr 2041.

M5 Rohstoffvorkommen in den Polargebieten

Unter dem Eis der Polargebiete lagern riesige Rohstoffvorkommen. Die globale Erwärmung lässt das Eis schmelzen und die bislang lediglich für die Forschung interessanten Regionen rücken in den Fokus wirtschaftlicher und nationaler Begehrlichkeiten.

In der Arktis bzw. dem Nordpolargebiet befinden sich Rohstofflagerstätten von z. B. Erdöl, Erdgas, Zink, Kupfer, Eisen, Rohdiamanten und Gold. Ein Großteil der Ressourcen der Arktis lagert in der Küstennähe in der „ausschließlichen Wirtschaftszone" von 200 Seemeilen. Sie können von den Anrainerstaaten ausgebeutet werden, soweit es die Technik schon zulässt.

In der Antarktis dagegen wurde der Abbau mineralischer Rohstoffe durch ein 1998 in Kraft getretenes Umweltschutzprotokoll vollständig untersagt. Bekannt ist, dass es Lagerstätten von Eisenerz und Kohle gibt. Außerdem werden andere Bodenschätze wie Nickel, Kupfer und Platin vermutet.

1

Vergleicht die beiden Polargebiete und tragt die Ergebnisse in einer Tabelle zusammen. Verwendet auch den Atlas.
Vergleichsaspekte: geographische Lage, Oberflächenformen, höchster Berg, Jahresmitteltemperatur und -niederschlag, kältester und wärmster Monat, Vereisung / Eisformen, Vegetation, Tiere, Besiedlung, Nutzung, angrenzende Festländer und Rohstoffvorkommen.

A Arktis
B Antarktis

2

Erkläre die Notwendigkeit einer politischen Regelung über die Nutzung der Polarregionen.

Helle Nächte, dunkle Tage

Wir alle kennen das: Zwar werden im Sommer die Tage länger und im Winter kürzer, aber jeden Tag geht die Sonne auf und wieder unter. Für uns ist das selbstverständlich. In den Polargebieten ist dies anders.

M1 Tromsø an einem Julitag um Mitternacht (A) und an einem Dezembertag zur Mittagszeit (B)

M2 Beleuchtung der Erde

Polartag

Im Sommer, wenn sich hierzulande viele Menschen darüber freuen, dass es länger hell ist, erleben die Menschen nördlich des Polarkreises den **Polartag**. Bei ihnen wird es gar nicht dunkel, die Sonne ist dauernd über dem Horizont zu sehen. Es ist die Zeit der Mitternachtssonne, eine Nacht, wie wir sie kennen, gibt es dann nicht. Selbst um Mitternacht ist es noch so hell, dass man im Freien lesen kann. Die Menschen in ganz Nordeuropa feiern die Mitte des Polartags mit dem Mittsommernachtsfest am 21. Juni. Der Polartag dauert Tage, Wochen oder Monate, je nachdem, wie weit man vom nördlichen **Polarkreis** aus in Richtung Norden geht. Am Nordpol dauert der Polartag ein halbes Jahr, am nördlichen Polarkreis nur einen Tag.

Polarnacht

Die **Polarnacht** ist das entsprechende Gegenstück im Winter. In dieser Zeit geht die Sonne in den Polarregionen nicht auf, sie steht dauernd unter dem Horizont. Tagsüber wird es zwar leicht dämmrig, aber die Sonne ist nie zu sehen. Auch hier gilt: Je weiter man Richtung Nordpol gelangt, desto länger dauert die Polarnacht.

Spielt die Sonne verrückt?

Nein! Schuld daran ist der Schiefstand der Erdachse. Wenn sich die Erde um die Sonne dreht, wendet sich im Sommer die Nordhalbkugel der Sonne zu. Durch diese Neigung wird der Nordpol vom 21. März bis zum 23. September von der Sonne beschienen. Im Winter, wenn die Erde auf ihrem Weg um die Sonne weitergewandert ist, liegt der Nordpol auf der von der Sonne abgewandten Seite. Obwohl sich die Erde um ihre Achse dreht, können die Sonnenstrahlen den Nordpol für ein halbes Jahr nicht erreichen. Auch im südlichen Polargebiet gibt es Polartag und Polarnacht. Sie sind dort aber um ein halbes Jahr verschoben: Wenn am Nordpol Polartag ist, herrscht am Südpol Polarnacht und umgekehrt.

M3 Dauer von Polartag und Polarnacht

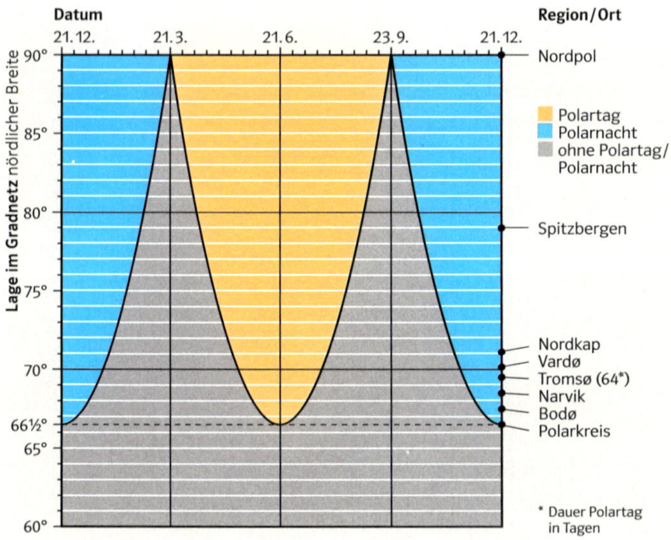

M4 Mit Freude durch die Dunkelheit

In der finnischen Stadt Tampere ist es im Winter lange dunkel. „Viele meinen, wir würden in der Dunkelheit in tiefe Depressionen verfallen“, meint Matti Pävaanen, ein Einwohner Tamperes. „Aber alles halb so wild. Das wichtigste Gegenmittel ist die Geselligkeit. Es gibt hier viele Restaurants, Cafés und Museen, oder wir gehen mit Freunden in die Sauna, um danach in einem aufgehackten Loch im Eis einmal kurz unterzutauchen. Manchmal nehme ich auch eine Lichtdusche, ich lasse mich also von einer besonders hellen Lampe bescheinen. Dies hilft dabei, den Vitamin-D-Mangel zu beheben, denn Vitamin D bildet die Haut fast nur bei Licht! Das absolute Highlight im Winter ist unser Lichterfest. Fast drei Monate lang ist unsere Stadt bunter und schillernder als Las Vegas!“

M5 Wie entstehen Polarnacht und Polartag?

Material:
Tisch, Globus, feststehende Lichtquelle (z. B. Taschenlampe, die an einem Stativ fixiert ist), Klebestreifen

Durchführung:
Markiert die Polarkreise auf dem Globus mit den Klebestreifen. Verdunkelt den Klassenraum.

Simulation der Erdrevolution:
Eine Person verschiebt den Globus, eine andere bedient die Lichtquelle. Der Globus umkreist in einem gleichbleibenden Abstand die Lichtquelle, die auf den Globus ausgerichtet wird. Die Höhe der Lichtquelle darf dabei nicht verändert werden. Zudem muss die Erdachse bei der Bewegung um die Sonne stets in der gleichen Schrägstellung bleiben.

Simulation der Erdrotation:
Dreht den Globus an verschiedenen Positionen der Erdrevolution gegen den Uhrzeigersinn um seine eigene Achse.

Auswertung:
Polartag und Polarnacht entstehen, weil …

1 ◒
Erkläre mithilfe der **Grafik M2** und des **Versuchs M5**, wie Polartag und Polarnacht entstehen.

2 ● 🔑
Arbeite mit der **Grafik M3**:

a) Arbeite die Länge des Polartags der angegebenen Städte in Form einer Tabelle heraus.

Ort	Breitengrad	Dauer Polartag
…	…	…
Tromsø	69° N	64 Tage
…	…	…

b) Erläutere die grau eingefärbten Flächen in der Grafik.

3 ◒
Im Norden Europas wird das Leben durch Polartag und Polarnacht geprägt.

a) Erläutere die Auswirkungen auf das Leben der Menschen im Mittsommer und im Mittwinter.

b) Stelle dar, wie die Menschen diesen Lebensbedingungen begegnen können.

Eine Pipeline quer durch Alaska

Als im Jahr 1867 die USA dem russischen Zaren Alexander II. Alaska für 7,2 Millionen Dollar abkauften, glaubten nur wenige Amerikaner an ein gutes Geschäft. Zu weit lag das nahezu unbekannte Land entfernt, zu unwirtlich erschien das Klima, zu trostlos und wertlos die unwegbaren Landschaften. Doch dann kam es ganz anders.

M1 Der Verlauf der Trans-Alaska-Pipeline

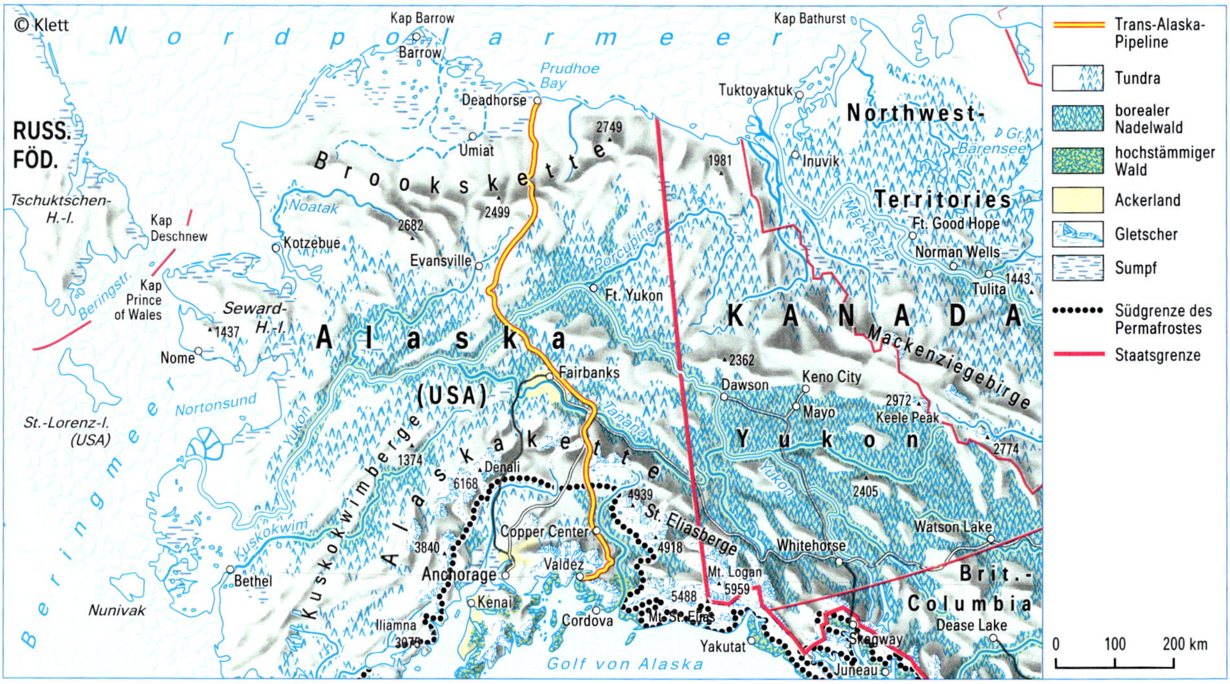

?!
Kaum zu glauben

Das Öl ist mit einer Geschwindigkeit von 6 km/h unterwegs und benötigt für die gesamte Strecke 12 Tage.

Heute ist Alaska unbezahlbar und gilt wegen der vielen Bodenschätze als Schatzkammer der USA. So stieß man 1968 an der Prudhoe Bay auf Öl: das drittgrößte Erdölfeld der Welt. Doch wie sollte man das Öl aus dem entlegenen Alaska zu den Verbrauchern in die übrigen Staaten der USA transportieren? Gegen das Tankschiff sprach das Packeis im Nordpolarmeer. Der Transport mit Lastwagen hätte eine riesige Lkw-Flotte erfordert. So entschied man sich für den Bau einer 1287 km langen Pipeline, die einmal quer durch Alaska zum eisfreien Hafen in Valdez führt. Von dort aus kann das Öl auf Tankschiffe umgeladen und transportiert werden. Seit 1977 fließen 84 000 Liter Öl pro Stunde durch die Pipeline. Die Planung und der Bau der Trans-Alaska-Pipeline stellte die Ingenieure vor viele Herausforderungen und Probleme.

Schlüpft in die Rolle eines Ingenieurteams. Eure Aufgabe: Entwickelt ein Konzept zum Bau der Trans-Alaska-Pipeline.

1 Arbeitet zunächst aus den Materialien mögliche Probleme heraus, die sich bei der Planung der Pipeline ergeben können.

2 Entwickelt für jedes Problem eine Idee, wie man es durch bautechnische Maßnahmen beheben könnte. Legt hierzu eine Tabelle an, in der ihr eure Lösungsvorschläge den Herausforderungen gegenüberstellt.

3 MK Beurteilt den Pipelinebau in Hinblick auf Gefahren und Auswirkungen auf die Umwelt.
Erstellt eine Präsentation, in der ihr der Klasse euer Planungskonzept und eure Ergebnisse vorstellt.

AFB II: 1 AFB III: 2, 3

M2

In Alaska sind Erdbeben nicht selten. Bebt die Erde, würde eine „normale“ Pipeline wie ein Streichholz umknicken und Leck schlagen. In den letzten 100 Jahren wurden über 80 Erdbeben registriert, davon 20 größere.

Landschaftsprofil entlang des Trassenverlaufs der Trans-Alaska-Pipeline

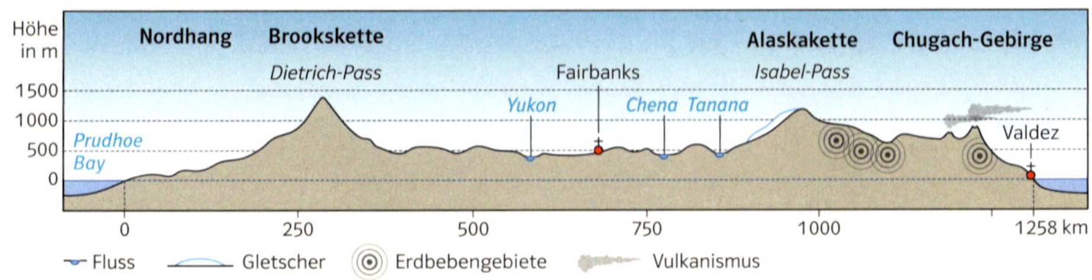

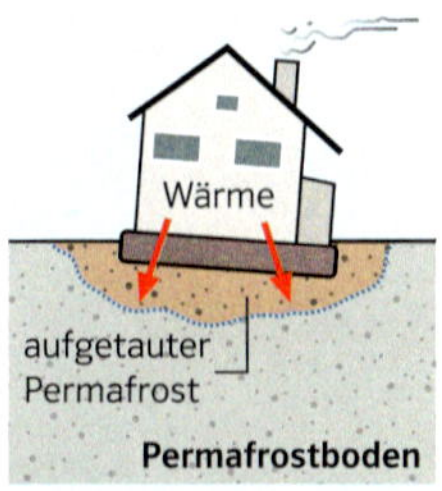

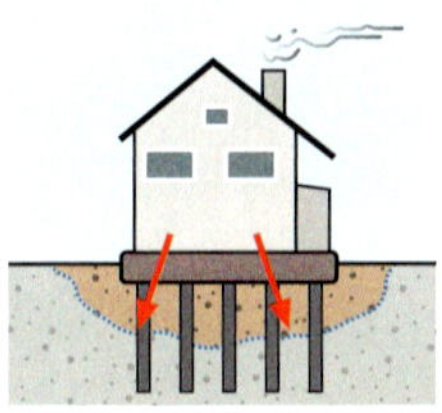

Eines der größten Probleme, die es bei dem Bau der Trans-Alaska-Pipeline zu überwinden gilt, stellt der Untergrund dar. Der Boden ist bis in große Tiefen gefroren. Dieser Permafrostboden taut in den kurzen Sommern oberflächlich auf. Da das getaute Wasser nicht in den Boden sickern kann, verwandeln sich im Sommer große Flächen Alaskas in einen mückenverseuchten Sumpf, in dem alles zu versinken droht. Häuser müssen daher auf Pfählen errichtet werden, die tief im Permafrostboden verankert sind.

Um das Öl möglichst widerstandsfrei und ohne großen Kraftaufwand durch die 1287 km lange Pipeline zu transportieren, muss eine Öltemperatur von ca. 60 °C aufrechterhalten werden. Wird das Öl zu kalt – und gerade in den langen Wintern können in Alaska Temperaturen mühelos von unter – 60 °C erreicht werden – wird das Öl zu zäh und zu dickflüssig.

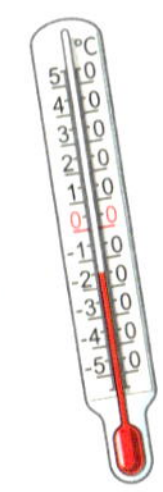

Die Wahrscheinlichkeit, dass die Pipeline bricht oder reißt, hängt auch von den täglichen oder jährlichen Temperaturunterschieden ab. Denn nahezu alle Materialien dehnen sich bei Erwärmung aus und ziehen sich bei sinkenden Temperaturen zusammen. Je größer der Temperaturunterschied, desto größer auch die Längenveränderung des Materials.

Karibus, so heißen die Rentiere Nordamerikas, leben in großen Herden von mehreren Hunderttausend Tieren. Sie sind ständig in Bewegung. Mit bis zu 6 000 Kilometern wandern sie jährlich weiter als alle anderen Landsäugetiere. Den Winter verbringen Karibus in südlicher gelegenen Nadelwäldern, im Frühjahr ziehen sie für den Sommer nach Norden in die baumlose Tundra. Hier finden sie saftige Weiden. Kehren im Herbst Schnee und Eis zurück, geht es für die Karibus wieder zurück in ihr südliches Winterquartier. Auf ihrem Weg folgen sie meist festen Wanderrouten. Dabei überqueren sie Berge und durchschwimmen Flüsse. Umweltschützer fürchten, dass ihre Wanderwege durch die Pipeline unterbrochen werden.

Fairbanks, Alaska

Monat	Temp. (°C)	Nied. (mm)
Jan.	– 23,9	23
Feb.	– 19,4	13
Mrz.	– 12,8	10
Apr.	– 1,4	6
Mai	8,4	18
Jun.	14,7	35
Jul.	15,4	47
Aug.	12,4	56
Sep.	6,4	28
Okt.	– 3,2	22
Nov.	– 15,6	15
Dez.	– 22,1	14

Jahresmitteltemperatur: – 3,4 °C

Niederschlagssumme: 287 mm

Köln (zum Vergleich)

Monat	Temp. (°C)	Nied. (mm)
Jan.	1,2	51
Feb.	1,8	47
Mrz.	5,2	37
Apr.	9,2	52
Mai	13,4	56
Jun.	16,7	83
Jul.	18,2	75
Aug.	17,5	82
Sep.	14,5	58
Okt.	9,8	54
Nov.	– 15,6	55
Dez.	2,5	2,5

Jahresmitteltemperatur: 9,6 °C

Niederschlagssumme: 701 mm

Die Ökosysteme der Kalten Zone reagieren besonders empfindlich auf jeden Eingriff, denn durch die widrigen klimatischen Bedingungen laufen alle Prozesse nur im Zeitlupentempo ab.
So dauert es beispielsweise viele Jahrzehnte, bis der Stamm einer Zwergweide zu der Dicke eines Fingers gewachsen ist. Niedergetretenes Moos benötigt zehn Jahre, um sich wieder aufzurichten, Fahrspuren sind in der Tundra noch nach Jahrzehnten sichtbar. Tritt Öl aus einem Leck in der Pipline aus, ist die umgebende Natur über Jahrzehnte vergiftet.
Es muss also unbedingt verhindert werden, dass bei einem Leck größere Mengen Öl austreten!

Norilsk – nördlichste Großstadt der Welt

Knapp 180 000 Einwohnerinnen und Einwohner leben in der reichsten Stadt der Russischen Föderation, die zugleich einer der schmutzigsten Orte der Erde ist. Ohne die Nickelvorkommen gäbe es die Stadt nicht – doch zu welchem Preis und wie sieht die Zukunft aus?

M1

M2 Norilsk

Es gibt keine Straße oder Eisenbahnlinie, mit der man direkt nach Norilsk gelangen kann. Nur mit dem Flugzeug ist die Stadt den größten Teil des Jahres erreichbar. Einige Monate im Jahr kann man allerdings auf dem Schiffsweg bis zum Hafen Dudinka am Unterlauf des Jenissei fahren, dann sind es per Bahn nur noch 120 km bis nach Norilsk. Natürlich nur, wenn man überhaupt anreisen darf. Denn Ausländer dürfen den Ort nur mit Genehmigung der Stadtverwaltung und des Nickelkombinats betreten. Momentan wird aufgrund der politischen Situation ohnehin vor einer Reise in die Russische Föderation abgeraten.
Das Nickelkombinat ist der Dreh- und Angelpunkt der ganzen Stadt. 80 Prozent aller Beschäftigten arbeiten hier. Anfang des 20. Jahrhunderts entdeckte man in den Bergen nickelhaltige Erze, Kupfer, Platin und andere Metalle. Daraufhin lies die Regierung von Häftlingen Bergwerke, Fabriken und erste Wohnhäuser errichten. Wie viele von ihnen dabei damals ums Leben gekommen sind, weiß niemand genau. Später lockte die Regierung vor allem junge Arbeiterinnen und Arbeiter mit höheren Löhnen oder einer komfortablen Wohnung in den hohen Norden. Offizielles Stadtrecht erhielt Norilsk erst 1953.

Nickel– ein begehrtes Metall

Nickel ist ein chemisches Element, das zur Gruppe der Metalle gehört. Das silbrig glänzende Schwermetall lässt sich wie Eisen relativ gut schmieden, zu Blech walzen oder zu Draht ausziehen. Hauptsächlich verwendet man Nickel zur Stahlveredlung. Geringe Nickelzusätze erhöhen im Stahl die Härte und die Zähigkeit und vor allem den Schutz vor Korrosion. Nickellegierungen werden auch zur Münzherstellung eingesetzt. So besteht der Innenteil der 1-Euro- und 2-Euromünzen aus einer Kupfer-Nickellegierung. Nickel ist sehr begehrt und teuer. Mitte 2023 kostete eine Tonne Nickelerz fast 21 500 US-Dollar, eine Tonne Eisenerz dagegen 120 US-Dollar.

M3 Die Stadt Norilsk und Umgebung

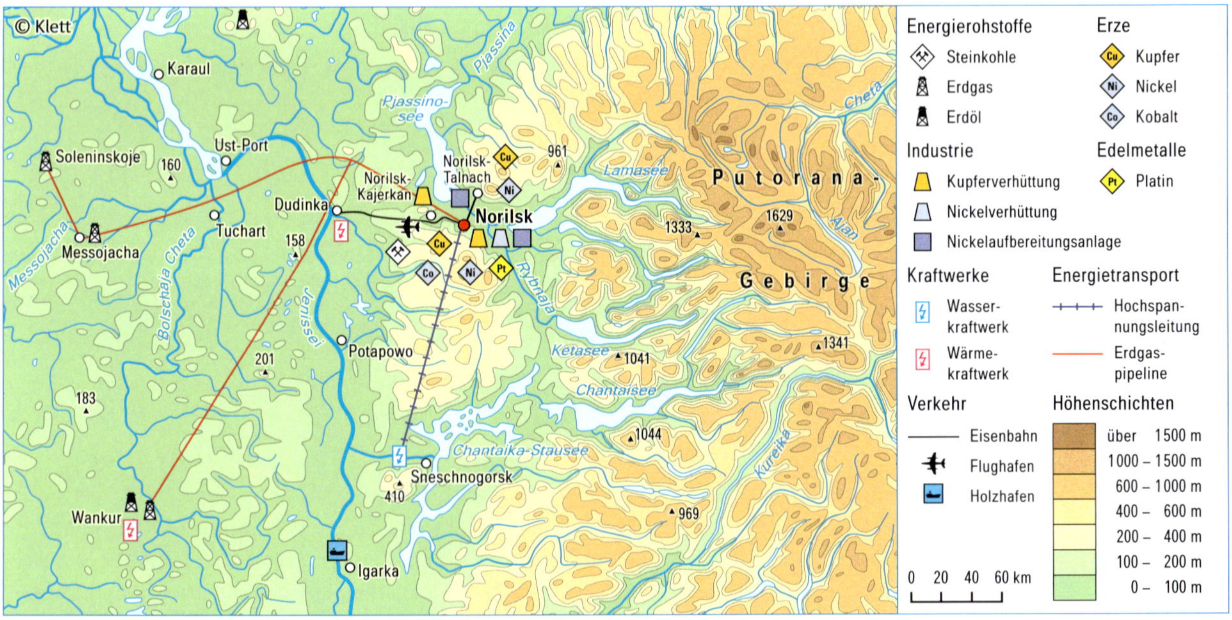

M4 Nickelwerk in Norilsk

M6 Nickel

M5 Norilsk – der Eiswüste abgerungen

„Norilsk / Moskau – Ohne die Einssieben geht Lilja Luganskaja nicht aus dem Haus. [Die] Einssieben, das ist nicht nur die Telefonnummer der Temperaturauskunft, sondern auch eine Art Lebensversicherung in Norilsk. ... ‚Die Temperatur beträgt minus siebenunddreißig Grad', quengelt eine Stimme vom Band. Lilja atmet auf. ‚Das ist ja richtig warm heute, letzte Woche waren es noch minus 52', so die 37-Jährige. Lilja packt ihren vierjährigen Sohn Igor in dicke Winterkleider ... und bringt ihn in den Kindergarten. Beide spüren den Übergang von der überheizten Wohnung mit ihren Dreifachfenstem, in der 25 Grad plus herrschen, in die Kälte wie einen Schlag ins Gesicht. ... Autos am Straßenrand lassen den Motor laufen; in der Kälte würde er, einmal abgestellt, nicht mehr anspringen. ... Norilsk, wo neun Monate im Jahr Winter herrscht und die Polarnacht die Stadt 45 Tage im Jahr in Dunkel taucht, ist das wohl teuerste Pflaster in ... [der Russischen Föderation]. Brot kostet ... doppelt so viel wie in der Hauptstadt Moskau, Obst und Gemüse sind jenseits des Polarkreises für viele unerschwinglich. ... Anders als im Rest des Landes werden in Norilsk die Löhne und Gehälter pünktlich ... bezahlt. ... Arbeitslosigkeit und Elend ... [in der Russischen Föderation] schrecken [hier] viele davon ab, in den Süden zu ziehen, auch wenn der große Traum ein Häuschen in einer sonnendurchfluteten Gegend ist. ... Die Stadt hat ihre Existenzberechtigung durch gigantische Rohstoffvorkommen."

M7 Norilsk im Juli

M9 Norilsk Ende September

Norilsk – eine besondere Stadt

Fast 300 Tage im Jahr liegt hier Schnee, die Winter sind bitterkalt. In den drei Sommermonaten steigen die Temperaturen auf bis zu 30 °C. Vom 19. Mai bis zum 23. Juli geht die Sonne nicht unter. Der Boden und das darunter liegende Gestein taut dann an der Oberfläche auf, bleibt aber darunter ganzjährig tief gefroren (Permafrost).
Die nächste Großstadt ist 1000 km entfernt. Im Winter dienen zugefrorene Flussläufe als Fahrbahnen. Nur zum Binnenhafen Dudinka gibt es eine Bahnverbindung. Fährt man dann 1600 km den Jenissei flussaufwärts bis nach Krasnojarsk, ist der Anschluss an die transsibirische Eisenbahn erreicht. Der umgekehrte Weg wird dazu genutzt, Nahrungsmittel heranzuschaffen. Denn Ackerbau ist in der Region nicht möglich. In einigen Gewächshäusern wird Frischgemüse produziert. Viele Pflanzen findet man auch in den privaten Wohnungen, wo sie unter künstlichem Licht gehegt und gepflegt werden. Die Versorgung der Stadt ist unter diesen Bedingungen eine Meisterleistung.
Trotz dieser Umstände gibt es in Norilsk großstadttypische Einrichtungen wie ein Theater, eine wirtschaftliche Hochschule und eine Klinik. Die einzig lohnenden Sehenswürdigkeiten sind ein Museum mit örtlichen Tieren, eine Kirche und die weiter entfernten polaren Naturschutzgebiete außerhalb des von Abgasen bedeckten Stadtgebietes. Alles in allem also keine außergewöhnlich schöne oder sehenswerte, aber in jedem Fall eine außergewöhnliche Stadt.

Umweltverschmutzung und Umweltschäden

Das in Norilsk geförderte Erz ist reich an Schwefelverbindungen. Bei der Verarbeitung des Erzes werden große Mengen an Schwefeldioxid frei. Das ist der Rauch, der unter anderem auf dem Foto **(Norilsk M 2)** aus den Schornsteinen der Fabrikanlagen kommt.
Die Stadt Norilsk allein ist für 1 Prozent des weltweiten Schwefeldioxid-Ausstoßes verantwortlich. Dieses stechend riechende und giftige Gas verursacht den sog. „sauren Regen“. Dieser Niederschlag schädigt vor allem die Vegetation.
Der hohe Schwefeldioxid-Ausstoß ist der Grund dafür, dass ein großer Teil der Bevölkerung an Lungen- oder Atemwegserkrankungen leidet oder sogar an Lungenkrebs stirbt. In Norilsk ist die Luftverschmutzung so groß, dass der

M8 „Wir bleiben in Norilsk!“

Wenn es so lange so kalt und dunkel ist, fragt Dunja sich schon, warum sie mit ihrer Familie in Norilsk wohnt. Arbeitslosigkeit und Armut in den ländlichen Regionen der Russischen Föderation erinnern Dunja immer wieder daran, weshalb sie hier in der Kälte bleiben. Sie und ihr Mann haben Arbeit, ihre Kinder besuchen eine gute Schule. Die Wohnung gehört zum Werk. Wer an den Hochöfen oder im Bergbau arbeitet, dem geht besser, auch wenn es längst nicht mehr die Vergünstigungen aus vergangenen Zeiten der Sowjetunion gibt. Die Firma bezahlt sogar die Fahrten ans Meer, wo man sich erholen kann.
Solange Nickel ins Ausland verkauft werden kann, bleibt Norilsk eine reiche Stadt, auch wenn beispielsweise die EU massive Sanktionen gegen Russland aufgrund des Angriffskrieges gegen die Ukraine verhängt hat. China oder Indien sind nach wie vor große Absatzmärkte dieses Rohstoffes.

M10 Wohnungsbau in Norilsk auf Permafrost

M11 Norilsk und Umgebung im Falschfarbenbild

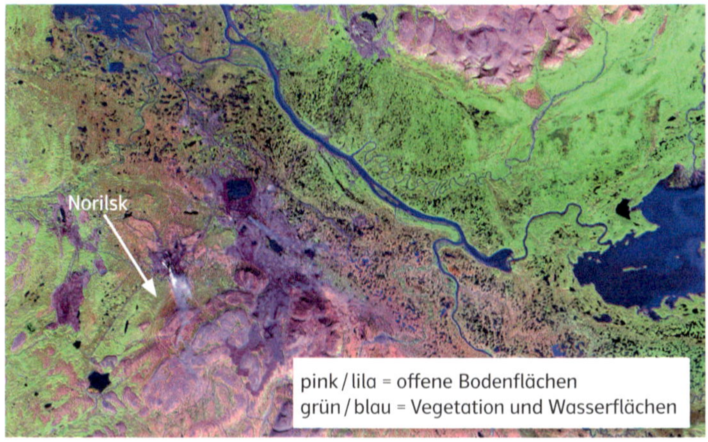

Schnee im Winter oft schwarz aussieht. Etwa 2 Mio. ha Wald und Tundravegetation sind in der Umgebung der Stadt bereits stark geschädigt bzw. sogar abgestorben. Die Nickelindustrie stößt aber auch noch andere Stoffe aus, die für den Menschen gesundheitsgefährdend sind. Dazu gehören vor allem Schwermetalle wie Arsen, Cadmium und Nickel, die sich in den Organen und Drüsen anlagern. Besonders schlimm ist, dass der Mensch nicht merkt, wenn er diese Stoffe durch Nahrung, Wasser oder Luft aufnimmt.

Auf dem Weg zu Nachhaltigkeit?

Das Unternehmen Nornickel (ehemals Norilsk-Nickel) versucht seit einigen Jahren die Produktion zu modernisieren, um die Umweltverschmutzung zu reduzieren. So sind in den letzten Jahren bereits einige Milliarden Rubel in den Umweltschutz gesteckt worden – was nach jahrzehntelangem Raubbau an der Natur auch dringend nötig war.

In jüngster Zeit setzt sich das Unternehmen dafür ein, die Stadt Norilsk aufzuwerten und so zu einem besseren beruflichen und privaten Standort zu machen. Deshalb wurden Maßnahmen zur Verbesserung von Arbeitssicherheit, Gesundheitsschutz und zur Reduzierung der Umweltbelastung als Unternehmensziele festgeschrieben.
2016 wurde aus ökologischen Gründen das ältestes Nickelwerk des Unternehmens, das sich innerhalb der Stadtgrenzen befand, geschlossen. Zur Verringerung des Schwefeldioxid-Ausstoßes fiel im gleichen Jahr der Startschuss für den Bau einer Abgas-Entschwefelungsanlage. Dabei werden mittlerweile gut 95 Prozent des Schwefeldioxid-Ausstoßes genutzt, um dabei ca. 600 000 Tonnen Schwefel pro Jahr zu produzieren. Damit löst die Anlage ein Umweltproblem der Industrieregion um Norilsk und trägt entscheidend zum Schutz des gesamten nördlichen Polarkreises bei.
Darüber hinaus entstehen neue Jobs im Umweltsektor und im Bereich der nachhaltigen Energien.

Nornickel
Das russische Bergbauunternehmen Nornickel ist der weltgrößte Produzent von Nickel (Weltmarktanteil 14 %) und Palladium (41 %) und der drittgrößte Produzent von Platin (10 %).

1 ○
Norilsk – eine besondere Stadt:
a) Beschreibe die Lage von Norilsk (**Karte M3** und Atlas).
b) Nenne Gründe, die zur Entstehung der Stadt geführt haben.

2 ○
Beschreibe den Einfluss der natürlichen Bedingungen auf das Leben der Menschen (**Text M5**) und die Nutzung des Raumes.

3 ◒
Der großen wirtschaftlichen Bedeutung stehen zahlreiche Probleme gegenüber. Erläutere.

4 🔑
Auf dem Weg zur Nachhaltigkeit:
a) Nenne Maßnahmen für eine nachhaltige Nutzung in der Region Norilsk. ○
b) Erläutere Vorteile, die sich daraus für die Wirtschaft und das Leben der Menschen ergeben. ◒

Das grüne Gold in Gefahr!

Im südlichen Teil der Polarräume, im Übergangsbereich zur Gemäßigten Zone, beginnt der boreale Nadelwald. Als größter Waldgürtel der Erde macht er etwa ein Drittel des weltweiten Waldbestandes aus. Aufgrund der dünnen Besiedlung galt er lange als kaum gefährdet. Doch inzwischen drohen Kahlschläge und zunehmende Waldbrände große Teile zu vernichten.

M1

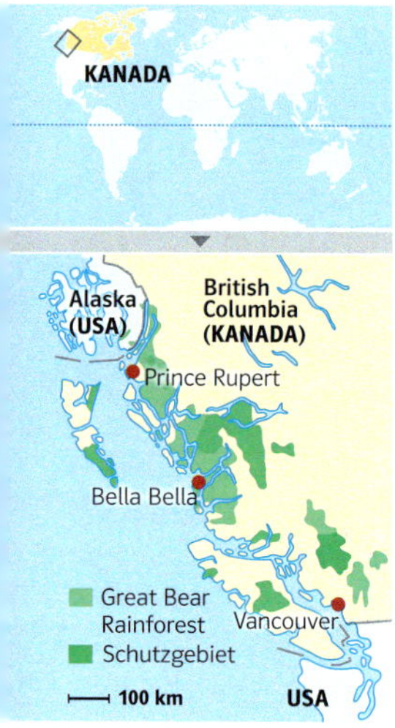

M3 Holztransporter: 35 Tonnen leer plus 100 Tonnen Ladung

M2 Bedeutung der borealen Wälder

Der boreale Nadelwald ist recht artenarm. Er besteht hauptsächlich aus immergrünen Nadelhölzern wie Fichten oder Kiefern. Im Unterwuchs dominieren Flechten und Moose. Der boreale Nadelwald spielt für das globale Klima eine große Rolle. Er kann enorme Mengen an CO_2 aus der Atmosphäre aufnehmen. Nach Schätzungen speichert er ca. 30 Prozent des weltweit vorhandenen Kohlenstoffes, und nicht nur in den Bäumen, sondern auch im gefrorenen Untergrund (Permafrost). Auch wirtschaftlich hat er eine große Bedeutung: Sein Holz ist ein wichtiges Exportgut. Etwa ein Drittel der weltweiten Holzexporte stammt aus dem borealen Nadelwald. Durch die niedrigen Temperaturen laufen die biologischen Prozesse im Zeitlupentempo ab: So benötigen Nadelbäume über 200 Jahre, um eine Höhe von 25 m zu erreichen.

M4 Abholzung und Zerstörung

Um Zellstoff zur Papierherstellung zu gewinnen, schlagen Holzkonzerne ganze Waldflächen kahl. Dieser Raubbau führt zur Bodenerosion und Verschlammung der Flüsse. Einst massenhaft die Stromschnellen hinauf wandernde Lachse sind wegen der Zerstörung ihrer Laichflüsse durch die Holzindustrie vom Aussterben bedroht.
Auf den kahl geschlagenen Flächen entwickelt sich nur langsam eine neue Vegetation, die aber artenärmer als der ehemalige Wald ist. Durch den Bau neuer Straßen und Forstwege werden intakte Waldflächen zerschnitten und Lebensräume von Tieren zerstört. Die Nutzung der großen Vorkommen an Erdöl und Erdgas und der Bau von Wasserkraftwerken mit ihren großen Stauseen tragen ebenfalls zur Zerstörung bzw. Beeinträchtigung des Naturhaushaltes der Nadelwälder bei.

M5 Verbreitung und Nutzung des borealen Nadelwaldes

M6 Erfolge im Kampf um den Schutz der Nadelwälder

Nach jahrzehntelangem Kampf um den Schutz der kanadischen Wälder konnte 2016 ein Schutzabkommen unterzeichnet werden. So sind 85 Prozent des Great-Bear-Regenwaldes vor der Abholzung sicher. Auf einer Waldfläche von mehr als 3 Mio. Hektar darf künftig kein industrieller Holzeinschlag mehr erfolgen. Die übrigen 15 Prozent unterliegen strengen gesetzlichen Auflagen für den Einschlag und die Vermarktung des Holzes. Zudem wurde eine Wiederaufforstung der abgeholzten Flächen beschlossen.

M7 Waldbrände – eine große Gefahr

„Laut den Daten der Global Fire Emissions Database nimmt die Menge an CO_2, die bei Waldbränden in der gesamten borealen Zone freigesetzt wird, seit Jahren ... zu. Dieser Trend könnte sich fortsetzen, denn die Arktis heizt sich als Folge des Klimawandels doppelt so schnell auf wie der Rest der Welt – die Wälder werden also unter den wärmeren und tendenziell trockeneren Bedingungen im Sommer auch in der Zukunft anfällig für großflächige Waldbrände sein. ... Eigentlich muss das erst mal kein Problem sein: Denn wachsen in den verbrannten Zonen junge Bäume nach, können diese auch wieder Kohlenstoff binden. ...
‚Brennt es aber immer häufiger und auf größeren Flächen, dann hat der Wald auch weniger Zeit, zu regenerieren und die gleiche Menge an Kohlenstoff wieder aufzunehmen‘, sagt Gitta Lasslop, Forscherin am Senckenberg Biodiversität und Klima-Forschungszentrum. Die Frage, die es in Zukunft zu beantworten gilt, ist also: Verändert der Klimawandel dieses Ökosystem so stark, dass die Feuer ein Ausmaß erreichen, bei dem sie das System aus dem Gleichgewicht bringen?“

Vallentin, Claudia: Jahr des Feuers, Zeit online vom 01.01.2021 (20.07.2023)

1 Arbeitet mit den Materialien. Erklärt euch gegenseitig die Ergebnisse:

A a) Beschreibt die Ausdehnung der borealen Nadelwälder. ○
b) Erklärt ihre Bedeutung und die Erfolge zum Schutz dieser Wälder. ◒

B Erläutert die lokalen und globalen Folgen von Waldbränden und Abholzung der borealen Wälder. ◒

Grenzen landwirtschaftlicher Nutzung und deren Überwindung

Viele Regionen der Erde sind für eine landwirtschaftliche Nutzung aufgrund der natürlichen Gegebenheiten gar nicht bzw. nur sehr begrenzt nutzbar. Entweder ist es zu kalt oder zu trocken, der Boden ist unfruchtbar, zu nass oder das Gelände zu steil. Wodurch kann die landwirtschaftliche Nutzung eines Raumes noch begrenzt sein? Welche Möglichkeiten hat der Mensch entwickelt, um scheinbar nicht nutzbare Räume für seine Zwecke zu nutzen?

M1 Grenzen landwirtschaftlicher Nutzung

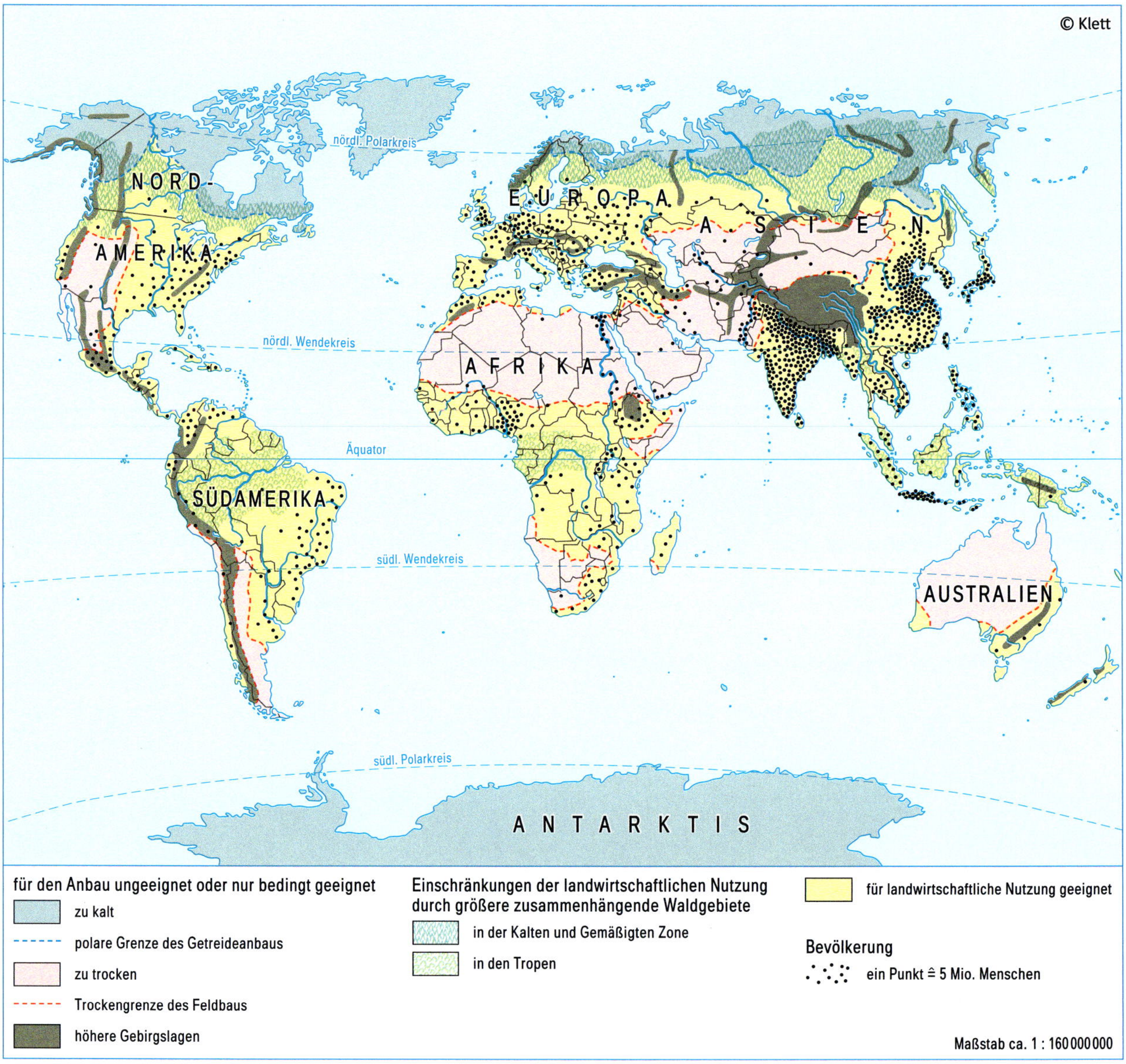

Der Mensch hat Möglichkeiten entwickelt, scheinbare Grenzen der landwirtschaftlichen Nutzung zu überwinden. Diese Möglichkeiten sind einerseits den natürlichen Bedingungen angepasst und dadurch nachhaltig. Andererseits kommen diese Möglichkeiten auch an ihre Grenzen. Zwei Beispiele sollen das verdeutlichen.

M2 Beispiel 1: trockenresistenter Mais, USA

Aufgrund der immer häufiger auftretenden Dürren hat man in den USA mittels Gentechnik den trockentoleranten Mais („Drought-Gard-Mais") entwickelt. 2013 begann der Anbau und 2017 waren bereits 2 Mio. Hektar bepflanzt. Der Mais besitzt ein Gen, das bei Wassermangel dazu beiträgt, wichtige Zellfunktionen der Pflanze aufrechtzuerhalten. Gentechnisch verändertes Saatgut wird immer wieder kritisch diskutiert, jedoch ist der „DroughtGard-Mais" seit 2015 in der Europäischen Union als Lebens- und Futtermittel zugelassen.

Feld mit trockenresistentem Mais in Indiana, USA

M3 Beispiel 2: kälteresistenter Reis, Philippinen

Im Norden der Philippinen haben die Ifugao-Bauern zwei Grenzen landwirtschaftlicher Nutzung überwunden. Zum einen haben sie Terassen angelegt, um in der bergigen Landschaft auf jedem verfügbaren Meter das Grundnahrungsmittel Reis anzubauen. Diese kleinen Parzellen können bis heute nicht mit Maschinen bearbeitet werden. Zum anderen pflanzen sie die Reissorte „Tinawon" an. Diese ist kälteresistent und kann bei den kühlen Temperaturen in fast 1 000 m Höhe wachsen. Jedoch ist diese Reissorte nicht sehr ertragreich. Daher ist die Ernte nach einem halben Jahr schon aufgebraucht, obwohl alles für den Eigenbedarf bestimmt ist. Die Ifugao kaufen dann Reis aus dem Tiefland dazu. Es gibt auch moderne Züchtungen, die jedoch anfälliger für Ungeziefer sind, mehr kosten und viel Dünger benötigen; das kann sich meist niemand leisten.

Reisterrassen bei Batad, Philippinen

1 ○ MK
Arbeite mit der **Karte M1** und dem Atlas:
a) Nenne Faktoren, die die landwirtschaftliche Nutzung von Räumen begrenzen.
b) Nenne räumliche Beispiele zu diesen einzelnen Faktoren, die eine landwirtschaftliche Nutzung begrenzen.

2 ◒
Erläutere den Zusammenhang zwischen Bevölkerungsverteilung und den Grenzen landwirtschaftlicher Nutzung.

3
Grenzen überwinden:
a) Beschreibt verschiedene Möglichkeiten, wie die natürlichen Faktoren, die den landwirtschaftlichen Anbau begrenzen, überwunden werden können. ○
b) Erläutert die Vorteile und Nachteile dieser Möglichkeiten. ◒
c) Bewertet sie anschließend unter Berücksichtigung der Nachhaltigkeit und Wirtschaftlichkeit. ●

AFB I: 1, 3a AFB II: 2, 3b AFB III: 3c

Wichtige Begriffe

- Antarktis
- Arktis
- Packeis
- Polarkreis
- Polarnacht
- Polartag
- Schelfeis
- Treibeis

M1

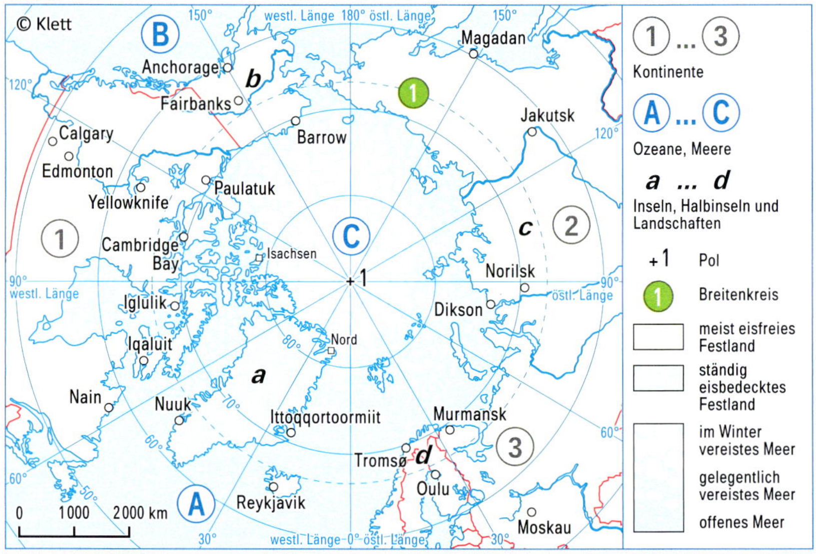

Sich orientieren

1 Kennst du dich aus?
Arbeite mit der **Karte M1** und einer Karte im Atlas.

a) Nenne den Breitenkreis 1 und die Kontinente 1–3.
b) Nenne die Ozeane und Meere A–C.
c) Nennen die Inseln, Halbinseln und Landschaften a–c.

Kennen und verstehen

2 Finde die Begriffe

a) Name des Breitenkreises 66,5° S
b) anderes Wort für Nordpolargebiet
c) Zeit, in der die Sonne nicht untergeht
d) Kontinent am Südpol
e) taut nur im kurzen Sommer auf

3 Richtig oder falsch?
Überprüfe die falschen Aussagen und schreibe sie richtig auf.

a) Den Polartag kann man auch am Äquator erleben.
b) Am Nordpol dauert die Polarnacht ein halbes Jahr.
c) Nach dem Auftauen des Permafrostes im Sommer kann das Wasser besonders gut versickern.
d) Die Arktis und die Antarktis sind Kontinente.

4 Bilderrätsel

a) Löse die Bilderrätsel.

1

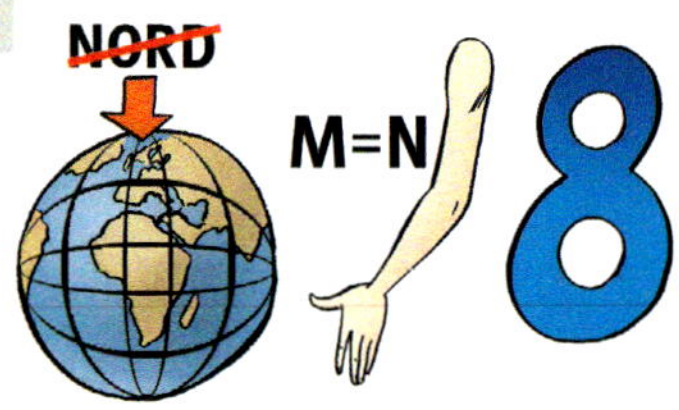

2

b) Erkläre die Begriffe.

5 Leben in Norilsk
Erläutere Probleme, die mit dem Leben in Norilsk verbunden sind.

6 Ein Februartag, kurz vor Mittag in einer Schule im Norden Norwegens. Alle stürmen aus dem Klassenzimmer. Der Himmel ist rot. Im Süden steigt ein kleines Sonnenkäppchen aus dem Meer. Gleichzeitig donnert ein Kanonenschuss als Gruß an die Sonne über die Bucht. Lauter Jubel bricht los! Nach kurzer Zeit wird das rote Käppchen kleiner, es versinkt im Meer. Nun sieht alles noch grauer und dunkler aus als vorher. „Aber morgen kommt die Sonne wieder", flüstert jemand.

a) Erkläre, um welches Ereignis es sich hier handelt.
b) Begründe, ob die Schule nördlich oder südlich von Tromsø liegt.

7 Vervollständige und begründe folgende Aussage: „Je mehr man sich den Polen nähert, desto …" Es sind fünf Aussagen möglich.

Fachmethoden anwenden

8 Ein Foto analysieren
Analysiere das **Foto M2**. Liste verschiedene Hindernisse auf, die beim Bau der Trans-Alaska-Pipeline bewältigt werden mussten. Gehe dabei auch auf die Eingriffe in die Natur ein.

9 Diagramm analysieren

a) Begründe, zu welchem Polargebiet das **Temperaturdiagramm M3** gehört.
b) Erstelle ein Diagramm, das zum anderen Polargebiet gehört.

10 Kahlschlag und was dann?

a) Beschreibe das **Foto M4**.

b) Beurteile die Folgen dieser Art der Forstwirtschaft. Beziehe auch die dort vorkommenden Tiere ein.

c) Beschreibe eine naturschonende Nutzung des Waldes.

Beurteilen und bewerten

11 Nachhaltiges Wirtschaften

Der boreale Nadelwald wird als „grünes Gold" bezeichnet. Seine Erschließung bringt viel Geld, zerstört aber auch den Lebensraum für Menschen, Tiere und Pflanzen. Suche dir eine Möglichkeit zum Schutz dieses Ökosystems heraus und erläutere, was eine nachhaltige Entwicklung beachten muss.

M2 Pipeline in Alaska

M3

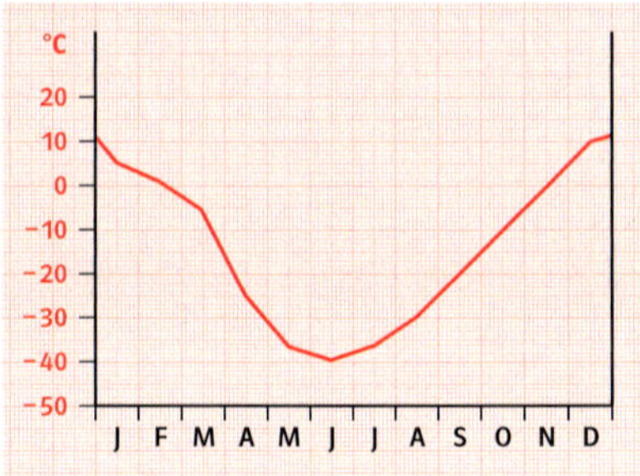

M4 Wald in British Columbia

Jetzt kannst du ...

- die Lage und Merkmale der Arktis und Antarktis beschreiben;
- die Entstehung von Polartag und Polarnacht erklären;
- die Probleme und Lösungen zur Planung der Trans-Alaska-Pipeline erörtern;
- die Bedeutung und Bedrohung der borealen Nadelwälder erklären;
- Wechselwirkungen zwischen dem Handeln der Menschen und dem Naturraum darstellen.

7

Eine Welt – ungleiche Welt?!

M1 Arm und Reich in der armen Welt, Delhi

Armut und Reichtum finden sich in allen Ländern der Welt. Allerdings sind unterschiedlich viele Menschen in den Gesellschaften arm oder reich und auch die regionale Verbreitung unterscheidet sich stark.
Diese Ungleichheit wird als Disparität bezeichnet, abgeleitet von dem lateinischen Wort „disparatum", das so viel wie ‚abgesondert' oder ‚getrennt' bedeutet. Disparitäten bezeichnen also die Unterschiede der Lebenswirklichkeit von Menschen weltweit und innerhalb von Gesellschaften.
Welche Ursachen führen zu diesen Unterschieden? Wie lassen sich diese Unterschiede messen? Und was kann dagegen unternommen werden?

M2 Arm und Reich in der reichen Welt, New York Fashion Week

Das kennst du schon!

- den Zusammenhang von Landwirtschaft, Naturraum und Markt erläutern
- lösungsorientierte, nachhaltige Handlungsmöglichkeiten erläutern

HDI – ein Maß der menschlichen Entwicklung

„In Afrika und Indien leben nur arme Menschen, die hungern und nicht zur Schule gehen können." – Vorurteile wie diese sind weitverbreitet, beschreiben aber nur einen Teil der Wirklichkeit. Denn die reichsten Menschen der Welt kommen u.a. aus diesen Regionen. Wie kann man den Entwicklungsstand eines Landes genauer beschreiben?

M1 Shopping Mall in New Delhi, Indien

M2 Einkaufszentrum in Deutschland

Indien gilt für viele als ein armes Land. In der Tat lebt ein Drittel der 1,4 Mrd. Inder – das sind fast so viele Menschen wie in der gesamten EU leben – unterhalb der Armutsgrenze.
Zugleich zählt jeder Fünfte zur rasch zunehmenden Mittelschicht. Sie verfügen über ein Einkommen, das eine gute Wohnung, die Ausbildung der Kinder, Teilhabe am kulturellen Leben usw. ermöglicht. Ähnliches lässt sich über den Lebensstandard der Mittelschicht in Deutschland sagen. Wie kann man messen, welches Land welchen Entwicklungsstand erreicht hat? Mit dieser Frage beschäftigen sich internationale Organisationen wie die Vereinten Nationen (UNO). Um sie zu beantworten, wird zunächst die Frage gestellt, was genau unterscheidet hochentwickelte Länder von Ländern mit niedrigem Entwicklungsstand? Folgende Aspekte sind dabei bedeutsam:
Wie ist die Versorgung der Bevölkerung mit Nahrungsmitteln? Müssen Menschen Hunger leiden? Ist die medizinische Versorgung gewährleistet? Können alle Kinder zur Schule gehen? Gibt es ausreichend Arbeit und damit Einkommen? Ist die persönliche Freiheit gewährleistet?
Für ihren Vorschlag für ein Maß der menschlichen Entwicklung nehmen die Vereinten Nationen drei Aspekte in den Blick:

M3 Menschen nach Entwicklungsstand seit 1990

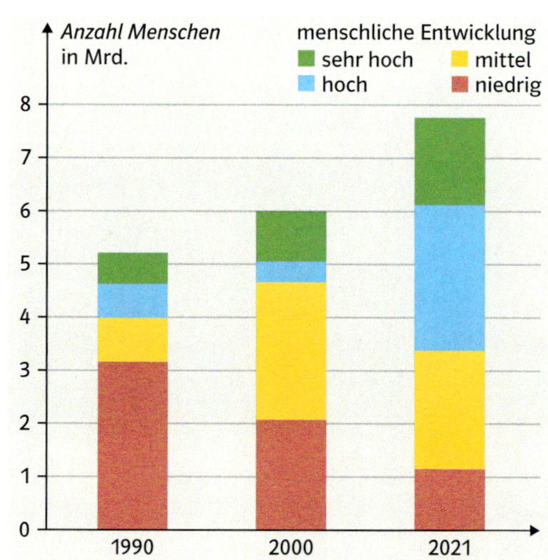

M4 HDI 2021

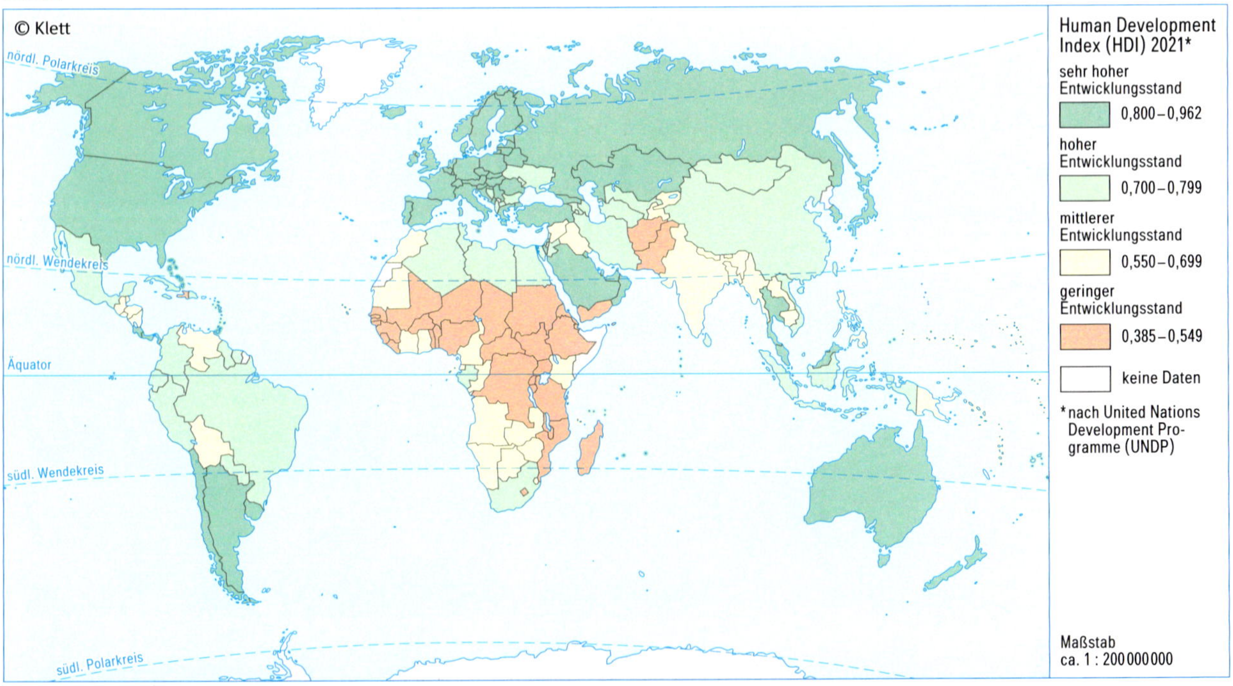

- Wie hoch ist die durchschnittliche Lebenserwartung in einem Land?
- Wie lange ist die durchschnittliche Schulzeit der Kinder und Jugendlichen?
- Wie hoch ist die Wirtschaftsleistung eines Landes pro Kopf der Bevölkerung?

Aus den Daten zu den drei Aspekten errechnet sich ein Wert für jedes Land, der „Index der menschlichen Entwicklung" (**Human Development Index, HDI**). Dieser Wert liegt zwischen 0 und 1. Je höher der HDI ist, desto höher ist der Entwicklungsstand eines Landes.

M5 HDI-Entwicklung seit 1990 nach Regionen

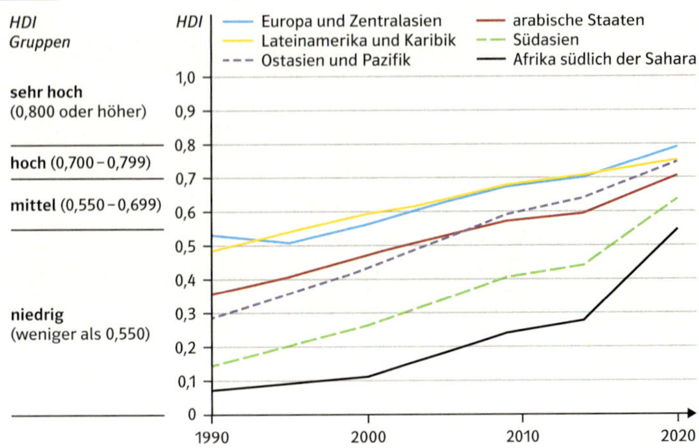

1 ○
Indien und Deutschland:
a) Beschreibe die **Fotos M1** und **M2**. ○
b) Vergleiche den Entwicklungsstand von Indien und Deutschland. Nutze dazu auch die **Karte M4**. ◒

2 ○
Nenne mithilfe der **Karte M4** je fünf Staaten mit einem geringen, einem mittleren und einem sehr hohen Entwicklungsstand.

3 ◒
Analysiere die Veränderung der menschlichen Entwicklung zwischen 1990 und heute mithilfe der **Diagramme M3** und **M5**.

4 ● MK
Gestaltet mithilfe der nachfolgenden Seiten ein Gruppenpuzzle mit folgenden Arbeitsaufträgen:
a) Erstellt eine Weltkarte, in der ihr 4 bis 6 Länder mit besonders ausgeprägten Disparitäten einzeichnet. Erläutert mögliche Zusammenhänge zwischen den einzelnen Disparitäten.
b) Legt für eure Gruppe eine Expertin oder einen Experten für die Themen Ernährung, Gesundheit, Einkommen und Bildung fest.
c) Erstellt eine Präsentation eurer Ergebnisse.

AFB I: 1a, 2 AFB II: 1b, 3 AFB III: 4

Ungleiche Ernährungschancen

Mit der weltweiten Produktion von Nahrungsmitteln könnten etwa 12 Milliarden Menschen versorgt werden. Während etwa eine Milliarde Menschen übergewichtig sind, leidet etwa jeder zehnte Mensch (783 Millionen) weltweit an Hunger. Wo sind diese Probleme am größten und warum ist das so?

M1

→ **Nachhaltigkeitsziele** Seite 117

M2 Familie im Tschad (Wochenration für Nahrungsmittel)

M3 Familie in den USA (Wochenration für Nahrungsmittel)

Die FAO, die Ernährungs- und Landwirtschaftsorganisation der UNO, spricht von „**Hunger**", wenn ein erwachsener Mensch dauerhaft weniger als 2100 Kilokalorien (kcal) pro Tag zur Verfügung hat.

Unterernährung ist auch dann gegeben, wenn bestimmte Nährstoffe, Minerale oder Vitamine nicht ausreichend zur Verfügung stehen. Akute Hungerkrisen werden meist durch Naturkatastrophen oder Kriege ausgelöst.

Es hat nicht lange gedauert, bis Farud und seine Familie der Bitte des Fotografen entsprachen und ihre Wochenration an Lebensmitteln auf einem Teppich vor ihrer Hütte ausgebreitet hatten. Wegen der Dürren der letzten Jahre und der gewaltsamen Auseinandersetzungen waren die Ernten ziemlich schlecht. Zwischendurch mussten sie sogar ihre Heimatregion im Tschad verlassen. Die Familie hofft, bald wieder zum normalen Lebensalltag zurückzukehren und sich durch die eigene Landwirtschaft wieder besser versorgen zu können.
Familie Revis brauchte ungleich länger, um all das auf dem Tisch aufzuhäufen, was sie in der gleichen Zeit für ihre Ernährung zur Verfügung haben. Sie leben in North Carolina im Osten der USA. Die Söhne besuchen die Highschool, die Eltern arbeiten beide und erzielen ein für die USA durchschnittliches Einkommen. Alles, was sie für ihre Ernährung brauchen, kaufen sie im Supermarkt am Rande der Stadt.
Die Ernährungsproblematik lässt sich nicht allein auf die Extreme „zu wenig" oder „zu viel" reduzieren. Vielmehr muss die Ausgewogenheit der Nahrung und deren Qualität gewährleistet sein, um Fehlernährung zu vermeiden.

Ursachen der Ernährungsunterschiede

Die Ursache von Unterernährung und Hunger ist in erster Linie durch Armut begründet. Das haben die Studien des britischen Wissenschaftlers Armatya Sen ergeben, der Hungersnöte der letzten 200 Jahre in Westafrika und Indien untersuchte und Folgendes herausfand: Wenn es durch Dürren oder Unwetter zu Missernten kommt, sind weniger Lebensmittel verfügbar und deren Preise steigen. Insbesondere arme Menschen leiden ungleich stärker an Hunger als Wohlhabende, die sich teurere Nahrungsmittel weiterhin leisten können. Dies gilt für die Vergangenheit genauso wie für unsere Zeit. Neben der Armut sind Ernteeinbußen und Ernteausfälle infolge von (Bürger-)Kriegen, Dürren, Überschwemmungen – noch verstärkt durch den Klimawandel – zentrale Ursachen für Unterernährung und Hunger. Hinzu kommen Transport- und Lagerungsprobleme, aufgrund derer Nahrungsmittel verderben oder nicht in die bedürftigen Regionen gelangen. Auch die nach wie vor zunehmende Fleischproduktion verursacht Hunger, denn um eine Kalorie fleischlicher Nahrung zu produzieren, müssen etwa zehn Kalorien pflanzlicher Nahrung eingesetzt werden.

1 ○
Beschreibe die beiden **Foto-Szenen (M 2, M 3)** im Tschad und in den USA.

M4 Welthungerindex 2021

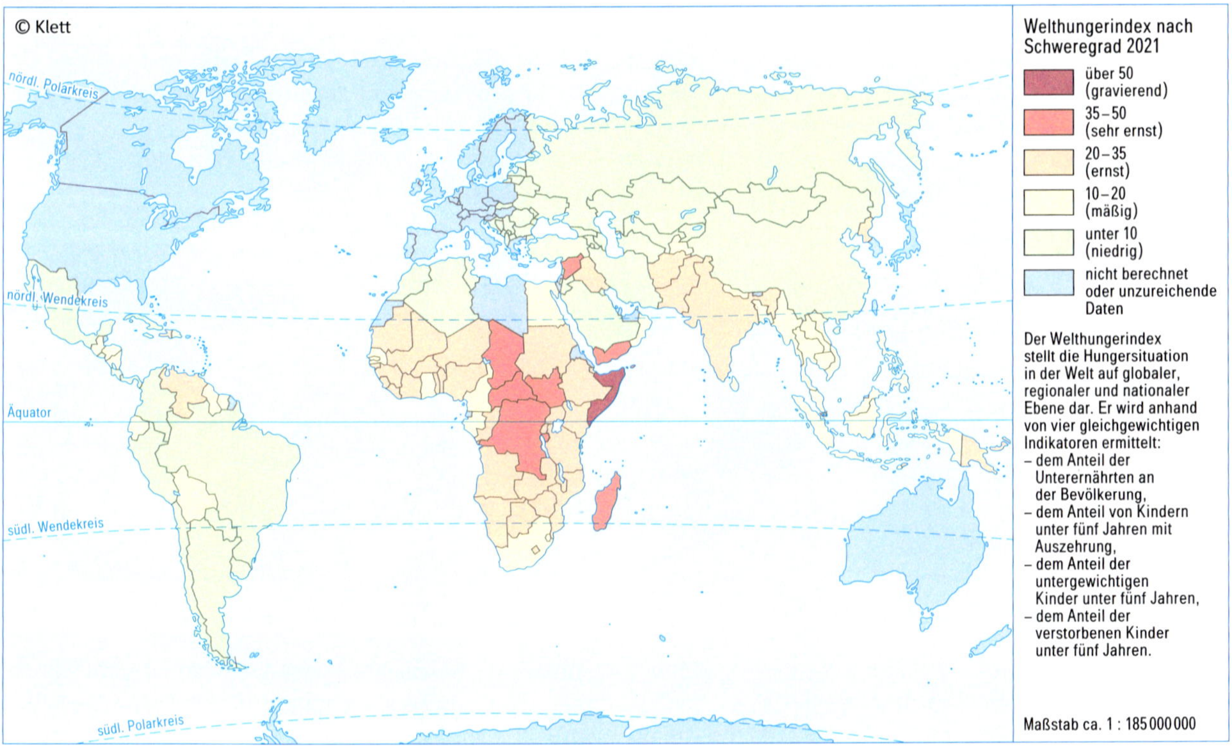

M5 Die Aspekte des Welthungerindex seit 2000 nach Regionen

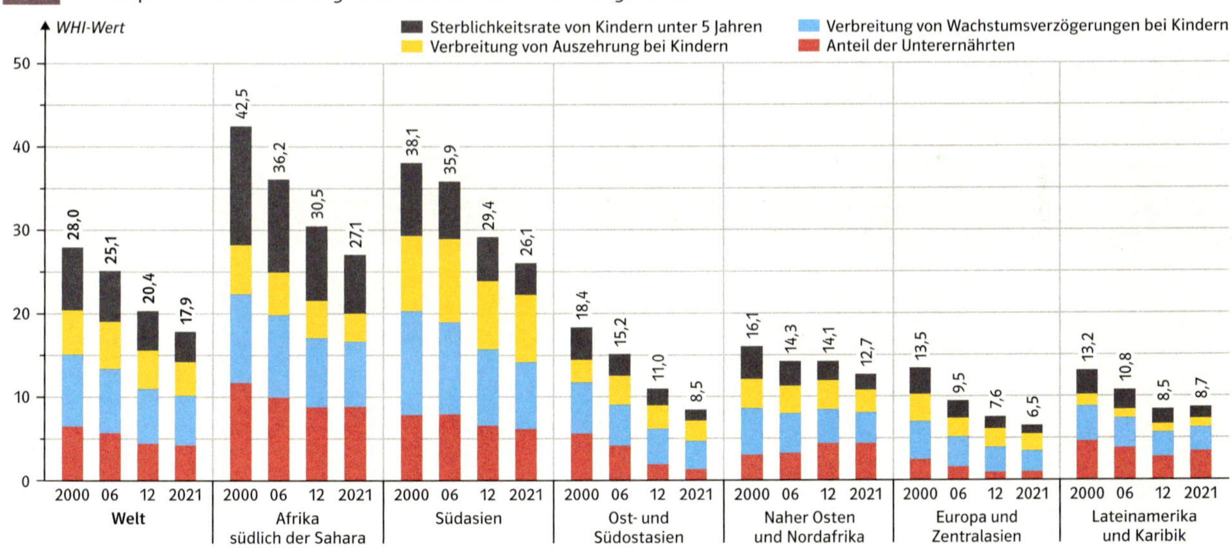

2 ◒
Beschreibe die Veränderungen der einzelnen Aspekte des Welthungerindex (**M5**) seit 2000.

3 ◒ 🔑
Arbeite Disparitäten zur weltweiten Ernährungssituation aus den vorliegenden Materialien heraus.

4 ●
Analysiere die Ursachen dieser ungleichen Entwicklung.

5 ● 👥
Beurteilt gemeinsam das Ausmaß der weltweiten Ernährungsdisparität.

Ungleiche Gesundheitschancen

Die Gesundheit ist nicht nur für jeden Einzelnen von uns von sehr großer Bedeutung, sondern auch für die Gesellschaft und deren Entwicklungsmöglichkeiten. Wie gut es gelingt, Krankheiten einzudämmen und die Lebenserwartung der Menschen zu verlängern, hängt von vielen Faktoren ab. Die Unterschiede sind gewaltig. Wo genau sind diese Probleme am größten und wo liegen die Ursachen?

M1

→ **Nachhaltigkeitsziele**
Seite 117

→ **HIV/Aids**
Seite 148/149

Um eine Vorstellung zu bekommen, wie es um die **Gesundheit** in einer Gesellschaft steht, greift die Wissenschaft und Politik auf verschiedene Berechnungen zurück. Wie hoch ist die durchschnittliche **Lebenserwartung**? Wie viele Ärzte stehen für jeweils 100 000 Menschen zur Verfügung? Wie hoch sind die Ausgaben für das Gesundheitswesen?

M2 Krankenhaus in Indien

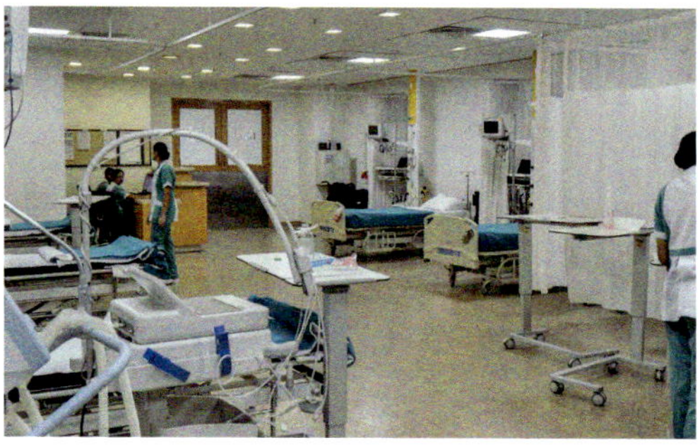

M4 Mobile Krankenstation in Tansania

Ram blieb nichts anderes übrig, als seinen ernsthaft erkrankten Vater in einem Tragekorb die 20 km über zwei Pässe hinweg bis zum nächsten „Health Post" (kleine Krankenhäuser in Nepal) zu tragen. Denn das Netz dieser Krankenstationen ist nach wie vor weitmaschig und große Teile des Himalajastaates sind ohne Straßenverbindung. Nicht nur den Bewohnern der Bergdörfer im Himalaja, sondern auch den Menschen, die in ländlichen Regionen Asien und Afrikas leben, fehlt es an einer ausreichenden medizinischen Versorgung. Oft fehlen Ärztinnen und Ärzte oder Medikamente, manchmal fehlt Elektrizität, um etwa Operationen durchzuführen. Aufgrund dieser Gegebenheiten sterben nach wie vor Millionen Menschen an Krankheiten, die im Grunde problemlos behandelt werden könnten. Die Lebenserwartung in diesen Ländern ist daher gering. Zugleich ist zu beobachten, dass sich in den letzten Jahren weltweit ein regelrechter „Medizintourismus" herausgebildet hat. Zum einen kommen sehr reiche Menschen nach Europa, um sich einer Operation zu unterziehen und gleichzeitig lassen sich immer häufiger Europäer in sehr guten Kliniken in Süd- oder Südostasien operieren, da dort die Kosten niedriger sind.

Ursachen der Gesundheitsunterschiede

Armut zählt zu den Hauptursachen unzureichender Gesundheit. Die Armut des Einzelnen verhindert nicht nur eine gute und gesunde Ernährung, sondern im Krankheitsfall den kostenpflichtigen und teuren Arztbesuch und den Kauf von Medikamenten. Selbst wenn es in vielen Ländern mittlerweile Krankenversiche-

M3 Ärzte je 100 000 Einwohner in ausgewählten Staaten

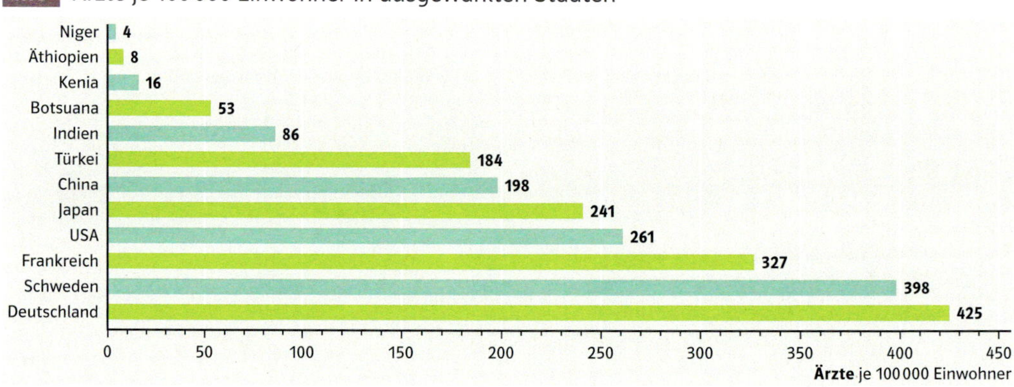

M5 Lebenserwartung 1950

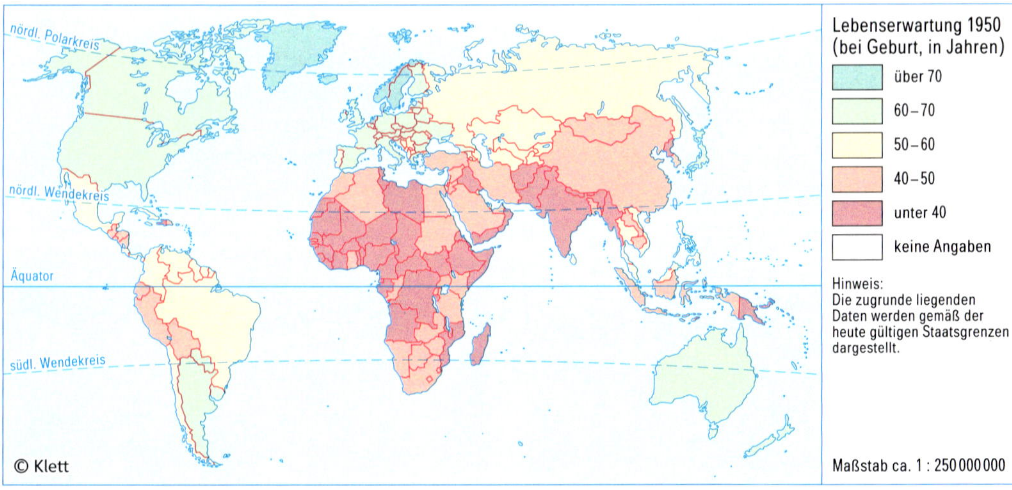

M6 Lebenserwartung 2020

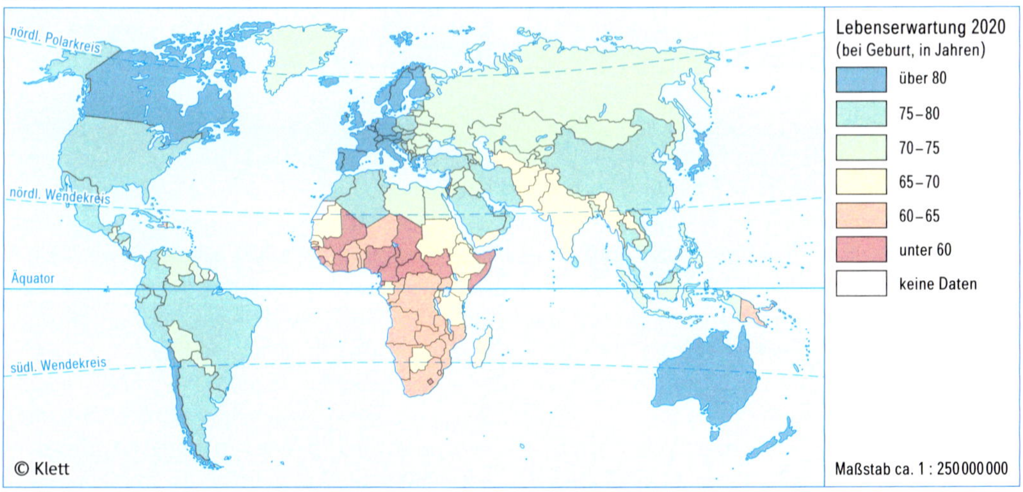

rungen gibt, können viele sich diese nicht leisten. Um eine Operation finanzieren zu können, muss die gesamte Familie zusammenlegen und verschuldet sich oft über viele Jahre. Neben der Armut des Einzelnen verhindert die unzureichende Staatsfinanzierung den Aufbau einer funktionierenden Gesundheitsversorgung. Krankenhäuser können oft nicht gebaut oder das Personal nicht bezahlt werden. Auch die unzureichende Verkehrssituation trägt in vielen Fällen zur Problematik bei. Hinzu kommen klimatische Extrembedingungen, die vielfach gefährliche Krankheiten wie Malaria, Ebola oder Dengue-Fieber begünstigen. Ein geringes Bildungsniveau einer Gesellschaft trägt ebenfalls dazu bei, dass sich Krankheiten ausbreiten. Insbesondere die Ausbreitung der HIV-Infektionen geht ganz wesentlich auf Unkenntnis und das Festhalten an Traditionen und Verhaltensweisen zurück.

1 ○ Beschreibe die beiden **Foto-Szenen (M3, M4)** in Indien und Tansania.

2 ◒ Beschreibe mithilfe der beiden **Karten (M5, M6)** die Entwicklung der weltweiten Lebenserwartung von 1950 bis 2020.

3 ◒ Arbeite Disparitäten zur weltweiten Lebenserwartung aus den vorliegenden Materialien heraus.

4 ● Analysiere die Ursachen dieser ungleichen Entwicklung.

5 ● Beurteilt gemeinsam das Ausmaß der weltweiten Gesundheitsdisparität.

Ungleiche Bildungschancen

M1

→ **Nachhaltigkeitsziele**
Seite 117

Über 250 Millionen Kinder und Jugendliche können weltweit nicht zur Schule gehen, lernen weder lesen noch schreiben. Und deren Zahl steigt weiter an. Daher forderte der Generalsekretär der Vereinten Nationen bereits vor Jahren „Education for all", also „Bildung für alle". Doch das Problem hat vielfältige Ursachen und ist sehr ungleich verteilt. Wo genau sind diese Probleme am größten und warum ist das so?

M2 Jemen, Sanaa, Secondary Year 2, English

M3 USA, St. Louis, Grade 10, Science

Die **Bildung** eines Menschen geht einher mit dem Ausmaß seiner geistigen Fähigkeiten. Je gebildeter ein Mensch ist, desto mehr kann er also leisten. Der Bildungsstand einer ganzen Gesellschaft hat folglich großen Einfluss auf deren Entwicklungsmöglichkeiten und damit auch auf deren Wohlstand. Weltweit sind hinsichtlich der Dauer der Schulzeit, der Schulpflicht, der Bedeutung von Religionen oder Politik sehr unterschiedliche Bildungssysteme zu beobachten.

Vier Jahre ging Hussein in Shibam, im Süden des Jemen zur Schule. Mehr als lesen und schreiben hat er im Grunde in dieser Zeit nicht gelernt. Heute ist er ein sehr erfolgreicher Arzt in Hamburg. Sein Bruder Sinan hatte diese Möglichkeiten nicht, da die Eltern sich das Schulgeld nur für einen Sohn, nicht aber für die anderen Geschwister leisten konnten. Er musste schon als Junge auf dem Bau arbeiten und hat nie eine Schule besuchen können.
So wie Sinan geht es Millionen Kindern weltweit, denn der Besuch der Schule ist bei Weitem nicht überall kostenlos, so wie wir das in Europa kennen. Auch wenn sein Bruder nur wenige Jahre im Jemen in die Grundschule gehen konnte, so eröffnete ihm die Fähigkeit, lesen und schreiben zu können, doch ganz andere Möglichkeiten für seine weitere berufliche Entwicklung. In seinem Fall ergab sich sogar durch ein Stipendium die Möglichkeit, eine weiterführende Schule zu besuchen und zu studieren. Offensichtlich haben Bildungschancen große Bedeutung für die Entwicklung und damit den Wohlstand einer Gesellschaft.

Ursachen der Bildungsunterschiede

Die weltweit sehr unterschiedliche Bildungssituation hat vielfältige Gründe. Insbesondere in wirtschaftlich schwachen Ländern ist zu beobachten, dass Schulgeld erhoben wird. Die weitverbreitete Armut in diesen Ländern ermöglicht es vielen Eltern nicht, ihre Kinder zur Schule zu schicken. Dies führt wiederum zu geringer Qualifikation und in der Folge zu wenig wirtschaftlicher und gesellschaftlicher Entwicklung. Dadurch fallen auch die Steuereinnahmen der Staaten gering aus, was den Aufbau eines guten und kostenlosen Schulsystems erschwert, wenn nicht gar verhindert. Folglich erheben die Regierungen Schulgeld für die Bildung der Kinder. So schließt sich der Kreis. Insbesondere in abgelegenen ländlichen Regionen mit bestehenden Transportproblemen ist diese Problematik sehr stark ausgeprägt, während die Situation in den Städten im Vergleich dazu besser ausfällt. Und schließlich ist in etlichen Ländern zu beobachten, dass Mädchen kaum oder gar keine Schulbildung erhalten, sei es aus religiösen oder kulturellen Gründen.

1 ○
Beschreibe die beiden **Foto-Szenen (M2, M3)** aus einer Schule im Jemen und in den USA.

M4 Lese- und Schreibfähigkeit bei Erwachsenen (ab 15 Jahren)

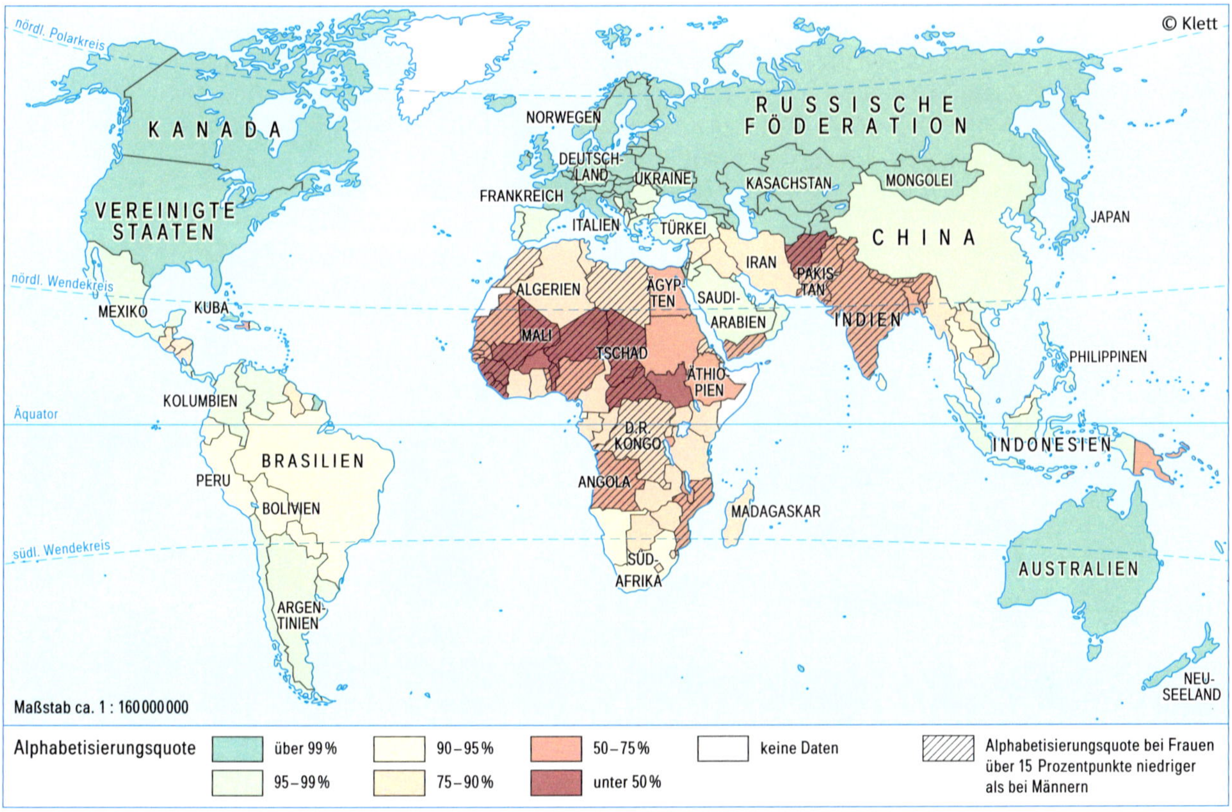

M5 Bildung von Frauen und Männern

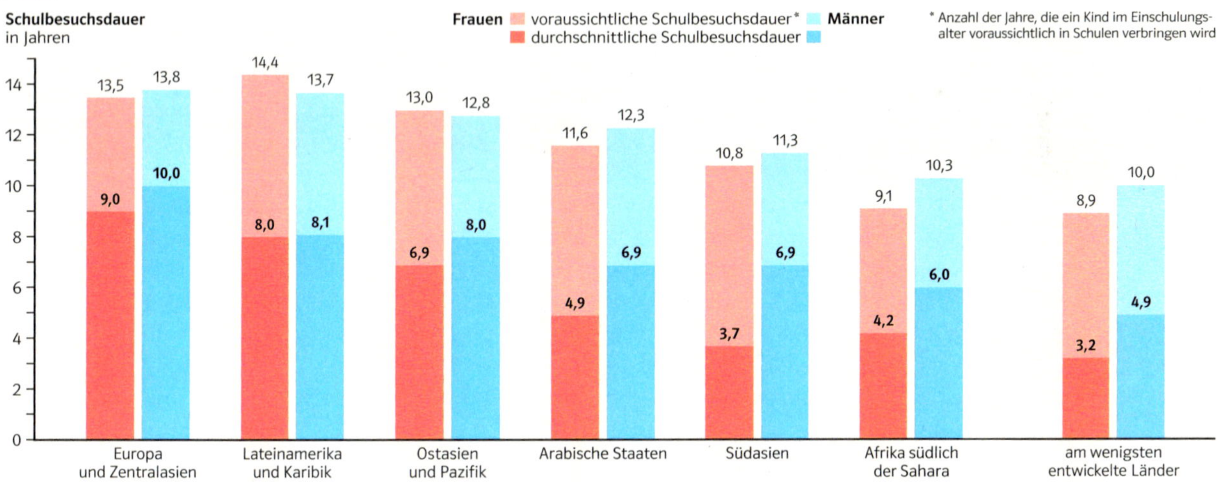

2 ◒
Beschreibe die Bildungssituation der weltweiten Regionen mithilfe des **Diagramms M5**.

3 ◒ 🔑
Arbeite Disparitäten zur weltweiten Bildungssituation aus den vorliegenden Materialien heraus.

4 ●
Analysiere die Ursachen dieser ungleichen Entwicklung.

5 ● 👥
Beurteilt gemeinsam das Ausmaß der weltweiten Bildungsdisparität.

→ Lösungshilfen ab S. 228

Ungleiche Einkommenschancen

Die Einkommen der Welt sind extrem ungleich verteilt. Die reichen Länder des „Globalen Nordens“ stehen den mehrheitlich armen Gesellschaften des „Globalen Südens“ gegenüber. Aber dieser Gegensatz verläuft nicht allein zwischen Staaten, sondern auch innerhalb der Gesellschaften lassen sich diese Gegensätze erkennen. Wo sind die Probleme am größten und warum ist das so?

M1

→ **Nachhaltigkeitsziele**
Seite 117

M2 Mädchen, 13 Jahre, in einer Textilfabrik, Vietnam

M3 Mädchen, 13 Jahre, beim Shoppen, Deutschland

Armut ist nicht gleich Armut. Man unterscheidet zwischen der **„absoluten Armut“**, die das Überleben eines Menschen infrage stellt. Diese ist nach derzeitigem Verständnis dann gegeben, wenn eine Person weniger als 1,90 US-$ pro Tag zur Verfügung hat. Das sind lediglich 650 € im Jahr. Demgegenüber spricht man in den reichen Ländern von **„relativer Armut“**. Diese ist dann gegeben, wenn eine Person weniger als die Hälfte des Durchschnittseinkommens zur Verfügung hat.

Herr Takahiro verdient sehr gut und kann sich im Grunde alles leisten. Mehrmals im Monat geht er mit seiner Familie in ein schickes Restaurant im Zentrum Tokyos essen. „Shoppen“ zählt zu den Lieblingsbeschäftigungen seiner Kinder. Zudem machen sie mindestens einmal im Jahr eine Reise ins Ausland, oft nach Hawaii. Den Grund seines Wohlstandes sieht er vor allem in seiner Ausbildung und seinem Fleiß. Auf Fleiß beruft sich auch Dorji, der im Osten Bhutans lebt und in seinem Leben nur wenig Geld verdient hat. Dennoch musste er noch nie hungern, denn er bewirtschaftet zusammen mit seiner Frau und seinen Kindern einen kleinen Hof im Süden des Landes. Sie haben zwei Kühe, einige Ziegen und Hühner, bauen Buchweizen und Reis an. Die vielen Obstbäume um ihr Haus werden sorgsam gepflegt. Dorji ist zwar einkommensarm, aber nicht wirklich arm. Auf keinen Fall will er, dass seine Kinder in einer der Textilfabriken im Umland als Aushilfkräfte anheuern. Das, so ist er überzeugt, würde sie wirklich arm machen.

Ursachen der Einkommensunterschiede

Die Einkommensunterschiede zwischen den Staaten der Welt sowie innerhalb der Gesellschaften reichen bis zum Hundertfachen und in Extremfällen weit darüber hinaus. Vielfältige Gründe führen zu dieser sehr ungleichen Verteilung von Einkommen. Ganz sicher kommt der Bildung und beruflichen Qualifikation sowie der persönlichen Zielsetzung und Zielstrebigkeit jedes Einzelnen in diesem Zusammenhang große Bedeutung zu. Zugleich wird aber auch deutlich, dass in vielen Ländern die Bildungsmöglichkeiten nur sehr begrenzt sind, sei es aufgrund der unzureichenden finanziellen Möglichkeiten von Familien oder aufgrund der Tatsache, dass gute Bildungseinrichtungen überhaupt fehlen. Hinzu kommt, dass auch die Chancengerechtigkeit in den Ländern der Welt sehr ungleich sind. Zum Teil aus kulturellen, zum Teil aus religiösen Gründen haben nicht alle Menschen unabhängig von ihrer sozialen Herkunft, ihrer Hautfarbe oder ihrem Geschlecht die gleichen Chancen, um wirtschaftlich erfolgreich zu sein und damit ein hohes Einkommen zu erzielen. Auch ungerechte Handelsbeziehungen zwischen Ländern verschärfen die Problematik und führen zu ungleichen Einkommenschancen.

1 ○
Beschreibe die beiden **Foto-Szenen (M 2, M 3)** aus Vietnam und Deutschland.

M4 Bruttonationaleinkommen (BNE) pro Kopf 2021

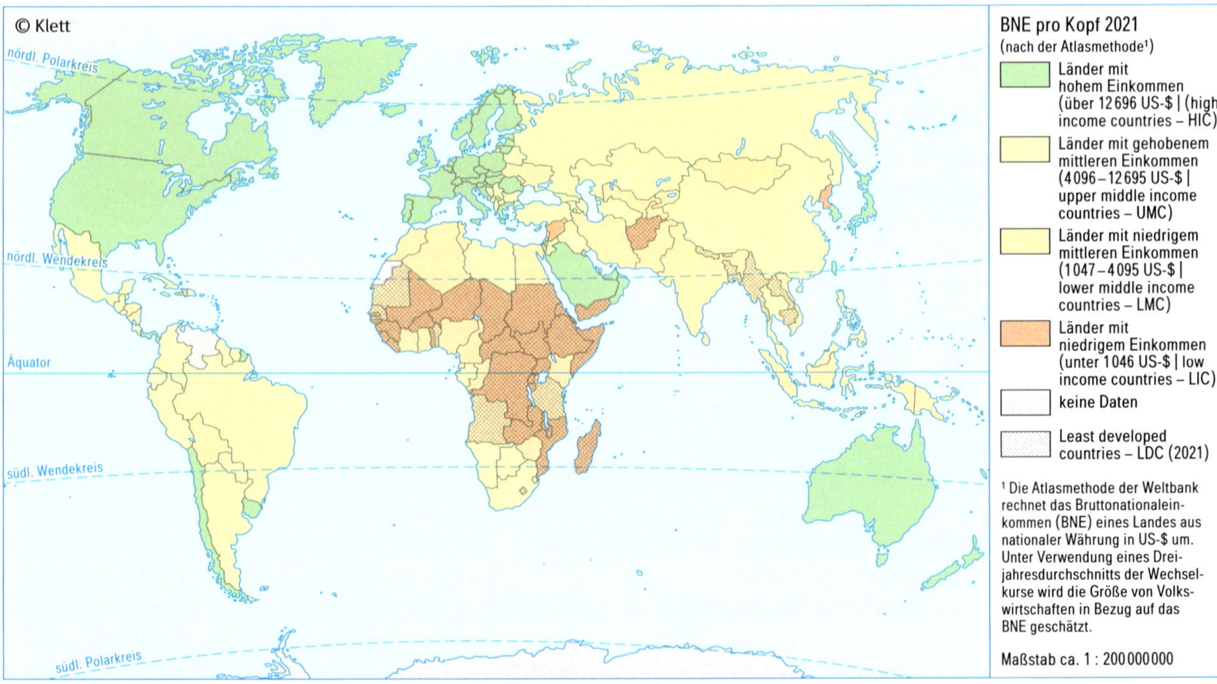

M5 Absolute Anzahl der Menschen in den Regionen der Erde, die in absoluter Armut leben

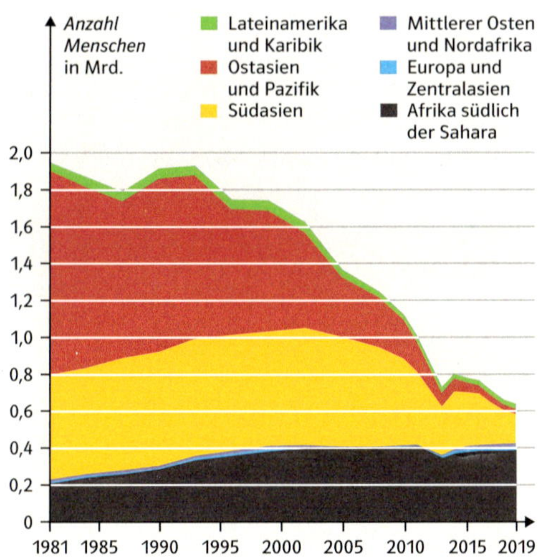

M6 Relative Anzahl der Menschen in den Regionen der Erde, die in absoluter Armut leben

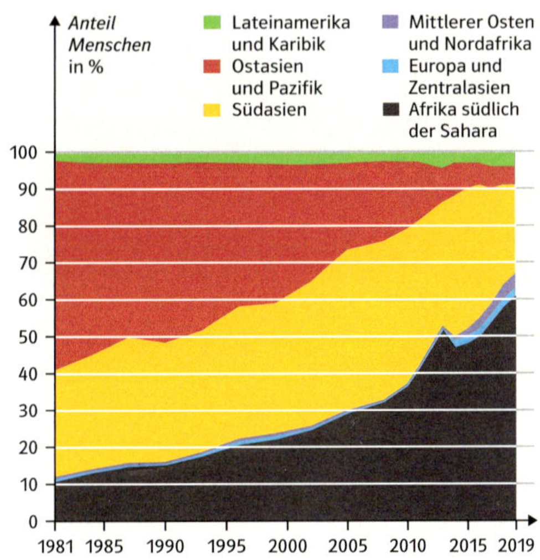

Bruttonationaleinkommen (BNE)

Geldwert aller in einer Volkswirtschaft im Zeitraum eines Jahres produzierten Güter und erbrachten Dienstleistungen. Hierbei werden die von Ausländern erbrachten Leistungen nicht miteinbezogen, dafür sind jedoch die von Bewohnern im Ausland erbrachten Werte enthalten.

2 Beschreibe die Entwicklung der Armut seit 1981 mithife der **Diagramme M5** und **M6**.

3 Arbeite Disparitäten zur weltweiten Einkommenssituation aus den vorliegenden Materialien heraus.

4 Analysiere die regionalen Schwerpunkte der Armutsverbreitung.

5 Beurteilt gemeinsam das Ausmaß der weltweiten Einkommensdisparität.

MK Weltweite Unterschiede mit einem WebGIS analysieren

Um einen weltweiten Überblick über den unterschiedlichen Entwicklungsstand zu erhalten, kann man mithilfe eines WebGIS sowohl einzelne Indikatoren als auch einzelne Länder analysieren und darstellen. Ein WebGIS bietet z. B. die Möglichkeit, mit wenigen Klicks Indikatoren zu visualisieren und so regionale Unterschiede zu verdeutlichen.

Was ist ein WebGIS?

Geographische Informationssysteme (GIS) ermöglichen das Erfassen, Verarbeiten und Präsentieren von räumlichen Informationen (Geoinformationen). Ein GIS-Programm steckt zum Beispiel im Navigationssystem des Autos oder in einem online verfügbaren Stadtplan. Immer dann, wenn Informationen einen räumlichen Bezug haben, kommen solche Computerprogramme zum Einsatz.
WebGIS-Programme sind direkt im Internet abrufbar und bieten unterschiedliche Themenbereiche zur Auswahl.

WebGIS mit den Indikatoren der Entwicklung

Das hier verwendete Schul-WebGIS hat Daten zu verschiedenen Entwicklungsindikatoren aus den Bereichen Gesellschaft, Politik, Bevölkerung, Wirtschaft und Umwelt gespeichert. Eine gezielte Suche in der Datenbank wäre sehr aufwendig. Hier hilft das Suchwerkzeug, auch Abfragemanager genannt. Mit ihm ist es möglich, eine Suche bzw. Filterung der Daten vorzunehmen und sich die Ergebnisse anzuschauen. Mit dem WebGIS ist es nun möglich, den HDI oder andere **Indikatoren** für einzelne Länder abzufragen. Außerdem kann die weltweite Verteilung der Länder mit einem selbstgewählten (hohen oder niedrigen) Grenzwert analysiert und dargestellt werden. Es lassen sich aber auch einzelne Bestandteile des Indikators darstellen. So kann z. B. die weltweite Verteilung der Länder mit hoher Lebenserwartung, langer Schuldauer und hohem Lebensstandard genauer betrachtet werden.
Notwendig für alle Abfragen ist, dass man genaue Bedingungen formuliert, die dann in den Abfragemanager eingegeben werden. Alle Länder, die der Bedingung entsprechen, werden dann auf der Karte angezeigt und in einer „Treffertabelle" ausgegeben.

1. Schritt: Eigene Karten erstellen

Pinsel-Button

Mit diesem Tool lassen sich alle angebotenen Indikatoren visualisieren und vorhandene thematische Karten verändern und speichern. Um eine eigene Karte zu erstellen, muss der „Pinsel-Button" angeklickt werden. In dem sich nun öffnenden Auswahlfenster kann man den Indikator, die Skalierung, die Farbgebung und die Beschriftung frei wählen.

2. Schritt: Informationen über ein Land gewinnen

Beispiel Angola: Entweder mit der Maus auf das gesuchte Land gehen und links anklicken. Eine Datentabelle erscheint. Oder den **Datenfilter M 2** nutzen und eine Abfrage formulieren.

3. Schritt: Länder vergleichen

Datenfilter

Button „Nur Auswahl anzeigen"

Zum Vergleich Angolas mit Ländern unterschiedlichen Entwicklungsstandes (z. B. Deutschland) wird wieder der Datenfilter genutzt. Zu beachten ist, dass die logische Verknüpfung „ODER" verwendet werden muss. Nach der Suche erscheinen die Länder markiert auf der Weltkarte. Durch einen Klick auf das Register „Tabelle" werden die Daten angezeigt. Der Button „Nur Auswahl anzeigen" führt die Daten der ausgewählten Länder zusammen. Durch Hinzufügen weiterer Staaten, verknüpft mit „ODER", können auch mehrere Länder verglichen werden.

4. Schritt: Ausgewählte Daten filtern

Zur Einordnung Angolas in eine Staatengruppe gleichen Entwicklungsstandes kann z. B. sein HDI-Wert (0.581) herangezogen werden. Zur Datenfilterung bieten sich als selbst definierte Schwellenwerte dabei die HDI-Werte 0.500 und 0.600 an. Zu beachten ist, dass die Dezimalzahlen mit einem Punkt statt Komma eingegeben

M1 Thematische Weltkarte zum HDI nach Datenfilterung für einen selbst definierten Schwellenwert

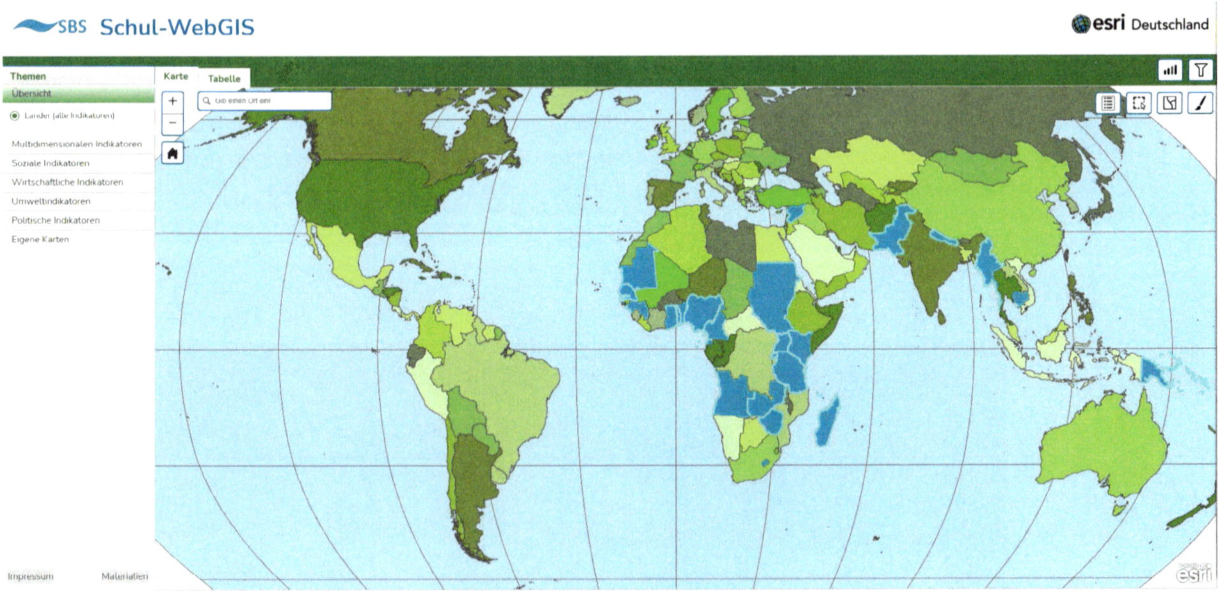

M2 Datenabfrage über Datenfilter

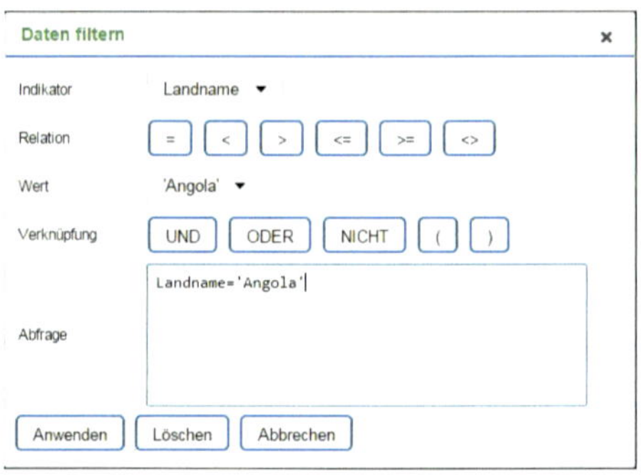

M3 HDI-Abfrage für einen selbst definierten Schwellenwert im Datenfilter

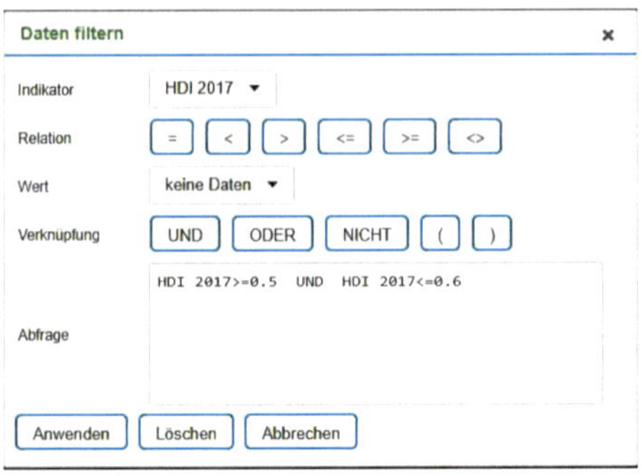

werden. Die zu wählende Relation ist „UND“ (M 3). Auch hier erscheinen nach „Anwenden“ die Länder markiert auf der (**Weltkarte M 1**) sowie in der Datentabelle.

1
Arbeite mit dem WebGIS die fünf Länder mit dem niedrigsten und höchsten HDI-Wert heraus und beschreibe die räumliche Verteilung.

2
Arbeite die drei Länder mit den höchsten und niedrigsten Werten für Lebenserwartung, Schuldauer und BNE pro Kopf heraus. Beschreibe die weltweite Verteilung und trage die Länder in eine Tabelle ein.

	Länder mit niedrigstem Wert	Länder mit höchstem Wert
HDI		
Lebens-erwartung		
Schuldauer		
BNE pro Kopf		

3
Vergleiche die Länder mit den höchsten HDI-Werten mit den Ländern mit den jeweils höchsten Werten bei Lebenserwartung, Schuldauer und BNE pro Kopf.

4
Beurteilt, inwieweit mithilfe des HDI-Wertes weltweite Disparitäten erkannt werden können.

Eine Welt – geteilte Welt – auch 2030?

Ende September 2015 war das Hauptgebäude der Vereinten Nationen Projektionsfläche für eine ganz besondere Darbietung. Nachdem sich alle Mitgliedstaaten der Vereinten Nationen geeinigt hatten, wie die Entwicklung der Welt bis 2030 sein soll, erstrahlte das UN-Hauptgebäude in New York in den bunten Logos der gerade beschlossenen „Ziele für eine nachhaltige Entwicklung". Wie soll die Welt 2030 nach diesen Vorstellungen aussehen?

M1 Das Hauptgebäude der Vereinten Nationen am 25.09.2015 anlässlich der Verabschiedung der „Agenda 2030"

↩ Nachhaltigkeitsviereck
Seite 9

Wie du in den vorangegangenen Inhalten dieses Kapitels gesehen hast, ist unsere Welt trotz aller bereits erreichten Verbesserungen noch immer von großer Ungleichheit geprägt. Zu den zentralen Zielen der Vereinten Nationen zählt, diese Ungleichheit zu verringern. Zumindest aber soll allen Menschen im Sinne der nachhaltigen Entwicklung ein gutes, friedliches, weder von Hunger oder Angst noch von vermeidbaren Krankheiten oder Krieg geprägtes Leben ermöglicht werden. Der Schutz der Umwelt ist dafür ebenso wichtig wie wirtschaftlicher Erfolg, das respektvolle gesellschaftliche Miteinander und eine gute Regierungsführung. Denn nur wenn diese vier Aspekte des „Nachhaltigkeitsvierecks" zusammen gelingen, kann die angestrebte nachhaltige Entwicklung in Gang kommen und eine friedliche Zukunft auf Dauer entstehen.

Bereits zur Jahrtausendwende hatten sich die Vereinten Nationen daher auf ein Entwicklungsprogramm bis zum Jahr 2015 geeinigt: den Millenniumsentwicklungszielen. Viele der damals vereinbarten Ziele konnten erreicht werden, vieles – wie die Halbierung der Armut – nicht. Aus dieser Erfahrung lernten die Vereinten Nationen und einigten sich auf die insgesamt 17 **Ziele für eine nachhaltige Entwicklung** der „Agenda 2030". In dieser wird beschrieben, wie die Welt dann aussehen soll. Dabei werden Umwelt, Wirtschaft, Gesellschaft und Politik gleichermaßen berücksichtigt.
Die Vereinbarung legt fest, dass jedes Land diese Zielvorgaben verwirklichen muss. Es ist also keine Vorgabe der reicheren Länder gegenüber den ärmeren Ländern, sondern ein wirkliches Weltentwicklungsprogramm, an dem jeder Einzelne teilnimmt und dazu beiträgt, dass es gelingt.

M 2 Die 17 Ziele für nachhaltige Entwicklung, Agenda 2030

M 3 Die 17 Ziele für eine nachhaltige Entwicklung (= Sustainable Development Goals, SDG)

Ziel 1: Armut in jeder Form und überall beenden.

Ziel 2: Den Hunger beenden, Ernährungssicherheit und eine bessere Ernährung erreichen und eine nachhaltige Landwirtschaft fördern.

Ziel 3: Ein gesundes Leben für alle Menschen jeden Alters gewährleisten und ihr Wohlergehen fördern.

Ziel 4: Inklusive, gerechte und hochwertige Bildung gewährleisten und Möglichkeiten des lebenslangen Lernens für alle fördern.

Ziel 5: Geschlechtergerechtigkeit und Selbstbestimmung für alle Frauen und Mädchen erreichen.

Ziel 6: Verfügbarkeit und nachhaltige Bewirtschaftung von Wasser und Sanitärversorgung für alle gewährleisten.

Ziel 7: Zugang zu bezahlbarer, verlässlicher, nachhaltiger und zeitgemäßer Energie für alle sichern.

Ziel 8: Dauerhaftes, inklusives und nachhaltiges Wirtschaftswachstum, produktive Vollbeschäftigung und menschenwürdige Arbeit für alle fördern.

Ziel 9: Eine belastbare Infrastruktur aufbauen, inklusive und nachhaltige Industrialisierung fördern und Innovationen unterstützen.

Ziel 10: Ungleichheit innerhalb von und zwischen Staaten verringern.

Ziel 11: Städte und Siedlungen inklusiv, sicher, widerstandsfähig und nachhaltig machen.

Ziel 12: Für nachhaltige Konsum- und Produktionsmuster sorgen.

Ziel 13: Umgehend Maßnahmen zur Bekämpfung des Klimawandels und seiner Auswirkungen ergreifen.

Ziel 14: Ozeane, Meere und Meeresressourcen im Sinne einer nachhaltigen Entwicklung erhalten und nachhaltig nutzen.

Ziel 15: Landökosysteme schützen, wiederherstellen und ihre nachhaltige Nutzung fördern, Wälder nachhaltig bewirtschaften, Wüstenbildung bekämpfen, Bodenverschlechterung stoppen und umkehren und den Biodiversitätsverlust stoppen.

Ziel 16: Friedliche und inklusive Gesellschaften im Sinne einer nachhaltigen Entwicklung fördern, allen Menschen Zugang zur Justiz ermöglichen und effektive, rechenschaftspflichtige und inklusive Institutionen auf allen Ebenen aufbauen.

Ziel 17: Umsetzungsmittel stärken und die globale Partnerschaft für nachhaltige Entwicklung wiederbeleben.

1 ○ Beschreibe das **Foto M 1**.

2 ◒ Erkläre die Zielsetzung der „Agenda 2030".

3 ◒ Erkläre das Nachhaltigkeitsviereck auf Seite 9.

Armut auch in Deutschland

Deutschland zählt zu den wohlhabendsten Ländern der Welt. Doch Armut gibt es auch bei uns. Und zwar in jeder Stadt oder Gemeinde, auch in deiner. Aber was bedeutet „arm sein“ in Deutschland und wie ist diese Armut verteilt?

Seit Jahren und auch nach den neuesten Erkenntnissen sind in Deutschland ganz bestimmte Gruppen in der Gesellschaft sehr stark von Armut betroffen. Diese sind:

- kinderreiche Familien und Alleinerziehende,
- Menschen ohne Einkommen (Erwerbslose),
- zunehmend ältere Menschen, Kranke und Menschen mit Behinderung,
- Menschen ohne Schulabschluss oder Berufsausbildung,
- Menschen ohne deutsche Staatsangehörigkeit,
- Menschen mit Migrationshintergrund.

M1 Wohlstand und Armut in Deutschland

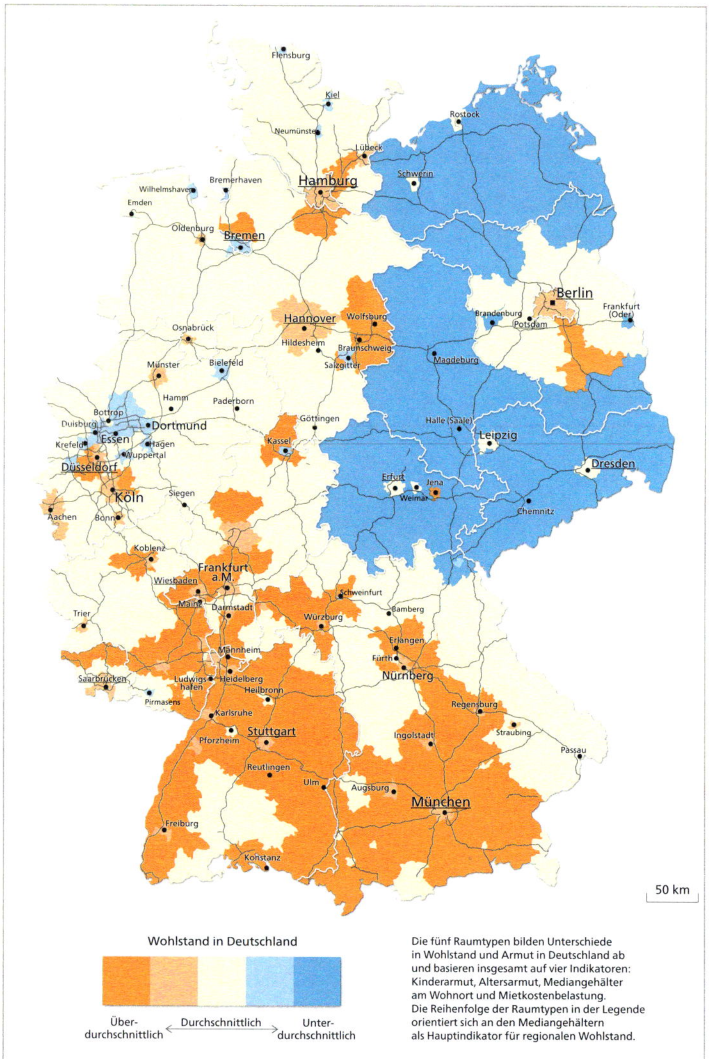

Quelle: Friedrich-Ebert-Stiftung/Institut für Landes- und Stadtentwicklungsforschung

M2 Armutsquote nach Gruppen

1 ◒
Beurteile den Wohlstand Deutschlands im internationalen Vergleich (**Tabelle M3**).

Verliert jemand seine Arbeit, dann bedeutet dies in Deutschland zumeist, dass die Betroffenen und ihre Familien in Armut abgleiten können.
Was bedeutet Armut in Deutschland konkret? Im weltweiten Vergleich wird zwischen absoluter Armut und relativer Armut unterschieden, Armut ist also nicht gleich Armut.
Die „absolute Armut“ stellt das Überleben eines Menschen infrage. Diese ist nach derzeitigem Verständnis dann gegeben, wenn eine Person weniger als 1,90 US-$ pro Tag zur Verfügung hat. Diese Form von Armut ist vor allem in Ländern des „Globalen Südens“ verbreitet, kaum in Deutschland.
Demgegenüber spricht man in den reichen Ländern von „relativer Armut“. Diese ist dann gegeben, wenn eine Person weniger als die Hälfte des Durchschnittseinkommens zur Verfügung hat. Relative Armut gefährdet nicht das bloße Überleben, führt aber oft zur Ausgrenzung, da sie den Betroffenen nicht ermöglicht am sozialen und kulturellen Leben teilzuhaben. Eintrittskarten für den Zoo, das Kino, Theater oder das Schwimmbad sind dann kaum noch zu bezahlen.

M4 Armuts- und Wirtschaftsentwicklung in Deutschland

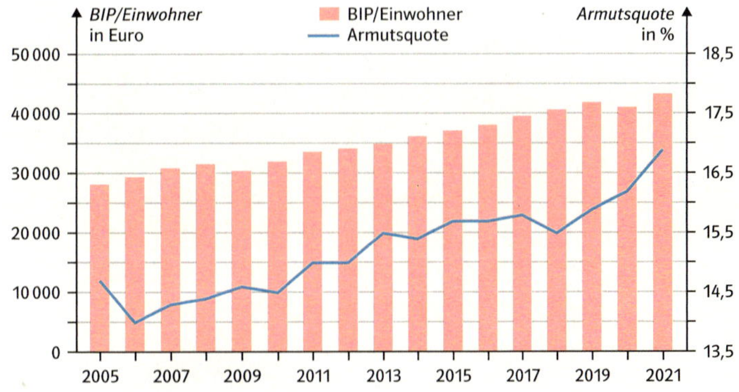

M5 Armutsquoten nach Bundesländern, 2021 (in %)

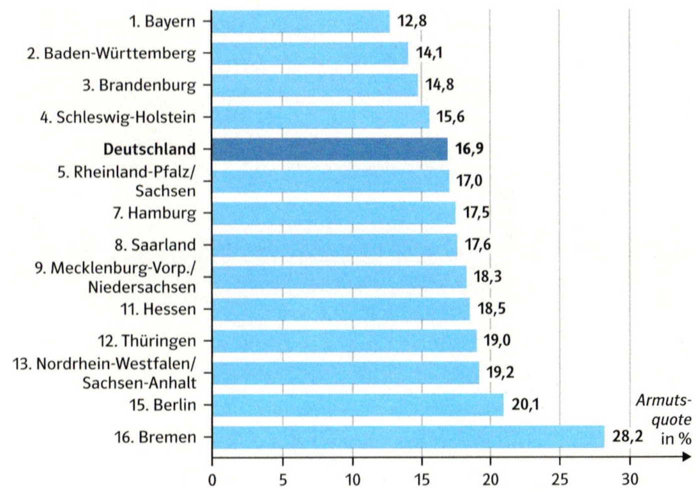

M3 Die reichsten Länder der Welt – gemessen am Bruttoinlandsprodukt (BIP) pro Einwohner (bereinigt)

Rang	Land / Region	BIP / Einwohner	Rang	Land / Region	BIP / Einwohner
1	Luxemburg	142 214 US-$	11	Niederlande	69 577 US-$
2	Singapur	127 565 US-$	12	Brunei	69 275 US-$
3	Irland	126 905 US-$	13	Island	69 081 US-$
4	Norwegen	114 899 US-$	14	Hongkong	69 049 US-$
5	Katar	114 648 US-$	15	Österreich	67 936 US-$
6	Bermuda	95 837 US-$	16	Belgien	65 027 US-$
7	Verein. Arabische Emirate	87 729 US-$	17	Schweden	64 578 US-$
8	Schweiz	83 598 US-$	18	Deutschland	63 150 US-$
9	USA	76 399 US-$	19	Australien	62 625 US-$
10	Dänemark	74 005 US-$	20	Bahrain	61 228 US-$

2 ◒ MK

Gestaltet einen Zeitungsartikel über „Armut in Deutschland“. Berücksichtigt dabei die räumliche Verbreitung (**Karte M 1** und **Grafik M 5**) sowie die Veränderungen (**Grafik M 4**) der letzten Jahre.

3 ●

Erläutere die Aussage „Armut ist Armut, egal ob in Südafrika oder in Deutschland“.

4 ● MK

Arm und Reich findet man in jeder Stadt oder Gemeinde, auch in deinem Umfeld. Arbeite mithilfe einer Recherche Details zur deiner Region heraus.

Schule unterstützt nachhaltige Entwicklungsprojekte

Das Hellenstein-Gymnasium in Heidenheim an der Brenz eröffnet Schülerinnen und Schülern seit vielen Jahren vielfältige Möglichkeiten, sich in Entwicklungsprojekte einzubringen und eigene Vorschläge zu unterbreiten. Motiviert dich das auch?

M1 Das Hellenstein-Gymnasium in Heidenheim a.d. Brenz

M2 Im Hellenstein-Gymnasium in Heidenheim a.d. Brenz

Von außen wirkt das Hellenstein-Gymnasium im Osten Baden-Württembergs wie eine ganz normale Schule. Doch seit einigen Jahren hat sich die Schule auf den Weg gemacht, einen eigenen Beitrag zur nachhaltigen Entwicklung zu leisten. Wie an vielen Schulen, so gab es auch in Heidenheim einzelne Schulprojekte zu den Themen Umweltschutz und Schüleraustausch. Doch dann wurden diese Einzelmaßnahmen zu einem Nachhaltigkeitsprogramm der ganzen Schule zusammengeführt. Das geht so weit, dass die Schule selbst zu einem Ort der Nachhaltigkeit wird, indem Nachhaltigkeit nicht nur Thema ist, sondern ein Raum, in dem Nachhaltigkeit gelebt wird. So wurde etwa das Foyer zum Co-Learning-Space umgestaltet. Hier kann kooperativ gearbeitet werden. Auch das neu eingerichtete Outdoor-Klassenzimmer oder der Umbau eines Klassenzimmers zum forschungsorientierten „Makerspace" sind Bestandteile dieses umfassenden Schulkonzepts. Hier untersucht eine Gruppe die Plastikbelastung der Brenz, andere arbeiten an Ideen der Smart Mobility. Weitere Ideen zur Verbesserung des schuleigenen Handprints sind in Planung und werden zum Teil mit außerschulischen Partnern angegangen.
Darüber hinaus zählen seit vielen Jahren das Projekt Fairtrade sowie der jährlich stattfindende Schüleraustausch mit der „Delhi Public School" in Mumbai, einer der größten Städte Indiens, zu den fest verankerten Bausteinen des Nachhaltigkeitskonzepts.

Fairtrade-Schule / School

Seit 2013 ist das Hellenstein-Gymnasium anerkannte Fairtrade-Schule – die damals erste des Landes. Im Schulalltag bedeutet das, dass im Pausenverkauf regionale und fair gehandelte Produkte angeboten werden. Es gibt Aktionstage zu wechselnden Themen, die im Jahresverlauf fest auf dem Programm stehen – etwa ein faires Klimafrühstück. Dabei geben ältere Schülerinnen und Schüler ihr Wissen jeweils an die Jüngeren weiter. Jüngst hat die HG-Café-Gruppe das Schüler-Café selbst renoviert und bietet den Verkauf von Umweltheften an.
Um als Fairtrade-School anerkannt zu werden, müssen folgende fünf Kriterien erfüllt sein:
Kriterium 1: Gründung eines Fairtrade-Schulteams bestehend aus Lehrerinnen, Lehrern, Schülerinnen, Schülern, Eltern sowie weiteren Interessierten.
Kriterium 2: Erstellen eines Fairtrade-Kompasses, der vom Schulleiter / der Schulleiterin unterzeichnet werden muss.
Kriterium 3: Verkauf und Verzehr von fair gehandelten Produkten an der Schule.
Kriterium 4: In mindestens zwei Klassenstufen muss in mindestens zwei unterschiedlichen

Fächern der faire Handel im Unterricht behandelt werden.
Kriterium 5: Mindestens einmal im Schuljahr muss es eine Schulaktion zum Thema Fairtrade geben.

M3 Globale Begegnung

Die Delhi Public School (DPS) in Mumbai (Indien) und das Hellenstein-Gymnasium (HG) pflegen seit 2009 eine Partnerschaft. Im zweijährigen Rhythmus findet ein Schüleraustausch für die Klassen 9 und 10 statt. Dort leben sie in Gastfamilien, besuchen den Schulunterricht und arbeiten an einem gemeinsamen Projekt. Im Folgejahr kommen dann die indischen Schülerinnen und Schüler für drei Wochen nach Heidenheim.
Der Indienaustausch findet auf Augenhöhe statt. Es geht nicht darum, die andere Kultur verändern zu wollen. Sowohl die indischen als auch die deutschen Schülerinnen und Schüler hinterfragen ihr eigenes Leben und versuchen die Perspektive zu wechseln, um möglichst viel gegenseitig zu lernen.

M5 Die Schülerfirma „Global Players“

M6

M7

M4 „Global Players“ entwickeln Samana

Über 1 400 Jahre lang entwickelte sich in einem globalen Prozess aus dem indischen Spiel „Pachisi“ das beliebte „Mensch-ärgere-dich-nicht“. Diesen Vorgang haben die indischen und deutschen Schülerinnen und Schüler nachgeahmt. Aus dem indischen Sportspiel „Kabaddi“ entwickelten sie gemeinsam das spannende Brettspiel „Samana“. Durch Kreativität und globale Freundschaften wurde damit etwas ganz Neues geschaffen.
Anschließend gründeten die Schülerinnen und Schüler die nachhaltige Schülerfirma „Global Players S-GbR“. Diese produziert nun Samana wie ein kleines Unternehmen aus nachhaltigen Materialien und so fair wie möglich. Das Spielbrett wird z. B. aus ökologisch zertifiziertem Holz ausgefräst und die Stoffsäckchen für die Spielsteine werden aus gebrauchten indischen Saristoffen „upgecycelt“. Verkauft wird das Spiel über das Internet oder im Heidenheimer Weltladen. Über das Spiel und seine Entstehungsgeschichte soll die Idee der Zusammenarbeit auf Augenhöhe und des fairen Handels in die Welt getragen werden. Der Gewinn kommt der Schülerfirma, dem Indienaustausch und sozialen Einrichtungen zu Gute.

1 ○
Beschreibe die Aktivitäten des Hellenstein-Gymnasiums in Heidenheim.

2 ◒ MK
Arbeite mithilfe einer Internetrecherche unter dem Suchwort „Fairtrade-Schools“ den aktuellen Stand der Fairtrade-Schulen in deiner Region heraus.

3 ◒
Beurteile den Beitrag des Hellenstein-Gymnasiums für eine nachhaltige Entwicklung.

4 ●
Entwickelt gemeinsam Ideen für ein Nachhaltigkeitsprojekt an eurer Schule.

AFB I: 1 AFB II: 2 AFB III: 3, 4 → Lösungshilfen ab S. 228

M1

Frieden und Partnerschaft

Friedliche Gesellschaften und gute Regierungsführung sind Grundvoraussetzungen für eine nachhaltige Entwicklung und für den Abbau von Disparitäten. Doch in vielen Staaten der Welt fehlen Demokratie, Rechtsstaatlichkeit, die Einhaltung der Menschenrechte oder einfach nur „gute" Regierungen. Insofern ist das Streben nach Frieden, Gerechtigkeit und starken Institutionen eine gemeinsame Herausforderung für alle Staaten im 21. Jahrhundert.

↞ **Nachhaltigkeitsziele**
Seite 117

?!
Kaum zu glauben

- 68 % der Weltbevölkerung leben in autokratisch regierten Ländern
- zwei Drittel der Weltbevölkerung haben keinen vollständigen Zugang zu ihren Grundrechten
- 2,16 Mrd. US-Dollar gehen jährlich durch Korruption und Bestechung verloren

M2

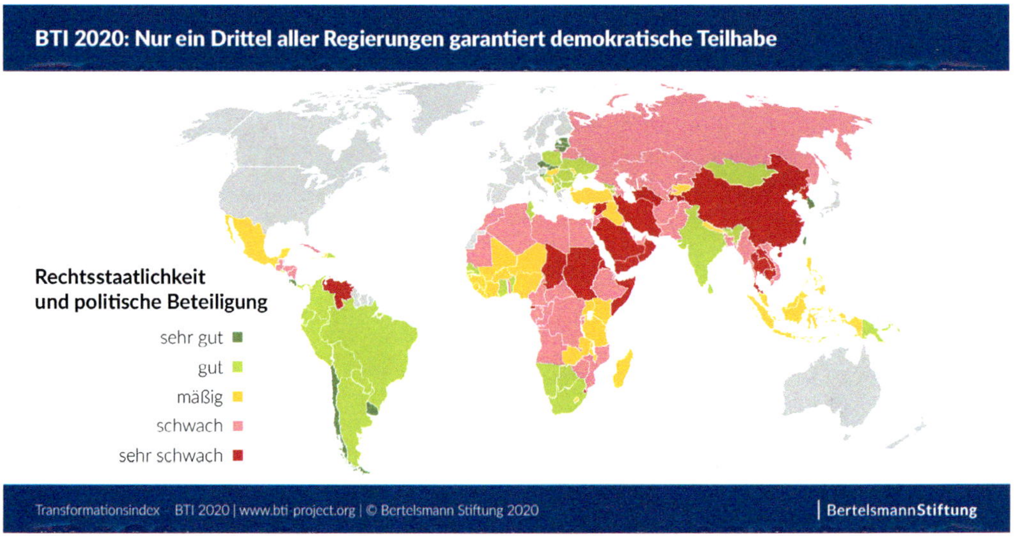

Wo Gewalt oder Unterdrückung herrschen, kann keine nachhaltige Entwicklung stattfinden. Beides nimmt den Menschen den Raum, ihr Leben frei zu gestalten. Bürgerliche Freiheiten, Rechtsstaatlichkeit und Schutz vor politischer, rassistischer oder religiöser Verfolgung sind keine Selbstverständlichkeit. Ohne Sicherheit, Vertrauen in das Rechtssystem und verlässliche Menschenrechte ist eine freie persönliche, politische und gesellschaftliche Entfaltung nicht möglich. Deswegen verfolgt das SDG 16 die Verringerung aller Formen von Gewalt, die Beendigung von Folter sowie die Bekämpfung von **Korruption**. Rechtsstaatlichkeit und partizipative Institutionen sollen gefördert und der gleichberechtigte Zugang zur Justiz gewährleistet werden. Illegale Waffen- und Finanzströme sollen eingedämmt und der freie Zugang zu Informationen gesichert werden. So werden friedliche und integrative Gesellschaften gefördert, die eine nachhaltige Entwicklung verfolgen. Und man sucht gute Regierungen, die dies unterstützen: Good Governance ist transparent, effektiv und legt Rechenschaft ab. Dabei werden Korruption, Amtsmissbrauch und staatliche Willkür verfolgt. Sie beteiligt die Bevölkerung und berücksichtigt die Meinung und die Bedürfnisse von Minderheiten und Schwachen. Alle Bürgerinnen und Bürger werden mit den notwendigen öffentlichen Gütern und sozialen Dienstleistungen versorgt.
Vordergründig klingt „internationale Partnerschaft" nach Regierungsaufgabe, aber auch Zivilgesellschaft, Wirtschaft und Wissenschaft sind aufgerufen auf lokaler, nationaler und globaler Ebene zusammenzuarbeiten und die „nachhaltige Entwicklung" mit Leben zu füllen. Durch partnerschaftliche Zusammenarbeit können Unternehmen dafür sorgen, dass finanzielle Ressourcen, Wissen, Technologien und Arbeitskraft dort zusammenkommen, wo sie am dringendsten gebraucht werden oder wo sie die beste Wirkung entfalten können.

M3

Wo Gewalt oder Unterdrückung herrschen, können auch keine Disparitäten abgebaut werden. Ganz im Gegenteil. Oft kommt es sogar noch zu einer Verstärkung der gesellschaftlichen Unterschiede. Die Ziele für eine nachhaltige Entwicklung bedingen sich einander und leiten sich aus den fünf großen P für People, Planet, Prosperity, Peace, Partnership (Mensch, Planet, Wohlstand, Frieden und Partnerschaft) ab. Nur ein Zusammenspiel aller Parameter führen zu einer Reduzierung der Diparitäten und damit zur Angleichung hinsichtlich Ernährung, Gesundheit, Bildung und Einkommen.

M4

M6

M5 Partnerschaften zur Erreichung der Ziele

„Konkrekt soll erreicht werden [Auszug]:
- Globale Herausforderungen erfordern globale, gemeinsame Anstrengungen.
- Die Struktur des internationalen Systems (Finanzsystem, Weltmarkt, Wissen und Technologie) muss darauf ausgerichtet sein, dass alle Menschen ... davon profitieren. ...
- Entwicklungsländer sollen befähigt werden, ihre Entwicklungsziele durch eigene Finanzmittel zu erreichen. ...
- Entwicklungspartnerschaften mit privaten Unternehmen sollen gefordert und gefördert werden.
- Länder und Kommunen sollen einen nationalen Beitrag zur Erreichung der Nachhaltigkeitsziele leisten und ihrer internationalen Verantwortung durch Fachaustausch, Partnerschaftsarbeit und Öffentlichkeitsarbeit gerecht werden."

Presse- und Informationsamt der Bundesregierung: Partnerschaften zur Erreichung der Ziele, vom 18.08.2023 (03.11.2023)

1 ○
Beschreibe deine Vorstellungen von einer gerechten Regierungsführung.

2 ◒
Stellt in einer Mindmap die Auswirkungen von Bad Governance dar.

3 ◒
Analysiere die **Karikatur M 4.**

4 ◒
Erläutert die Vorteile einer partnerschaftlichen Zusammenarbeit zum Erreichen der Ziele für nachhaltige Entwicklung und zum Abbau von Disparitäten.

Training

Wichtige Begriffe

- Bruttonationaleinkommen (BNE)
- Human Development Index (HDI)
- Indikator
- Korruption
- Ziele für eine nachhaltige Entwicklung (= SDG Sustainable Development Goals)

M1 Bevölkerung weltweit

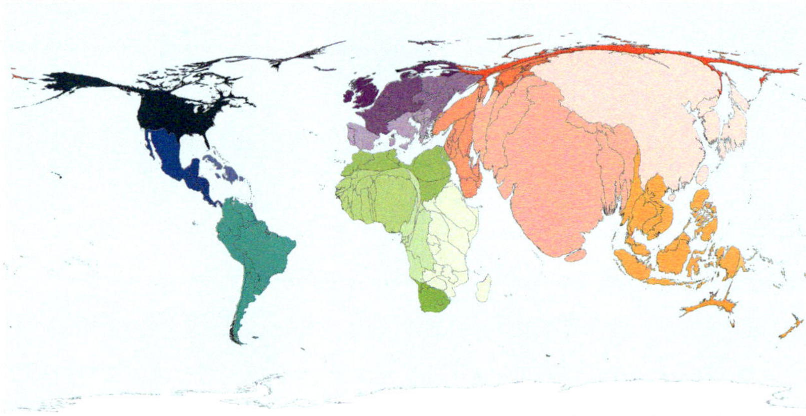

M2 Wirtschaftsleistung weltweit

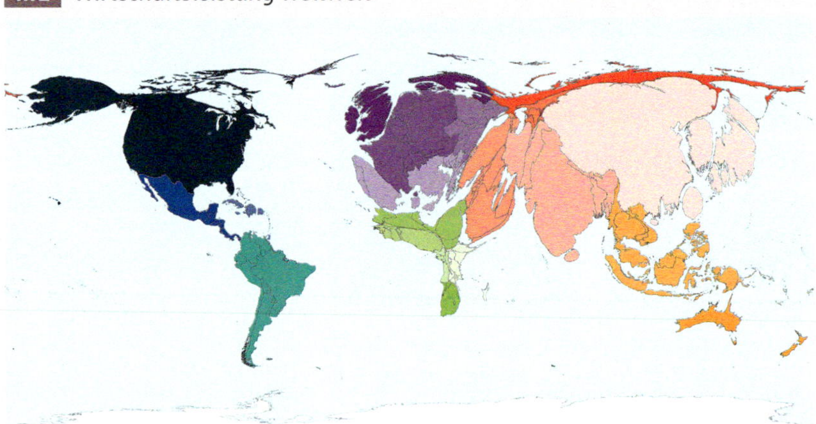

Sich orientieren

1 Kennst du dich aus?
Nenne jeweils drei Länder,
a) in denen Wohlstand weit verbreitet ist;
b) in denen Armut weit verbreitet ist;
c) in denen Hunger ein großes Problem darstellt;
d) in denen Überernährung ein Problem darstellt;
e) in denen die Gesundheitsversorgung nicht gesichert ist;
f) in denen die Gesundheitsversorgung sehr gut ist;
g) in denen sehr gute Bildungsangebote gegeben sind;
h) in denen kaum Bildungsangebote verfügbar sind.

Kennen und verstehen

2 Richtig oder falsch?
a) Die Lebenserwartung ist weltweit in etwa gleich, nämlich 75 Jahre.
b) Die Bildungsmöglichkeiten für Mädchen sind in Entwicklungsländern vielmals eingeschränkt.
c) Mithilfe des Human Development Index kann man den Entwicklungsstand eines Landes erkennen.
d) Der Human Development Index wird aus der durchschnittlichen Lebenserwartung, der Anzahl der Pkw pro Person und der Wirtschaftsleistung eines Landes berechnet.
e) Deutschland ist eines der reichsten Länder der Erde.
f) In Deutschland gibt es keine Armut.
g) In den Zielen für eine nachhaltige Entwicklung ist festgelegt, wie sich die Welt bis 2030 entwickeln soll.

3 Ziele für eine nachhaltige Entwicklung
Nenne mindestens fünf Ziele.

4 Bilderrätsel
a) Löse die Bilderrätsel.
b) Erkläre die Begriffe.

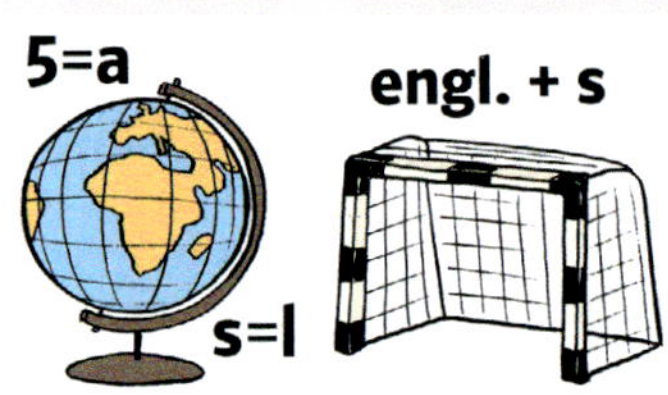

Fachmethoden anwenden

5 Karikatur
Analysiere die **Karikatur M 3**.

6 Karten auswerten
Arbeite mit den beiden „anamorphen Weltkarten". Sie stellen Themen wie hier **Bevölkerung (M 1)** oder **Wirtschaftsleistung (M 2)** im Vergleich zu ihrer Fläche dar. Leben daher in einem Land sehr viele Menschen und ist dieser Anteil an der Weltbevölkerung größer als der Anteil der Landesfläche an der Erdoberfläche, dann wird das Land viel größer als in den dir vertrauten Weltkarten dargestellt.
Nenne jeweils vier Länder ...
a) mit einer besonders großen Bevölkerung;
b) mit einer sehr kleinen Bevölkerung;
c) mit einem großen Anteil an der Weltwirtschaft;
d) mit einem sehr kleinen Anteil an der Weltwirtschaft;
e) in der bei kleiner Bevölkerung eine große Wirtschaftsleistung erbracht wird;
f) in denen bei großer Bevölkerung eine sehr kleine Wirtschaftsleistung erbracht wird.

7 Ein Schaubild analysieren
a) Besteht die Gefahr, in Baden-Württemberg an Hunger zu leiden? Erläutere diese Frage mithilfe der **Grafik M 4**.
b) Vergleiche die Ausgaben mit den prozentualen Ausgaben der eigenen Familie. Befrage dazu deine Eltern.

M3 Wandel in Bewegung setzen

M4 Konsumausgaben privater Haushalte in Baden-Württemberg, 2020

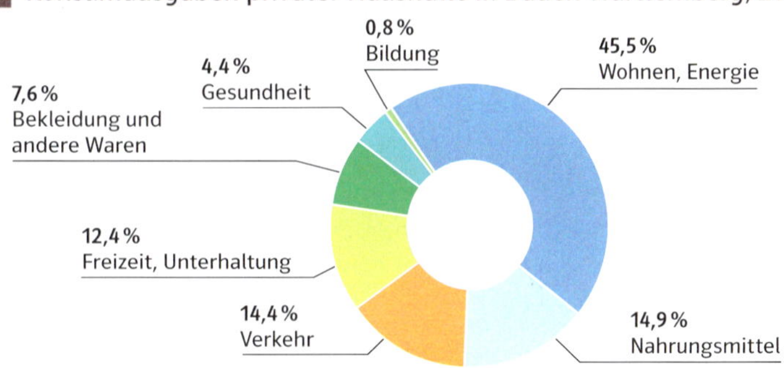

Insgesamt 2675,00 € je Haushalt und Monat

Beurteilen und bewerten

8 Entwicklungsstände einschätzen
a) Ordne folgende Länder nach deiner Meinung als arm oder reich ein: Frankreich, Niger, Singapur, USA.
b) Erstelle eine Reihenfolge und überprüfe diese mithilfe des HDI.

9 Projekte beurteilen
Beurteile jeweils die Bedeutung der Projekte für die SDG.
a) Projekt 1: Ziel eines Projektes in Bolivien ist es, die Förderung der Mädchen durch Schulbesuche und Berufsausbildung voranzubringen.
b) Projekt 2: Ziel eines Schulprojektes ist es, Geld für eine Partnerschule zu sammeln und gemeinsam Maßnahmen gegen den Klimawandel zu entwickeln.

Jetzt kannst du ...

- den Entwicklungsstand verschiedener Länder charakterisieren;
- mit dem WebGIS Informationen über den Entwicklungsstand von Ländern analysieren;
- Disparitäten in der „Einen Welt" am Beispiel von Ernährung, Gesundheit, Bildung oder Einkommen analysieren;
- Lösungsstrategien entwickeln und deren Umsetzbarkeit bewerten;
- ein (Schul-)Projekt der Entwicklungszusammenarbeit hinsichtlich der Verbesserung der Lebensverhältnisse beurteilen.

8

Auf der Suche nach Zukunft

M1 Flüchtlinge auf dem Mittelmeer

Kein Mensch verlässt seine Heimat ohne Grund. Einige gehen, weil sie einen Arbeitsplatz an einem anderen Ort ergreifen wollen. Einige müssen gehen, weil sie aus der Heimat vertrieben werden oder keine Möglichkeiten haben, sich und ihre Familien ausreichend zu versorgen.
Warum verlassen Menschen ihre Heimat? Woher kommen sie? Wo finden sie Aufnahme? Welche Chancen und Herausforderungen ergeben sich in den Herkunfts- und Zielgebieten?

M2 Arbeitsmigranten

M3 Arzt aus Syrien in Deutschland

Das kennst du schon!

- geographische Sachverhalte in topografische Raster einordnen
- geographische Sachverhalte raumzeitlich einordnen
- einen Raum analysieren

Migration weltweit

Noch nie verließen so viele Menschen ihr Zuhause. Doch ohne Grund verlässt niemand seine Heimat. Warum ist die Migration heute ein so bedeutendes Thema?

→ Klima- und Umweltflucht
Seite 130/131

Als 2015 etwa 900 000 Menschen als **Flüchtlinge** (Flüchtende) nach Deutschland kamen, rückte das Thema ins Bewusstsein Vieler. Das wurde nochmals verstärkt durch die über eine Millionen Kriegsflüchtlinge aus der Ukraine, die in Deutschland registriert wurden (2023). Doch **Flucht** ist nur eine Form der weltweit vorkommenden **Migration**, bei der jemand seinen Wohnort dauerhaft und aus ganz unterschiedlichen Gründen verändert.
Die Menschen, die 2022 / 2023 nach Deutschland kamen, waren ein Teil der über 108 Mio., die sich weltweit auf der Flucht befanden. Über 5 Mio. Menschen waren es insgesamt alleine aufgrund des russischen Angriffskrieges auf die Ukraine. 40 % aller Geflüchteten sind Kinder und Jugendliche. Hinter jedem der 108 Millionen steckt ein individuelles Schicksal. Doch lassen sich als Fluchtursachen Gemeinsamkeiten feststellen: politische und religiöse Verfolgung, ökonomische und soziale Probleme, ökologische Katastrophen oder Kriege. Viele Menschen haben nicht nur eine problematische Situation. So führt oft eine Kombination von mehreren Ursachen zur Flucht (z. B. Krieg und Dürre).

?!
Kaum zu glauben

Im Jahr 2000 lebten weltweit 173 Mio. Menschen freiwillig oder unfreiwillig nicht mehr in ihrem Geburtsland. 2022 waren es bereits 281 Mio. Menschen.

Nationale und internationale Flucht

Ende 2022 waren über 35 Mio. Menschen als Flüchtende in einem anderen Land. Nur 3 Mio. haben weltweit in verschiedenen Ländern das **Menschenrecht** Asyl beantragt (in Deutschland 2022 etwa 244 000). Dies war allerdings nur möglich, wenn sie als Flüchtende im Sinne der Genfer Konvention anerkannt wurden.
Nur ein geringer Teil davon schaffte es in Länder, in denen sie für sich eine Zukunftsperspektive auf ein menschenwürdigeres Leben sahen. Die meisten, nämlich 57 Mio., waren Binnenvertriebene / Binnenflüchtlinge im eigenen Land. Umgerechnet sind das neun von zehn Flüchtlingen, die in wirtschaftlich weniger ent-

M1 Mindmap: Ursachen der Migration

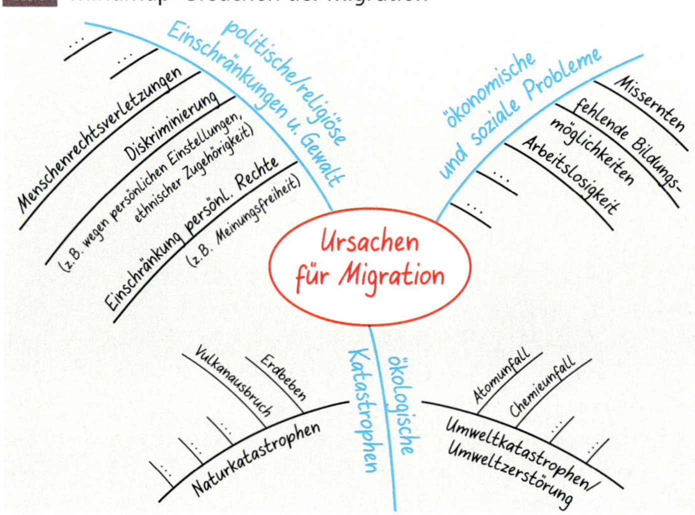

M2 Die fünf größten Herkunfts- und Aufnahmeländer von Flüchtlingen (2022)

Herkunftsländer		
1.	Syrien	6,5 Mio.
2.	Ukraine	5,7 Mio.
3.	Afghanistan	5,7 Mio.
4.	Venezuela	5,5 Mio.
5.	Südsudan	2,3 Mio.
Aufnahmeländer		
1.	Türkei	3,6 Mio.
2.	Iran	3,4 Mio.
3.	Kolumbien	2,5 Mio.
4.	Deutschland	2,1 Mio.
5.	Pakistan	1,7 Mio.

M3 Migration weltweit

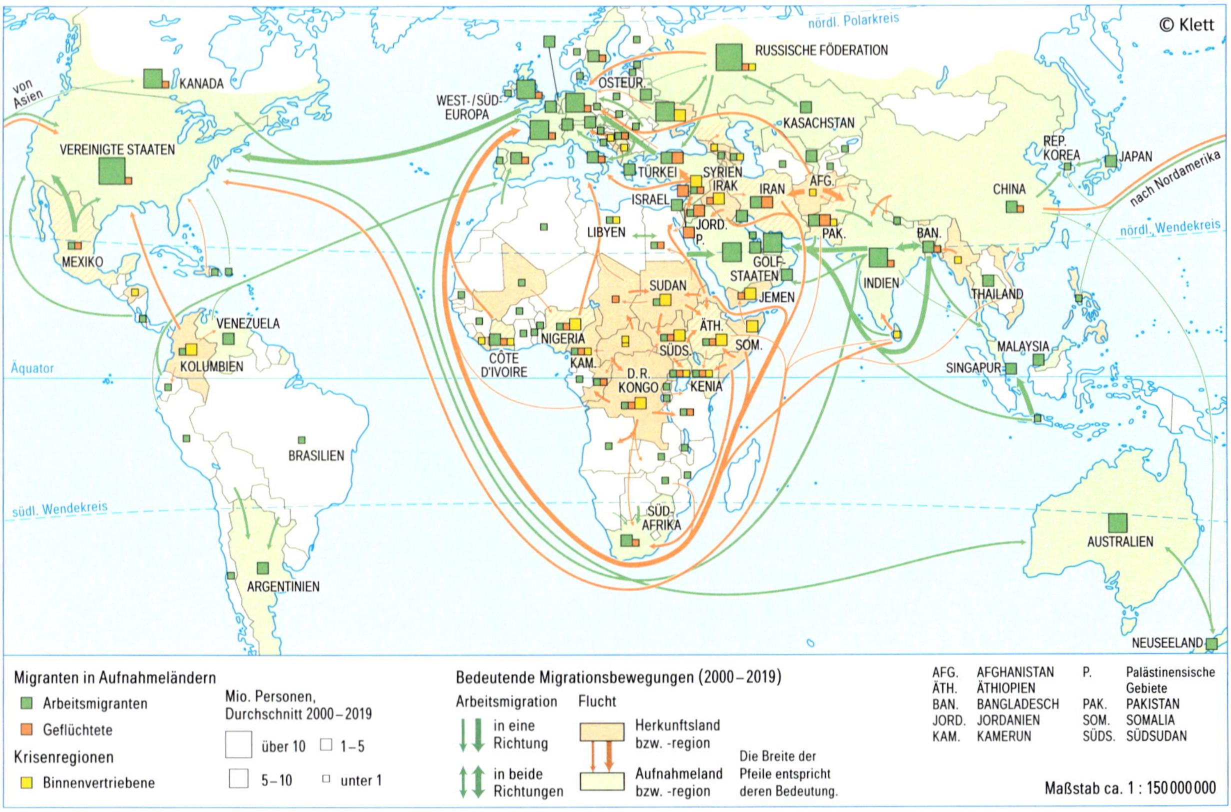

wickelten Ländern blieben. Viele sind auf die Hilfe der internationalen Staatengemeinschaft angewiesen. Die UNHCR ist die Organisation der Vereinten Nationen, die sich sowohl um Flüchtende als auch um Binnenvertriebene und Asylsuchende kümmert. Sie hilft bei Versorgung und Unterkunft (z. B. Aufnahmelager), beim Schutz der Menschenrechte, bei Rückkehr in die Heimat oder bei Neuansiedlung in einem Aufnahmeland. Die UNHCR orientiert sich für die Anerkennung als Flüchtende an der Genfer Konvention. Viele Zielländer helfen innerhalb ihrer Möglichkeiten.

Hoffnung auf bessere Bedingungen

Wer freiwillig seinen Heimatort verlässt, macht dies häufig aus wirtschaftlichen Gründen, mit der Perspektive auf bessere Lebensbedingungen. Diese Form der Migration wird häufig als Arbeitsmigration / Wirtschaftsmigration bezeichnet.

→ Arbeitsmigration
Seite 134/135

1 ◒
Arbeite die fehlenden Inhalte von **M 1** heraus.

2 ◒ 🔑
Analysiere die **Tabelle M 2** zu den Herkunfts- und Aufnahmeländer von Flüchtlingen. Beachte die geographische Lage der Länder.

3 ◒ 👥
Die **Karte M 3** unterscheidet zwischen Arbeitsmigranten und Flüchtenden.
a) Arbeitet Unterschiede und Gemeinsamkeiten heraus.
b) Erstellt eine Tabelle mit den wichtigsten Herkunfts- und Zielgebieten.
c) Beschreibt die räumliche Verteilung der globalen Migrationsbewegung.

4 ◒
Erläutere die Unterschiede zwischen Flucht und Migration.

5 ● 👥
Bewertet die Frage, welche Folgen die Migration für die Herkunfts- und Aufnahmeländer haben.

6 ● 👥 🔑
Ordne die Ursachen der Migration der freiwilligen und unfreiwilligen Migration mithilfe einer Tabelle zu und beurteile, in welchen Fällen die Zuordnung schwierig ist.

Auf der Flucht vor ...

M1

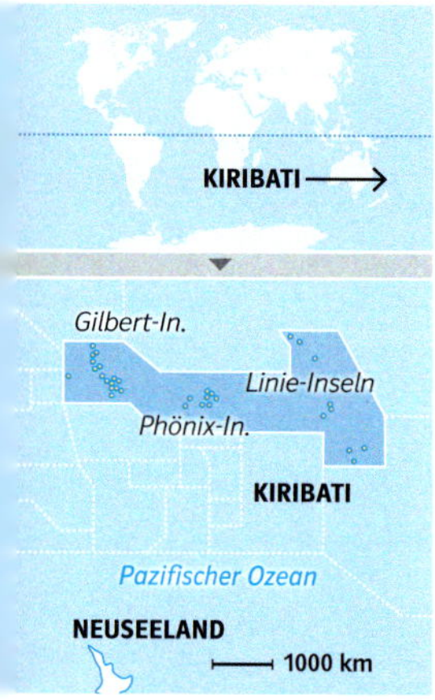

M2 Kiribati

Kiribati ist ein Inselstaat, bestehend aus 33 Inseln und Atollen, mitten im Pazifischen Ozean. Wegen der Schönheit der Landschaft wird er auch „Kuss des Pazifiks" genannt. Doch wenn es so weitergeht, wird es dieses Land bald nicht mehr geben ...

Klima- und Umweltflucht

Das Hochwasser zerstört das Haus und die Ernte, der Hurrikan fegt ganze Küstenabschnitte weg, die Dürre tötet das Vieh oder die Fluten überschwemmen ganze Landstriche. Die Lebensgrundlage der betroffenen Menschen wird durch ein Naturereignis zerstört. Die Versorgung mit Wasser- und Nahrungsmitteln ist nicht mehr möglich. Den Betroffenen bleibt nichts anderes übrig, als für eine begrenzte Zeit oder dauerhaft die Heimat zu verlassen. Einige Gebiete der Erde sind davon stärker betroffen als andere, weil dort mehr Naturereignisse (z.B. Erdbeben) auftreten oder der Klimawandel stärkere Veränderungen bewirkt (z.B. Hochwasser, Dürren). Entstehen große Schäden für Menschen, so werden Naturereignisse

M4 Vom Klimawandel besonders betroffene

M3

Mein Name ist Aleja, ich bin 13 Jahre alt und lebe in Kiribati.

Ich besuche die Schule, unternehme viel und genieße das Meer vor unserer Haustür. Kiribati ist eigentlich ein Paradies. Doch es gibt zahlreiche Herausforderungen. Kiribati ist ein armes Land mit begrenzten Verdienstmöglichkeiten. Wir haben keine Industrie und unser Lebensunterhalt hängt weitgehend vom Fischfang und Tourismus ab. Viele Männer, auch mein Vater, arbeiten auf ausländischen Handels- oder Kreuzfahrtschiffen, um Geld zu verdienen. Unsere größten Sorgen sind die zunehmenden Wirbelstürme, die unsere Häuser und unser Leben gefährden. In der Schule lernen wir, dass dies im Zusammenhang mit dem Klimawandel steht. Doch die Stürme sind nicht unser einziges Problem. Auch die zahlreichen Überschwemmungen sind fast genauso besorgniserregend. Die errichteten Schutzwälle bieten kaum noch Schutz. Unser Zuhause stand schon mehrmals einen halben Meter unter Wasser. Da die meisten Inseln nur etwa einen Meter über dem Meeresspiegel liegen, werden große Teile des Landes überschwemmt. Viele Gebiete sind bereits unbewohnbar. Das Meerwasser dringt in unsere Süßwasservorkommen ein, wodurch Trinkwasser und das Wasser für die Landwirtschaft knapp werden. Das führt zu Hygieneproblemen und schweren Krankheiten, bei gleichzeitig mangelnder medizinischer Versorgung. Viele Menschen von den Nachbaratollen sind aus Furcht vor weiteren Verschlechterungen schon auf die Hauptinsel Tarawa gezogen. Einige haben sogar Kiribati verlassen und um Aufnahme in Neuseeland gebeten. Doch die Frage, ob wir überhaupt als „Flüchtende" betrachtet werden und in Neuseeland bleiben dürfen, ist noch ungeklärt.
Niemand verlässt seine Heimat gerne, aber wir müssen darüber nachdenken. Dies macht mich traurig, denn ich liebe mein Land sehr. Was passiert, wenn ich gehen muss und nie wieder zurückkehren kann, weil Kiribati untergegangen ist? Ich befürchte, dass dies eintreten wird.
Wir müssen etwas gegen den Klimawandel unternehmen und verhindern, dass der „Kuss des Pazifiks" für immer verschwindet.

Regionen der Erde

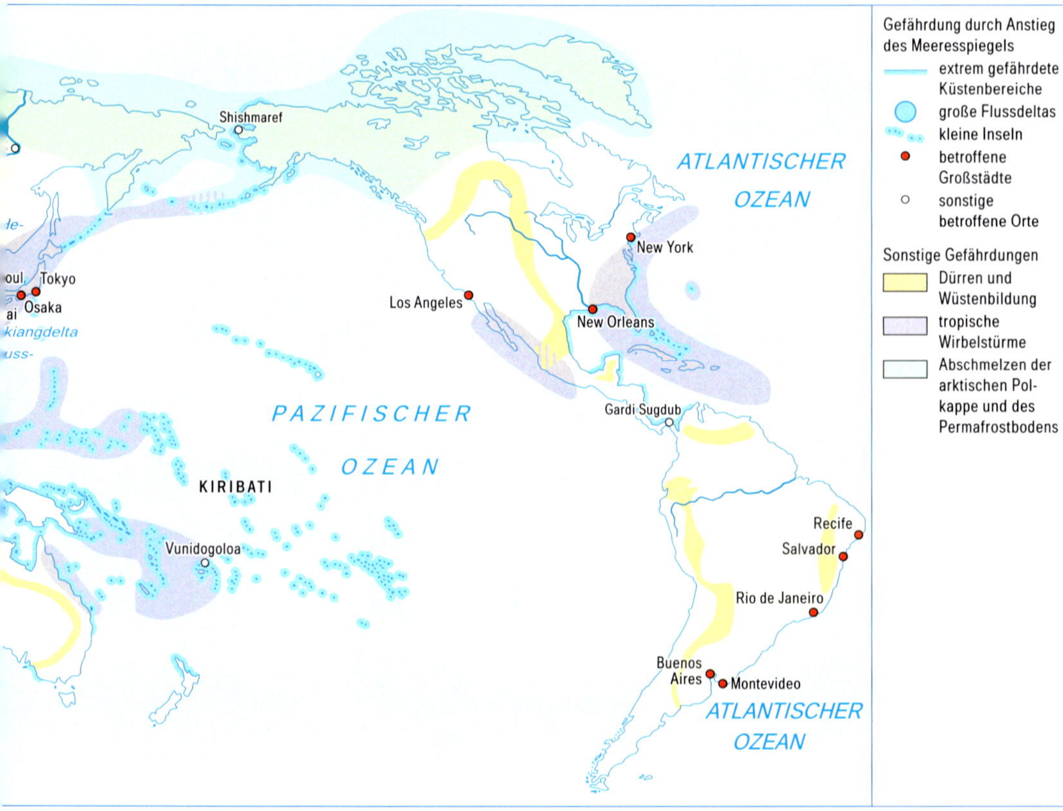

Naturereignis
konkret messbares tatsächliches Ereignis in der Umwelt, das nicht unmittelbar durch menschliches Handeln verursacht ist

Naturgefahr
Naturereignisse, die Menschen gefährlich werden können

Naturkatastrophe
Kommen bei einem Naturereignis Menschen oder Sachgüter in größerem Ausmaß zu Schaden, spricht man von einer Naturkatastrophe.

zu Naturkatastrophen. Manche Länder sind besser darauf vorbereitet, Naturereignisse zu überstehen, weil sie gut ausgebildete Hilfskräfte, eine gute medizinische Versorgung und eine besser arbeitende Regierung haben. So kommt es dort zu Naturkatastrophen geringeren Ausmaßes. Armut dagegen verschärft das Ganze. Die Veränderung der Umweltbedingungen ist seit Ewigkeiten ein Hauptgrund für Migration. Heute jedoch beschleunigt der Klimawandel den Prozess. Dazu tragen die Industrieländer maßgeblich bei. Entwicklungsländer, die daran am wenigsten beteiligt sind, werden aber am stärksten davon betroffen sein.

Die UNHCR geht davon aus, dass heutzutage fast 33 Mio. Menschen aus Gründen der Umweltzerstörung oder des Klimawandels auf der Flucht sind, Tendenz steigend. Bisher fliehen die meisten innerhalb ihrer Heimatländer vor Naturkatastrophen. Klima- und Umweltflüchtende, die ihr Land verlassen, werden rechtlich noch nicht als Flüchtende anerkannt, die den Kriterien der Genfer Flüchtlingskonvention entsprechen. Sie können damit ihr Menschenrecht auf Erhalt der Lebensgrundlage, angemessene Unterkunft, Nahrung, Wasser- und Sanitätsversorgung sowie Gesundheit nicht einfordern.

1 ○
Nenne die Gebiete, die vom Anstieg des Meeresspiegels besonders betroffen sind (**Karte M 4**).

2 MK
Kiribatis Schicksal:
a) Arbeite mithilfe des Atlas oder einem virtuellen Globus die Inselgruppe Kiribati in der **Karte M 4** heraus. ○
b) Begründe deine Überlegungen zur Frage: Welche Zukunft siehst du für Kiribati? ●

3 ◒
Auf der Flucht vor …
a) Arbeitet eine passende Überschrift heraus (Vorschläge).
b) Erklärt die Bedingungen, die Naturereignisse zu Naturkatastrophen werden lassen.

Auf der Flucht vor ...

M1

Seit dem Ausbruch des syrischen Bürgerkriegs im Jahre 2011 haben Hunderttausende Menschen ihr Leben verloren, Millionen mussten fliehen, wie auch Amir mit seiner Familie. Syrien, die Ukraine oder auch der Nahe Osten gehören momentan zu den größten humanitären Notfällen unserer Zeit.

Flucht vor Krieg und Verfolgung

Die wachsende Zahl an gewaltsamen Konflikten (Verfolgungen, Bürgerkriege, Kriege) in vielen Regionen der Welt treibt Millionen von Menschen jährlich in die Flucht. In den Ländern mit den höchsten Flüchtlingszahlen bestanden oder bestehen gewaltsame Konflikte, so z.B. der Krieg in Syrien, der Angriffskrieg Russlands auf die Ukraine, der Konflikt im Nahen Osten, die Bürgerkriege im Sudan und Südsudan oder in Afghanistan. Außerdem sind z.B. die terroristischen Bedrohungen in Somalia, Mali und Nigeria eine weitere Fluchtursache.
Im buddhistisch geprägten Myanmar werden Muslime, im Irak die Angehörigen der jesidischen Religion und im Nahen Osten und in Mali Christen zur Flucht gezwungen. Viele Konflikte haben ethnische, religiöse oder politische Hintergründe, die dann in Gewalt enden und damit viele Menschen durch Zerstörung ihrer Häuser, Vertreibung und Verfolgung treffen.

M2

Mein Name ist Amir, ich bin 13 Jahre alt und komme aus Tall Rifaat in Syrien.

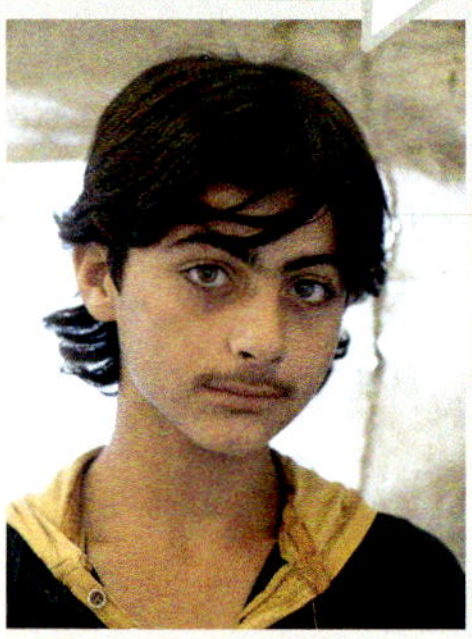

Mit meinen Eltern habe ich 2015 unsere Heimatstadt im Norden Syriens verlassen. Ich bin dort geboren. Vor dem Krieg führten wir ein ruhiges und normales Leben. Doch dann kam der Krieg. Die Situation in unserer Stadt war schrecklich. Jeden Tag schlugen Raketen in der Umgebung ein – wir waren zwischen den Fronten der Kriegsparteien. Wir haben viele Verwandte, Freunde und Nachbarn bei den Angriffen verloren. Als die Unruhen kein Ende mehr nahmen, verkauften wir unser Haus und gingen. Zuerst waren wir einige Zeit in Syrien unterwegs, bevor wir in die Türkei flohen. Dort verbrachten wir eine lange Zeit in einem Flüchtlingslager der UNHCR in Akçakale, im Süden der Türkei. Wir bekamen ein Zelt als Unterkunft und auch Nahrungsmittel.
Der Krieg tobt auch heute noch und in einem Flüchtlingslager fehlt einfach die Perspektive für die Zukunft. Die Entscheidung in Richtung Deutschland zu gehen, gab uns Hoffnung auf ein normales Leben. So ging es dann mit dem Bus nach Çeşme an der türkischen Küste, mit dem Ziel Griechenland. Die griechische Insel Chios ist hier zum Greifen nah, aber nur durch eine gefährliche Bootsfahrt zu erreichen. Schlepper organisierten uns die Fahrt. Das war aber so teuer, dass wir danach fast nichts mehr von unserem Ersparten hatten. Das alte Boot war 17 Meter lang und nahm etwa 300 Menschen auf. Es war so eng, dass ich kaum atmen konnte. Nach der Abfahrt des Bootes verschwanden die Schlepper. Wir waren auf uns alleine gestellt und ich dachte nicht, dass wir auf der anderen Seite ankommen würden. Zweimal wäre das Boot fast gekentert, aber wir kamen völlig durchgefroren und durchnässt auf Chios an. Nach der Fährfahrt zum griechischen Festland ging es auf tagelangen Fußmärschen, Zug- und Busfahrten auf der sog. „Balkanroute“ über Mazedonien, Serbien, Ungarn, Österreich und dann bis nach Deutschland.
Unterwegs erlebten wir Gutes und Schlechtes: Menschen, die uns geholfen haben, aber auch Grenzposten, die uns mit Tränengas vom Weitergehen abhalten wollten.
Bei Wind und Wetter campierten wir in unserem kleinen Zelt. Zum Glück halfen uns Menschen mit Nahrungsmitteln, sodass der Hunger nicht unerträglich wurde. In Deutschland lebten wir zuerst in einer Aufnahmeeinrichtung in Bayern, wo wir auch registriert wurden, dann in einer Zeltstadt.
Jetzt haben wir eine kleine Wohnung in der Nähe von Stuttgart und ich gehe dort zur Schule. Meine Eltern haben zum Glück auch wieder eine Arbeit in einer Schneiderei gefunden. Mittlerweile haben wir eine Aufenthaltserlaubnis und können vorerst hier in Sicherheit bleiben. Ich mag Deutschland sehr, aber ob es meine dauerhafte Heimat wird oder ob ich irgendwann wieder nach Syrien zurück soll – ich weiß es noch nicht.

M3 Überladenes Flüchtlingsboot

Finden dann die Menschen im eigenen Land als Binnenflüchtlinge keinen sicheren Ort mehr, suchen sie Schutz in Nachbarländern. Jedoch führen Armut und Unsicherheit in diesen Ländern häufig dazu, dass einige sich auf einen risikoreichen Weg in weiter entfernte Länder machen – dorthin, wo sie eine Perspektive sehen.

Auf der Flucht erhalten die Menschen Unterstützung vom Flüchtlingshilfswerk der UNO (UNHCR). Die Möglichkeit, dass verfolgte Menschen in anderen Ländern Zuflucht suchen können, ist in der Erklärung der Menschenrechte festgeschrieben. Die internationale Staatengemeinschaft hat dies 1951 in der Genfer Konvention bekräftigt, Deutschland hat diese ins Grundgesetz aufgenommen.

Menschen aus Kriegsgebieten haben meistens einen Grund, der den Aufnahmekriterien der Länder entspricht. Jedoch besteht die Herausforderung in Zeiten globaler Flüchtlingsströme darin, dass viele Menschen für ihre Flucht nicht einen, sondern mehrere Gründe haben (Verfolgung, Bedrohung durch Gewalt, keine Arbeit usw.). Außerdem beantragen viele Menschen mit unterschiedlichen Gründen in den gleichen Ländern ihre Aufnahme. Dazu wird die Aufnahme durch die Zielländer sehr unterschiedlich geregelt. Einige reagieren mit sehr strengen Aufnahmeregelungen, andere in aktuellen Notsituationen mit humanitärer Hilfe.

M4 Fluchtrouten in die Europäische Union

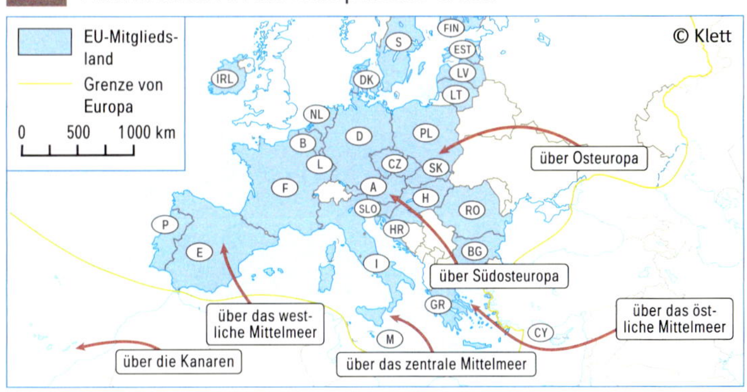

M5 Ankünfte „Balkanroute“

Jahr	Ankünfte
2015	760 000
2018	41 000
2022	35 000

nach UNHCR, 2023

M6 Ankünfte Mittelmeerroute

Jahr	Ankünfte
2014	250 000
2015	1 000 000
2016	370 000
2018	130 000
2022	160 000

nach UNHCR, 2023

1 ○

Arbeite mithilfe des Atlas und der **Karte M 4** die wichtigsten Fluchtroute in die Europäische Union heraus.

2

Amirs Schicksal:

a) Arbeite mithilfe des Atlas und der **Karte M 4** die Route von Amir heraus. ○

b) Begründe deine Überlegungen: Was würdest du Amir auf die Frage raten, ob er irgendwann wieder nach Syrien zurückkehren soll? ●

3 ◒ MK

Auf der Flucht vor …

a) Arbeitet eine passende Überschrift heraus (Vorschläge).

b) Stellt mithilfe einer Internetrecherche einen aktuellen Konflikt genauer dar, aufgrund dessen Menschen auf der Flucht sind.

Auf der Suche nach ...

M1

Pablos Vater ist auf einem langen und beschwerlichen Weg aus Guatemala in die USA ausgewandert, um Geld für die Familie zu verdienen. Pablo überlegt sich nun seinem Vater zu folgen. Ein guter Entschluss?

Arbeitsmigration

Die Verbesserung von Lebensbedingungen ist ein grundlegendes Bedürfnis. Das Ganze hat allerdings zwei Seiten. Zum einen verbessert es die Situation der einzelnen Menschen und ihrer Familien. Dabei spielt das zurückgeschickte Geld (Rücküberweisung) eine wichtige Rolle für die Daheimgebliebenen und kann das Leben in den weniger entwickelten Ländern verbessern. So können sich die Verwandten in der Heimat eine ärztliche Versorgung leisten oder das Schulgeld bezahlen. Die Menge des zurücküberwiesenen Geldes macht bis zu einem Drittel der wirtschaftlichen Leistung eines Landes aus. Zum anderen fehlen die Migranten als Arbeitskräfte in den Heimatländern. Bei qualifizierten Berufen spricht man von „Braindrain“, der Abwanderung von Wissen und Können gut ausgebildeter Personen. Dies kann die Entwicklung der Herkunftsländer negativ beeinflussen. In Deutschland spielen Arbeitsmigranten als Erntehelfer und Pflegekräfte eine wichtige Rolle. Sie kommen oft aus Polen und Rumänien. Unabhängig von ihrem erlernten Beruf versuchen sie von den großen Einkommensunterschieden innerhalb Europas zu profitieren. Der Preis dafür ist mit der oft wochen- oder monatelangen Abwesenheit von der Familie hoch.

M2

Mein Name ist Pablo, ich bin 16 Jahre alt und wohne im Dorf La Esperanza in Guatemala.

Ich bin kurz davor, mein Heimatdorf zu verlassen. Mein Ziel ist es, meinen Vater zu finden, der seit fünf Jahren im Süden der USA arbeitet und meiner Mutter und uns fünf Kindern regelmäßig Geld schickt. Mein Vater wollte durch seine Auswanderung unsere Situation verbessern. Denn das Einkommen als Arbeiter in der Fabrik reichte nicht aus, um uns allen den Schulbesuch zu ermöglichen. Er möchte, dass es uns einmal besser geht. Doch es ist in unserem Land nicht möglich. Ich möchte nun Esperanza verlassen, weil ich nicht in den Bandenkriegen der Jugendgangs, bei denen es um Drogen und Schutzgeld geht, mein Leben verlieren will. Vielmehr möchte ich mit meinem Vater erreichen, dass eines Tages unsere ganze Familie wieder zusammen ist.

Doch der Weg in die USA ist lang, beschwerlich und gefährlich. Was mein Vater mir von seiner Reise gemailt hat, ist kaum zu glauben. Zuerst überquerte er den Fluss Suchiate, die Grenze von Guatemala nach Mexiko. Dann legte er die fast 4000 Kilometer lange Strecke von Tapachula an der Südgrenze Mexikos über Ixtepec, Mexiko-Stadt, Guadalajara, Mazatlán, Hermosillo bis nach Altar nahe der Grenze Mexiko / USA mit dem Güterzug zurück. Wochenlang war er unterwegs, nicht in einem komfortablen Abteil, sondern auf dem Dach. Das war sehr gefährlich. Viele Mitreisende sind vom Dach gestürzt und haben sich dabei schwer verletzt. Außerdem wurden sie von bewaffneten Banden überfallen. Wer Glück hatte, konnte an bestimmten Stellen absteigen und sich in Unterkünften von humanitären und kirchlichen Organisationen ausruhen und stärken. Manchmal warfen Menschen Essenspakete auf den Zug. Doch nun hat die mexikanische Regierung die Geschwindigkeit des Zuges erhöht, sodass man nicht mehr einfach aufspringen kann. Vielleicht ist das auch gut so, doch die Reise in einem Fernbus für die gleiche Strecke kostet mich fast mein gesamtes Geld. Dieses bräuchte ich aber dringend an der Grenze zu den USA, denn dort kommt man nur mit Schleusern durch. Von Altar aus ist mein Vater dann mit einer Gruppe anderer Flüchtenden in einem Bus bis zur Grenze gebracht worden. Nachts sind sie mit einem Führer zu dem fünftägigen Marsch durch die Wüste von Arizona aufgebrochen, nur mit acht Litern Wasser und immer in Deckung vor der US-Grenzpolizei und den Überwachungskameras. Das Ziel Tucson erreichten sie völlig erschöpft, ausgehungert und fast verdurstet. Mein Onkel ist schon länger dort und konnte ihm eine Arbeitsstelle als Hilfsarbeiter auf der Baustelle besorgen. Würde er entdeckt, müsste er die USA wieder verlassen. Ehrlich gesagt habe ich große Angst, mich auf den Weg zu machen, aber hier in Guatemala ist die Situation sehr schlecht. Ich bin unschlüssig, was soll ich tun – hier bleiben oder mich auf den Weg machen?

M3 Ingenieurin aus Indien

M6 „Reise" zur Grenze Mexikos

M9 Bauarbeiter in Katar

M4 Rücküberweisungen Herkunftsländer 2022

Top-Herkunftsländer	Mrd. US-$
USA	79,2
Saudi-Arabien	39,4
Schweiz	31,9
China	18,3
Deutschland	17,7
Kuwait	17,1
Katar	12,3
Indien	10,1
Malaysia	8,9
Kanada	8,3

M5 Rücküberweisungen Zielländer 2022

Top-Zielländer	Mrd. US-$
Indien	111,2
Mexiko	61,1
Ägypten	32,3
Frankreich	30,0
Pakistan	29,9
China	26,1
Bangladesch	21,5
Nigeria	20,1
Deutschland	19,3
Vietnam	19,0

M7

Eine Ingenieurin aus Indien arbeitet in Stuttgart bei einem Automobilunternehmen. Ein Bäcker aus Baden-Württemberg backt Brezeln in Vancouver. Ein deutscher Arzt arbeitet in einem Krankenhaus in der schwedischen Hauptstadt Stockholm. Ihre beruflichen und manchmal auch familiären Wege haben sie dorthin geführt. Die Schritte waren oft nicht einfach: Visa- und Arbeitsanträge, Formulare, dann eine zeitlich begrenzte und schlussendlich vielleicht auch eine dauerhafte Aufenthaltserlaubnis. Aber die wirtschaftliche Situation in den Herkunftsländern hätte wahrscheinlich auch für sie einen Arbeitsplatz ermöglicht. Doch sie haben sich für einen anderen Ort entschieden und damit auch für einen anderen Lebensmittelpunkt.

M8

Ein Kleinbauer aus Pakistan arbeitet in Katar auf der Baustelle. Ein Obstbauer aus Marokko pflückt in Almería Gemüse. Eine Mutter von vier Kindern aus Honduras arbeitet in einer Textilfabrik in den USA und schickt ihren zurückgelassenen Kindern Geld. Auch diese Arbeitsmigranten versuchen, ihre wirtschaftliche Situation zu verbessern, allerdings aus einer Notlage. Sie gehen auf ihrer Flucht vor Armut und Aussichtslosigkeit ein großes Risiko ein und nehmen große Strapazen auf sich. Haben sie dann Arbeit gefunden, verdienen sie im Gegensatz zu vorher mehr Geld, aber oft deutlich unterbezahlt. Ihre Situation hat sich verbessert – aber gut ist sie noch lange nicht.

1

Pablos Schicksal:

a) Arbeite mithilfe des Atlas oder einem virtuellen Globus die Route von Pablos Vater heraus. ○

b) Begründe deine Überlegungen zur Frage: Was würdest du Pablo raten? Soll er sich auf die Reise machen? ●

2 ◒

Auf der Suche nach …

a) Arbeitet eine passende Überschrift heraus (Vorschläge).

b) Erläutere die unterschiedlichen Gründe für Arbeitsmigration (**Text M7** und **M8**).

MK Rollenspiel – „Soll Pepe auswandern?“

M1 Grenze Mexiko / USA

Bei einem Rollenspiel schlüpft jeder wie eine Schauspielerin oder wie ein Schauspieler in die Rolle eines anderen Menschen. So kann man die Sichtweise und Handlungen dieses Menschen besonders gut nachempfinden und verstehen. Grundlage eines Rollenspiels ist meistens eine persönliche Konfliktsituation.

Ausgangssituation

Pepe Gomez lebt in Chihuahua (Mexiko). Sein Heimatort ist 200 km von der Grenze zu den USA entfernt. Pepe hat eine große Familie: Neben seiner Frau Rosa gehören die fünf Kinder Mario, Juan, Eva, Maria und Francisco dazu. Bisher arbeitet Pepe in Chihuahua als Kfz-Mechaniker. In der Autowerkstatt verdient er gerade so viel, dass die Familie über die Runden kommt. Sein Cousin Pedro ist vor zwei Jahren illegal nach Houston (USA) ausgewandert und arbeitet dort als Gebäudereiniger. Dort verdient er so viel, dass er seiner Familie in Mexiko monatlich mehr Geld überweisen kann als er vorher in Mexiko verdient hat. Viele Männer aus Chihuahua sind bereits in die USA migriert. Das geschieht meistens auf illegalem Weg. Die einzig legale Möglichkeit, dauerhaft in den USA zu leben, ist der Erwerb einer Greencard (unbefristete Arbeitserlaubnis). Allerdings ist es schwer, eine solche zu erhalten, da pro Jahr nur zwischen 3 500 und 5 000 für Mittel- und Südamerika verlost werden. Der illegale Grenzübertritt ist sehr riskant, weil die Grenze an vielen Stellen hoch gesichert wird. Viele Menschen werden beim Grenzübertritt gefasst, was i.d.R. mit einer sofortigen Abschiebung und einem längeren Einreiseverbot einher geht. Viele Menschen verlieren auch ihr Leben auf der gefährlichen Reise.

M3 Ein Rollenspiel durchführen

1. Vorbereitungsphase:
- Die Problemlage genau vorstellen. Das kann ein aktueller Anlass oder eine fiktive, aber realistische Situation sein.
- Benennt die Diskussionsleiterin bzw. den Diskussionsleiter.
- Besetzt die einzelnen Rollen.
- Die Rolleninhaber studieren ihre Rollen und überlegen sich Argumente für ihre Position.

2. Spielphase:
- Die Diskussionsleitung eröffnet das Gespräch.
- Die einzelnen Rolleninhaber erläutern ihre Position und diskutieren dann miteinander.
- Trefft eventuell eine Entscheidung.
- Die Lernenden ohne eigene Rolle sind das Publikum.

3. Spielkritik:
- Alle Beteiligten „verlassen“ ihre Rollen und analysieren ihr Rollenverhalten.
- Bewertet in der Klasse die Qualität der Argumente, die Glaubwürdigkeit der vertretenen Standpunkte und den Ausgang des Rollenspiels.
- Überlegt, was ihr beim nächsten Rollenspiel besser machen könnt.

M2 Grenze zwischen Mexiko und USA

Fakten zur illegalen Einwanderung Mexiko-USA
- Menschen aus Mexiko mit legalem Aufenthaltsstatus: ca. 11 Mio.
- Menschen aus Mexiko ohne legalen Aufenthaltsstatus: ca. 5,4 Mio.
- Schleuser verlangen zwischen 2 000 und 5 000 US-$
- Grenze wird teilweise durch eine hohe Mauer / Grenzzaun, Infrarotkameras, GPS-gestützte Sensoren, Helikopter, Polizisten und Soldaten gesichert
- viele Menschen sterben auf dem Weg in die USA an Hunger, Durst, Erschöpfung, Ertrinken oder bei Überfällen

M4 Positionen und Argumente der Familie Gomez

Maria Gomez, 13 Jahre:
jüngste Tochter von Pepe und Rosa, will auf keinen Fall, dass ihr Vater nach Houston (USA) auswandert.
Ihre Argumente:
- Sie möchte nicht nur per Telefon oder Mail Kontakt zu ihrem Vater haben.
- Das zusätzliche Geld ist ihr nicht so wichtig.
- Sie hätte Angst um ihren Vater und möchte ihn nicht verlieren.

Juanita Gomez, 56 Jahre:
Mutter von Pepe, ist gegen seine Auswanderung.
Ihre Argumente:
- Sie möchte nicht, dass sich ihr Sohn in Gefahr begibt.
- Auch das höhere Gehalt in den USA ist das Risiko nicht wert.
- Sie ist dagegen, dass Pepe nun dauerhaft in den USA lebt und kaum noch nach Hause kommt.

Pepe Gomez, 38 Jahre:
Kfz-Mechaniker, überlegt, ob er wie sein Cousin Pedro nach Houston auswandern soll.
Seine Argumente:
- Er würde mehr Geld verdienen als jetzt.
- Er könnte die Familie besser versorgen.
- Allerdings müsste er seine Frau mit den Kindern allein lassen.
- Ein illegaler Grenzübertritt ist sehr gefährlich.
- In Houston müsste er aufpassen, dass er nicht von der Polizei aufgegriffen wird.

Juan Gomez, 17 Jahre:
ältester Sohn von Pepe und Rosa, findet es gut, wenn sein Vater in die USA geht.
Seine Argumente:
- Der Familie würde es finanziell besser gehen.
- Er könnte sich vorstellen, später auch nach Houston zu gehen. So würde ihm der Start dort an der Seite seines Vaters leichter fallen.
- Er ist neidisch auf die Kinder seines Onkels Pedro. Sie haben mehr Geld zur Verfügung und können sich viel mehr leisten.

Rosa Gomez, 36 Jahre:
Frau von Pepe, kann sich nicht vorstellen, dass ihr Mann dauerhaft in die USA geht.
Ihre Argumente:
- Sie hätte nur noch selten Kontakt zu Pepe.
- Der Vater kann nicht mehr für seine Kinder da sein.
- Sie hat Angst, dass ihr Ehemann Probleme bekommt, wenn er in den USA krank wird, weil er nicht krankenversichert ist.
- Allerdings hätten sie und ihre Kinder mehr Geld zur Verfügung, wenn Pepe in der USA arbeitet.

Pedro Sanchez, 42 Jahre:
Cousin von Pepe, würde sich freuen, wenn Pepe auch nach Houston kommen würde.
Seine Argumente:
- Pepe könnte auch noch bei ihm wohnen und auf diese Weise könnten sie sich die Miete teilen.
- Er wäre abends nicht mehr so oft allein und hätte jemand von der Familie bei sich.
- Er könnte Pepe problemlos eine Arbeitsstelle besorgen.
- Bedenken bereitet ihm, dass das Leben in der Illegalität sehr anstrengend ist.

1 ●

Soll Pepe auswandern?
a) Gestaltet gemeinsam ein Rollenspiel mithilfe des **Materials M5** und spielt den Konflikt nach.
b) Bewertet anschließend mit der Klasse die Qualität eures Rollenspiels.

Wichtige Begriffe

- Flucht
- Flüchtlinge
- Menschenrechte
- Migration
- Naturereignis
- Naturgefahr
- Naturkatastrophe

Sich orientieren

1 Kennst du dich aus?
Arbeite mit der Karte zur Migration weltweit (Seite 129).

a) Beschreibe die verschiedenen Flüchtlingsrouten nach Westeuropa.
b) Nenne die fünf wichtigsten Zuwanderungsregionen mit der Zahl der aufgenommenen Migranten.
c) Nenne die fünf wichtigsten Abwanderungsregionen.

Kennen und verstehen

2 Richtig oder falsch?
Überprüfe die falschen Aussagen und schreibe sie richtig auf.

a) Migration ist die Wanderung von einem armen zu einem reichen Land.
b) Flüchtende verlassen erzwungenermaßen ihre Heimat und fliehen in ein anderes Land.
c) Arbeitsmigranten werden gezwungen in einem anderen Land eine neue Arbeit anzunehmen.
d) Das Mittelmeer ist ein oft genutzter Fluchtweg.
e) Dürre und Trockenheit bringen zwar große Probleme, haben aber mit Migration nichts zu tun.
f) Das Thema Migration hat in den letzten Jahren deutlich an Bedeutung verloren.

3 Silbenrätsel
AR / BEI / BRA / DRA / FLÜCHT / GRA / GRA / IN / IN / IN / IN / KLU / LAGER / LINGS / MI / MIG / NT / ON / ON / RANT / SI / TE / TI / TS
Die hier gesuchten Begriffe sind in den Silben versteckt:

a) Abwanderung gut qualifizierter Arbeitskräfte
b) jemand, der seine Heimat verlässt und ggf. auch in sein Heimatland zurückkehrt
c) Eingliederung von Menschen in eine Gesellschaft
d) gleichberechtigtes Nebeneinander von Menschen in einer Gesellschaft
e) meist die erste sichere Anlaufstelle für Menschen auf der Flucht

4 Ursachen für Migration
Überprüfe, ob es sich in folgenden Situationen um Migration handelt. Ordne sie, wenn zutreffend, einer Migrationsursache zu.

a) Familie Miller flieht vor einem Sturm, der ihr Haus zerstört hat, aus ihrer Heimat New Orleans (USA). In Memphis/Tennessee kann sie mithilfe staatlicher Unterstützung ein neues Hause bauen und bleibt für immer dort.
b) Felix ist Agrarexperte und ist mit seiner Familie für längere Zeit nach Benin gezogen. Er arbeitet dort für die Deutsches Gesellschaft für Internationale Zusammenarbeit.
c) Internationale Fischfangflotten haben vor der westafrikanischen Küste die Fischbestände leergefischt, dass einheimische kleine Fischer kaum noch einen Fang machen. Der 28-jährige Fischer Joshua aus Ghana entschließt sich nach Europa zu gehen, um seine Familie dadurch ernähren zu können.
d) Familie Krüger zieht von Bochum nach Stuttgart, da Vater Peter einen besser bezahlten Job bei einem Maschinenbauunternehmen gefunden hat.
e) Die Familie von Najib gehört in Myanmar der muslimischen Minderheit der Rohingya an. Obwohl

M1 Dürreschäden in Äthiopien

M2 Sprachkurs in Deutschland

sie schon seit Generationen dort leben, erhalten sie nicht die Staatsbürgerschaft von Myanmar, dürfen nicht wählen und haben nur eingeschränkt Zugang zum Gesundheits- und Bildungssystem. Nachdem nun auch die Nachbardörfer überfallen wurden, entschließt sich die Familie, das Land zu verlassen.

f) Myriam ist Ärztin und hilft während ihres Jahresurlaubes für einige Zeit in Kalkutta in einem Krankenhaus beim Operieren.

g) Als Folge eines langjährigen Bürgerkrieges ist die Nahrungsmittelversorgung in Mali zusammengebrochen. Deshalb floh Familie Ogi ins Nachbarland Guinea.

M3 „Was geht das eigentlich uns an?"

Fachmethoden anwenden

5 Die Zukunft im Blick

a) Beschreibe die Fotos zu den **Dürreschäden in Äthiopien (M 1)** sowie zum **Sprachkurs in Deutschland (M 2).**

b) Erläutere jeweils, welcher Zusammenhang zwischen dem Fotoinhalt und dem Thema „Migration" besteht.

6 Was geht uns das an?

Analysiere die **Karikatur M 3.**

Beurteilen und bewerten

7 „Die Not der Flüchtenden muss man in ihren Heimatländern bekämpfen." Bewerte diese Aussage.

8 Wie würdest du entscheiden?

Begründe, ob du den folgenden Personen den Status eines Flüchtenden im Rahmen der Genfer Flüchtlingskonvention anerkennen würdest.

a) Ein 19-Jähriger flieht aus seinem Land, weil er seinen Wehrdienst ableisten soll. Er will aus Gewissensgründen den Wehrdienst verweigern, dies ist aber in seinem Land nicht möglich.

b) Nach Jahren erfolgloser Arbeitssuche sieht ein Familienvater nur die Möglichkeit der illegalen Einwanderung in eines der reichen Länder Europas.

Handeln

9 MK **Integration bei uns**

Arbeite mithilfe einer Internetrecherche verschiedene Integrationsmaßnahmen in deiner Stadt oder in deinem Heimatort heraus.

Jetzt kannst du ...

- ein Rollenspiel gestalten;
- globale Migrationsbewegungen beschreiben;
- wirtschaftliche, politische, religiöse oder ökologische Ursachen und die Folgen von Migration an einem Raumbeispiel darstellen;
- Folgen der Migration für Herkunfts- und Zielländer beispielhaft herausarbeiten;
- Ursachen von Migration in einer Mindmap darstellen.

9

Weltbevölkerung wohin?

M1 Bahnhof in Mumbai

Am 04. Dezember 2023 lebten 8 068 873 623 Menschen auf der Erde. In der Zeit, in der du diese Zahl liest, hat die Erdbevölkerung schon wieder um zwölf Menschen zugenommen: 2,1 in der Sekunde, 125 in der Minute, über 180 000 pro Tag.

Doch dieses Wachstum verläuft weltweit höchst unterschiedlich, in manchen Ländern schrumpft die Bevölkerung sogar. Welche Ursachen führen zu diesen Entwicklungen? Welche Auswirkungen hat dies für die Menschen?

Das kennst du schon!

- Informationsmaterialien unter geographischen Fragestellungen kritisch analysieren
- geographische Informationen zur Verdeutlichung von Prozessen als Karte oder Diagramm darstellen

Immer mehr, immer schneller, überall?

Als Kolumbus 1492 Amerika erreichte, lebten auf der Erde nur 500 Millionen Menschen. Es dauerte noch 300 Jahre, ehe sich die Weltbevölkerung auf eine Milliarde Menschen verdoppelt hatte. Danach erfolgte die Verdoppelung immer schneller. Wie ist diese Entwicklung zu erklären?

M2 Historische und geschätzte Entwicklung der Weltbevölkerung

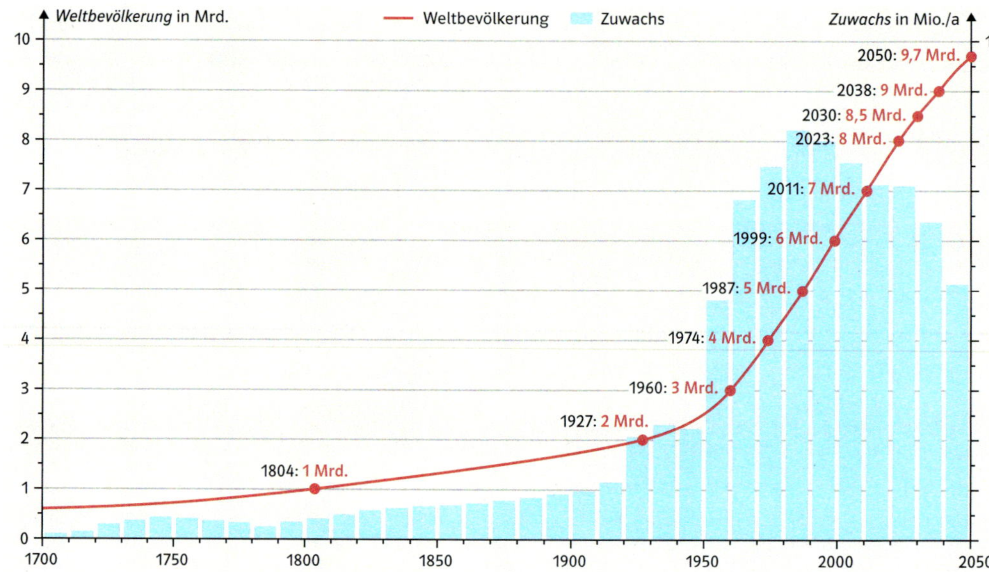

M1

Bis vor etwa 140 Jahren wurden bei uns so viele Kinder geboren, dass die Bevölkerung hätte stark wachsen können. Doch Kriege, Krankheiten, schlechte Hygiene, unzureichende und schlechte Ernährung sorgten kaum für eine Veränderung der Bevölkerungszahl. Die Zahl der Sterbefälle lag fast ebenso hoch wie die Zahl der Geburten. Deshalb war das **Bevölkerungswachstum** gering.
Erst als es gelang, mehr Nahrungsmittel zu produzieren sowie durch bessere Hygiene und medizinische Versorgung Krankheiten erfolgreich zu bekämpfen, sank die **Sterberate**. Durch die sinkende Sterberate und die unveränderte **Geburtenrate** wuchs die Bevölkerung. Die Weltbevölkerung nimmt also dann zu, wenn die Geburtenrate höher als die Sterbe-

M3 Bevölkerungsentwicklung 1950 bis 2150

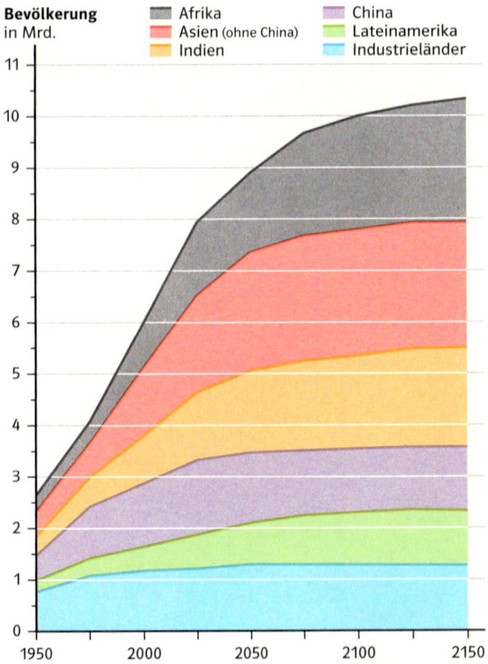

rate ist. Diese Differenz wird auch als **Wachstumsrate** bezeichnet. Während über Jahrhunderte die Bevölkerung nur langsam anstieg, übersprang die Anzahl der Menschen im letzten Jahrhundert eine Milliardengrenze nach der anderen: Die Wachstumsrate stieg von 0,5 Prozent im Jahr 1900 auf 2,1 Prozent im Jahr 1975 an. Wäre die Weltbevölkerung mit gleichbleibender Wachstumsrate 50 Jahre lang weiter gewachsen, dann würden im Jahr 2025 11,3 Mrd. Menschen auf der Erde leben. Nach neusten UN-Prognosen wird die Weltbevölkerung bis 2050 bei 9,7 Mrd. Menschen liegen. Die Weltbevölkerung steigt momentan nur noch um 1,1 Prozent pro Jahr an. Das klingt wenig, aber es ist eine Zahl mit großer Wirkung. Diese 1,1 Prozent bedeuten eine absolute Zunahme zwischen 65 und 73 Mio. Menschen pro Jahr.

M4 Burundi und Deutschland im Vergleich, 2022

	Burundi (2022)	Deutschland (2022)
Bevölkerung (in Mio.)	12,9	83,3
Geburtenrate (pro 1 000 Einwohner)	35	10
Sterberate (pro 1 000 Einwohner)	7	12
Natürliche Wachstumsrate (in %)	2,7	-0,3
Kindersterblichkeitsrate	37	3,0
Bevölkerung 2050, geschätzt (in Mio.)	24,9	79,8

M5 Wachstumsrate und Bevölkerungszahl

Kontinent	Wachstumsrate 2022 (in %)	Bevölkerung in Mio.	
		2022	2050
Afrika	2,4	1 419	2 478
Asien	0,8	4 730	5 313
Europa	-0,3	742	724
Lateinamerika und Karibik	0,7	656	746
Nordamerika	0,1	372	424
Ozeanien	0,9	40	66
Welt gesamt	0,9	7 963 (2022) 8 069 (2023)	9 752

M6 Weltbevölkerungsuhr der Deutschen Stiftung Weltbevölkerung (DSW)

8.068.873.623
MENSCHEN LEBEN AUF DER ERDE
(aufgerufen am 04.12.2023 um 10:30 Uhr)

1 Analysiere das **Diagramm M2** zur Entwicklung der Weltbevölkerung. Beachte die Gesamtentwicklung und den zehnjährigen Zuwachs.

2 Erkläre, was ein Bevölkerungswachstum von 1,2 % bedeutet.

3 MK Arbeite mithilfe des Internets bzw. der **Weltbevölkerungsuhr M6** die aktuelle Zahl der Weltbevölkerung heraus.

4 Vergleiche im **Diagramm M3** die Bevölkerungsentwicklungen der einzelnen Kontinente von 1950 bis 2150.

5 Vergleiche die Bevölkerungsentwicklung von Burundi und Deutschland (siehe **Tabelle M4**).

6 Vergleiche die Wachstumsraten und Bevölkerungszahlen der Kontinente mithilfe der **Tabelle M5**.

7 Analysiere die **Karikatur M1**.

Immer weniger Kinder – immer mehr ältere Menschen?!

Mehr als 8 Milliarden Menschen bevölkern derzeit die Erde und jede Sekunde werden es mehr. Kaum vorstellbar, dass ab 2070 die Weltbevölkerung schrumpfen wird. Warum wird die Bevölkerung überhaupt schrumpfen und warum gerade dann?

M1 Bevölkerung im Jahr 2022 nach Alter und Regionen

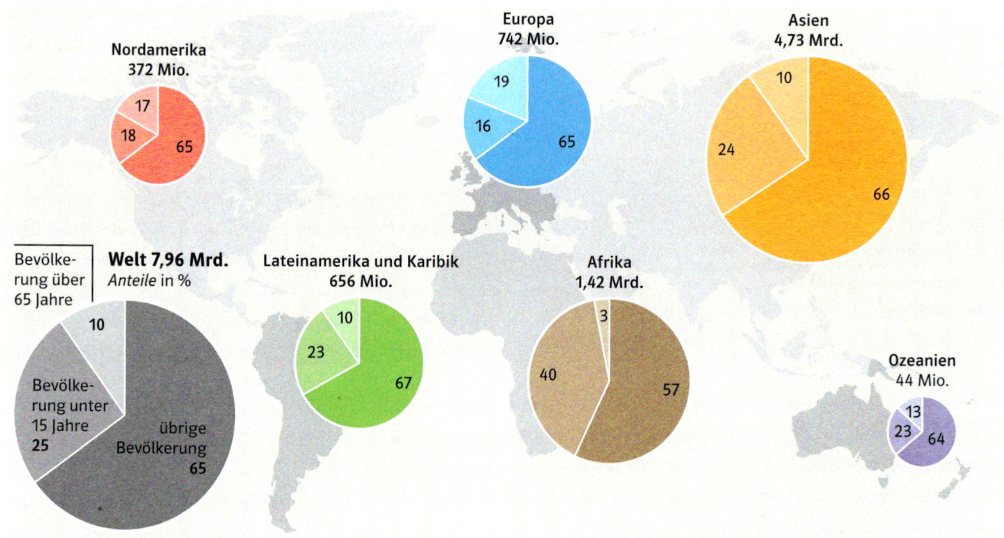

Immer weniger Kinder

In fast allen Ländern der Erde bekommen die Frauen deutlich weniger Kinder als früher. Je mehr Kinder sich ein Paar leisten kann, desto weniger Kinder hat es. Da das Entwicklungsniveau der Weltbevölkerung von Jahr zu Jahr zunimmt, nimmt die Kinderzahl im Weltdurchschnitt ab. Eine europäische Frau bekommt im Durchschnitt nur 1,53 Kinder. In den ärmsten Regionen der Welt, in den südlich der Sahara gelegenen Ländern Afrikas, bekommen Frauen im Schnitt drei Kinder mehr. Ein Grund ist, dass die hohe Kindersterblichkeit ausgeglichen werden soll und Kinder eine Altersvorsorge für ihre Eltern darstellen. Außerdem heiraten Frauen sehr jung und werden schnell schwanger, weil jede vierte Frau in einem Entwicklungsland nicht verhüten kann, obwohl sie es will. Fehlende Gleichberechtigung, fehlende Verhütungsmittel oder mangelndes Wissen sind die Ursache für ca. 74 Millionen ungewollte Schwangerschaften pro Jahr. Dennoch sinkt auch in Afrika die **Geburtenrate**. Von 1960 bis heute sank die TFR von 6,6 auf 4,3 – so wie bei uns am Ende des 19. Jahrhunderts. Also auch in Afrika führen Bildung (besonders der Frauen), Wohlstand und persönliche Freiheit dazu, dass Paare beginnen, ihre Familie anders zu planen. Ab einem gewissen Bildungsstand bestehen geplante Familien aus weniger als zwei Kindern.

Immer mehr ältere Menschen

Es gibt zwei Hauptentwicklungen, die den Altersdurchschnitt einer Bevölkerungsgesamtheit anheben: die Erhöhung der allgemeinen **Lebenserwartung** und der anteilige Rückgang jüngerer Menschen durch einen Geburtenrückgang oder deren Auswanderung. Weltweit leben mehr Menschen als vor hundert Jahren und sie werden sogar 100 Jahre oder älter. Die Zahl der über Hundertjährigen ist 2021 auf über 570 000 gestiegen und die Zahl der über 60-Jährigen wird von heute über 810 Millionen bis 2050 auf über 2 Milliarden steigen.
Fazit: Da die weltweite Geburtenrate pro Frau im Schnitt nur langsam abnimmt und ältere Menschen länger Teil der Weltbevölkerung sind, wird es noch ein paar Jahrzehnte dauern, bis die Weltbevölkerung stagniert bzw. zu sin-

M2 Fruchtbarkeitsrate

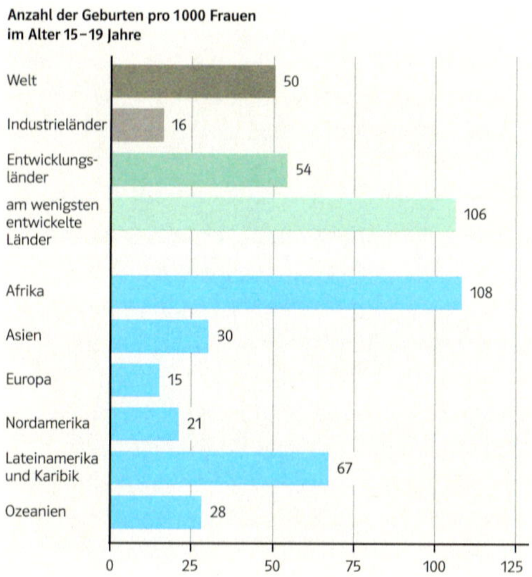

M3 Alternde Bevölkerung im Jahr 2050

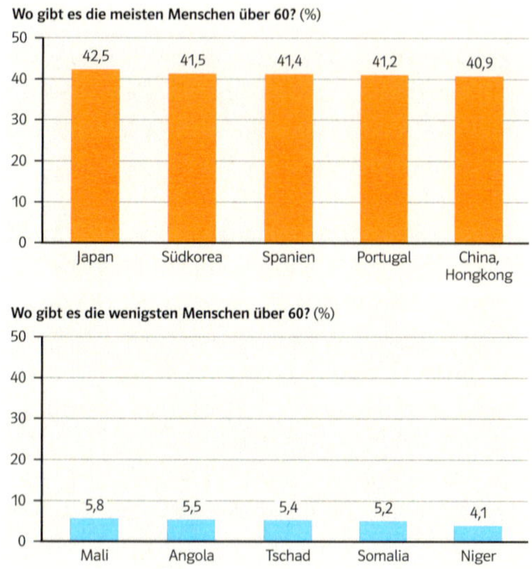

ken beginnt. Wann das genau eintreten wird, ist noch nicht ganz klar. Aber dass es passiert, ist sicher.

Die aktuellen Folgen sind unterschiedlich

In den **Entwicklungsländern** ist die **Wachstumsrate** sehr hoch. In Burundi beispielsweise beträgt diese 2,7% (Stand 2022). Schon heute mangelt es an Schulen und Ausbildungsplätzen und es wird immer schwieriger, die Bevölkerung mit Nahrungsmitteln zu versorgen. Hinzu kommt, dass die **Verdopplungszeit** der Bevölkerung in Entwicklungsländern sehr kurz ist. In Burundi könnte sich die Bevölkerung in ca. 20 Jahren verdoppeln. Damit verdoppeln sich aber auch die Zahlen der benötigten Schulen und der Ausbildungsplätze sowie der Bedarf an Nahrungsmitteln. Angesichts dieser Aussichten versuchen die betroffenen Staaten mit Aufklärungsprogrammen und der Bereitstellung kostenloser Verhütungsmittel, die Wachstumsrate zu reduzieren und die Verdopplungszeit zu verlängern.

In den **Industrieländern** dagegen beklagen Politikerinnen und Politiker häufig die niedrige Wachstumsrate bzw. die Abnahme der Bevölkerung. Eine solche Abnahme könnte zwar bedeuten, dass es weniger Arbeitslose und mehr Wohnraum für alle gibt. Aber der Altersstruktureffekt führt dazu, dass immer mehr alte Menschen in den betroffenen Staaten leben. Diese immer größer werdende Anzahl an Menschen, die älter als 65 Jahre sind, führt zu ganz anderen Problemen als in den Entwicklungsländern. So steigt die Anzahl der pflegebedürftigen Menschen und damit auch der Bedarf an Pflegeeinrichtungen und Pflegepersonal. Die Verkehrsinfrastruktur und die Architektur müssen an die Bedürfnisse der älteren Menschen angepasst werden. Außerdem ist die Existenz der Rentensysteme gefährdet.

1
Arbeit mit der **Grafik M1**:
a) Beschreibe die Verteilung der Weltbevölkerung nach dem Alter. ○
b) Erläutere für mindestens zwei Kontinente die Unterschiede bzw. die Gemeinsamkeiten. ◒

2 ◒
Arbeitet mit den **Grafiken M2** und **M3**:
Analysiert jeweils ein Material. Stellt euch anschließend die Ergebnisse vor.

3
Einflüsse auf die Geburtenrate:
a) Nenne mögliche Maßnahmen, die zur Steigerung oder Senkung der Geburtenrate führen. ◒
b) Beurteile anschließend die Wirkung dieser Maßnahmen. ●

4 ●
Beurteile die Aussage zur Überschrift des Themas „Immer weniger Kinder – immer mehr ältere Menschen?!"

AFB I: 1a, 3a AFB II: 1b, 2 AFB III: 3b, 4 → Lösungshilfen ab S. 228

Verteilung der Weltbevölkerung

Nie zuvor gab es so viele Menschen auf der Erde wie heute. Nach wie vor wächst die Weltbevölkerung rasant: Bis zum Jahr 2050 werden es voraussichtlich mehr als neun Milliarden Menschen sein. Doch wie verteilt sich die Menschheit heute und schätzungsweise 2050 über die Erde?

Die Weltbevölkerung betrug im Jahr 2022 etwa 7,9 Milliarden Menschen, 2023 waren es bereits über 8 Milliarden. Ihre Verteilung ist sehr ungleichmäßig. Der bevölkerungsreichste Kontinent ist Asien mit 4,7 Milliarden Menschen, gefolgt von Afrika mit 1,4 Milliarden, Amerika mit ca. 1 Milliarde und Europa mit 742 Millionen Menschen. Australien / Ozeanien wird von 44 Millionen Menschen besiedelt.

Für 2050 wird ein Anwachsen der Weltbevölkerung auf 9,7 Milliarden vorhergesagt. Wie sähe deren Verteilung dann etwa aus?

Der bevölkerungsreichste Kontinent wäre nach wie vor Asien mit rund 5,3 Milliarden Menschen, gefolgt von Afrika mit 2,5 Milliarden und Amerika mit 1,2 Milliarden. In Europa leben dann 704 Millionen Menschen. In Australien / Ozeanien steigt die Einwohnerzahl auf 58 Millionen. Diese Zahlen beruhen auf Schätzungen. Aufgrund aktueller Daten und momentaner Entwicklungen entsteht daraus eine sog. **Bevölkerungsprognose**.

Am 11. Juli 1987 überschritt die Weltbevölkerung die Zahl von fünf Milliarden Menschen. Um auf die damit verbundenen Probleme aufmerksam zu machen, wurde seit 1989 der 11. Juli eines jeden Jahres zum Internationalen Weltbevölkerungstag erklärt.

Wichtig in diesem Zusammenhang ist aber auch die **Bevölkerungsdichte**. Sie ist der Quotient aus der Bevölkerungszahl und der Fläche im jeweils gleichen Raum. Doch heißt nun bevölkerungsreich auch bevölkerungsdicht?

?!
Kaum zu glauben

Seit April 2023 ist Indien mit 1,426 Mrd. Menschen inzwischen das bevölkerungsreichste Land der Welt.

M1 Die bevölkerungsreichsten Staaten der Welt 2022 und ihre Bevölkerungsentwicklung 1950 bis 2050

Rang	Staaten	Einwohner (gerundet auf Millionen)				Jahr des Bev.-Max.
		1950	2000	2022	2050	
	Welt	2518	6071	7963	9752	nach 2050
1.	China	554	1283	1425	1313	nach 2030
2.	Indien	376	1053	1417	1670	nach 2050
3.	USA	158	282	338	375	nach 2050
4.	Indonesien	70	212	276	317	nach 2050
5.	Pakistan	38	139	236	368	nach 2050
6.	Nigeria	38	122	219	377	nach 2050
7.	Brasilien	54	175	215	231	nach 2050
8.	Bangladesch	38	132	172	204	nach 2050
9.	Russische Föd.	103	147	145	133	nach 1995
10.	Mexiko	28	98	128	144	nach 2050
...	...	...	...	...	...	...
19.	Deutschland	70	81	83	79	nach 2025

Zusammenstellung nach United Nations, Population Division (Hrsg.): World Population Prospects 2022

M2 Verteilung der Weltbevölkerung und Bevölkerungsdichte

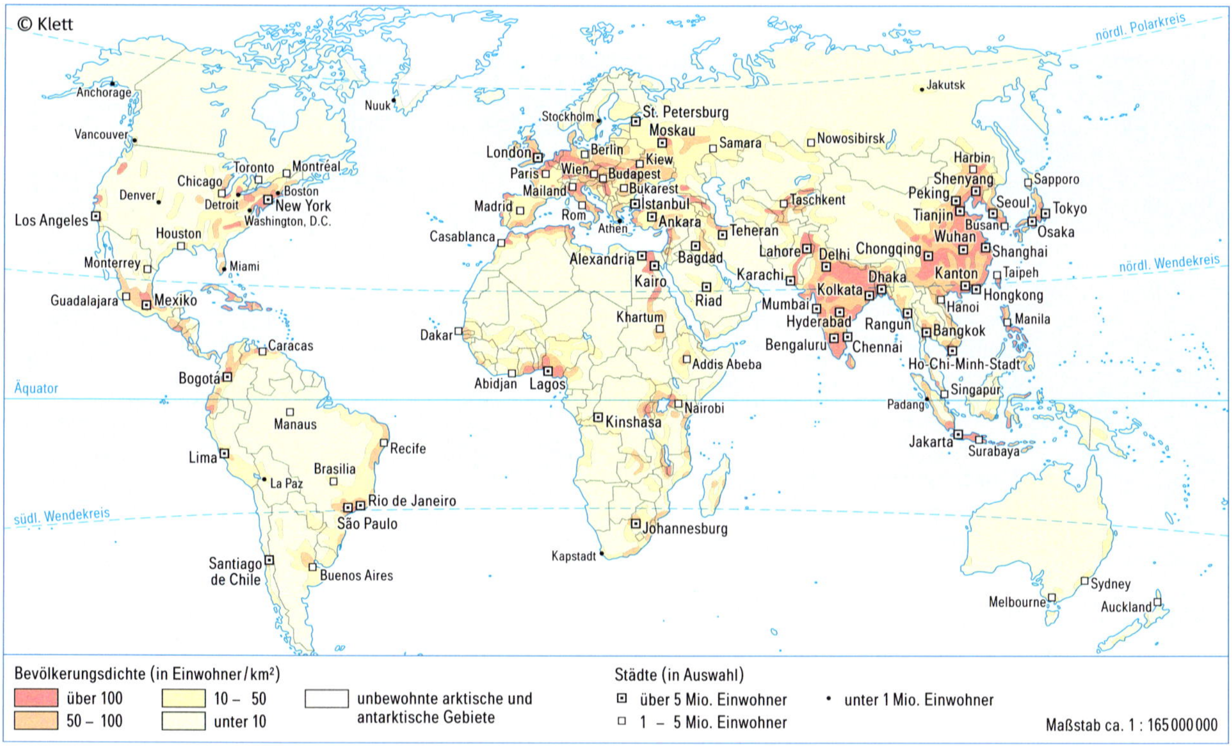

M3 Wenn die Welt ein Dorf wäre, dann lebten um ... in ... Mio. Menschen

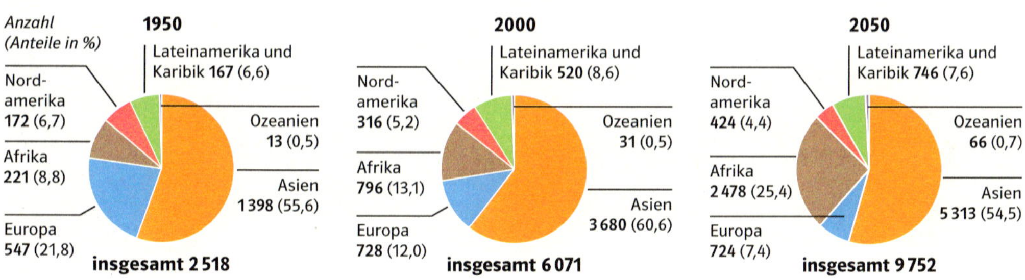

1 ○ Beschreibe mithilfe der **Karte M2** die Verteilung der Bevölkerung auf den einzelnen Kontinenten.

2 ● Beurteile folgende Aussagen:
a) „Die Bevölkerungsverteilung wird durch naturräumliche und sozioökonomische Faktoren beeinflusst.“
b) „Bevölkerungsreiche Staaten sind häufig auch sehr bevölkerungsdicht.“

3 Bearbeite drei Länder aus der **Tabelle M1**:
a) Beschreibe deren Bevölkerungsentwicklung von 1950 bis 2050. ○
b) MK Arbeite mithilfe einer Internetrecherche für diese drei Länder die aktuellen Kenndaten der Bevölkerung heraus. Begründe damit die beschriebene Entwicklung aus der vorherigen Aufgabe. ◒

4 Arbeitet mit den **Diagrammen M3**:
a) Vergleicht die Kreisdiagramme. ◒
b) Beschreibt die Veränderungen von 1950 bis 2050 für die Kontinente. ○

MK Statistiken richtig auswerten

Relative Zahl

Eine relative Zahl gibt das Verhältnis einer absoluten Zahl zur Gesamtzahl an. Beispiel: 13 % HIV-Infizierte bedeuten, dass 13 von 100 Einwohnerinnen und Einwohnern HIV-infiziert sind.

Absolute Zahl

Eine absolute Zahl gibt die Größe einer Menge an. Beispiel: 842 548 HIV-Infizierte.

„Ich glaube nur der Statistik, die ich selber gefälscht habe." Diese Aussage hört man immer wieder. Und warum?
Statistische Angaben in Tabellen, Diagrammen oder Karten können beabsichtigt oder unbeabsichtigt Fehler enthalten, unvollständig oder in einem falschen Raum-, Sach- oder Zeitbezug dargestellt sein. Daher ist es bei allen Statistiken notwendig, diese bezüglich ihres Aussagegehalts kritisch zu prüfen.

Jedes Jahr geben fast alle Länder dieser Erde und wichtige Organisationen wie zum Beispiel die UN oder die OECD Bevölkerungsstatistiken heraus, die Aufschluss über die Entwicklung der Bevölkerung geben. Häufig muss dieses umfangreiche Zahlen- oder Abbildungsmaterial zunächst gesichtet, strukturiert, ausgewertet und bewertet werden, bevor man Aussagen treffen kann.
Die folgenden Arbeitsschritte sollen dir helfen, Statistiken nicht nur auszuwerten, sondern auch kritisch zu betrachten.

1. Schritt: Sich orientieren

Überprüfe die Statistik hinsichtlich formaler Kriterien: Überschrift, Quellenangabe, Aktualität und Plausibilität der Angaben. Erfasse mithilfe der Legende, um welche Indikatoren es sich handelt und wie diese dargestellt werden. Folgende Fragestellungen helfen dir dabei:

- Wie sind die dargestellten Indikatoren definiert?
- Welche Zahlenangaben liegen vor (absolute, relative oder Indexzahlen) und in welchen Größenklassen sind diese abgebildet?

Beispiel: Grundlage ist die Gliederung der Erde nach Staaten. Es werden die Anteile eines Landes der HIV-Infizierten bei Erwachsenen in Prozent dargestellt. Die Daten beziehen sich auf das Jahr 2022. Die Legende weist sechs Abstufungen und die Kategorie „keine Daten" auf.

2. Schritt: Darstellung und Aussagegehalt prüfen

Über wen oder was werden Aussagen gemacht (z. B. die globale Verteilung der HIV-Infizierten differenziert nach Regionen)?
Erfasse den Inhalt, indem du dich in das Diagramm einliest. Ermittle dann die Maximal- und Minimalwerte, Veränderungen oder Entwicklungen. Vergleiche zwischen einzelnen, räumlichen oder zeitlichen Angaben und stelle eine Beziehung zwischen den Daten her.

M1 HIV-Infektionen von Erwachsenen 2022 (insgesamt 39 Millionen)

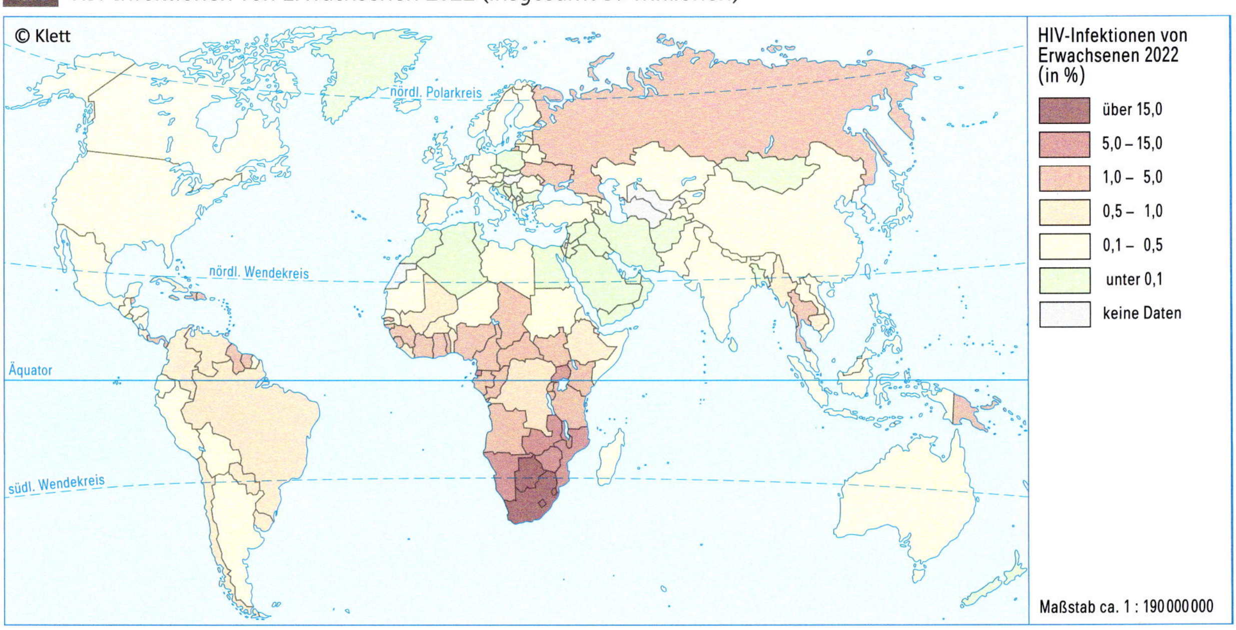

Beispiel: Die höchsten prozentualen Anteile findet man in vielen Staaten des südlichen Afrikas, wie Südafrika, Botsuana oder Mosambik (> 5 % oder sogar > 15 %). Die niedrigsten Anteile findet man u. a. in Algerien, Ägypten, Irak oder in der Slowakei (< 0,1 %). Ein Vergleich einzelner Länder ist nur bedingt möglich, da die Abstufung des Indikators sehr ungleichmäßig erfolgt.

3. Schritt: Statistiken beurteilen

Beurteile die Darstellungsform und die Aussagekraft der Statistik vor dem Hintergrund der zu lösenden Aufgabe. Kläre dazu u. a. folgende Fragestellungen:

- Sind die Angaben eindeutig?
- Sind Manipulationen erkennbar (siehe M 2)?

Beispiel: Die Indikatoren stimmen nur bedingt mit der Kartenüberschrift überein. Die Einteilung nach Ländern kann zu Fehlinterpretationen führen, da regionale Unterschiede besonders in großen Ländern nicht erfasst werden. Durch die Angabe der absoluten Einwohnerzahl wäre ein Vergleich noch effektiver.

M2 Beispiele für typische Manipulationen

Bei Tabellen:
- Vermischung verschiedener Inhalte
- manipulierte Mittelwerte
- Prozentanteile darstellen, ohne die Grundgesamtheit (100 %) anzugeben
- Scheinexaktheit der Daten
- die Summe der Prozentanteile ergibt nicht 100 %

Bei Diagrammen:
- unangemessene Veränderung der Achsen (Streckung, Stauchung, logarithmische Einteilung, unregelmäßige Einteilung der beiden Achsen, y-Achse nicht bei 0 beginnen lassen)
- bei Zeitreihen wird die x-Achse nicht in gleich große Schritte eingeteilt
- mangelnde Proportionalität zwischen Zahlen und dargestellten Flächen

M3 Aids-Waisen (Mädchen und Jungen bis 17 Jahre) nach ausgewählten Regionen, 2022

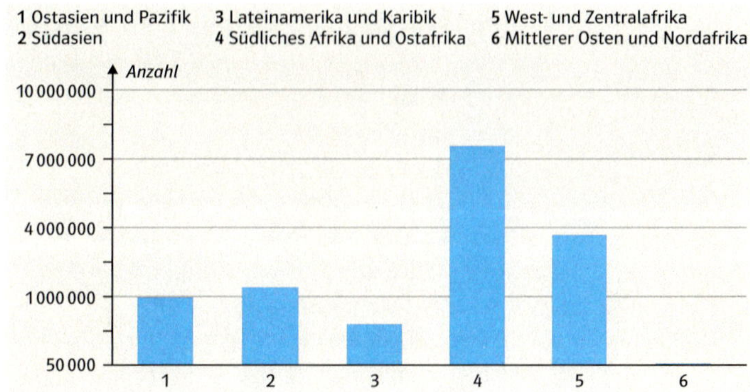

M4 Verbreitung von HIV / Aids bei 15- bis 24-Jährigen, 2022

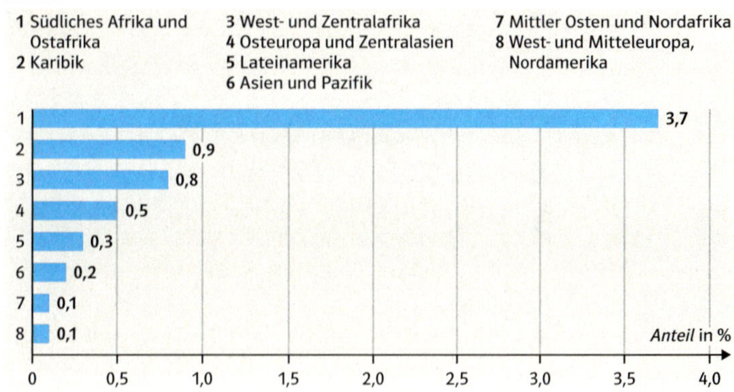

M5 Bevölkerungsdaten ausgewählter afrikanischer Staaten

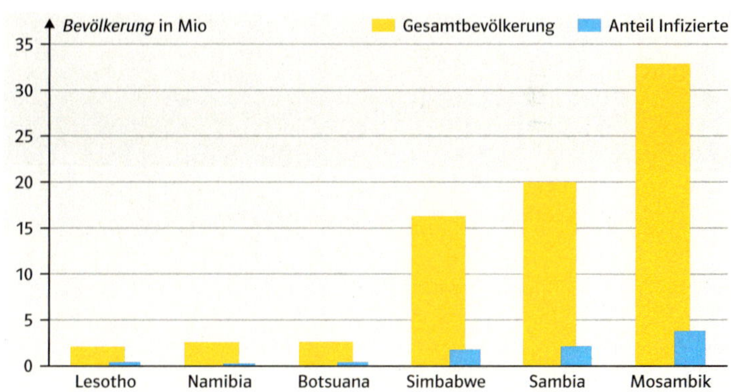

1 ◒
Analysiere das **Diagramm M 4** zur Verbreitung von HIV / Aids bei 15- bis 24-Jährigen mithilfe der Schritte 1–3.

2 ◒
Beurteile die Aussagekraft des **Diagramms M 3** und **M 5**.

Bevölkerungsstrukturdiagramme auswerten

Das Bevölkerungsstrukturdiagramm, auch Bevölkerungspyramide genannt, gibt Auskunft über den Altersaufbau eines Landes zu einem bestimmten Zeitpunkt. Der Anteil der Altersgruppen wird meistens absolut, manchmal aber auch in Prozentanteilen angegeben.

Die Gesamtzusammensetzung einer Bevölkerung nach Merkmalen wie Altersaufbau, Geschlecht oder sozialer Zugehörigkeit bezeichnet man als **Bevölkerungsstruktur**.
In einem **Bevölkerungsstrukturdiagramm** wird die Zusammensetzung der Bevölkerung nach den natürlichen Merkmalen Alter und Geschlecht grafisch dargestellt.
Die Bevölkerungsstrukturdiagramme sind das Ergebnis einer langfristigen Bevölkerungsentwicklung und lassen sich in vier Grundformen einteilen:
Die Pyramidenform kennzeichnet eine wachsende Bevölkerung. Von Jahr zu Jahr nimmt die Anzahl der Geborenen zu. Dem steht eine früh einsetzende Sterblichkeit gegenüber. Dadurch nimmt die Bevölkerung insgesamt nur langsam zu.
Bei der Bienenkorbform bleibt die jährliche Geburtenrate über mehrere Jahre gleich. Sie steht für eine stagnierende Bevölkerung. Insgesamt sind die Geburten gegenüber der Pyramidenform gesunken. Gleichfalls ist die Sterberate gesunken, sie nimmt erst im Alter zu, weswegen die Lebenserwartung steigt.
Die Glockenform ist charakteristisch für eine Bevölkerung, die nach längerer Zeit mit niedrigen Geburten- und Sterberaten wieder mit einer steigenden Geburtenhäufigkeit konfrontiert wird.
Die Urnenform kennzeichnet eine überalterte und schrumpfende Bevölkerung. Die Urnenform ergibt sich, wenn jeder neugeborene Jahrgang kleiner als der vorhergehende ist.
Diese Grundformen berücksichtigen keine außergewöhnlichen Ereignisse wie Kriege, Hungersnöte oder Migrationsströme.

M1 Bevölkerungsdiagramme von Äthiopien und Deutschland

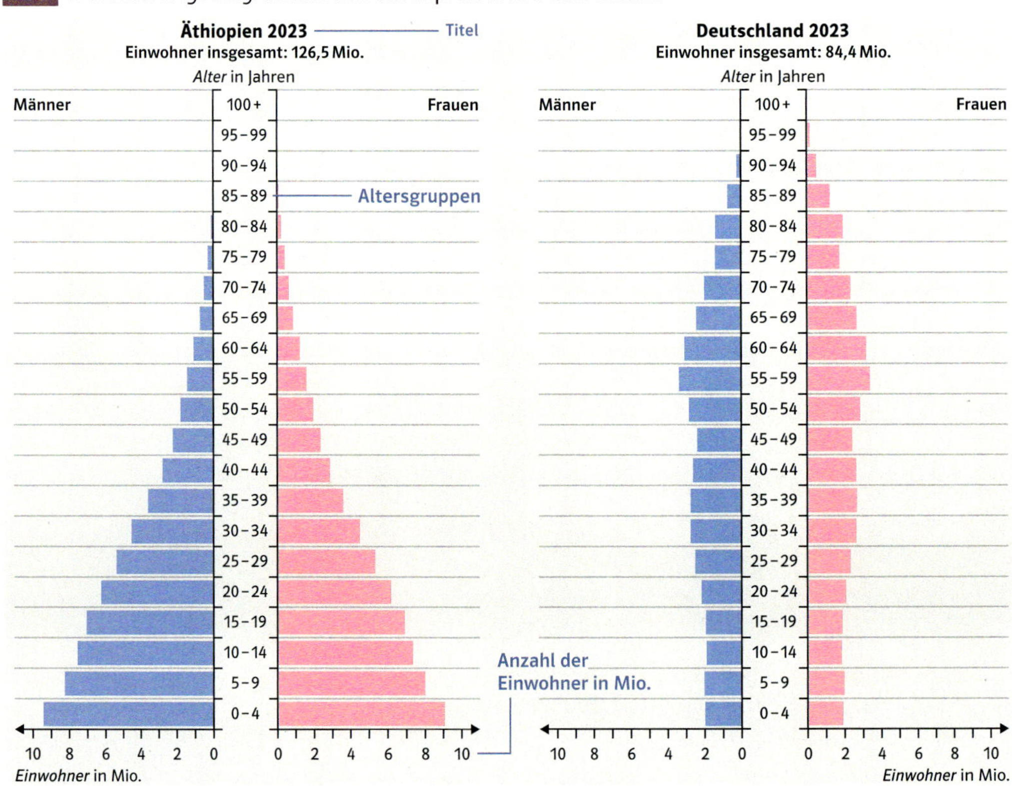

M2 Grundformen von Bevölkerungsstrukturdiagrammen

1. Schritt: Sich orientieren

Stelle fest, für welches Land und für welches Jahr die Angaben gemacht werden. Bestimme die Einteilung der Achsen. Überprüfe, ob die Bevölkerungsanteile in absoluten oder in relativen Zahlen angegeben werden.

Beispiel: Das rechte Bevölkerungsdiagramm zeigt den Altersaufbau Deutschlands im Jahr 2023. Die Gesamtbevölkerung beträgt über 84 Millionen. Die x-Achse stellt absolute Werte dar. Die y-Achse ...

2. Schritt: Beschreiben und zuordnen

Lies die geschlechtsspezifischen Anteile in den Altersgruppen ab. Gib die Gesamtanteile für folgende Bevölkerungsgruppen an:

- Kinder und Jugendliche (0 – 14 Jahre)
- erwerbsfähige Personen (15 – 64 Jahre)
- nicht mehr erwerbsfähige Personen (> 64 Jahre)

Beschreibe den Altersaufbau der Bevölkerung. Gibt es Auffälligkeiten bzw. Unregelmäßigkeiten? Ordne das Diagramm einem der vier Grundmodelle zu.

Beispiel: Etwa 12 Mio., das sind ca. 14 % der deutschen Bevölkerung, sind Kinder und Jugendliche; etwa 19 Mio., also ca. 22 % sind über 64 Jahre alt. 64 % der Bevölkerung sind somit erwerbsfähig.

Im Ganzen ähnelt das deutsche Bevölkerungsdiagramm einer Urne, da die Anzahl der jungen Menschen gering ist. Lediglich bei den unter Fünfjährigen kann man eine leichte Zunahme erkennen.

3. Schritt: Erklären

Sammle Hintergrundinformationen, die die Auffälligkeiten im Altersaufbau erklären.

Beispiel: Deutschland ist ein wohlhabendes Industrieland mit einer niedrigen Geburtenrate. Seit der Verbreitung der Antibabypille ...

4. Schritt: Eine Prognose erstellen

Beurteile mithilfe der Grundformen die zukünftige Bevölkerungsentwicklung des Landes (steigend, stagnierend oder fallend). Formuliere dann auch Aussagen zur Auswirkung der Altersstruktur auf die Gesellschaft.

Beispiel: Angesichts des Altersaufbaus Deutschlands ist mit einem Rückgang der Gesamtbevölkerung zu rechnen, es sei denn, dass der Zuwachs der unter Fünfjährigen über einen längeren Zeitraum anhält. Andererseits kann Zuwanderung den Trend verlangsamen und ...

1 ◒

Bevölkerungsdiagramme M1 im Vergleich:

a) Vervollständige die Auswertung des deutschen Bevölkerungsdiagramms.
b) Analysiere gemäß den Schritten das Bevölkerungsdiagramm von Äthiopien.
c) Vergleiche die beiden Diagramme.
d) Nenne mögliche Folgen, die sich in beiden Ländern aus der Alterstruktur für Arbeitsmarkt, Nahrung, Bildung und Wohnung ergeben könnten.

2 ◒

Ordne folgende Aussagen begründet einem der beiden **Diagramme M1** zu:

a) Geburtenstarke Jahrgänge drängen auf den gesättigten Arbeitsmarkt.
b) Grundschulen werden geschlossen.
c) Fahrdienste für Seniorinnen und Senioren erfreuen sich einer immer größeren Beliebtheit.

Die afrikanische Familie gibt es nicht

Menschen leben meist nicht alleine, sondern in Familien zusammen. Das können Großfamilien, aber auch kinderlose Ehepaare sein. Viele Einflüsse wirken ein, sodass sich auch die traditionellen Strukturen auflösen können.

Wähle ein Beispiel aus, das dich besonders interessiert.
A Ländlich lebende Familie in Äthiopien
B Massai-Familie in Kenia
C Städtische Familie in Kairo

1 ◒
Erkläre die Familienstruktur, indem du übergeordnete Kriterien entwickelst (z. B. Bildung, Stellung der Frau, Tradition).

2 ◒
Vergleiche die vorgestellte Familienstruktur mit typischen Familienstrukturen in Deutschland.

3
Ergebnissicherung:
a) Vergleicht eure Ergebnisse. ◒
b) Erstellt eine Präsentation mit euren Ergebnissen. ◒
c) „Die afrikanische Familie gibt es nicht.“ Beurteilt diese Aussage. ●

AFB II: 1, 2, 3a, 3b AFB III: 3c

M1

A Ländlich lebende Familie in Äthiopien

Die Familie lebt von der Landwirtschaft und baut alles, was sie zum Leben brauchen, selbst an. Die Arbeit ist körperlich hart und die Kinder helfen nach der Schule bei der Feldarbeit und im Haushalt. Die meisten Entscheidungen trifft der Mann. Verheiratet werden oft junge Frauen, weil ihre Eltern dann nicht mehr für sie sorgen müssen.

B

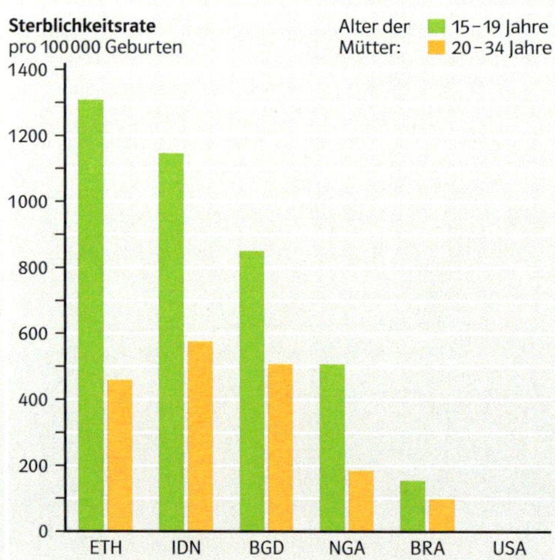

A Müttersterblichkeit in ausgewählten Ländern

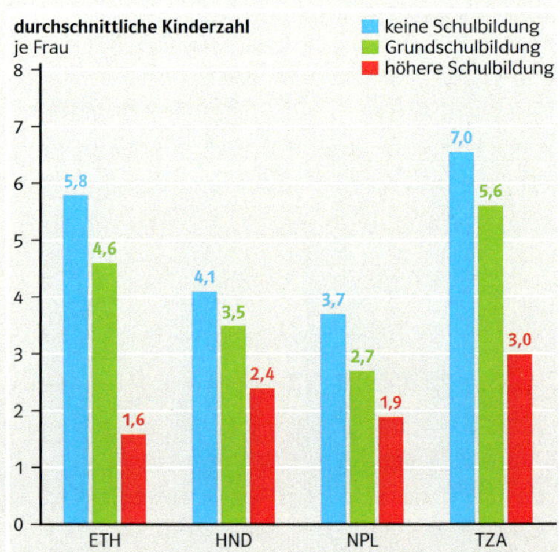

C Durchschnittliche Kinderzahl und Schulbildung

M2

B Traditionelle Massai-Familie in Kenia

Die Massai sind ein stolzes Nomadenvolk in Ostafrika mit vielen Traditionen. Innerhalb einer Familie entscheiden die Älteren. Das Ansehen eines Mannes richtet sich nach der Größe der Viehherden und steigt mit der Zahl der Kinder und Frauen. Frauen können kaum mitbestimmen und sollen sich um den Haushalt kümmern. Doch langsam ändert sich die Einstellung und einzelne Frauen erreichen hohe Stellen.

B

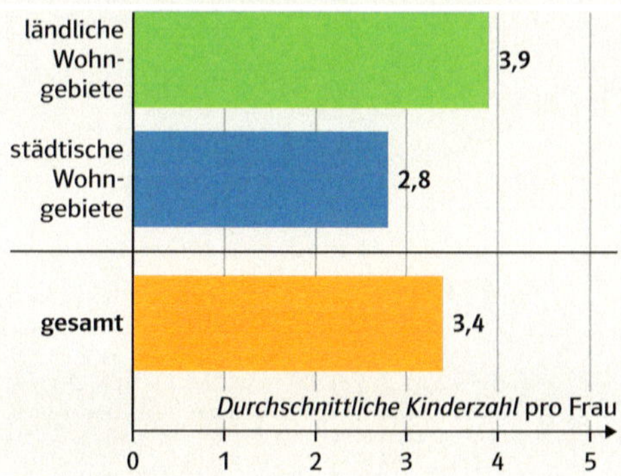

A Durchschnittliche Kinderzahl in Kenia (pro Frau nach Wohngebieten)

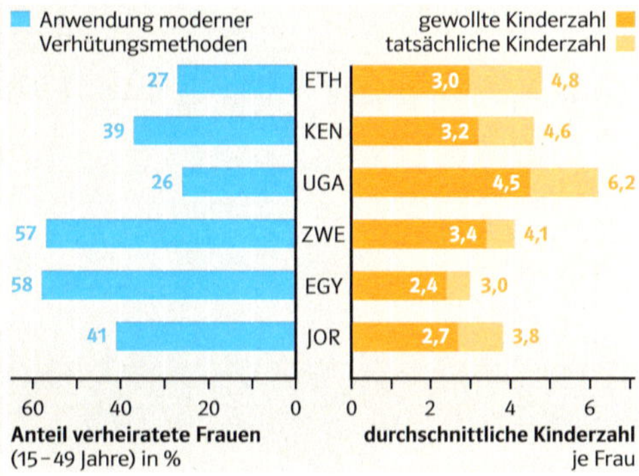

C Verhütung und Kinderzahlen in Entwicklungsländern

Statistik Deutschland 2022

durchschnittliche Kinderzahl: 1,46

Schulbildung:

- Hauptschule: 24 %
- Realschule: 24 %
- Gymnasium: 37 %
- Sonstige: 10 %
- ohne Schulabschluss: 5 %

Müttersterblichkeit: 2,9 (auf 100 000 Geburten)

Länderlegende

BGD = Bangladesch
BRA = Brasilien
EGY = Ägypten
ETH = Äthiopien
HND = Honduras
IDN = Indien
JOR = Jordanien
KEN = Kenia
NGA = Nigeria
NPL = Nepal
TZA = Tansania
UGA = Uganda
ZWE = Simbabwe

M3

C Städtische Familie in Ägypten

Eine junge Gesellschaft ist kennzeichnend für die ägyptische Bevölkerung. In der gebildeten sog. Mittelschicht sind Doppelverdiener und zurückgehende Kinderzahlen üblich. Ansonsten verdienen viele Menschen ihr Geld, das sie für Nahrung, Wohnraum und Schulgeld benötigen, meist im informellen Sektor.

C

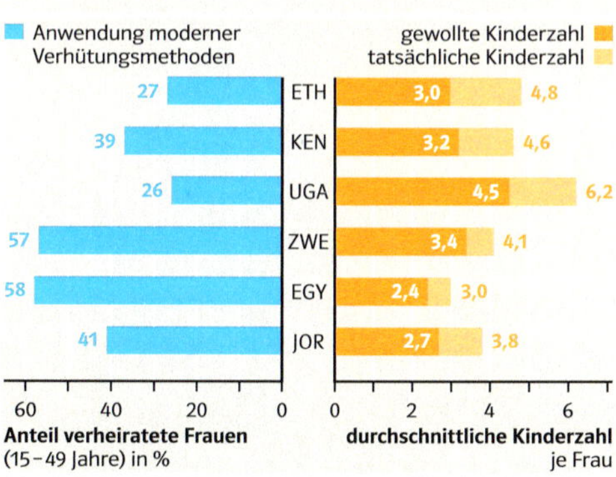

A Verhütung und Kinderzahlen in Entwicklungsländern

	Ägypten	Deutschland
HDI-Rang	97	9
Bevölkerungswachstum	1,6 %	1,3 %*
Grundschüler pro Lehrer/in	23,1	12,2
Lebenserwartung in Jahren	70,2	80,8
Unterernährte Menschen	5,1 %	k. A.
BIP pro Kopf	4 563 US-$	48 636 US-$

* deutlicher Anstieg vor dem Hintergrund der Fluchtbewegungen aus der Ukraine

B Ägypten und Deutschland im Vergleich (2022)

Wichtige Begriffe

- Bevölkerungsdichte
- Bevölkerungsprognose
- Bevölkerungsstruktur
- Bevölkerungsstrukturdiagramm
- Bevölkerungswachstum
- Entwicklungsland
- Geburtenrate
- Industrieland
- Lebenserwartung
- Sterberate
- Verdopplungszeit
- Wachstumsrate

Sich orientieren

1 Verteilung der Weltbevölkerung (Karte M 4) und Strukturdaten

a) Nenne die Staaten, die eine Wachstumsrate von über drei Prozent haben.

b) Nenne die bevölkerungsreichste und die bevölkerungsärmste Region.

c) Beschreibe die Situation in Europa.

Kennen und verstehen

2 Nenne die Begriffe

a) Durchschnittszahl an Kindern, die eine Frau in ihrem Leben zur Welt bringt

b) Gesamtzusammensetzung einer Bevölkerung nach Kriterien wie Alter und Geschlecht

c) Verursacht große Probleme für die Sozialversicherungen vieler Industrieländer

3 Richtig oder falsch?
Überprüfe die falschen Aussagen und schreibe sie richtig auf. Nutze dazu auch die **Karte M 4**.

a) China wird immer das Land mit der höchsten Einwohnerzahl sein.

b) Mit Bevölkerungsstrukturdiagrammen kann man keine Aussagen zur zukünftigen Entwicklung eines Landes treffen.

c) Die absolut höchsten Bevölkerungszuwächse gibt es in Afrika.

d) Das Bevölkerungswachstum in Europa stagniert.

4 Geburten- und Sterberaten
Erläutere das **Diagramm M 1** für Dänemark.

Fachmethoden anwenden

5 Bevölkerungsstrukturdiagramme analysieren

a) Analysiere die **Bevölkerungsstrukturdiagramme M 3** von Bangladesch und Dänemark.

b) Beschreibe jeweils Auswirkungen auf das Wachstum der Bevölkerung, die sich aus dem Altersaufbau ergeben.

Beurteilen und bewerten

6 Kartendarstellungen beurteilen
Vergleiche die **Karte M 4** zur Verteilung der Weltbevölkerung mit der **Karte M 2** zur Prognose der Verteilung der Weltbevölkerung.

a) Analysiere, welche gemeinsamen bzw. unterschiedlichen Aussagen hier getroffen werden.

b) Begründe, welche Kartendarstellung du aussagekräftiger findest.

M 3 Bevölkerungsdiagramme von zwei Staaten im Jahr 2020

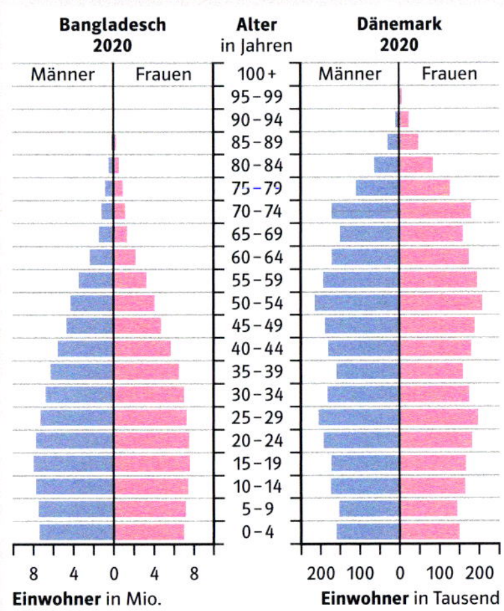

M 1 Dänemark: Geburten- und Sterberate

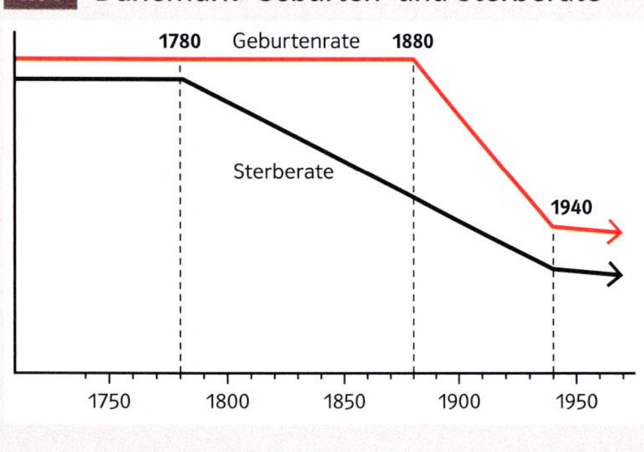

M 2 Prognose zur Verteilung der Weltbevölkerung 2050 (die Darstellung der Größe eines Landes resultiert aus der jeweiligen Bevölkerungszahl)

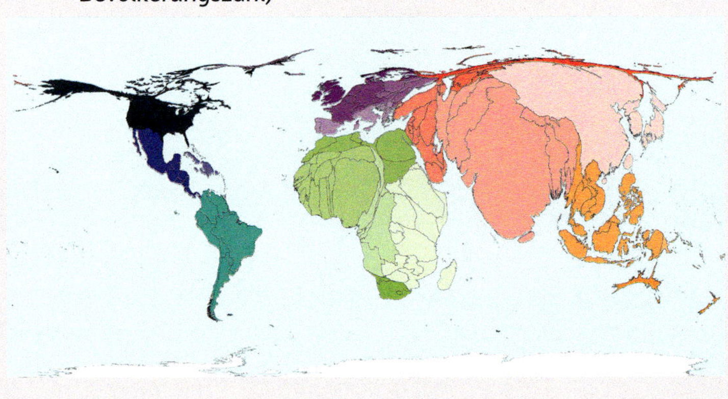

M 4 Verteilung der Weltbevölkerung und Wachstumsrate der Bevölkerung

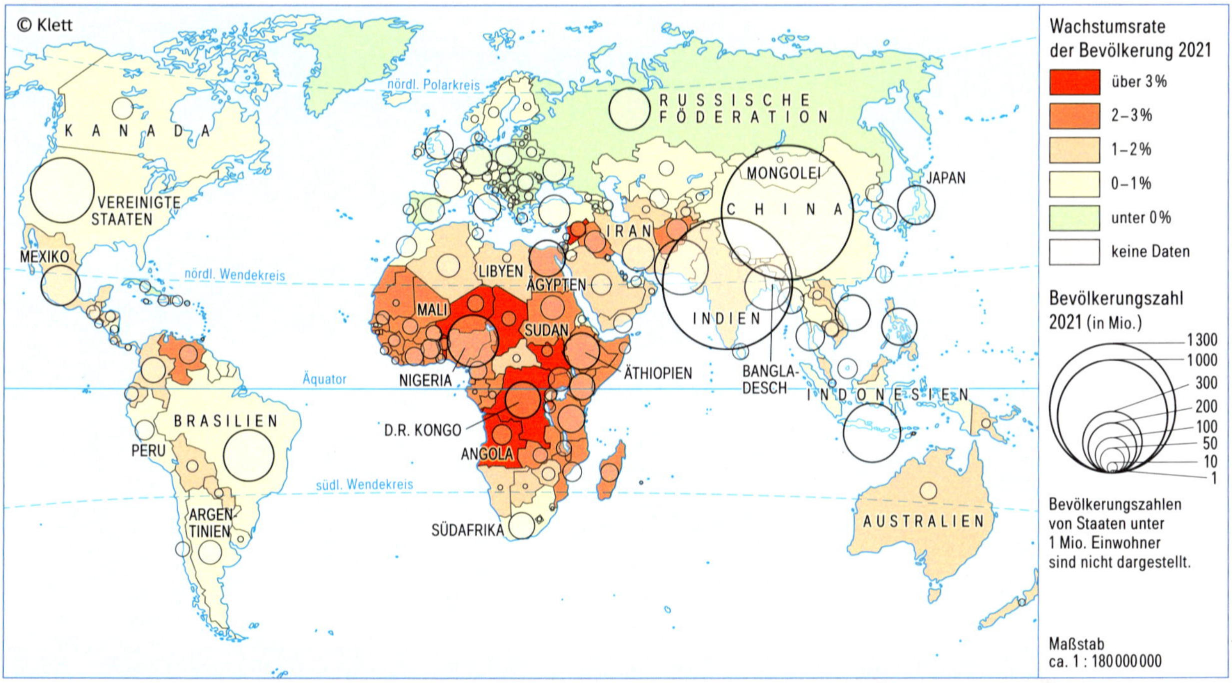

M 5 Historische Entwicklung der Weltbevölkerung

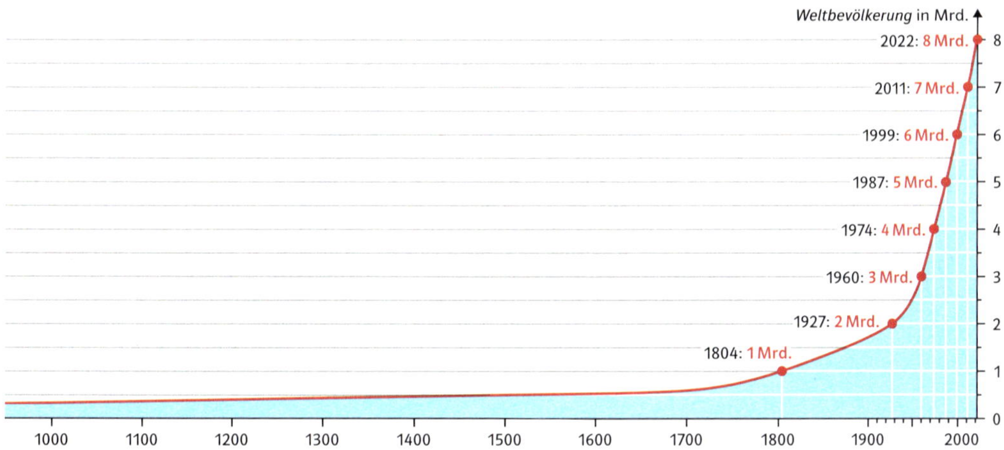

Jetzt kannst du ...

- die Bevölkerungsentwicklung weltweit sowie von einzelnen Ländern und Regionen erklären;
- Überalterung und Überbevölkerung von Staaten charakterisieren;
- die Ursachen und Folgen der Bevölkerungsentwicklung für die Menschen und die Regionen darstellen;
- Bevölkerungsstrukturdiagramme analysieren;
- Maßnahmen zur Einflussnahme auf die Bevölkerungsentwicklung und ihre Auswirkungen bewerten.

10

Globale Verstädterung

M1 Megacity Mexiko-Stadt

Im Jahr 2008 ist die Menschheit in das „Jahrtausend der Städte“ eingetreten.
Seit diesem Zeitpunkt leben weltweit mehr Menschen in Städten als auf dem Land.
Bis zur Mitte dieses Jahrtausends werden mehr als zwei Drittel aller Erdenbewohner ein „urbanes Leben“ führen.
Die globale Verstädterung schreitet also unaufhaltsam voran. Dabei nimmt auch die Zahl der Megastädte zu, der Städte mit mehr 10 Millionen Einwohnerinnen und Einwohnern. Wo liegen die Ursachen dieser Dynamik? Welche Herausforderungen ergeben sich? Wie sind sie zu bewältigen?

Das kennst du schon!

- den Lebensraum Stadt in seiner Ausstattung beschreiben
- wichtige städtische Funktionen erläutern
- thematische Karten auswerten

Das Wachstum der Städte

Die städtische Bevölkerung nimmt jährlich um etwa 60 Millionen Menschen zu. Am stärksten wachsen derzeit die Städte in Afrika, Asien und Lateinamerika.

Als im 20. Jh. die Industrialisierung begann, setzte eine starke **Landflucht** bzw. Land-Stadt-Wanderung ein. Immer mehr Menschen zogen in die Städte, weil dort neue Arbeitsplätze entstanden. Wie Benito wollten sie ihre Lebensbedingungen verbessern. Solche Wanderungsbewegungen werden mit **Push**- und **Pull**-Faktoren erklärt. Heute wachsen die Städte im „Globalen Süden" (Afrika, Asien, Lateinamerika) auch durch hohe Kinderzahlen der zugewanderten Familien.
Diese rapide Zunahme der städtischen Bevölkerung bringt gewaltige Probleme. Manche Städte müssen jährlich über 150 000 Menschen zusätzlich aufnehmen. Man stelle sich vor, in dieser Größenordnung müsste Berlin neue Einwohner aufnehmen und versorgen. Die Städte im „Globalen Süden" stehen also vor schwer zu bewältigenden Herausforderungen – wie das Beispiel Ciudad de México zeigen wird.

Verstädterung: Megacitys, Metropolen

Die räumliche Ausdehnung von Städten oder das Wachstum der Einwohnerzahl bezeichnet man als **Verstädterung**. Als Maß dient die Verstädterungsrate. Sie gibt an, um wieviel Prozent der Anteil der städtischen Bevölkerung in einem bestimmten Zeitraum gewachsen ist. Im

M1 Magnet Mexiko-Stadt

Benito wurde in Cidad geboren, einem Dorf ca. 150 km entfernt von Mexiko-Stadt. Als Sohn eines Kleinbauern wuchs er unter ärmsten Verhältnissen auf. Das wenige Geld reichte kaum für Nahrung und Kleidung. Kurz vor seinem 18. Geburtstag war sein Cousin nach Mexiko-Stadt gezogen, um Arbeit zu finden. Denn durch Trockenheit und Ernteausfälle wurde das Überleben für die Familie immer schwieriger. Als er nach einem halben Jahr seine Eltern im Heimatdorf besuchte, berichtete er vom reichen Angebot in der Stadt, dem Wasserhahn in der Wohnung, den vielen Schulen und Arbeitsmöglichkeiten. Seitdem wollte Benito nur noch weg. So machte er sich einige Tag später auf den Weg nach Mexiko-Stadt.
Er staunte über die Häuser und vielen Reklameschilder. In diesem Getümmel von Menschen war sein Cousin nicht zu finden. Er hatte weder Geld noch eine Unterkunft. Deshalb schlief er einige Tage auf dem Gehsteig. Eine geregelte Arbeit fand er nicht sofort. Aber er verdiente als Schuhputzer und Zigarettenverkäufer mehr Geld als früher in seinem Dorf. Auf der Straße lernte er Juanita kennen. Sie heirateten und suchten am Stadtrand ein Stück Land. Das nahmen sie illegal in Besitz und bauten darauf eine Hütte. Die Familie wuchs schnell. Nach zwei Jahren fand Benito eine feste Anstellung als Lkw-Fahrer. Doch der Verdienst reichte nicht, um alle zu ernähren. So müssen auch die Kleinen zum Unterhalt beitragen und z. B. Schuhe putzen oder Blumen verkaufen.

M2 Wachstumsrate der städtischen Bevölkerung (Verstädterungsrate)

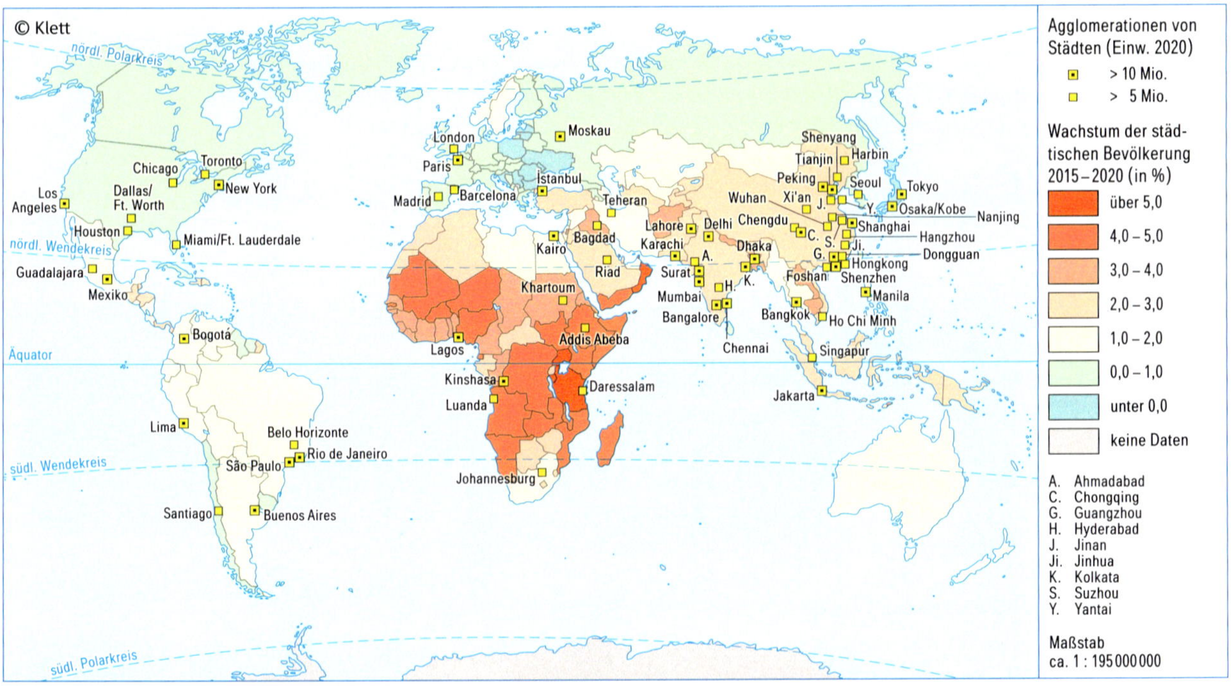

Zuge dieses Prozesses sind weltweit zahlreiche **Megacitys** entstanden (über 10 Mio. Einw.). Diese Megapolisierung ist eine relativ junge Entwicklung. Bis 1950 erreichten nur New York und Tokio den Schwellenwert von 10 Mio. Einwohnern. In den letzten Jahrzehnten hat sich deren Zahl aber rasant erhöht (Karte M 2). Erreicht eine Megastadt ein starkes bevölkerungsmäßiges Übergewicht, wird sie als **Metropole** bezeichnet. Sie überragen die anderen Städte des Landes hinsichtlich der Bevölkerungszahl sowie der politischen, wirtschaftlichen und kulturellen Bedeutung. Es gibt auch Länder mit mehreren Metropolen (z. B. Indien).

M3 Stadt und Agglomeration

Als **Stadt** bezeichnet man eine administrative, d. h verwaltungsrechtlich bestimmte Siedlungseinheit, die durch die Stadtgrenze definiert ist.
Agglomeration nennt man die räumliche Verdichtung von Bevölkerung, Wirtschaft und Infrastruktur über die Stadtgrenzen einer Großstadt hinaus. In manchen Gegenden spricht man auch von einer **Metropolregion**.

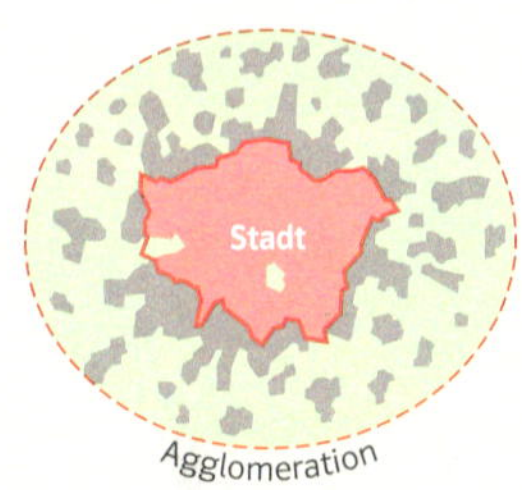

1 ◒
Arbeite aus dem **Text M 1** die Push- und Pull-Faktoren heraus, die Benito veranlasst haben, sein Heimatdorf zu verlassen.

2 ●
Erörtert nach Durcharbeitung des Fallbeispiels „Ciudad de México“ (ab S. 160) die folgende Frage: Geht es Benito mit seiner Familie heute besser als in seinem Heimatdorf?

3 ◒
Erläutere die Begriffe Verstädterung und Verstädterungsgrad.

4
Arbeite mit der **Karte M 2**:
a) Nenne je 5 Länder mit einer sehr hohen und niedrigen Verstädterungsrate. ○
b) Beschreibe räumliche Unterschiede des globalen Verstädterungsprozesses. ◒

5 ◒
Wien oder Budapest haben weniger als 3 Mio. Einwohner und gelten dennoch als Metropole. Erkläre.

Ciudad de México – eine Megacity

Die Hauptstadt Mexikos wurde im 20. Jahrhundert zum Symbol einer Millionenstadt mit einer immer schnelleren Bevölkerungszunahme. Wie erleben die Menschen dieses Wachstum? Welche Folgen und Herausforderungen hat die Stadt zu bewältigen?

M1

M3 Historische Innenstadt von Mexiko

Mexiko-Stadt liegt auf einer abflusslosen Hochebene in einer Höhe von 2300 Meter. Hier gründeten die Azteken auf einer Insel des Texcoco-Sees um 1345 die Siedlung Tenochtitlán. Sie nutzten den Hochlandsee zum Fischfang und betrieben an seinen Ufern hoch entwickelten Gartenbau. Mit über 60000 Einwohnern war sie im Vergleich zu den damaligen Städten in Europa eine Riesenstadt. Im Jahr 1521 wurde sie von den Spaniern verwüstet. Auf den Ruinen errichteten sie Mexiko-Stadt, die Hauptstadt ihres „neuen Reiches“. Nun begann man den See, die einstige Lebensgrundlage, trockenzulegen.

Ziel war es, die Gefahr von Überschwemmungen in der Regenzeit zu bannen und die Siedlungs- und Agrarflächen zu erweitern.

Noch 1910 war Mexiko-Stadt eine ziemlich ruhige Hauptstadt mit etwa 550000 Einwohnerinnen und Einwohnern. Von 1930 bis 2000 stieg

M2 Mexiko-Stadt: Wachstumsschmerzen

„Mehr als 20 Millionen Menschen, kaum Trinkwasser, sumpfiger Boden und dauernde Erdbebengefahr: Mexiko-Stadt hat viele geographische Nachteile und ist eine Stadt voller Kontraste.

Bis 1950 war Mexiko-Stadt einfach eine sehr große Stadt. Mit reicher Geschichte und stolzer Architektur – der einstige Mittelpunkt des Aztekenreiches und die ehemalige Hauptstadt der spanischen ... [Kolonialtruppen] in Lateinamerika. Dann kam die Industrialisierung – und die Bevölkerungszahl explodierte.

Das wirtschaftliche Wachstum zog Millionen Menschen an. Aber es konnte nicht alle ernähren. Und die Stadt konnte nicht alle fassen. Um das Zentrum herum entstanden Slums aus selbst gezimmerten ... [Hütten], ohne Wasser, ohne Strom.

Die Stadt wuchs weiter: unbeeindruckt und unkontrolliert. Im Kern wurde es hektisch, laut, schmutzig, gefährlich – zumindest für die, die mehr hatten als andere. In den 1970er-Jahren verließ eine Million Menschen die Innenstadt. ...

Aus dem historischen Zentrum der Stadt wurde die ... „verlorene Stadt“. Erst viel später und mit viel Geld wurde die Innenstadt wieder hergerichtet. Heute ist das Centro Histórico wieder das Herz der Stadt: schick, schön und sicher.“

Buth, Christine: Mexiko-Stadt, planet-wissen.de vom 25.06.2021 (30.06.2023)

M4 Agglomeration Mexiko-Stadt im Größenvergleich

M5 Flächenentwicklung von Mexiko-Stadt und Schrumpfen der Seenflächen

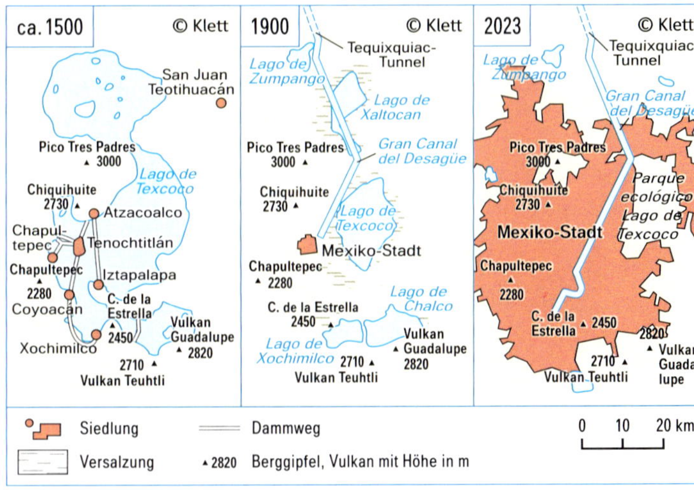

die Zahl von 1,2 auf über 18 Mio. an. Damit war ein wachsender **Flächenbedarf** verbunden und die Stadt wuchs weit über die Stadtgrenze hinaus. Zusammen mit vielen Vororten ist sie das Zentrum der Agglomeration „Zona Metropolitana del Valle de México".

Informeller Wirtschaftssektor

Die Städte können meist nicht allen zugewanderten Personen und Einwohnern eine Arbeit bieten. Viele Arbeitsuchende werden deshalb in den **informellen Sektor** abgedrängt. Das bedeutet Arbeit in einem Bereich, der nicht staatlich kontrolliert ist. Beispiele dafür sind: Straßenverkauf, Transport, Durchführung von Kleinreparaturen, Autowäsche, Herstellung und Verkauf eigener Produkte und kleine Dienstleistungen wie Schuhe putzen. Alle diese Tätigkeiten sind gekennzeichnet durch die Nutzung einfacher Technologien, eine geringe Qualifikation sowie niedrige Einkommen. Hier werden keine Steuern gezahlt und ohne Lizenzen z. B. Raubkopien angefertigt.

M6 Legende zur Gründung von Tenochtitlán

Auf der Suche nach einem Siedlungsplatz für ihre Hauptstadt folgten die Azteken einer Vision ihres Gottes Huitzilopochtli, der ihnen aufgetragen hatte nach einem Adler Ausschau zu halten, der auf einem Kaktus inmitten eines Sees eine Schlange verschlingt.

M7 Bevölkerungswachstum in Mexiko-Stadt

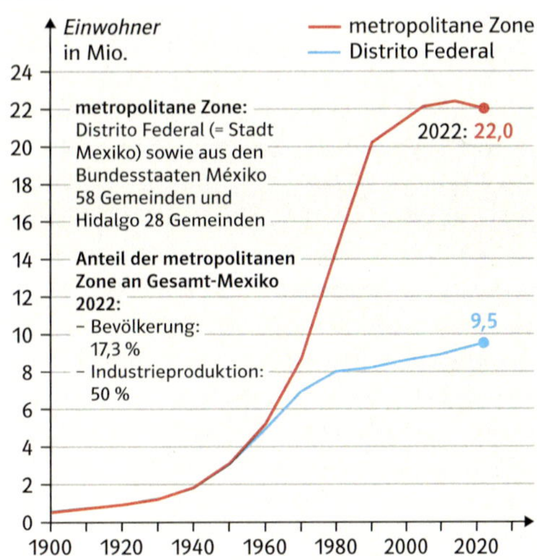

?!
Kaum zu glauben

Die Mexikaner verwenden drei Bezeichnungen, wenn sie von ihrer Hauptstadt reden. Sie sagen: „México" (gesprochen Me-hiko) statt der amtlichen Bezeichnung „Ciudad de México".
Oftmals wird die Stadt auch „Distrito Federal (D. F.)" (gesprochen de- effe) genannt.

1 ○
Nenne Ursachen für die „Wachstumsschmerzen" der Megacity Mexiko-Stadt.

2 ◒
Erläutere die Entwicklung von Mexiko-Stadt zur Megacity und Metropole.

3 ◒
Vergleiche die Entwicklung der Bevölkerungszahlen des Distrito Federal und der metropolitanen Zone (**Diagramm M 7**).

M8 Wohnsituation in einem Armutsviertel: Gefährdung durch Infektionskrankheiten, unzureichende hygienische Bedingungen

M9 Gated Community in Mexiko-Stadt

→ Armutsviertel
Slum
Seite 168

Wie viele Menschen in diesem Sektor arbeiten, lässt sich meist nicht genau ermitteln. Einige informelle Tätigkeiten sind zum Teil mit dem formellen Sektor verflochten. In Mexiko-Stadt wird der Anteil der Menschen, die im informellen Sektor arbeiten, auf etwa 25 Prozent geschätzt. Im informellen Sektor ist meist die ganze Familie eingebunden. Oft müssen auch Kinder mitarbeiten. Dabei sollten aber gesetzlichen Regelungen eingehalten werden, z. B. dass Kinder mindestens 14 Jahre alt sein müssen, eine Genehmigung benötigen und nur eine beschränkte Anzahl von Stunden in der Woche arbeiten dürfen. Das ist notwendig, damit sie ihre schulische Ausbildung fortführen können.

Straßenkinder

In ganz Lateinamerika leben Millionen von Kindern auf der Straße ohne den Schutz der Familie. Die meisten haben keine Schul- und Berufsausbildung. Um überleben zu können, sind sie auf schlecht bezahlte Gelegenheitsjobs angewiesen, stehlen oder verüben andere Straftaten. Viele sind drogenabhängig.

Armutsviertel und Gated Communities

Wie auch Benito (Seite 158) lassen sich die meisten Zugewanderten vom Land häufig in illegalen Hüttensiedlungen am Stadtrand nieder. Hier gibt es weder einen Wasser- und Stromanschluss noch sind Schulen und Krankenhäuser vorhanden. Solche **Armutsviertel** oder Marginalsiedlungen gibt es nicht nur am Stadtrand, sondern auch innerhalb der Stadt. Sie befinden sich meist auf dem Gelände ehemaliger Fabriken, in der Nähe von Schlachthöfen, Eisenbahnanlagen oder Autobahnen. Die Oberschicht hat ihre ehemals attraktiven Viertel im Stadtzentrum verlassen. Die Häuser verfallen und werden an Zuwanderte vermietet. Diese innerstädtischen Armutsviertel werden als **Slums** bezeichnet. Viele Slums sind von der Stadtverwaltung inzwischen saniert. Straßen wurden befestigt, Schulen gebaut und anstelle der Hütten gibt es Häuser aus festen Baumaterialien.

Neben diesen Vierteln gibt es Stadtteile, in denen die bessergestellten sozialen Schichten wohnen. Sie sind mit allen Versorgungseinrichtungen vom Wasseranschluss bis zu Krankenhäusern ausgestattet. Eine besondere Wohnform der Oberschicht sind die **Gated Communities**. Das sind gesicherte Wohnanlagen mit hohen Zäunen und Mauern, Wachdiensten und speziellen Zutrittsverboten. Mexiko-Stadt gleicht heute einem Flickenteppich aus Wohngebieten der reichen und armen Bevölkerung. Sie grenzen oft unmittelbar aneinander.

M10 Infomeller Sektor: Schuhe putzen

M11 Mexiko-Stadt

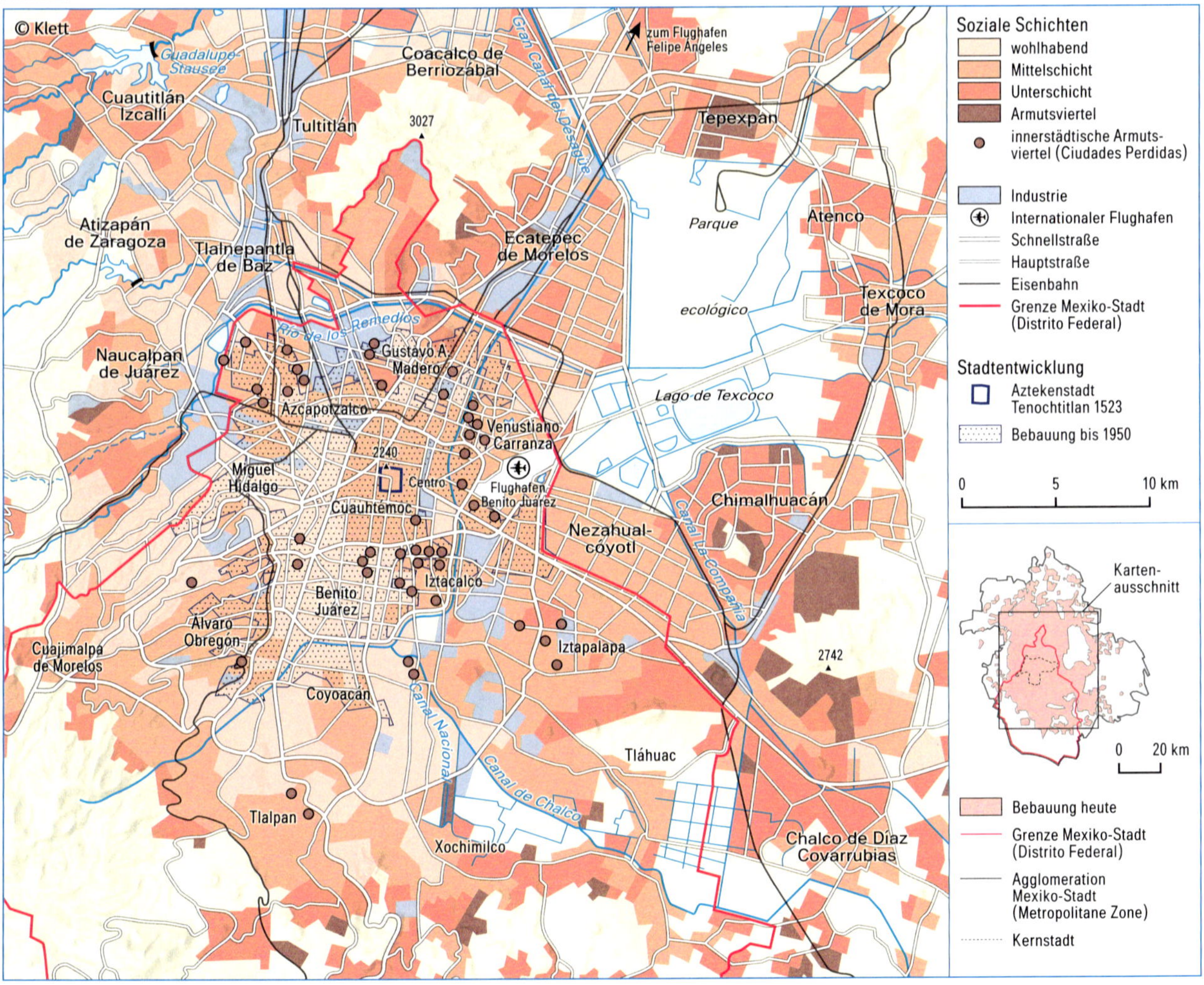

M12 Rückgang des Wachstums

„Weltweit werden die Städte wachsen: am schnellsten jene in Entwicklungsländern. Mumbai, Delhi, Jakarta: Alle haben 2020 Mexiko-Stadt in puncto Einwohnerzahl überholt, da die Stadt heute nur noch langsam wächst. Dezentralisierungsversuche, wie die Auslagerung von Industrien, waren erfolgreich. Und die Demografie verändert sich. In den 1970er-Jahren sponsorte die Regierung eine kontrollierte Familienplanung. Das macht sich heute bemerkbar: Die Geburtenrate ist deutlich gesunken. Seit den 1980er-Jahren hat Mexiko-Stadt ein geringeres Bevölkerungswachstum als der Rest des Staates."

Buth, Christine: Mexiko-Stadt, planet-wissen.de vom 25.06.2021 (30.06.2023)

4 ◒
Erläutere Merkmale und die Bedeutung des informellen Sektors.

5 ○
Versetzt euch in die Lage einer Person eures Alters in einem Armutsviertel von Mexiko-Stadt. Beschreibt euren Alltag.

6 ◒
Analysiere die **Karte M 11** vor allem im Hinblick auf die Lage der Armutsviertel und der Wohnviertel der wohlhabenden Schichten.

M14 Metropole im Smog

„Die hohen Berge, die Mexiko-Stadt umgeben, sind toll anzuschauen – wenn man sie denn sieht. Jahrzehntelang war das eher selten der Fall. Die Stadt war gefangen unter einer undurchsichtigen Glocke aus Smog. Die Luftqualität war so katastrophal, dass es lange hieß, Mexiko-Stadt sei die schmutzigste Stadt der Welt. Die Kessellage verhinderte einen schnellen Luftaustausch und hielt die riesigen Mengen Schwefeldioxid und Kohlenmonoxid in der Stadt. ...

Dabei fällt das Atmen wegen der extremen Höhenlage der Stadt auf 2 308 Metern ohnehin schon schwer. ... Um genug Sauerstoff zu bekommen, müssen die Stadtbewohner also noch mehr verschmutzte Luft einatmen. Ein Risiko für die Gesundheit: Allergien und Atemwegserkrankungen sind häufig.

Auch heute gibt es noch Tage, an denen Mexiko im Dunst verschwindet. Und es werden immer noch hohe Konzentrationen krebserregender Stoffe in der Luft gemessen. Aber die ganz schlimmen Tage gibt es nicht mehr. Die Politik hat hier viel tun können: Eine große Ölraffinerie wurde geschlossen. Es wird weniger Müll verbrannt ... und die Autos haben Katalysatoren."

Buth, Christine: Mexiko-Stadt, planet-wissen.de vom 25.06.2021 (30.06.2023)

Mexiko-Stadt und seine Wasserkrise

Margaríta García lebt mit ihrer Familie in Chimalhuacán, in einem Stadtteil mit hoher Arbeitslosigkeit und Armut. Ihr morgendlicher Gang in die Küche oder ins Bad gleicht einem Glücksspiel. An manchen Tagen zischt es nur, wenn sie den Wasserhahn aufdreht. Oder es fließt eine übelriechende, braune Brühe aus der Leitung. „Bei uns gibt es höchstens einmal pro Woche sauberes Wasser und in anderen Stadtteilen wird der Rasen ständig gewässert", ärgert sich Margaríta.

Die Mehrheit der Haushalte in Mexiko-Stadt ist an die reguläre Wasserversorgung angeschlossen. In der Zuteilung des Wassers spiegelt sich aber die soziale Ungleichheit wider. Im Süden und Osten sind gerade ärmere Menschen häufig von Wasser-Tankwagen abhängig oder dazu gezwungen, abgefülltes Trinkwasser in Flaschen hinzuzukaufen.

Mexiko-Stadt liegt in einem Trockenraum auf einer Hochebene. Das Wasser stammt aus anderen Landesteilen oder aus dem Grundwasser. Um die unterirdischen Wasserspeicher zu erreichen, muss immer tiefer gebohrt werden. Durch die steigende Wasserentnahme wird der Untergrund ausgehöhlt. Als Folge der Absenkung treten Brüche und Risse in den Leitungen auf, sodass viel Wasser versickert. Hinzu kommen Verunreinigungen durch Abwässer und Industrieabfälle. Trotz der Wasserknappheit gehen die Bewohner, die regelmäßig Zugang zu Trinkwasser haben, verschwenderisch damit um. Der durchschnittliche Wasserverbrauch pro Kopf liegt bei über 300 Litern – mehr als doppelt so viel wie in Deutschland.

Hoffnung für Mexiko-Stadt

Mit der Verlagerung von Universitäten, Ministerien und Industriebetrieben in andere Städte des Landes ging in den letzten Jahren die wirt-

M13 Smog über Mexiko-Stadt

M15 Wasserknappheit in Mexiko-Stadt

M16 Moderne, abgasarme Metrobusse auf gesonderten Fahrspuren

M17 Vertikale Gärten: bessere Atemluft für die Metropole

schaftliche Bedeutung von Mexiko-Stadt zurück. Seitdem stabilisiert sich aber die Situation. Zudem wurde die **Infrastruktur** ausgebaut. So entwickelte die Stadt 2008 den „Plan Verde". Mit verschiedenen Maßnahmen vom Bodenschutz bis zur Energieversorgung sollen die Ressourcen besser genutzt werden. Gleichzeitig will man auch Verhaltensänderungen bei den Einwohnern erreichen. Zur Verbesserung des öffentlichen Verkehrs investiert die Stadt in den weiteren Ausbau des U-Bahnsystems und in ein Netz neuer Stadtbuslinien. Auf gesonderten Fahrspuren fahren Metrobusse an den endlosen Autoschlangen vorbei. Das Fahrverbot „Hoy no circula" („Heute fährt man nicht") bestimmt, an welchem Tag Privatfahrzeuge in der Stadt nicht fahren dürfen, je nach entsprechender farbiger Plakette. Das Fahrverbot gilt für die gesamte Metropolregion. Aber auch der Einsatz von blei- und schwefelarmen Kraftstoffen und Katalysatoren soll die Luftqualität verbessern.

Kampf gegen Luftverschmutzung: Plan Verde

Ein wesentliches Element des „Plan Verde" ist die Stadtbegrünung. Dieser sieht zum Beispiel vor, 700 Betonpfeiler zu begrünen. Auf den grauen Stützen von Hochstraßen und Brücken sollen „vertikale Gärten" angelegt werden. So können die Grünflächen der Stadt um 40 000 Quadratmeter erweitert werden. Die grünen Pfeiler sollen pro Jahr 27 000 Tonnen Luft filtern. Das bedeutet, dass sich die Belastung mit Feinstaub und Schwermetallen deutlich verringert. Inzwischen zeigen erste Untersuchungen, dass sich die Atemluft in der Nähe der „vertikalen Gärten" tatsächlich verbessert. Eine weitere positive Folge: Auf den ebenfalls begrünten Seitenstreifen unter den Hochstraßen und Brücken sinkt die Zahl der Unfälle. Die städtische Umweltbehörde fördert auch private Initiativen zur Begrünung von Dächern. Außerdem hat sie ein System von Leihfahrrädern eingeführt. Das soll dazu anregen, auf das Auto zu verzichten.

Plan Verde – Wasser

Im Bereich der Wasserversorgung erarbeitet eine Kommission ein nachhaltiges Konzept zur Sicherung der Wasserversorgung ohne Risiko für die künftigen Generationen. Dazu gehören eine neue Preisgestaltung, die Erneuerung des Leitungsnetzes sowie der Bau eines großen Abwasserkanals.

7 ○
Beschreibe die Umweltbelastungen und Wasserprobleme von Mexiko-Stadt.

8 ◒
Erkläre jeweils die Ursachen für die Umweltbelastungen und Wasserprobleme von Mexiko-Stadt.

9 ◒
Erläutere Maßnahmen der Stadt zur Verbesserung der Umweltsituation.

10 ● MK
Die Stadt will „Verhaltensänderungen bei den Einwohnern erreichen." Entwickelt hierzu eine Kampagne zur Stärkung des Umwelt- und Ressourcenbewusstseins.

MK Ein Wirkungsgefüge erstellen

In der Geographie geht es darum, Prozesse im Raum zu erfassen. Es gilt, Ursache-Folge-Wirkungen aufzudecken. Häufig ist es schwierig, derartige Zusammenhänge nur mit Worten zu erklären. Es kann hilfreich sein, die Beziehungen und Prozesse zu visualisieren, das heißt zeichnerisch zu veranschaulichen. Hierzu dient die Erstellung eines Wirkungsgefüges. Damit lassen sich Zusammenhänge nicht nur klar herausarbeiten, sie lassen sich auch besser einprägen.

M1 Wirkungsgefüge

Jana sitzt zu Hause in ihrem Zimmer und will einen Kurzvortrag über die Ursachen der dynamischen Verstädterung vorbereiten.
Die Seite in ihrem Schulbuch steckt voller Informationen. Den Text hat sie schon mehrfach gelesen und eine Menge Ideen im Kopf. Trotzdem fällt es ihr schwer, einen Anfang zu finden. Vielleicht ist es dir auch schon einmal so ergangen. Mit einem Wirkungsgefüge kannst du hier schnell zum Ziel kommen.
Im Unterschied zu einer Concept Map lassen sich damit Ursache-Folge-Beziehungen darstellen. Der Vorteil: Du kannst am Beispiel der Verstädterung Einflussgrößen und ihr Zusammenwirken aufzeigen. Versuch es doch einmal!

Beispielaufgabe: Erstelle ein Wirkungsgefüge zu den Einflussfaktoren der Landflucht in Lateinamerika (Push-Faktoren).

1. Schritt: Zielsetzung klären

Lies die Aufgabe genau durch und erfasse die Problemstellung. Achte darauf, welche Zusammenhänge im Wirkungsgefüge dargestellt werden sollen.

Zielsetzung der Aufgabe: In dem Wirkungsgefüge ist das Geflecht von Einflussfaktoren darzustellen, die zum Wegzug der Menschen aus dem ländlichen Raum führen.

2. Schritt: Stichwörter sammeln

Sammle ausgehend von der Problemstellung alle Stichwörter, die dir in diesem Zusammenhang einfallen. Notiere sie auf Kärtchen.

Beispiel: Arbeitslosigkeit, geringes Einkommen, fehlende Arbeitsplätze, kaum Bildung, schlechte Wohnbedingungen, etc.

3. Schritt: Stichwörter ordnen

Wähle geeignete Stichwörter aus. Sortiere die Kärtchen nach über- und untergeordneten Begriffen. Finde zunächst den Begriff, der die wesentlichsten Merkmale einer Sache umfasst. Ordne dem weitere Begriffe zu. Ergänze weitere untergeordnete Begriffe auf neuen Kärtchen.

4. Schritt: Zusammenhänge durch Pfeile verdeutlichen

Welche Zusammenhänge bestehen zwischen den einzelnen Begriffen? Achte auf Ursachen und Auswirkungen. Verschiebe die Kärtchen so, dass du möglichst viele Begriffe mit Pfeilen verbindest.

5. Schritt: Zusammenhänge erklären

Begründe ausgewählte Zusammenhänge, die von dir durch Pfeile markiert wurden. Wenn du in der Gruppe gearbeitet hast, kannst du die möglichen Alternativen diskutieren und das gemeinsame Ergebnis vergleichen.

Beispiel: Weil die Menschen auf dem Lande kaum über Eigentum verfügen und Arbeitsplätze fehlen, haben sie nur ein geringes Einkommen oder sind arbeitslos. Sie können sich kaum eine Ausbildung leisten.

6. Schritt: Überschrift formulieren

Ergänze das Wirkungsgefüge durch eine Überschrift. Beachte, dass ein Wirkungsgefüge immer nur eine Vereinfachung der Wirklichkeit darstellt. Das Wirkungsgefüge (siehe Übersicht Einflussfaktoren der Landflucht in Lateinamerika) kann zum Beispiel durch weitere Eintragungen ergänzt werden.

M2

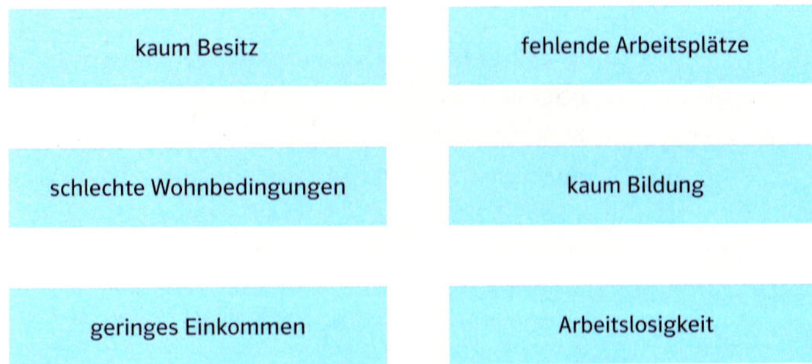

M3

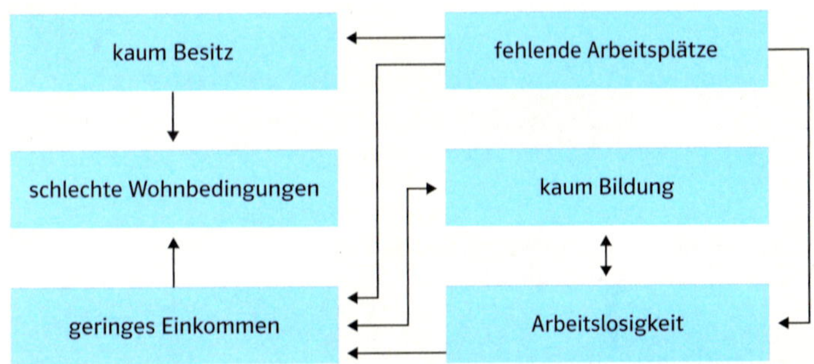

M4

Einflussfaktoren der Landflucht in Lateinamerika

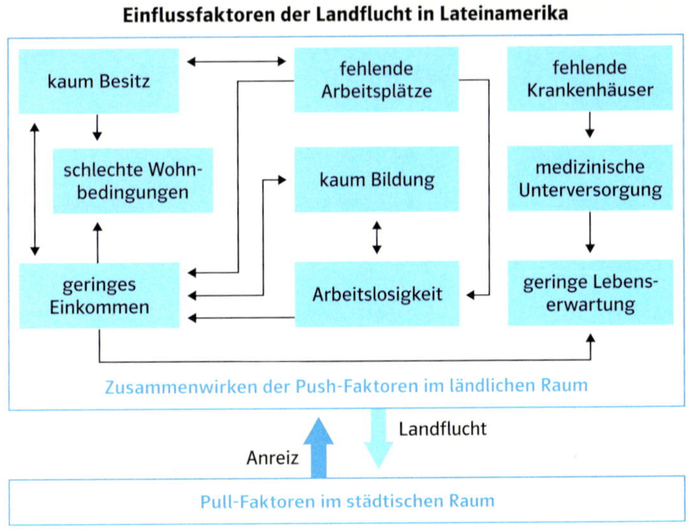

1

Erstellt ein Wirkungsgefüge zu den Pull-Faktoren. Nutzt dazu die folgenden Begriffe: höhere Löhne, Wohnmöglichkeiten, viele Jobangebote, Sicherheit, Bildungsmöglichkeiten, informeller Sektor in der Stadt, Gesundheitssystem, Kultur- und Freizeitangebot, Möglichkeit des Familiennachzugs, Aufstiegschancen.

São Paulo – Gegensätze auf engstem Raum

In vielen Megastädten liegen Wohnviertel der wohlhabenden und armen Menschen häufig dicht nebeneinander. Das Leben in diesen Stadtvierteln kann unterschiedlicher nicht sein. Solche Ungleichheiten hast du bereits in Kapitel 7 auf globaler Ebene untersucht. Wie erlebt der Einzelne diese „Disparitäten" in einer Megastadt?

1 Wähle eine der städtischen Siedlungsformen aus.

A Slum (Favela)
a) Beschreibe anhand von fünf Begriffen einen Slum (Favela) ○
b) Charakterisiere anhand der folgenden Kriterien die Situation von Ricardo: Ernährung, Gesundheit, Bildung, Einkommen, Freizeitgestaltung. ◒
c) Beurteilt die Lebenschancen von Ricardo. ●

B Gated Community
a) Beschreibe anhand von fünf Begriffen eine Gated Community. ○
b) Charakterisiere anhand der folgenden Kriterien die Situation von Gabriela: Ernährung, Gesundheit, Bildung, Einkommen, Freizeitgestaltung ◒
c) Beurteilt die Lebenschancen von Gabriela. ●

AFB I: Aa, Ba AFB II: Ab, Bb AFB III: Ac, Bc

M1 Ricardo

Ricardo während einer Tätigkeit im informellen Sektor

A Ricardo ist ein 16-jähriger Junge, der in der Favela Paraisópolis in São Paulo aufwächst. Er wohnt in diesem Armutsviertel mit seinen beiden Geschwistern, den Eltern und der Oma in einer einfachen Hütte. Um Geld zu verdienen, arbeitet Ricardo nach der Schule in einem kleinen Laden. Er schleppt schwere Kisten, hilft beim Einräumen der Waren, verkauft auf der Straße Speiseeis oder Lose der staatlichen Lotterie. Wenn die Geschäfte nicht gut laufen, wird er entlassen. Die Arbeit ist schlecht bezahlt, aber er ist froh, überhaupt einen Job zu haben. Abends fällt er todmüde ins Bett. Trotzdem steht er jeden Morgen früh auf und geht zur Schule. Er will einen guten Abschluss schaffen, träumt davon, Baumeister oder Architekt zu werden. In der Schule herrscht häufig Chaos: Mal fehlen Lehrer, dann wieder Schreibmaterial und Bücher. Die Toiletten sind in einem miserablen Zustand. Auf dem Schulweg muss Ricardo äußerst vorsichtig sein. In seiner Favela gibt es immer wieder Schlägereien, Überfälle und Gewaltverbrechen. Er hat sich einer Clique von Gleichaltrigen angeschlossen, die sich gegenseitig schützen. Einige seiner Kumpels begehen gelegentlich auch Diebstähle oder verkaufen Drogen. Ricardo hält sich von solchen Dingen fern. Abends muss Ricardo oft mithelfen, Essen für die Familie zu beschaffen. Frische Lebensmittel gibt es selten, auch sind sie zu teuer. Die Speisen zu fett, die Getränke zu süß – so sieht in der Regel der Küchenzettel aus. Trotz aller Herausforderungen bleibt Ricardo voller Hoffnung, durch harte Arbeit und Bildung eine bessere Zukunft für sich und seine Familie schaffen zu können.

Die Favela Paraisópolis
Mitten in Morumbi, einem der reichsten Stadtteile von São Paulo, liegt die Favela Paraisópolis. Auf dem nur einen Quadratkilometer großen städtischen Land sollte um 1920 eine Siedlung für Wohlhabende von São Paulo entstehen. Das an vielen Stellen sehr steile Gelände fand aber keine Interessenten. Die Erdrutschgefahr war zu hoch. Im Laufe der Jahre siedelten sich illegal Zuwanderer vor allem aus dem ländlichen Nordosten des Landes an. Extrem dichte Besiedlung, marode Bausubstanz, offene Abwasserkanäle sowie eine hohe Kriminalitätsrate prägten die Favela mit ihren heute über 80 000 Bewohnern. Vor wenigen Jahren wurden im Rahmen eines „Slum-Upgradings" Maßnahmen durchgeführt, um Paraisópolis aufzuwerten. Viele Hütten wurden durch Ziegelbauten ersetzt, Straßen asphaltiert, die Siedlung an das städtische Busnetz angeschlossen sowie Gesundheitsstationen eingerichtet. Die illegale Landnahme wurde legalisiert, den Bewohnerinnen und Bewohnern wurden Eigentumsrechte zuerkannt.

M2 São Paulo – die Favela Paraisópolis auf der einen Seite und eine Gated Community auf der anderen Seite

M3 Gabriela

Gabriela während einer Freizeitbeschäftigung

B Gabriela ist ein 16-jähriges Mädchen, das in einer Gated Community in Morumbi, einem der reichsten Stadtteile von São Paulo, lebt. Die Wohnanlage ist von hohen Mauern umgeben. Videoanlagen überwachen das gesamte Areal und den Eingangsbereich. Wachleute sorgen dafür, dass nur berechtigte Personen Zugang erhalten. Das alles gibt Gabriela ein Gefühl von Sicherheit. In der Community gibt es viele Freizeitangebote wie ein Schwimmbad, einen Tennisplatz und ein Fitnessstudio, dazu eine Diskothek, verschiedene Bars, Restaurants und ein Kino. Gabriela trifft sich häufig mit ihren Freundinnen und Freunden in diesen Einrichtungen. Gemeinsam genießen sie unbeschwert ihre Freizeit.
Gabriela besucht eine sehr gut ausgestattete Privatschule, die zwischen den Appartementblöcken und Villen errichtet wurde. Der Schulbesuch ist teuer. Das gilt auch für die moderne Privatklinik in unmittelbarer Nähe. Innerhalb der Community gibt es auch Einkaufsmöglichkeiten. Hier werden täglich frische Lebensmittel, Obst und Gemüse angeliefert. Manchmal bedauert Gabriela, dass sie so abgeschieden von der Stadt „da draußen" lebt. Wenn sie zum Shopping in die City will, nimmt sie sich ein Taxi. Der Fußweg entlang der Favela Paraisópolis ist ihr zu gefährlich. Sie weiß wenig über das Leben, über die Armut in der Favela. Von dort kommen jeden Tag eine Köchin, ein Fahrer und zweimal die Woche eine Putzfrau, die bei ihren Eltern angestellt sind. Mit denen unterhält sie sich gelegentlich. Insgesamt genießt Maria ihr Leben in der Gated Community und schätzt die Geborgenheit und Gemeinschaft, die sie bietet. Sie blickt sorgenfrei in die Zukunft.

Gated Community
Gated Communities entstehen als Folge sozialer Gegensätze in Städten. Dabei haben sich verschiedene Typen dieser Wohnform entwickelt.
Safety-Zone-Communities: Aus Angst vor erhöhter Kriminalität geschaffene Wohnanlagen, in denen der Schutz der eigenen Person und des eigenen Besitzes im Fokus stehen.
Lifestyle-Communities: Hier finden sich in der Regel höher gestellte soziale Schichten zusammen. Die Bewohnerinnen und Bewohner sind häufig auch im gleichen Alter. Sie haben die gleichen Erwartungen an die Gestaltung der Wohnanlage und des gesellschaftlichen Lebens. Beispiele sind Seniorensiedlungen, Golf-Communities oder Anlagen für junge Familien.
Elite- oder Prestige-Communities: Wohnanlagen für sehr wohlhabende Menschen mit erhöhtem Sicherheitsbedürfnis. Sie wollen „unter sich" sein und ihren Reichtum öffentlich zeigen.

Wichtige Begriffe

- Agglomerationen
- Flächenbedarf
- Gated Communities
- informeller Sektor
- Infrastruktur
- Landflucht
- Megacity / Megastadt
- Metropol
- Pull-Faktoren
- Push-Faktoren
- Slum
- Verstädterung

M1 São Paulo – Gegensätze auf engstem Raum

Sich orientieren

1 Staaten gesucht

a) Ordne die folgenden Metropolen jeweils den Staaten zu, in denen diese liegen:
Dhaka, Karachi, Lagos, Kinshasa, Guangzhou, Buenos Aires, Manila, Istanbul, Tianjin, Bogota.

b) Nenne die unter a) genannten Metropolen, die in Asien liegen.

c) Nenne für folgende Staaten mindestens zwei große Metropolen: Brasilien, Indien, USA.

Kennen und verstehen

2 Landflucht

Ordne die folgenden Begriffe jeweils den Push- oder Pull-Faktoren zu. Doch Vorsicht: Nicht alle der genannten Faktoren sind für die Eintragung geeignet.
Natur, saubere Luft, Schulen, Krankenhäuser, soziale Enge, Arbeitsmöglichkeiten, Straßenbau, Licht, Wasser, schlechte Versorgung, schlechte Verdienstmöglichkeiten, Maschineneinsatz in der Landwirtschaft.

3 Nenne die Begriffe

a) immer mehr Menschen leben in Städten

b) Zahl, die angibt, um wieviel Prozent der Anteil der städtischen Bevölkerung in einem bestimmten Zeitraum gewachsen ist

c) randstädtisches Auffanglager mit geringer Infrastruktur

4 Richtig oder falsch?

Überprüfe die falschen Aussagen und schreibe sie richtig auf.

a) Push-Faktoren sind Gründe, die die Attraktivität von Städten anzeigen.

b) Zum informellen Sektor gehören Menschen, die in Großbetrieben tätig sind.

c) Noch heute sind die Zeugnisse der Azteken in Mexiko-Stadt zu erkennen.

d) Weniger als die Hälfte der Weltbevölkerung lebt heute in Städten.

5 Megacitys

Erkläre Ursachen für das Wachstum einiger Städte zu Megacitys.

6 Folgen der Verstädterung

Nenne negative und positive Auswirkungen der globalen Verstädterung.

7 Verstädterung und informeller Sektor

Erkläre die Zusammenhänge zwischen der Verstädterung in den Entwicklungsländern und dem informellen Sektor.

Fachmethoden anwenden

8 Bilder auswerten

a) Beschreibe mithilfe des **Fotos M1** die unterschiedlichen Lebensbedingungen der Einwohnerinnen und Einwohner São Paulos.

b) Erläutere Probleme, die sich aus dem Zusammenleben unterschiedlicher Lebenswelten ergeben.

9 Diagramme auswerten

Arbeite mit den **Diagrammen M4** und **M5**:

a) Beschreibe die jeweils erkennbaren Entwicklungen.

M2 Karikatur – Gated Community

M3 Händler am Strand

M6 Beide bei der Arbeit?

M4 Städtische und ländliche Bevölkerung der Welt, 1950 – 2050

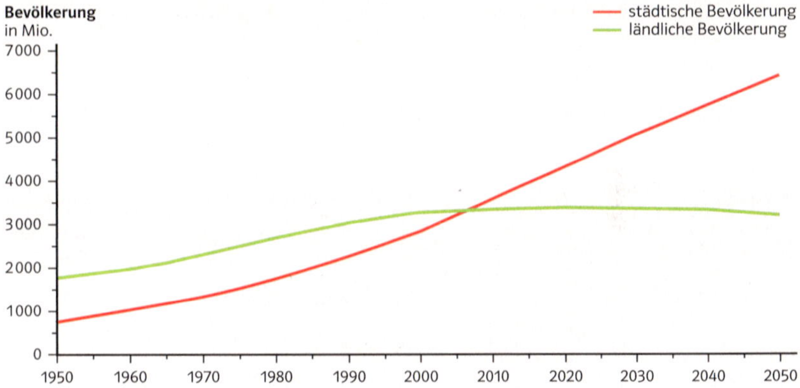

b) Erkläre die unterschiedliche Entwicklung der Land- und Stadtbevölkerung im Diagramm Städtische und ländliche Bevölkerung der Welt, 1950 – 2050.

c) Erkläre die Ursachen für die Veränderung der Stadtbevölkerung im Diagramm Wachstum der städtischen Bevölkerung nach Stadtgrößenklassen.

M5 Wachstum der städtischen Bevölkerung nach Stadtgrößenklassen

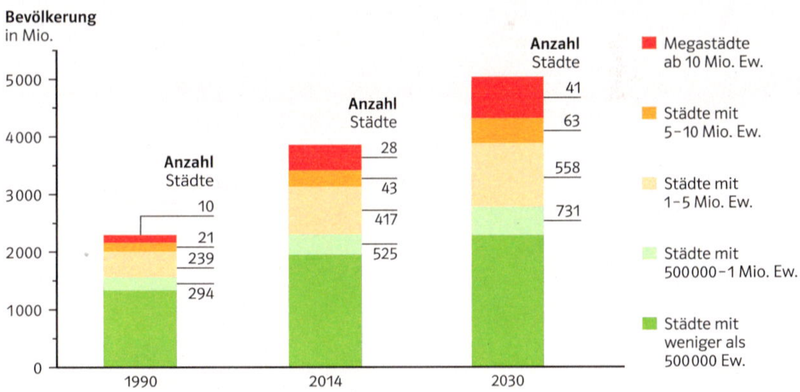

Beurteilen und bewerten

10 **Arbeite mit der Karikatur M 2.**
Beurteile die Karikatur.

11 **Informeller Sektor**
Sollte man den informellen Sektor legalisieren oder verbieten? Begründe deine Meinung aus der Sicht der Betroffenen in den beiden **Fotos M 3** und **M 6**.

Jetzt kannst du ...

- das weltweite Phänomen der Verstädterung darstellen;
- an einem Beispiel Ursachen und Folgen der Verstädterung erklären;
- ausgewählte Megastädte nennen und den jeweiligen Staaten zuordnen.

11

Globalisierung – die ganze Welt, ein Markt

M1 Containerhafen von Singapur – eine Drehscheibe des globalen Güterverkehrs

Wenn wir ein Smartphone kaufen, so hat dieses einen langen Weg um die halbe Welt hinter sich. Denn es werden Rohstoffe und Bauteile verwendet aus den verschiedensten Regionen und Ländern der Erde. Die Endproduktion geschieht vor allem in Nordamerika und in Ostasien. Das ist nur ein Beispiel für das, was wir Globalisierung nennen. Sie bedeutet die Entstehung intensiver weltweiter Verflechtungen in allen Wirtschaftsbereichen sowie im Verkehr, in Politik, Finanzen, Kultur und Umwelt. Eine bedeutende Grundlage des Globalisierungsprozesses ist neben der rasant zunehmenden Vernetzung der Welt durch die Digitalisierung auch der Welthandel, also der globale Austausch von Gütern. Die Globalisierung bietet viele Möglichkeiten, aber sie birgt auch zahlreiche Risiken.

M2 Smartphone-Auswahl in einem Technik-Markt

Das kennst du schon!

- anhand eines Industriestandorts Voraussetzungen und Auswirkungen industrieller Produktion erläutern
- lösungsorientierte, nachhaltige Handlungsmöglichkeiten erläutern

Fairer Welthandel? – Beispiel Kakao

Thea stöbert im „Weltladen". Die Schokolade sieht köstlich aus, aber bei dem Preis vergeht ihr beinahe der Appetit! Die Verkäuferin erklärt, dass die Fairtrade-Schokolade im Gegensatz zur gewöhnlichen Schokolade keinen „bitteren Beigeschmack" habe. Was bedeutet das? Thea beschließt sich genauer über den Kakaoanbau zu informieren.

M1 Kakaobaum

M3 Von der Pflanzung in den Laden

M2 Zusammensetzung des Verkaufspreises von Schokolade

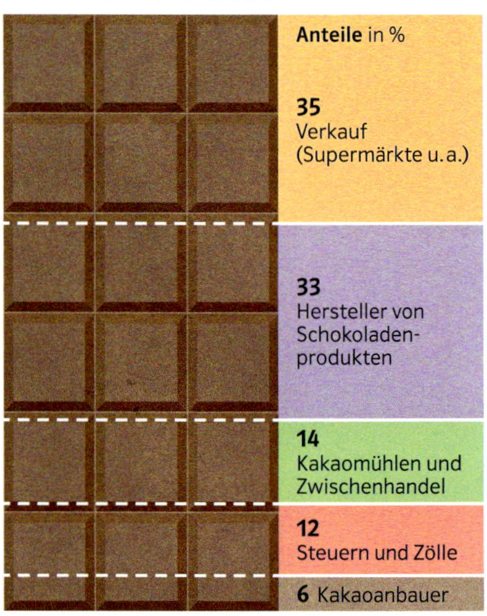

M4 Weltmarktpreis für Rohkakao

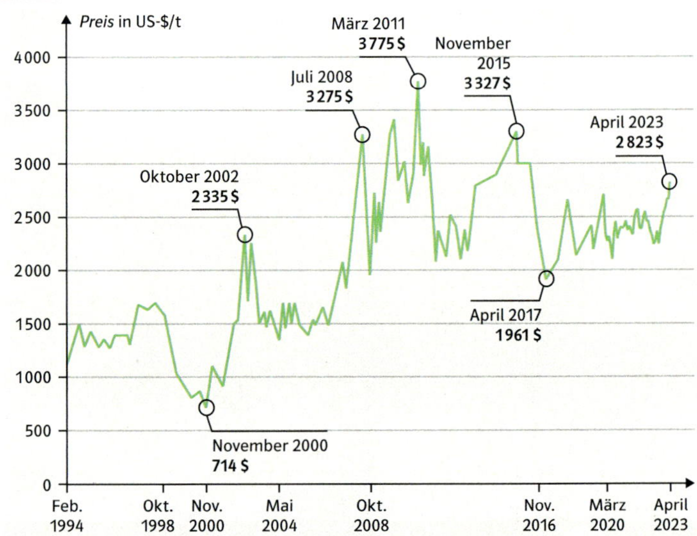

M5 Führende Exportländer von Kakao, 2021

	Exportmenge in 1000 t
Côte d'Ivoire (Elfenbeinküste)	1681
Ghana	586
Nigeria	345
Ecuador	330
Kamerun	251
Welt	3350

Nach Statista, 2023

M6 Rohkakaoanbau weltweit

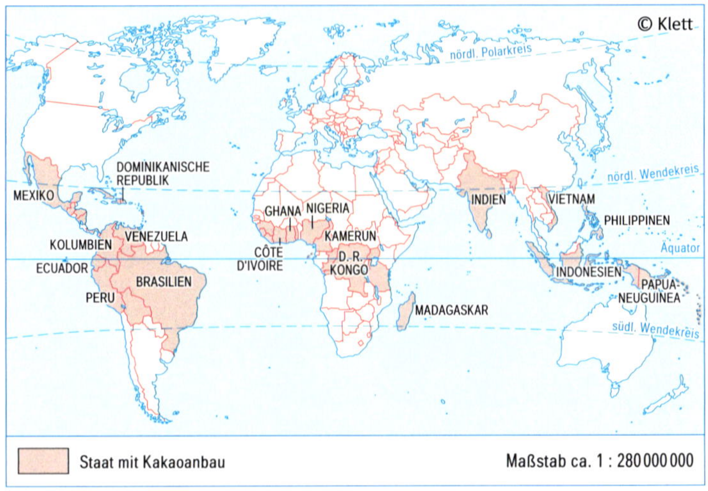

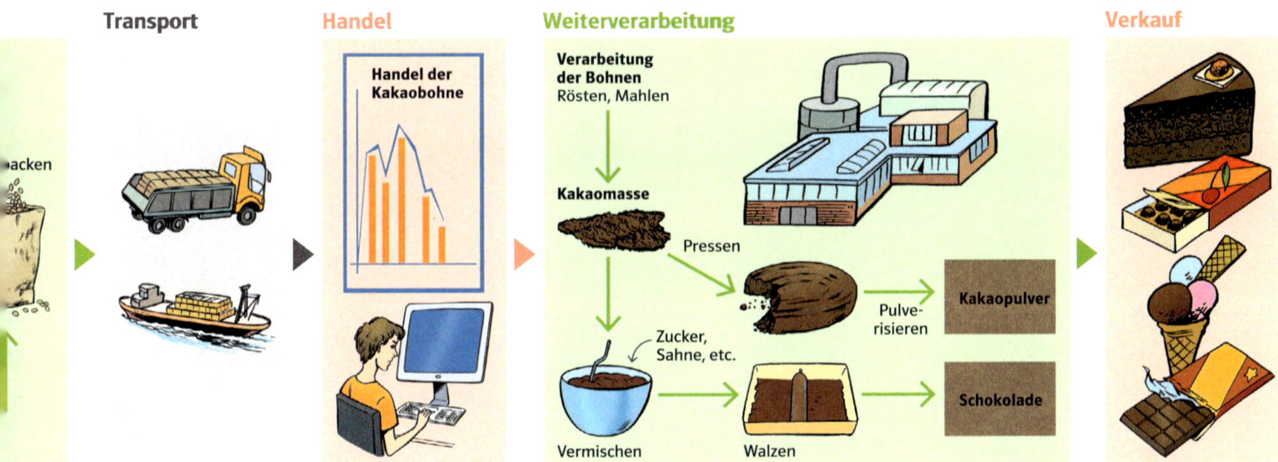

1

Von der Pflanzung in den Verkauf:

A Beschreibe den Weg des Kakaos von der Pflanzung in den Laden mithilfe des **Schemas M3**. ○

B Du kaufst eine Tafel Schokolade für 80 Cent. Arbeite heraus, wie viel Cent an die einzelnen Akteure des Anbau-, Herstellungs- und Verkaufsprozesses gehen (**Grafik M2**, **Schema M3**). ◒

2 🔑

Weltmarktpreise:

a) Beschreibe die Entwicklung des Weltmarktpreises für Rohkakao (**Diagramm M4**). ○

b) Erläutere, welche Auswirkungen die Preisentwicklung für die Kleinbauern hat.

M7 Côte d'Ivoire (Elfenbeinküste)

M8 Entwicklungsstand Côte d'Ivoire (Elfenbeinküste) 2021/2022

Fläche	322 463 km^2
Bevölkerung	27,7 Mio.
Bruttoinlandsprodukt (BIP)	70,0 Mrd. US-$
BIP pro Kopf	2 468 US-$
Beschäftigtenanteil: • Primärer Sektor • Sekundärer Sektor • Tertiärer Sektor	 40,2 % 12,8 % 47,0 %
Wichtigste Exportgüter: • Kaffee, Tee, Kakao, Gewürze • Gold • Erdöl, Erdölerzeugnisse • Gemüse und Früchte	 41,5 % 11,8 % 10,3 % 9,0 %
Lebenserwartung	61,8 Jahre
Alphabetisierungsrate	47 %
Human Development Index (HDI)	0,550 → Rang 159

Nach WKÖ: Länderprofil Elfenbeinküste, 2023

M9 Problematischer Kakaoanbau

„Der Anbau von Kakao erfolgt zu 90 Prozent in kleinbäuerlichen Betrieben, die zwei bis fünf Hektar Land bewirtschaften. Die Kakaobäuerinnen und -bauern in Côte d'Ivoire leben in extremer Armut: Viele Haushalte kommen nur auf ein Monatseinkommen von umgerechnet 172 Euro, von denen 99 Euro aus dem Kakaoanbau stammen. In einer Studie gab ein Drittel der Befragten an, über das Jahr hinweg nicht genug zu essen zu haben. Außerdem ist die Auswahl an nährstoffreichen Nahrungsmitteln beschränkt. Eine weitere Folge der Armut ist Kinderarbeit. 540 000 Mädchen und Jungen im Alter von fünf bis 17 Jahren müssen in Côte d'Ivoire gefährlichen Tätigkeiten nachgehen, unter anderem im Kakaoanbau. ...“

Bundesministerium für wirtschaftliche Zusammenarbeit und Entwicklung: Mehr Einkommen und ausgewogenere Ernährung für Kakaobauern in Westafrika (30.06.2023)

M10 Moussa berichtet von seiner Arbeit auf einer Kakaoplantage

Mein Name ist Moussa, ich bin 14 Jahre alt und komme aus Côte d'Ivoire. Seit zwei Jahren gehe ich nicht mehr zur Schule, weil ich auf einer Kakaoplantage arbeite. Meine Familie braucht das Geld dringend. Der Verdienst meines Vaters reicht nicht aus, um uns vier Geschwister und meine Eltern zu ernähren.
Auf der Plantage arbeiten viele Kinder, schätzungsweise sind es über ein Drittel der Kinder des Dorfes. Unsere Schicht dauert von 7 bis 18 Uhr. Abends bin ich immer ganz geschafft von der schweren Arbeit. Die Säcke mit den geernteten Kakaobohnen, die wir tragen müssen, wiegen mehrere Kilo. Auch das Unkrautjäten mit der Machete ist sehr anstrengend. Manchmal verlangt der Besitzer der Plantage von uns Kindern sogar, dass wir Pestizide versprühen. Dann versuche ich, so gut es geht die Luft anzuhalten, um nicht so viel husten zu müssen.
Im Vergleich zu meinem Vater, der auf der gleichen Plantage arbeitet, verdiene ich deutlich weniger Geld. Letzten Sommer habe ich einen noch geringeren Lohn erhalten, weil die Erntemenge aufgrund der starken Dürre erheblich zurückgegangen ist.
Wenn ich erwachsen bin, möchte ich Politiker werden, um die Situation in unserem Land zu verbessern. Dann werde ich Kinderarbeit verbieten!
Außerdem würde ich unglaublich gerne einmal von der fertigen Schokolade kosten. Sie soll süß schmecken und auf der Zunge zergehen.

3 ○
Strukturdaten Côte d'Ivoire (Elfenbeinküste):
a) Beschreibe die Lage der Côte d'Ivoire (**Karte M7** und Atlas).
b) Arbeite den Entwicklungsstand des Landes heraus (**Tabelle M8**).

4 ◒
Erläutere die Bedeutung des Kakaoanbaus für die Côte d'Ivoire (**Tabelle M5**, **Tabelle M8**).

M11 Absatzentwicklung von Fairtrade-Kakao in Deutschland (in Tonnen)

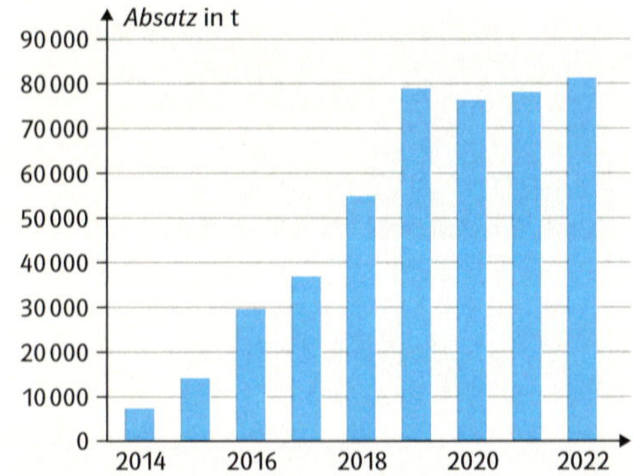

M13 Fairtrade-Kakaoanbau

M15 Rohstoff-Siegel „Fairtrade Cocoa"

M12 Fairtrade-Richtlinien

- stabile Einkommen durch Zahlung von Mindestpreisen und Prämien
- ausdrückliches Verbot von ausbeuterischer Kinderarbeit und Zwangsarbeit
- geregelte Arbeitsbedingungen
- Zusammenschluss mehrerer Kakao-Bauern in demokratisch organisierten Kooperativen
- Mitspracherecht der Bauern (z. B. in Bezug auf Anschaffungen oder soziale Projekte)
- Beratungsangebot durch Fairtrade-Produzentennetzwerke
- leichter Zugang zu (Mikro-)Krediten
- Steigerung der Produktivität und Qualität durch Investition von 25 % der Fairtrade-Prämien
- umweltschonender Anbau: Verbot gefährlicher Pestizide, kein gentechnisch verändertes Saatgut etc.

Verändert nach: TransFair e. V. 2020

M14 Koffi berichtet von der Arbeit seines Vaters als Fairtrade-Bauer

Ich heiße Koffi, bin 14 Jahre alt und lebe in einem Dorf im Südwesten von Côte d'Ivoire. Zusammen mit meinen fünf Geschwistern besuche ich täglich die Schule. Darauf legt unser Vater großen Wert, schließlich sollen wir später einmal einen guten Beruf erlernen.
Mein Vater besitzt als Kleinbauer Kakaobäume. Er verdient nicht viel, aber wir haben genug zu essen. Wir können sogar etwas Geld sparen. Das alles ist nur möglich, weil sich mein Vater schon vor einigen Jahren einer Fairtrade-Genossenschaft angeschlossen hat, der auch andere Bauern aus dem Dorf beigetreten sind. So erhält er für den angebauten Kakao einen garantierten Preis, der über dem Weltmarktpreis liegt. Einmal im Monat trifft sich mein Vater mit den anderen Kakaobauern der Kooperative, um gemeinsam zu entscheiden, wie der Mehrerlös des fairen Handels für die Dorfgemeinschaft investiert werden soll. Im vergangenen Jahr konnte ein Brunnen gebaut werden. Aktuell ist eine kleine Krankenstation geplant.
Ich bin sehr stolz auf meinen Vater und möchte mich später ebenfalls für unser Dorf einsetzen, allerdings nicht als Bauer, sondern als Ingenieur.

5 ◒
Vergleiche die Lebensbedingungen von **Moussa** (M 10) und **Koffi** (M 14).

6 ◒
Erkläre, warum gewöhnliche Schokolade einen „bitteren Beigeschmack" hat.

7 ●
Beurteilt, ob und inwiefern der Fairtrade-Kakaoanbau die einzelnen Nachhaltigkeitsdimensionen berücksichtigt (M 12).

8 ◒
Welche Schokolade bevorzugst du: normale oder Fairtrade-Schokolade? Begründe deine Entscheidung.

Der weite Weg der Jeans

Bis du deine Jeans anziehst, ist sie weltweit durch viele Hände gegangen. Der weltweit getragene Modeartikel ist ein Produkt internationaler Arbeitsteilung. Dabei wird der Arbeitsprozess ohne Rücksicht auf nationale Grenzen weltweit in Teilprozesse zerlegt und diese werden an Standorten mit den günstigsten Bedingungen ausgeführt. Flexible und billige Arbeitskräfte, leichter Zugang zu Rohstoffen und Transportwegen sowie niedrige Umweltstandards sind die ausschlaggebenden Standortfaktoren. Der weite Weg der Jeans – ein fairer Weg?

M1 Eine Jeans geht durch viele Hände: Näharbeiten in China (A); Stonewashing in Bangladesch (B); Verkauf im Jeans-Store in Stuttgart (C)

Der Produktionsprozess einer Jeans erfolgt in einzelnen Arbeitsschritten, die an unterschiedlichen Standorten dieser Welt mit den jeweils günstigsten Bedingungen stattfinden. Man spricht von einer arbeitsteiligen Produktion, während der z.T. Zehntausende Transportkilometer zurückgelegt werden. Dieses **Outsourcing** wirkt sich in Schwellenländern durchaus positiv aus, indem hier neue Industrien entstehen. In weniger entwickelten Ländern werden die Produktionsstätten dagegen kaum in den Binnenmarkt integriert. Aufgrund der geringen Löhne bleiben die Menschen arm. Auch in den Industrieländern hat der Prozess Folgen: zum einen den Verlust an Arbeitsplätzen im Billiglohnsektor, zum anderen das Schrumpfen ganzer Industriezweige, wie hier der Textilindustrie.

M2 Lebensweg einer Jeans (vereinfachte Darstellung)

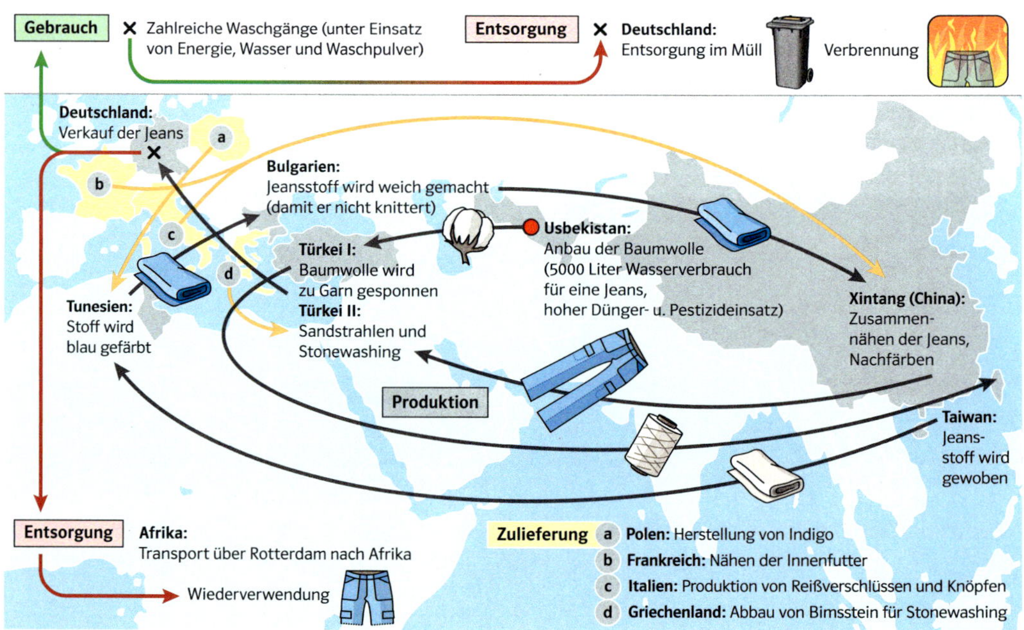

M3 Nähen für den Weltmarkt

Sabrina, Näherin in Bangladesch:
Ich fange morgens um acht Uhr an und arbeite dann den ganzen Tag. Eigentlich endet die Arbeitszeit um halb fünf, doch wir müssen fast immer Überstunden machen. Bezahlt werden aber immer nur acht Stunden, selbst wenn wir neun oder zehn Stunden schuften. Manchmal müssen wir auch nachts arbeiten, das geht dann bis drei Uhr morgens. Ich nähe T-Shirts, Hemden oder Hosen, die in Europa oder den USA verkauft werden. Fertigtextilien wie bei uns sind mit fast 75 Prozent das wichtigste Exportgut von Bangladesch. In mehr als 4000 Kleiderfabriken arbeiten in unserem Land fast zwei Millionen Menschen, 85 Prozent davon sind Frauen wie ich selbst. Von sozialen Mindeststandards können wir Näherinnen nur träumen. In vielen Fällen bekommen wir nicht einmal Krankenurlaub. Dennoch bin ich zufrieden: Ich habe Arbeit trotz fehlender Ausbildung und verdiene mein eigenes Geld, mit dem ich meine Familie versorgen kann. Sonst müsste ich Feldarbeit auf dem Land verrichten – für mich keine Alternative!

M4 Textilindustrie: nächster Halt Äthiopien

„Ein kurzer Blick ins Innere unserer Kleidung verrät uns, wo das T-Shirt ... oder die Hose hergestellt wurde. Immer öfter steht auf den ... Etiketten ...: Made in Ethiopia. Äthiopien mag eines der 20 ärmsten Länder der Welt sein, doch die Wirtschaft wächst rasant. ... Das ostafrikanische Land [ist] auf dem besten Weg ..., Afrikas Zentrum für Textilproduktion zu werden. ... Mehr als 30 gigantische Industrieparks sollen die Welt im Jahr 2025 mit Kleidung ... versorgen. ... Dass dafür keine hohen Löhne fällig werden, ist ein wichtiger Teil [der Regierung]. In Bangladesch ... verdienen Arbeiter mehr als dreimal so viel wie in Äthiopien. In China ist es sogar mehr als das Zehnfache. Weniger als in Äthiopien wird in der Branche sonst nirgends gezahlt."

Frederik Fleig: Nächster Halt Äthiopien, Deutsche Welle vom 16.05.2019 (16.05.2023)

M5 Anteile am Verkaufspreis einer Jeans

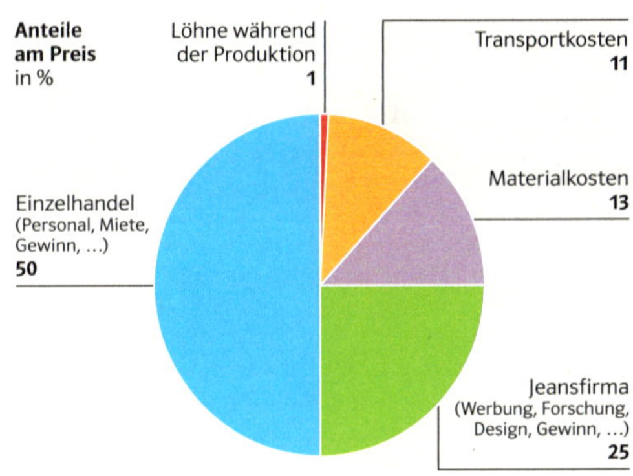

1 ○
Beschreibe den Lebensweg einer Jeans (**Grafik M2**).

2 ◒ 🔑
Erläutere die Folgen der globalen Verflechtungen bei der Jeansproduktion. Berücksichtige dabei wirtschaftliche, soziale und ökologische Aspekte (**Grafik M2, Text M3, Grafik M5**).

3 ● 👥
Erörtert am Beispiel der Jeansproduktion die Frage, wer Gewinner oder Verlierer der Globalisierung ist.

Welthandelsströme und wirtschaftliche Zusammenschlüsse

Die ganze Welt ist ein riesiges Kaufhaus. Waren werden weltweit produziert, verkauft und über die ganze Welt bewegt. Transport und Logistik setzen kaum Grenzen und fast alle Waren können so an jeden Ort der Welt transportiert werden. Internationale Handelsbündnisse vereinfachen den Warenaustausch und festigen damit die Wirtschaftsbeziehungen zwischen den Partnerländern. Aber es kann auch zu Störungen kommen, wie die Corona-Pandemie gezeigt hat.

WTO (World Trade Organization)
Sie soll die wirtschaftliche Zusammenarbeit und Gestaltung weiterer Handelsbeziehungen durch verbindliche Regelungen organisieren. Durch Handelsabkommen soll der Welthandel überwacht werden. Wird einem Staat z. B. ein Vorteil eingeräumt, muss dieser auch für alle anderen Mitglieder gelten. In Streitfällen kommt es zu einem Schlichtungsverfahren.

Die internationalen Warenströme sind ständig im Wandel, abhängig von Wirtschaftskrisen oder wirtschaftlichem Aufschwung. Die Exporte und Importe konzentrieren sich auf die drei großen Wirtschaftsregionen der Erde: Asien, Nordamerika und Europa. Gerade Asiens Wirtschaftszentren Indien und China zeigen in jüngster Vergangenheit die größte Dynamik im Handelsaufkommen. Deutschland, zwischen 2003 und 2008 sowie im Jahr 2016 globaler Exportweltmeister, wurde mittlerweile von anderen Nationen verdrängt und liegt inzwischen auf Platz 3 hinter China und den USA.

Wirtschaftliche Zusammenschlüsse

Um ihre wirtschaftliche Macht zu stärken und das Handelsvolumen zu vergrößern, bilden Staaten Zusammenschlüsse und schließen Handelsabkommen miteinander. Die Mitgliedsstaaten einer Freihandelszone erheben untereinander keine Zölle und errichten auch keine anderen Handelshemmnisse. Gegenüber außenstehenden Staaten kann jedoch jedes Mitglied selbstständig Zölle festlegen, was für viele Entwicklungsländer zum Nachteil wird und zu einem globalen Ungleichgewicht im Welthandel führt. Die EU bildet eine Ausnahme bei den wirtschaftlichen Zusammenschlüssen, da ihre Mitgliedstaaten auch auf politischer Ebene zusammenarbeiten.

Politische Zusammenarbeit kann also der wirtschaftlichen Zusammenarbeit einen stabilen Rahmen geben. Umgekehrt gilt aber auch, dass politische Differenzen negativen Einfluss auf wirtschaftliche Kooperation nehmen können. Dazu zählt beispielsweise, wenn nach einer Wahl die neue Regierung eines Landes das nationale Interesse in den Vordergrund stellt und die internationale Kooperation mit Wirtschaftspartnern als nachteilig für das eigene Land darstellt.

M1 Anteile einzelner Regionen am gesamten Welthandel seit 1948

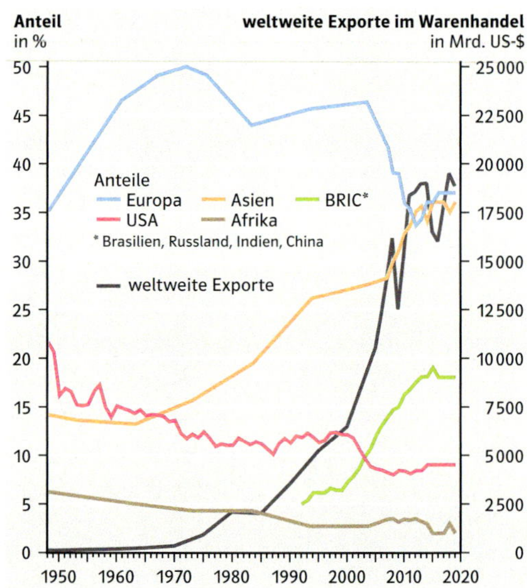

1 ◒
Erläutere die in **Diagramm M1** gezeigte Entwicklung der Anteile einzelner Regionen am gesamten Welthandel.

2 ◒ MK
Welthandel: Wirtschaftliche Zusammenschlüsse
a) Beschreibe die Warenströme des Welthandels (**Karte M2**).
b) Arbeite mithilfe einer Internetrecherche den aktuellen Stand der Abkommen CETA, CPTPP und JEFTA (**Material M3**) heraus.

M2 Welthandel

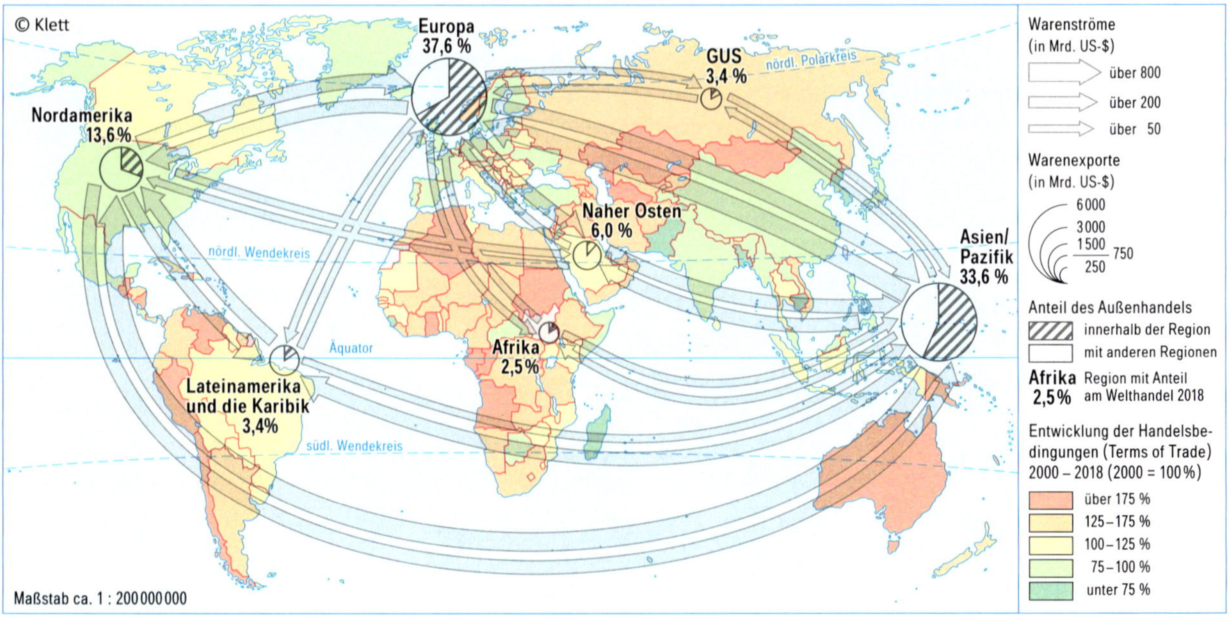

M3 Handelsabkommen – auf dem Weg oder in der Sackgasse?

CETA (Comprehensive Economic and Trade Agreement)
Freihandelsabkommen zwischen der EU und Kanada, seit September 2017 vorläufig in Kraft; bis Januar 2020 haben 14 EU-Länder das Abkommen ratifiziert.

CPTPP (Comprehensive and Progressive Agreement for Trans-Pacific Partnership)
Freihandelsabkommen zwischen Australien, Brunei, Chile, Japan, Kanada, Malaysia, Mexiko, Neuseeland, Peru, Singapur, Vietnam; ab 30.12.2018 für die ersten Partnerländer in Kraft.

JEFTA (Japan-EU Free Trade Agreement)
Freihandelsabkommen zwischen Japan und der EU; seit dem 01.02.2019 in Kraft.

M4 Die größten Export- und Importländer 2022 (in Mrd. US-Dollar)

Exportländer 2022		Importländer 2022	
China	3 594	USA	3 376
USA	2 065	China	2 716
Deutschland	1 656	Deutschland	1 571
Niederlande	966	Niederlande	899
Japan	747	Japan	897
Südkorea	684	Ver. Königreich	824

Nach Statista, 2023

3 ◒
Vergleiche in den drei großen Weltwirtschaftszentren den Handel innerhalb der Regionen mit dem Handel anderer Regionen (**Karte M 2**).

4 ●
Die Differenz aus Export und Import ergibt die Handelsbilanz eines Staates. Vergleiche mithilfe der **Tabelle M 4** die Handelsbilanz von China, Deutschland, Japan und den USA und stelle das Ergebnis in einer Tabelle dar.

5 ●
Der Welthandel kennt nur Gewinner. Beurteilt diese Aussage.

Ein Kartogramm auswerten und erstellen

Ein Kartogramm ist die Darstellung von statistischem Zahlenmaterial und grafischen Symbolen auf der Grundlage einer einfachen Karte.
Ein Kartogramm ist sinnvoll, wenn Informationen über mehrere Länder bzw. Regionen verglichen und lokalisiert werden sollen.

M1 Ein Kartogramm erstellen

1. Schritt: Überblick verschaffen

Verschaffe dir einen Überblick über den Raum, das Thema, die Art der Zahlenangaben und ihre Darstellungsform.

Beispiel: Die Karte hat den Titel „Kakaoproduktion weltweit“ und zeigt, in welchen Ländern Kakao angebaut wird und wie viel Kakao in den Ländern produziert wird.

2. Schritt: Beschreiben

Beschreibe die sachlichen Aussagen, wie Maximal- oder Minimalwerte, Zu- oder Abnahmen bzw. Abweichungen von Durchschnittswerten.

Beispiel: Die Länder, in denen Kakao angebaut wird, sind auf einer Weltkarte farblich deutlich hervorgehoben und mit Namen beschriftet. Durch Quadrate verschiedener Größe wird die Produktionsmenge der größten Produzenten angezeigt.

M2 Kakaoproduktion weltweit

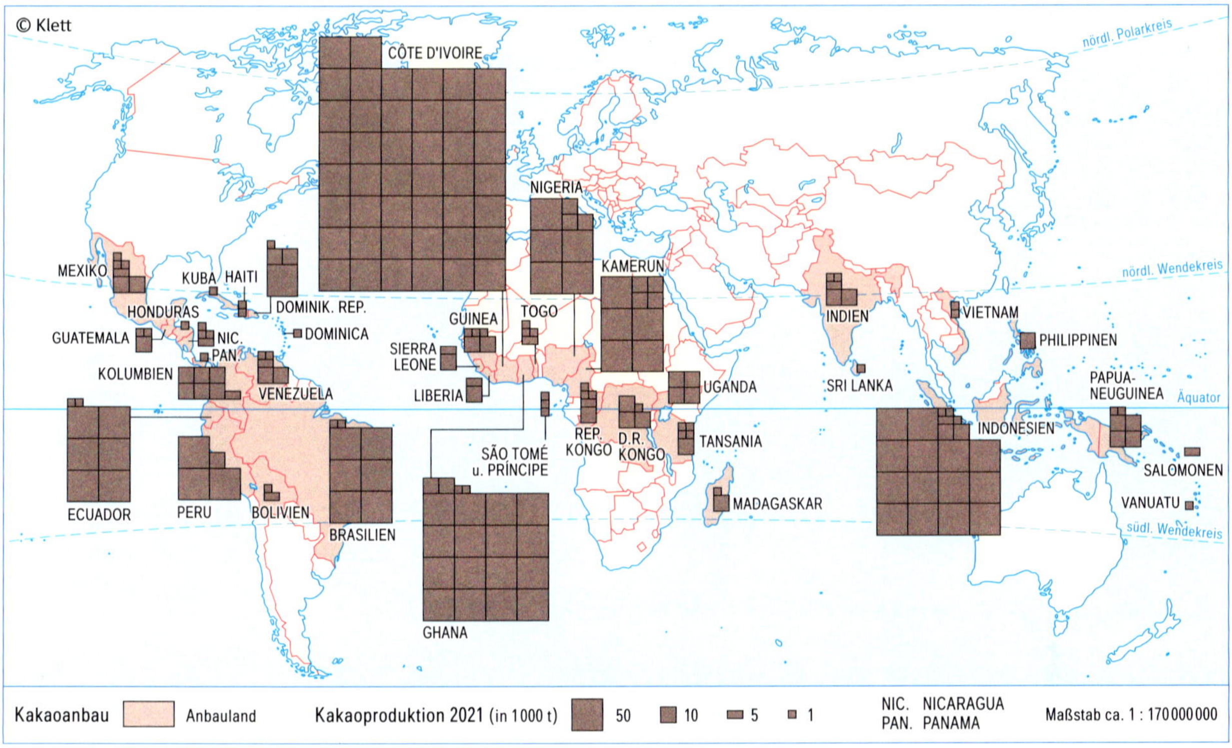

3. Schritt: Auswerten

Wo und wie viel Kakao angebaut wird und wie viel im jeweiligen Land oder Teil der Welt produziert wird, muss man aus den Legendensymbolen ablesen.

Beispiel: z. B.: Alle Anbauländer von Kakao liegen in den Tropen. Côte d'Ivoire (Elfenbeinküste) ist mit Abstand der größte Produzent von Kakao. In sieben Ländern werden 90 % der weltweiten Kakaoproduktion angebaut.

4. Schritt: Gesamtaussage bewerten

Bewerte das Kartogramm hinsichtlich der Überschrift und der Übersichtlichkeit. Formuliere einen Abschlusssatz mit der zentralen Aussage.

Beispiel: z. B.: Durch das Diagramm wird deutlich, dass der Kakaoanbau auf wenige Länder in den Tropen beschränkt ist.

M3 Die zehn größten Teeproduzenten, 2021

Land	(Erntemenge in 1000 t)
China	13 769
Indien	5 482
Kenia	2 338
Türkei	1 450
Sri Lanka	1 302
Vietnam	1 073
Indonesien	563
Bangladesch	393
Argentinien	339
Uganda	321
restliche Welt	1 162

Nach Statista, 2023

1 ◒

Analysiere das Kartogramm auf der Trainingsseite **(Seite 188, M 1: Kaffeeproduzenten und Verbraucher 2021)** entsprechend der hier vorgeschlagenen Schrittfolge.

2 ◒

Erstelle auf der Grundlage der **Tabelle M 3** ein Kartogramm für die weltweite Teeproduktion.

A Seehandel

Hier könnt ihr eure Kenntnisse zu Containern erweitern. Arbeitet zu dritt oder viert.

1 Erläutert die Vorteile des Containers.

2 Arbeitet mit der **Tabelle M3**: Tragt in eine Weltkarte die zehn wichtigsten Containerhäfen ein. Beschreibt die Verteilung.

3 Der Containerumschlag ist ein Indikator für die wirtschaftliche Bedeutung. Erläutert mithilfe der **Tabelle M1** die wirtschaftliche Bedeutung der Kontinente.

4 Stellt die Ergebnisse eurer Arbeit einer der Gruppen für den „Lufthandel" dar.

AFB I: 2 AFB II: 1, 3, 4 → Lösungshilfen ab S. 228

M1 Länder mit dem weltweit höchsten Containerumschlag

2020	in Mio. TEU
China	245,1
USA	54,9
Singapur	36,9
Südkorea	28,4
Malaysia	26,7
Japan	21,4
VAE	19,3
Türkei	19,1
Deutschland	18,1
Hongkong	17,9
Spanien	17,4
Indien	16,3
Panama	15,4
Vietnam	14,6
Taiwan	14,5

Nach Statista, 2023

Der Container – Motor des Welthandels

Seit Mitte der 1970er-Jahre hat der Container den **Welthandel** revolutioniert. Dank der Standardmaße, die für Schiffe, Lkw und Eisenbahnwaggons gelten, kann ein Container computergesteuert und schnell durch fahrerlose Fahrzeuge zum nächsten Transportmittel gebracht und geladen werden. Ein Schiff wie die CSCL Globe wird so in 48 Stunden ent- und wieder neu beladen. Die Digitalisierung spart Arbeitskräfte und Zeit beim Transport, ein Faktor, der erheblich die Kosten senkt.
Inzwischen liegen die Transportkosten für einen 40-Fuß-Container mit 10 000 Jeans von Asien nach Europa bei etwa 3 000 € (Kostenrückgang in den letzten 70 Jahren um 65 %). Nur noch 2–3 % von den Produkt-Gesamtkosten entfallen auf den Transport. Typische Seefrachtgüter sind z. B. Kleidung, Spielwaren, Teppiche oder Fahrräder.
Die Umweltbelastung durch die Schifffahrt, die über 90 % des Weltwarenverkehrs leistet, ist nicht unproblematisch: z. B. Ölverschmutzung der Meere, Schadstoffe aus den Schornsteinen, Eingriffe in die Landschaft durch den Ausbau von Hafenbecken und Fahrrinnen.

M3 Die größten Containerhäfen 2022

Containerhafen	Containerumschlag (in Mio. TEU)
1. Shanghai	47,28
2. Singapur	37,29
3. Ningbo	33,36
4. Shenzhen	30,04
5. Qingdao	25,66
6. Guangzhou	24,60
7. Busan	22,07
8. Tianjin	21,03
9. Los Angeles (Long Beach)	19,04
10. Hongkong	16,64
11. Rotterdam	14,46

Nach Statista, 2023

M2 TEU und FEU

TEU
Twenty-foot Equivalent Unit = 20-Fuß-Container mit festgelegten Maßen (6,058 m lang, 2,438 m breit, 2,591 m hoch); kann z. B. 10 000 Jeans fassen; über 20 Millionen im Umlauf

FEU
Forty-foot Equivalent Unit = 40-Fuß-Standard-Container (12,192 m lang, 2,438 m breit, 2,591 m hoch); über 15 Millionen im Umlauf

M4 Containerschiff CSCL Globe

Länge: 400 m
Breite: 59 m
Tiefgang: max. 16 m
Besatzung: ca. 20 Personen;
Ladung: 19 000 TEU-Container

B Lufthandel

Hier lernt ihr Neues zum Thema Lufthandel. Arbeitet zu dritt oder viert.

1 Arbeitet mit der **Tabelle M 2**: Tragt in eine Weltkarte die zehn wichtigsten Frachtflughäfen ein. Beschreibt die Verteilung.

2 Erläutert den Zusammenhang zwischen Transportmitteln und Frachtwert (**Tabelle M 3**).

3 Erörtert die folgende Aussage: „Der Luftverkehr profitiert einerseits von der Globalisierung, andererseits treibt er globale arbeitsteilige Produktionsprozesse an.“

4 Stellt die Ergebnisse eurer Arbeit einer der Gruppen für den „Seehandel“ dar.

AFB I: 1 AFB II: 2, 4 AFB III: 3 → Lösungshilfen ab S. 228

Beim Vergleich zwischen Schiff und Flugzeug zeigt sich, dass bezogen auf die Menge 98 % aller Waren per Schiff transportiert werden. Aber die fehlenden 2 % machen 40 % des Wertes der gehandelten Waren aus.
Da es in der heutigen arbeitsteiligen Weltwirtschaft auf Schnelligkeit, Sicherheit und Zuverlässigkeit des Transports ankommt, werden v.a. hochwertige oder leicht verderbliche Produkte in Containern als Luftfracht verschickt, auch wenn diese Art des Transports teurer ist. Typische Luftfrachtgüter sind z.B. Blumen, Obst, Gemüse, Ersatzteile, Arzneimittel, Mobiltelefone, lebende Tiere, Tageszeitungen, Briefe, Pakete, Hilfsgüter bei Katastrophen, wichtige Dokumente oder Modeartikel.
Luftfracht belastet die Umwelt mehr als andere Transportmittel (Schadstoffe, Lärmbelastung). Kohlenstoffdioxid und Wasserdampf sind zwar nicht giftig, aber klimarelevant.

M1 Luftfracht

M2 Die größten internationalen Frachtflughäfen 2022

Flughafen	Frachtumschlag (in Mio. t)
Hongkong	4,20
Memphis	4,04
Anchorage	3,46
Shanghai	3,12
Louisville	3,07
Incheon	2,95
Taipeh	2,54
Miami (USA)	2,50
Los Angeles	2,49
Tokio	2,40

Nach Statista, 2023

M5 Globale Luftfrachtentwicklung

Jahr	Transportvolumen (in Mio. t)
2005	41,9
2010	50,5
2015	54,8
2020	55,4
2022	60,3

Nach Statista, 2023

M3 Frachtwerte 2017

Durchschnittlicher Wert/t Fracht 2017 (in Euro)			
Schiene	1 387	Schiff	2 007
Lkw	2 937	Flugzeug	86 077

BDL report, 2019 (26.05.2023)

M4 Wichtigste Luftfracht in Deutschland 2017

Import	Ware	Export
55,5	Elektronik	61,4
12,1	Maschinen / Metallwaren	34,5
9,3	Pharma / Chemie	25,7
7,0	Fahrzeug- / Flugzeugbau	14,2

BDL report, 2019 (26.05.2023)

Fair handeln zwischen Partnern

In den Regalen der Supermärkte stehen immer mehr Waren mit dem „Fairtrade-Zeichen". Der Gesamtumsatz von fair gehandelten Produkten hat in den letzten Jahren deutlich zugenommen. Wer fair gehandelte Produkte kauft, dem wird vermittelt, die Welt mit jedem Kauf ein bisschen gerechter zu machen. Stimmt das oder machen wir uns etwas vor?

M1

FAIRTRADE

Das Siegel bestätigt, dass bei der Herstellung der Produkte die internationalen Kriterien des fairen Handels eingehalten werden.

M2 Fair gehandelte Produkte im Supermarkt

M3 „Fairer Kleiderschrank"

Schokolade aus Ghana, T-Shirts aus Bangladesch, Bananen aus Ecuador, Rosen aus Kenia: Oft landen solche Produkte in unseren Einkaufskörben, ohne dass wir darauf achten, wie diese Produkte hergestellt werden. Als „fair" gehandelt und verkauft gelten sie nur, wenn sie mit den anerkannten Siegeln des fairen Handels versehen sind. Hinter diesen Zeichen stehen Organisationen, die sich an die international vereinbarten Grundsätze des fairen Handels halten. Gekauft werden können diese Produkte nicht nur in Supermärkten, auch in Kantinen, Cafés und Hotels werden zunehmend fair gehandelte Waren angeboten. Damit gibt es für jeden von uns eine einfache und wirkungsvolle Möglichkeit, durch ein geändertes Einkaufsverhalten einen Beitrag zu mehr Gerechtigkeit und größerer Nachhaltigkeit zu leisten.
Es gibt jedoch kritische Stimmen, die einigen Unternehmen vorwerfen, die Bedingungen für das Siegel den eigenen Bedürfnissen anzupassen, um den Umsatz zu steigern. So wird das Siegel auch für Mischprodukte vergeben, die teilweise nur zu 20 Prozent aus fair gehandelten Inhaltsstoffen bestehen. Dies wird damit begründet, nur so auf dem Markt konkurrenzfähig bleiben zu können.

M4 Umsatz mit Fairtrade-Produkten

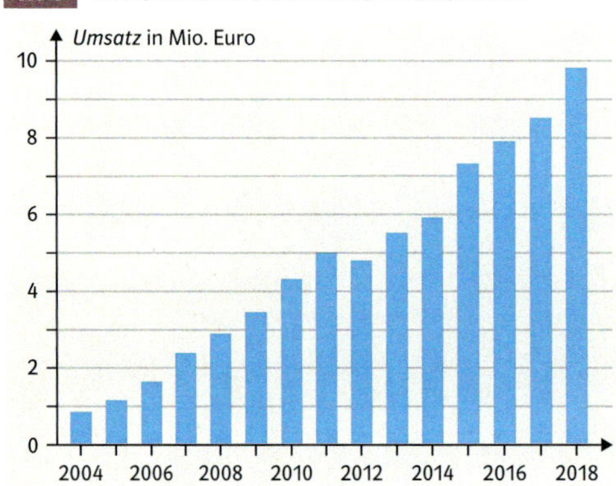

M5 Grundprinzipien des fairen Handels

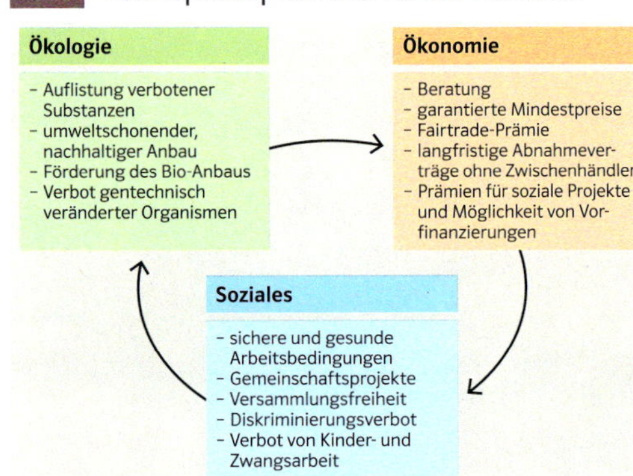

M6 Interview mit Claudia Brück, Geschäftsführender Vorstand Fairtrade Deutschland – Kommunikation, Politik & Kampagnen

„Fairtrade engagiert sich inzwischen auch in der Textilindustrie. Wie sieht Ihre Arbeit in diesem Bereich aus?
2007 haben wir erstmalig Baumwolle zertifiziert, das war dann auch der Einstieg in das Textilthema. Für uns ein logischer erster Schritt, weil wir uns immer erst um den Rohstoff kümmern und wer ihn anbaut. Ähnlich wie bei Kaffee sind die Arbeitsbedingungen beim Anbau von Baumwolle sehr kritisch und die Diskussion darum war schon 2007 sehr präsent. Unser erster Baumwollstandard legte unter anderem eine Transparenz der Lieferkette fest und dass die wichtigsten Normen der Internationalen Arbeitsorganisation (ILO) eingehalten werden. Der Fokus lag aber ganz klar bei den Baumwollbauern selbst.
Welche Kriterien muss ein Produkt erfüllen, um das entsprechende Siegel zu erhalten?
Unter dem Fairtrade Textilsiegel müsste gewährleistet sein, dass die gesamte Lieferkette zertifiziert ist und eine Reihe von Kriterien erfüllt sind, wie die ... Umweltkriterien, der nachhaltige Umgang mit Ressourcen, die Entsorgung von Abwasser, Arbeitssicherheit. ... Gleichzeitig soll das Entstehen eines gewerkschaftlichen Arbeitens gefördert werden. Die Arbeiterinnen und Arbeiter sollen darin bestärkt werden, sich für ihre Interessen einzusetzen und sich an den Verhandlungen ihrer Löhne zu beteiligen. Das alles ist zu erfüllen. Es ist sehr umfangreich und hat uns zu dem Problem gebracht, dass wir bisher noch kein Textil haben, dass diese Kriterien komplett erfüllt und somit das Siegel trägt. Aber wir haben drei Unternehmen, die mit uns zusammen im Rahmen unseres Textilprogramms arbeiten, das wir neben dem Standard ausgearbeitet haben. Dieses Programm soll Fabriken und Schulen unterstützen beziehungsweise aufbauen, sodass der Standard in naher Zukunft erfüllt werden kann. ...“

Sophia Bilz: Interview: Faire Kleidung durch Fairtrade, Stand 2019, (30.06.2023)

M7 Entwicklung des Umsatzes von Fairtrade-Produkten in Deutschland

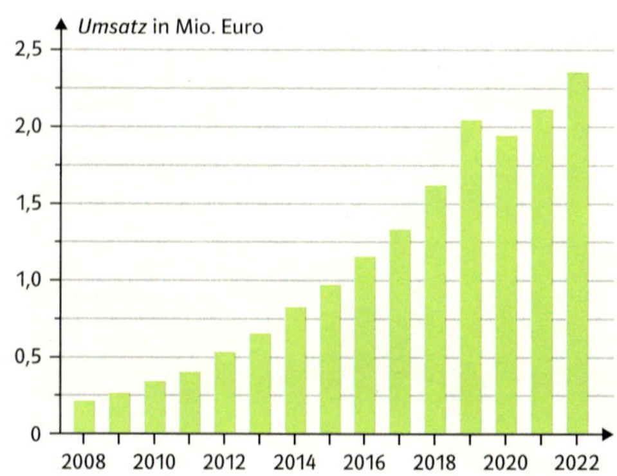

M8 Hauptprodukte des Fairtrade in Deutschland, 2022

Produkte	Umsatz (in Mio. Euro)
Kaffee	705,5
Kakao (inkl. Süßwarenprodukten)	554,9
Bananen / Südfrüchte	211,3
Textilien	180,4
Blumen	134,2

Nach Fairtraide, 2023

1 ○
Nenne Fairtrade-Produkte, die du oder deine Familie schon einmal gekauft haben.

2 ◒
Erläutere, was man unter fairem Handel versteht.

3
Entwicklung des fairen Handels:
a) Beschreibe die weltweite Entwicklung des Umsatzes mit fair gehandelten Produkten (**Diagramm M 4**). ○
b) Stelle die Entwicklung bei Fairtrade-Produkten in Deutschland dar (**Diagramm M 7**). ◒

4 ◒
Arbeite aus dem **Interview-Auszug M 6** mit Frau Brück die wichtigsten Aussagen zum Stand (2022) des Fairtrade mit Bekleidung heraus.

5 ◒ MK
„Grüner Knopf“
a) Arbeitet mithilfe einer Internetrecherche Sachverhalte zum staatlichen Siegel „Grüner Knopf“ heraus.
b) Überprüft mithilfe einer Recherche in eurem Heimatort, inwieweit man in dortigen Bekleidungsgeschäften den „Grünen Knopf“ kennt oder bereits eingeführt hat.
c) Stellt die Ergebnisse eurer Klasse in Form einer Präsentation dar.

Wichtige Begriffe

- Outsourcing
- WTO (World Trade Organization)
- Welthandel

Sich orientieren

1 Kennst du dich aus?

a) Nenne je zwei Länder mit Kakaoanbau in Mittelamerika, Südostasien und Afrika mithilfe eines Lagebezugs.

b) Ordne drei Länder, die an der Produktionskette für Jeans beteiligt sind, den Kontinenten zu.

c) Nenne die drei Regionen, die als Eckpunkte der Triade gelten.

d) Nenne je drei Länder, in denen Tee, Baumwolle, Blumen, Zucker und Kaffee für Fairtrade angebaut werden.

Kennen und verstehen

2 Richtig oder falsch?
Verbessere die falschen Aussagen.

a) Die Anteile einzelner Regionen am Welthandel sind seit Jahrzehnten nahezu unverändert.

b) Weil Kakao überall angebaut werden kann, spielt er im Welthandel keine Rolle.

c) Handel, der zwischen Staaten stattfindet, gehört zum Welthandel.

d) Am Welthandel sind alle Regionen in gleichem Maß beteiligt.

e) Der Welthandel wird von den USA, Europa und China dominiert.

Fachmethoden anwenden

3 Ein Kartogramm auswerten und erstellen

a) Beschreibe die im **Kartogramm M1** dargestellten möglichen Verflechtungen des Kaffeehandels.

b) Beurteile, ob sich aus dem Kartogramm eine zeitliche Entwicklung ablesen lässt.

c) Erläutere die möglichen globalen Handelsbeziehungen mit Kaffee am Beispiel von Südamerika.

d) Erstelle ein Kartogramm mit den zehn größten Anbauländern für Baumwolle.

e) Begründe die Auswahl deiner Darstellungsform.

Beurteilen und bewerten

4 Welthandel

a) Deutschland profitiert vom Welthandel. Beurteile diese Aussage.

b) Nenne als Grundlage einer Erörterung je drei Vorteile und Nachteile, die du persönlich mit dem Welthandel verbindest.

c) Beurteile die Aussage: Der Welthandel ist an Afrika vorbeigegangen.

M1 Kartogramm: Die größten Kaffeeproduzenten und Verbraucher 2021

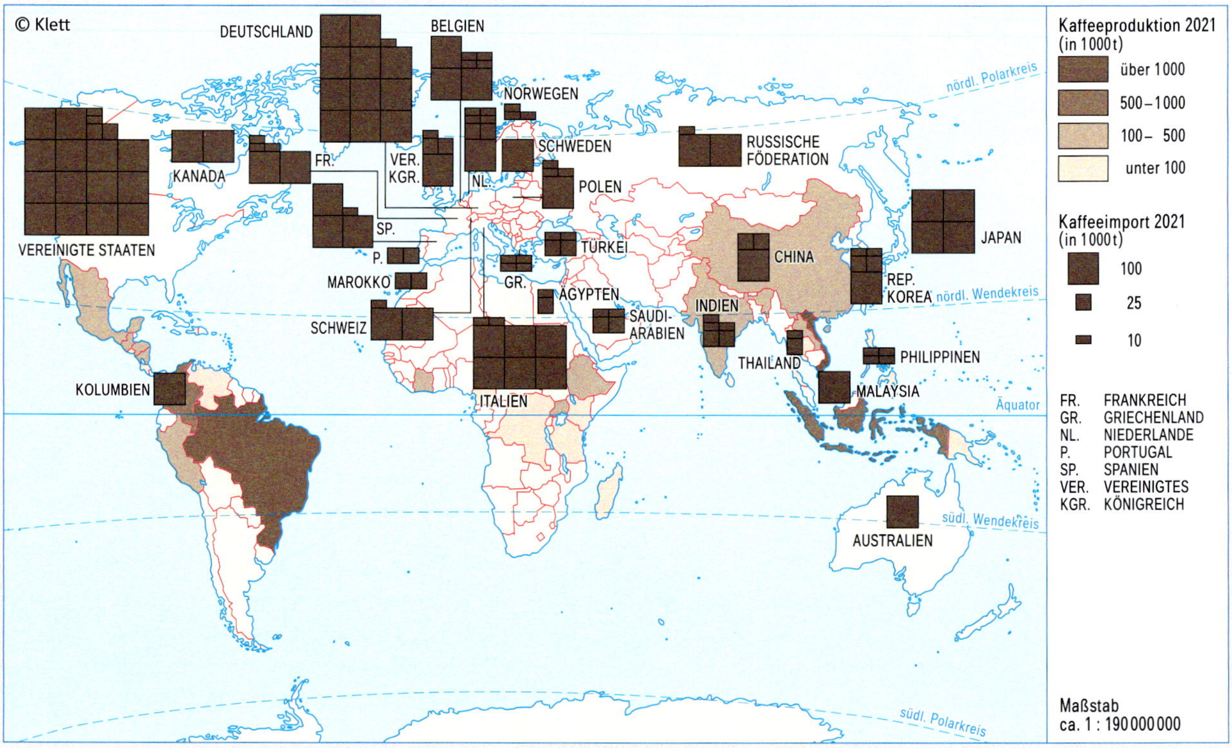

M2 Fairtrade-Weltkarte

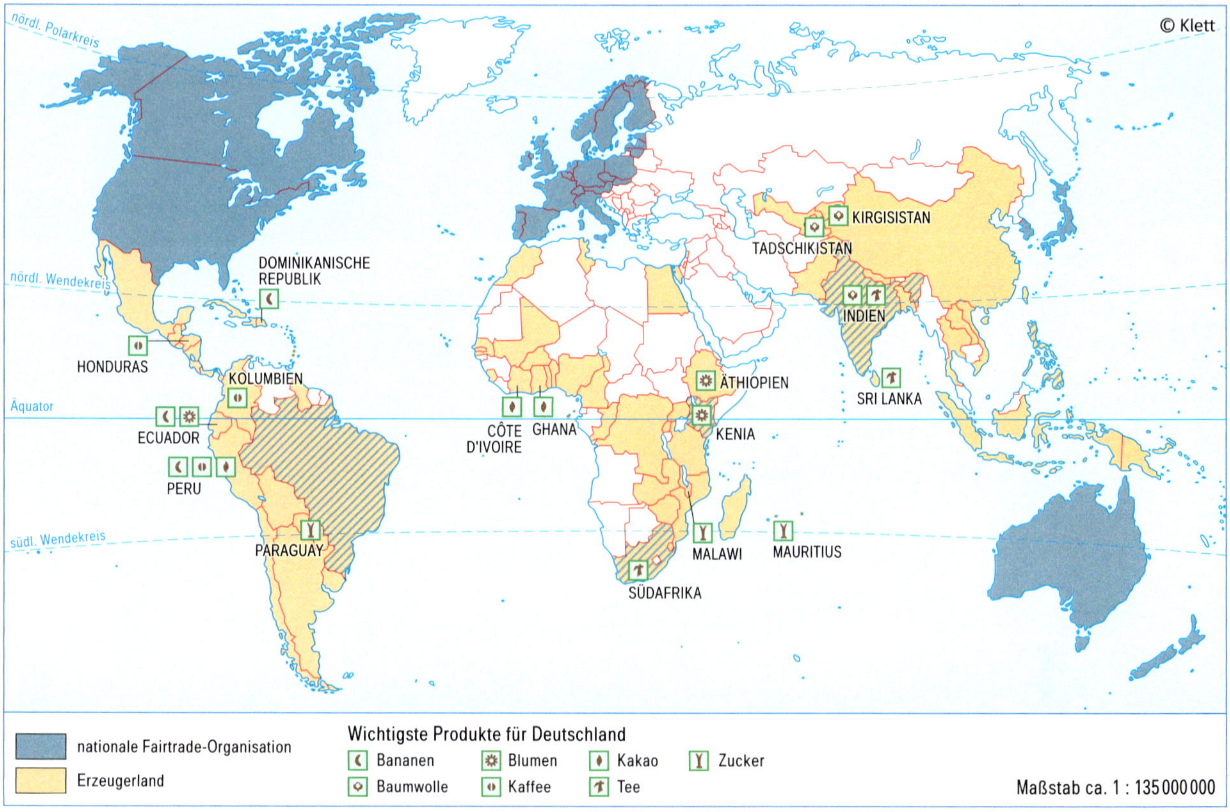

d) Wer im Supermarkt ein T-Shirt für 5 € kauft, verstößt gegen die Idee des Fairtrade. Beurteile diese Behauptung.

e) Bewerte anhand der **Grafik M 4** die Zusammensetzung des Kaffeepreises unter dem Aspekt der sozialen Nachhaltigkeit.

M3 Die größten Anbauländer von Baumwolle, 2022

Land	Produktion (in 1000 t)
Indien	5 900
China	5 730
USA	3 963
Brasilien	2 678
Pakistan	981
Usbekistan	940
Türkei	833
Australien	608
Argentinien	349
Mali	340
Welt (gesamt)	25 733

Nach ICAC, 2022

M4 Zusammensetzung des Kaffeepreises im Freihandel

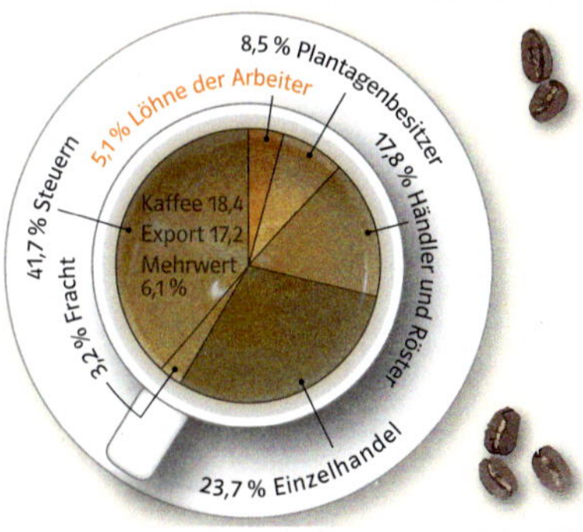

Jetzt kannst du ...

- die Produktion und den Handel eines Welthandelsguts unter dem Aspekt der Nachhaltigkeit darstellen;
- die Triadisierung im Welthandel beschreiben;
- ein Kartogramm erstellen und bewerten;
- den fairen Handel an einem Welthandelsgut erläutern;
- die eigene Position als Konsument überprüfen.

12 Herausforderung Klimawandel

M1 Weiße Stoffplanen verhüllen Teile des Schweizer Rhonegletschers

Nicht nur der Rhonegletscher in der Schweiz ist bedroht, auch in Deutschland könnten schon bald die letzten vier Gletscher weggeschmolzen sein. Für Wissenschaftlerinnen und Wissenschaftler ist das Abschmelzen des ewigen Eises eine von vielen Auswirkungen des Klimawandels.
Welche weiteren Auswirkungen des Klimawandels gibt es? Welche Regionen sind betroffen? Was sind die Ursachen? Und welche Möglichkeiten gibt es, den Klimawandel zu stoppen oder sich an ihn anzupassen?

M2 Schmelzender Inlandeisgletscher auf Grönland (August 2019)

M3 Folgen des auftauenden Permafrostes in Alaska

Das kennst du schon!

- den Unterschied zwischen Wetter und Klima beschreiben
- Naturereignisse und daraus resultierende Bedrohungen sowie Schutzmaßnahmen darstellen
- typische Wetter- und Klimaphänomene charakterisieren

Klimawandel in der Arktis

Auch in den Polargebieten steigen die Durchschnittstemperaturen viel schneller als im globalen Durchschnitt. Nach Untersuchungen wird bis 2050 die Wintertemperatur drei bis fünf Grad höher sein als heute. Die Folge: Das Eis in den Polargebieten schmilzt. Das ist schlecht für das Klima und das Ökosystem, bietet aber auch Chancen.

Die **Arktis** umfasst das Nordpolarmeer und Teile der angrenzenden Kontinente. Über die Hälfte besteht aus Meer. Eine bis zu 3 m dicke Eisschicht bildet sich nur um den Nordpol. Das gefrorene Salzwasser wird Meereis genannt. Nicht nur das Meereis, auch das grönländische Inlandeis und der Permafrost sind in Gefahr.

Verlust des arktischen Meereises

Das Meereis in der Arktis schwimmt im Wasser, daher hat das Abschmelzen keinen Einfluss auf den Meeresspiegelanstieg. Durch das Schmelzen des Eises wird aber weniger Sonnenlicht reflektiert, was zur verstärkten Absorption von Sonnenenergie durch das Meerwasser führt. Dies trägt zur Erwärmung des arktischen Ozeans und zur globalen Erwärmung bei. Wenn das Arktiseis schmilzt, schwindet auch der Lebensraum der Eisbären. Schon jetzt ist der Sommer für Eisbären in südlicheren Gebieten schwierig. Sie müssen mit ihrer Beute nach Norden wandern und stranden manchmal in eisfreien Regionen, in denen sie nur schwer Nahrung finden.

Permafrost taut auf

Permafrostböden erstrecken sich an der Grenze der Arktis über riesige Gebiete (v. a. Sibirien und Alaska). Ihr Name stammt daher, dass sie das ganze Jahr gefroren sind – bisher jedenfalls. Weil nicht nur der Boden, sondern auch das darunter liegende Gestein gefroren ist, spricht man vom Permafrost. Doch die Temperaturen in den Gebieten steigen. Seit einigen Jahren erwärmen sich die gefrorenen Böden, beginnen zu tauen und wandeln sich in riesige

M1 Abschmelzen des grönländischen Inlandseises

„Der grönländische Eisschild ist mit einer Fläche von rund 1,7 Millionen km² und einer Mächtigkeit von bis zu 3 000 m die größte zusammenhängende Inlandeismasse der Nordhalbkugel. Fast ganz Grönland ist von einer mächtigen Eisschicht bedeckt und speichert so rund zehn Prozent des weltweiten Süßwassers. ... Doch der Eispanzer ist nicht nur ein enormer Süßwasserspeicher, sondern auch ein sehr detailliertes Klimaarchiv. Eisbohrkerne liefern wichtige Informationen über das Klima der Vergangenheit. ... Kürzlich sorgte das grönländische Wetter für Schlagzeilen: am 14. August 2021 wurde das erste Mal Regen über dem höchsten Punkt des grönländischen Eisschildes gemeldet. In einer Höhe von 3 216 m – bei 72° 35‘ N – erreichte die Temperatur knapp 0,5 °C an diesem Tag und lag damit rund 15 °C über dem langfristigen Mittel für August. Aufgrund der sonst ganzjährig anhaltenden tiefen Minusgrade, werden dort bislang nur Niederschläge in Form von Schnee verzeichnet.
Häufiger auftretende Wärmerekorde wie dieser treiben die Schmelze des grönländischen Eisschildes voran. Es bilden sich Seen aus Schmelzwasser auf der Eisoberfläche und das Eis fließt immer schneller in den Ozean ab – wo es entscheidend zum Meeresspiegelanstieg beiträgt. Mittlerweile gehen dem grönländischen Eisschild jährlich über 250 Milliarden Tonnen Eis verloren. ... Zusammen mit den weltweiten Gletschern und dem Antarktischen Eisschild verursacht Grönlands Eisschmelze rund die Hälfte des aktuellen Meeresspiegelanstiegs. Die andere Hälfte ist auf die physikalische Ausdehnung des Wassers durch die Erwärmung der Ozeane zurückzuführen.“ **AWI, 2021**

M2 Arktis – Veränderung eines Ökosystems

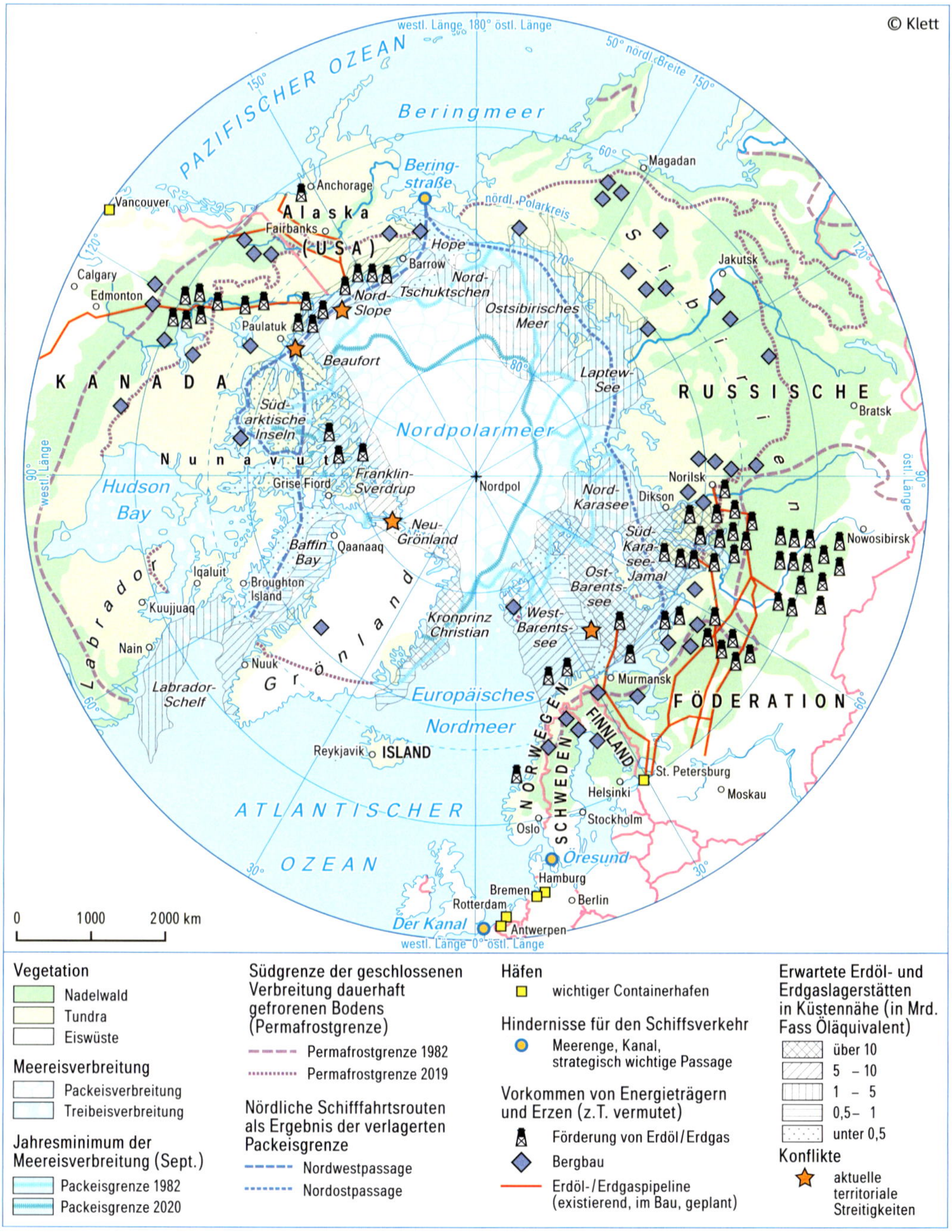

Sümpfe. Es wird vermutet, dass der tauende Permafrost den Klimawandel beschleunigt. Denn die Böden enthalten Methan. Dieses Treibhausgas wirkt auf das Klima ca. 20 bis 30-mal so stark wie Kohlenstoffdioxid. Zusätzlich sind im Permafrost große Mengen Kohlenstoff gespeichert. Mit steigenden Temperaturen beginnt ein negativer Kreislauf: Taut der Permafrost auf, gelangen Methan und Kohlendioxid in die Luft. Die Treibhausgase erwärmen die Atmosphäre, die Erde heizt sich weiter auf, das Eis schmilzt und der Klimawandel verstärkt sich selbst.

1 ◒ MK

Stelle die Auswirkungen des Klimawandels dar …

A … in Form eines Kurzvortrages;

B … in Form einer Mindmap;

C … in Form eines Wirkungsgefüges.

Der Klimawandel macht's möglich

Es ist wichtig zu beachten, dass der Klimawandel insgesamt negative Auswirkungen auf die Arktis und den Rest der Welt hat. Dennoch gibt es einige Aspekte, die unter bestimmten Gesichtspunkten als „positiv" betrachtet werden können. Hier sind einige Beispiele.

1

Wähle eines der Themen aus, das dich besonders interessiert, und bearbeite dazu die Aufgaben:

A Grönland wird Grünland
a) Arbeite die Vorteile und Nachteile des Klimawandels für Grönland in einer Tabelle heraus. ◒
b) Beurteile das zukünftige wirtschaftliche Potenzial der grönländischen Landwirtschaft. ●

B Eine Abkürzung nach China
a) Arbeite die Vorteile und Nachteile (Gefahren) der Nord-Ost-Passage in einer Tabelle heraus ◒
b) Beurteile die jetzige und die zukünftige wirtschaftliche Bedeutung der Nord-Ost-Passage im Vergleich zur herkömmlichen Route. ●

C Reiche Rohstoffvorkommen?
a) Erkläre die bisherigen Schwierigkeiten bei der Förderung von Rohstoffen in der Arktis. ◒
b) Beurteile, weshalb die Förderung von Rohstoffen in der Arktis umstritten ist. ●

AFB II: 1Aa, 1Ba, 1Ca AFB III: 1Ab, 1Bb, 1Cb

M1 Grönland wird Grünland

A Der Fortschritt in der Landwirtschaft ermöglicht fast überall den Anbau von Nahrungsmitteln. Doch gibt es nach wie vor begrenzende Faktoren. Einen stellt die **Kältegrenze** dar. Es handelt sich um eine gedachte Linie. Sie zeigt an, wo die **Vegetationszeit** zu kurz ist, um Pflanzen auch zu ernten.

Kartoffelernte

Grönland
Grönland, die größte Insel der Welt mit einem polaren und subpolaren Klima, ist derzeit noch zu über 80 Prozent ganzjährig mit einem dicken Eispanzer bedeckt. Lediglich die Küstenbereiche ganz im Süden Grönlands sind längere Zeit eis- und schneefrei. Daher wundert es kaum, dass die meisten der fast 57 000 Grönländerinnen und Grönländer dort leben.

Wandel in der Landwirtschaft
Im Zuge der globalen Temperaturzunahme hat sich in den letzten 30 Jahren die Vegetationszeit in Südgrönland auf 120 Tage verlängert.
Die Kältegrenze für den Anbau hat sich so verschoben, dass in Grönland mittlerweile dauerhaft landwirtschaftlicher Anbau betrieben werden kann. In der landwirtschaftlichen Versuchsanstalt Upernaviarsuk bei Qaqortoq testet man unterschiedliche Obst- und Gemüsesorten auf ihre „Grönland-Tauglichkeit". In den letzten Jahren ist insbesondere der Anbau von Gurken und Brokkoli möglich geworden, wofür es in der traditionellen Sprache des Landes nur das Wort „Salat" gibt. Auch Kartoffeln gedeihen gut. Sogar Erdbeeren wachsen mittlerweile in Grönland, allerdings wird es für sie zeitlich oft eng: Die für Erdbeeren eigentlich noch zu kurze **Wachstumszeit** von Mai bis September stellt hohe Ansprüche an die Erdbeerzucht. Hier kommen oft Gewächshäuser und Folien zum Einsatz. Trotzdem müssen die meisten Nahrungsmittel, insbesondere frisches Obst und Gemüse, importiert werden.

M2 Eine Abkürzung nach China

B Der Frachter Yong Shen hat am 8. August 2013 den Hafen von Dalian (China) mit Ziel Rotterdam verlassen. Keine 35 Tage später läuft er dort auch pünktlich ein. Dies wäre normalerweise keine Meldung wert, doch nahezu alle Tageszeitungen berichteten von diesem Ereignis, denn die gewählte Route war eine ganz Besondere: Die **Nord-Ost-Passage**. Sie übte schon immer eine besondere Faszination aus. In der Hoffnung auf Ruhm und Reichtum suchten Abenteurer, Seefahrer und Handeltreibende schon vor Jahrhunderten nach einem Seeweg von Europa nach Asien durch das Nordpolarmeer. Viele, die die gefährliche Expedition wagten, scheiterten.

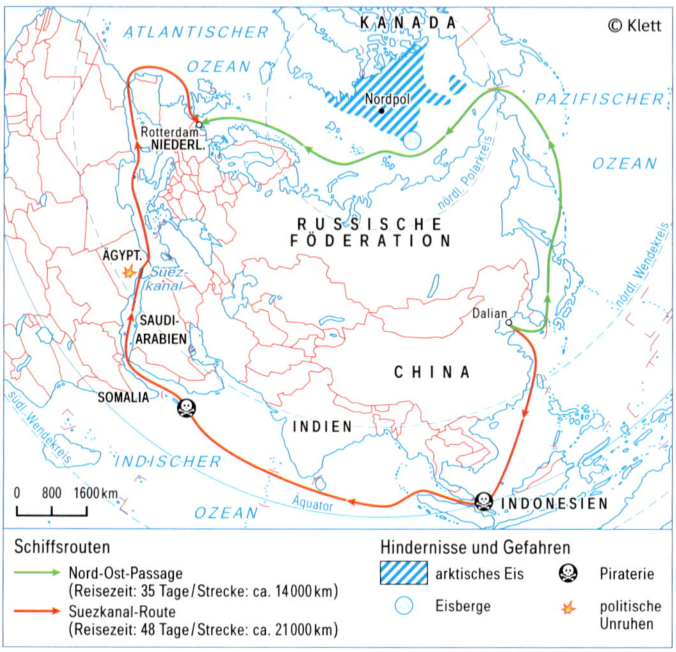

Der Klimawandel macht den Weg frei!
Bislang verhinderte das Packeis eine gefahrlose Passage. Jetzt wird der bisher unpassierbare Seeweg nach Asien durch das Nordpolarmeer von Jahr zu Jahr besser befahrbar. Hierdurch reduzieren sich nicht nur die Reisedauer, sondern auch der Treibstoffbedarf und die Emissionen um etwa ein Drittel. Trotz Eisschmelze ist die Reise nicht unproblematisch. Bei den arktischen Temperaturen wird Stahl spröde und Schmieröl fest, Gummi zerbröselt. Bei Nebel müssen die Aufbauten der Schiffe per Hand enteist werden. Und noch immer geht von den zahlreichen Eisbergen oder von plötzlichem Packeis eine beträchtliche Gefahr aus. Denn das Treibeis kann sich vor dem Schiff auftürmen und sich in der Kälte rasch wieder zu einer geschlossenen Eisdecke verbinden.

Und die Umwelt?
Der Zunahme des Frachtverkehrs durch das Nordpolarmeer stehen natürlich berechtigte Bedenken der Umweltverbände gegenüber. Mit dem wachsenden Verkehrsaufkommen steigt die Gefahr großer Umweltkatastrophen (z. B. Leck eines Öltankers). Das äußerst sensible Ökosystem würde sich nur sehr langsam von einem solchen Desaster erholen, da das Öl in der Kälte des Nordpols sehr langsam abgebaut wird.

Frachtschiffe auf der Nord-Ost-Passage

Jahr	Anzahl
2010	4
2012	46
2014	31
2016	19
2018	27
2020	64
2022	43

Jährliche Frachtschiffe Suezkanal: ca. 23 900 Schiffe (2022)

M3 Reiche Rohstoffvorkommen?

C Das schrumpfende Meereis in der Arktis ermöglicht die Förderung von Bodenschätzen wie Erdöl, Erdgas, Mineralien oder seltenen Erden (siehe Karte S. 193), was bisher aufgrund der schwierigen Bedingungen kaum unmöglich war. Die Erschließung dieser Ressourcen könnte für die jeweiligen Länder wirtschaftlich vorteilhaft sein.
Gleichzeitig sind damit erhebliche Umweltrisiken verbunden: Bohrungen, Bergbau oder der Infrastrukturaufbau könnten zur Zerstörung der empfindlichen arktischen Ökosysteme führen. Ölverschmutzungen und die Freisetzung von Schadstoffen würden verheerende Folgen für die Tier- und Pflanzenwelt haben.
Ein weiterer Aspekt ist, dass die Staatsgrenzen in der Arktis oft noch nicht verbindlich geklärt und so politische Konflikte vorprogrammiert sind.

Suche nach Rohstoffen in der Arktis

↜ **Karte Arktis** Seite 193

Das Eis schmilzt – der Pegel steigt

Die Folgen des Klimawandels sind vielfältig. Oft sind sie eng miteinander verwoben. So hängt z. B. der Anstieg der Meeresspiegel auch vom Ausmaß der Gletscherschmelze ab. Demnach ist oft die eine Folge gleichzeitig Ursache für eine weitere Folge.

M1 Der Triftgletscher in der Schweiz: Sommer 1948 (A), 2002 (B), heute (C)

?!
Kaum zu glauben

Der **Antarktische Eisschild** ist an seiner mächtigsten Stelle 4897 m dick und würde bei seinem vollständigen Abschmelzen den globalen Meeresspiegel um 58 m ansteigen lassen. Mit 26,4 Mio. km^3 ist das Eisvolumen der Antarktis etwa neun Mal so groß wie das des grönländischen Eisschildes.

Das Eis schmilzt

Gletscher können als Fieberthermometer der Erde verstanden werden. Durch die Erwärmung der Atmosphäre schmilzt weltweit das Gletscher- und Inlandeis. 1850 gab es z. B. in der Schweiz noch 1800 km^2 Gletscherfläche. Mittlerweile ist bereits mehr als ein Drittel geschmolzen.

Der Pegel steigt

Die Erwärmung der Erdatmosphäre hat in den letzten 100 Jahren zu einem spürbaren Meeresspiegelanstieg geführt. Ein Grund dafür ist die zunehmende Erwärmung des Wassers der Ozeane. Denn wenn Wasser wärmer wird, dehnt es sich aus. Ein anderer Grund ist das verstärkte Abschmelzen von Eis auf den Kontinenten.

M2 Der Rückgang des Antarktischen Eisschildes seit 1990

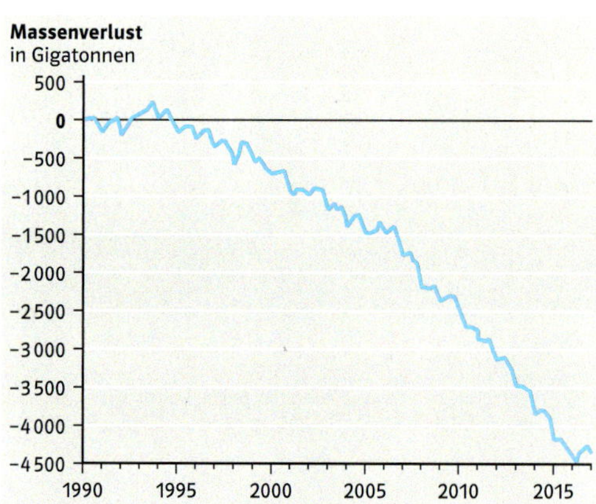

Mehr Meer bedeutet weniger Land

Prognosen gehen von einem Anstieg des Meeresspiegels bis zum Ende des Jahrhunderts um 1 m aus. Dieser Anstieg hätte fatale Folgen für viele Küstenregionen der Welt: Sie drohen überschwemmt zu werden. Verschärfend kommt hinzu, dass etwa 40 % der Weltbevölkerung an oder in der Nähe von Küsten lebt. Deutschland hat bereits begonnen, seine Deiche zu verstärken und zu erhöhen. Die Kosten belaufen sich allein im Bundesland Schleswig-Holstein auf fast 70 Mio. € pro Jahr. Deutschland als reiches Land kann sich das leisten. Aber wie ist das in ärmeren Ländern?

M3 Der Anstieg des Meeresspiegels seit 1900

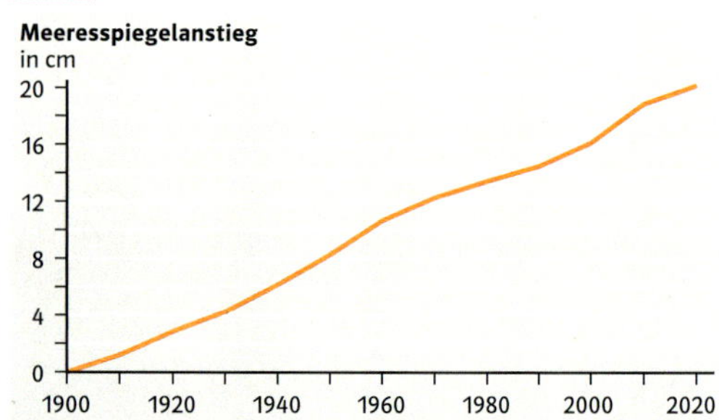

1 Erkläre die Ursachen für den Anstieg des Meeresspiegels.

2 Erläutere den Zusammenhang zwischen Temperaturanstieg, Gletscherrückgang und Meeresspiegelanstieg.

M4 Folgen des Meeresspiegelanstiegs in ausgewählten Küstenstaaten Europas

Land	1 m Anstieg	% der Staatsfläche	gefährdete Bevölkerung
Niederlande	20 277 km²	48,4	5 139 000
Deutschland	13 910 km²	4,0	1 565 000
Polen	3 781 km²	1,2	345 000
Dänemark	3 177 km²	7,4	155 000
Großbritannien	2 540 km²	1,0	372 000
Belgien	1 148 km²	3,8	262 000

M5 Versuch: Meeresspiegelanstieg

Material:
2 Glasgefäße, 1 Stein, 1 Folienstift, 6 oder 8 Eiswürfel, 1 Wärmelampe (Infrarotlampe)

Durchführung:
Lege den Stein, der einen Festlandssockel darstellen soll, in eines der Glasgefäße. Fülle dann Wasser ein, sodass die Oberfläche des Steins noch aus dem Wasser herausragt. Notiere die eingefüllte Wassermenge. Fülle nun das zweite Glasgefäß mit der gleichen Wassermenge.
Lege jetzt in jedes Gefäß die gleiche Menge Eiswürfel – im ersten Gefäß auf den Stein, im zweiten direkt ins Wasser. Markiere an beiden Gefäßen den Wasserstand mit einem Folienstift.
Stelle über beide Schalen die Wärmelampe, damit die Eiswürfel schneller schmelzen. Beobachte wie sich mit dem Schmelzen der Eiswürfel der Wasserstand verändert. Markiere diesen, wenn die Eiswürfel komplett geschmolzen sind.

Auswertung:
Notiere und erkläre deine Beobachtungen.

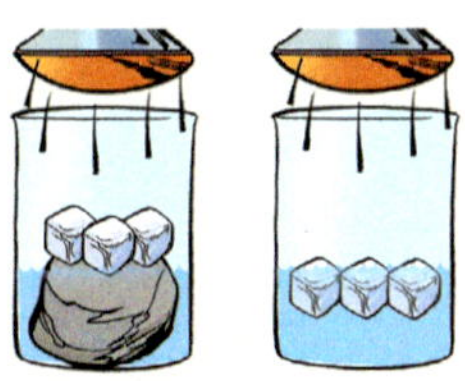

M6 Überschwemmungsgefährdete Küsten in Europa bei steigendem Meeresspiegel

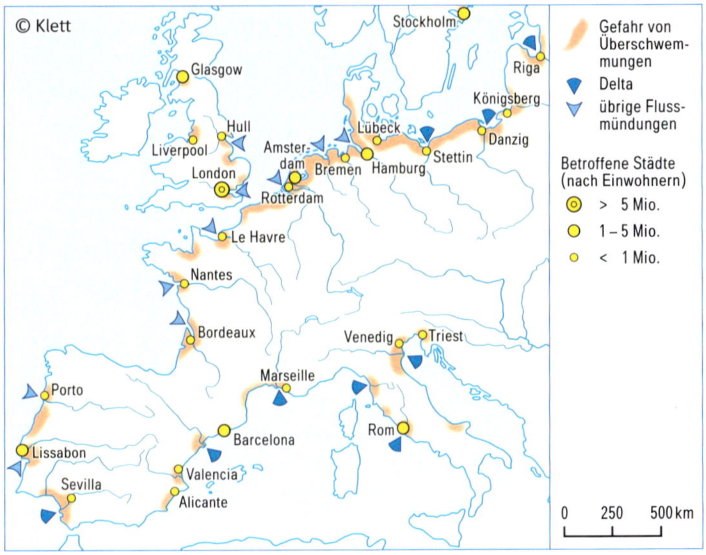

M7 Das Beispiel Philippinen

Die Folgen für einige Regionen der Erde sind schon jetzt dramatisch: Die Philippinen mit ihren Tausenden Inseln liegen im Pazifik nur knapp über dem Meeresspiegel. Immer häufiger werden Häuser überflutet. Schätzungen gehen davon aus, dass bei einem Anstieg des Meeresspiegels um 1 m (bis 2050) 13 Millionen Menschen ihre Heimat verlieren würden. Besonders ungerecht ist, dass die Philippinen den Treibhauseffekt kaum verstärken. Die meisten Emissionen entstehen nämlich in den reichen Industrieländern.

3 ◒
Erläutere mithilfe der **Karte M6** Auswirkungen eines weiteren Meeresspiegelanstiegs.

4 ◒ ⊸
Der Meeresspiegelanstieg hat für die Philippinen schlimmere Auswirkungen als für die europäischen Küstenregionen. Begründe diese Aussage.

5 ○ MK
Nenne Regionen der Erde und betroffene Länder, in denen der Meeresspiegel bereits stark angestiegen ist (Atlas, Internet).

Indizien für den Klimawandel

IPCC

(Intergovernmental Panel on Climate Change) ein zwischenstaatlicher Ausschuss für Klimaänderungen, dem fast alle Staaten der Welt angehören

Der „Weltklimarat“ IPCC dokumentiert in regelmäßigen Abständen den Zustand des Klimas sowie dessen Auswirkungen auf Mensch und Natur und benennt mögliche Gegenmaßnahmen. Aufgrund jahrzehntelanger Messdaten hat er festgestellt, dass sich das Klima der Erde eindeutig erwärmt.

M1 Durchschnittliche Temperaturabweichung an der Erdoberfläche

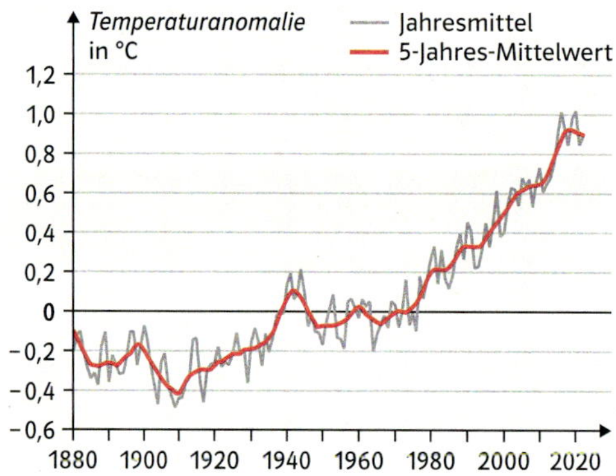

Jährliche Extremereignisse

Aktuelle Beispiele für Extremereignisse einzelner Jahre veröffentlichen z. B.
- die National Oceanic and Atmospheric Administration (NOAA) unter dem Stichwort „Selected Significant Climate Anomalies and Events“;
- das Umweltbundesamt unter dem Stichwort „Weltweite Temperaturen und Extremwetterereignisse seit 2010“.

M2 Die 10 global wärmsten Jahre im Zeitraum von 1880 bis 2022: Abweichung von der globalen Durchschnittstemperatur in °C

Rang	Jahr	Abweichung
1	2016	+0,99
2	2020	+0,98
3	2019	+0,95
4	2015	+0,93
5	2017	+0,91
6	2021	+0,84
7	2018	+0,83
8	2014	+0,74
9	2010	+0,72
10	2005	+0,67

Ein einzelnes Extremereignis ist sicherlich kein Beweis für einen **Klimawandel**. Die vielen einzelnen Beobachtungen können aber als Indizien dafür gewertet werden, dass sich das Klima der Erde und damit unsere Welt verändert. Der Hauptverursacher all dieser Veränderungen ist nach Meinung des **IPCC** ebenfalls mit großer Sicherheit ausgemacht: die Aktivität des Menschen.

Natürliche Faktoren haben auf die globale Erwärmung seit der Industrialisierung dagegen nur einen geringen Einfluss.

M3 Weltweite Beispiele für Extremereignisse

und Veränderungen, die auf die globale Erwärmung zurückgeführt werden können

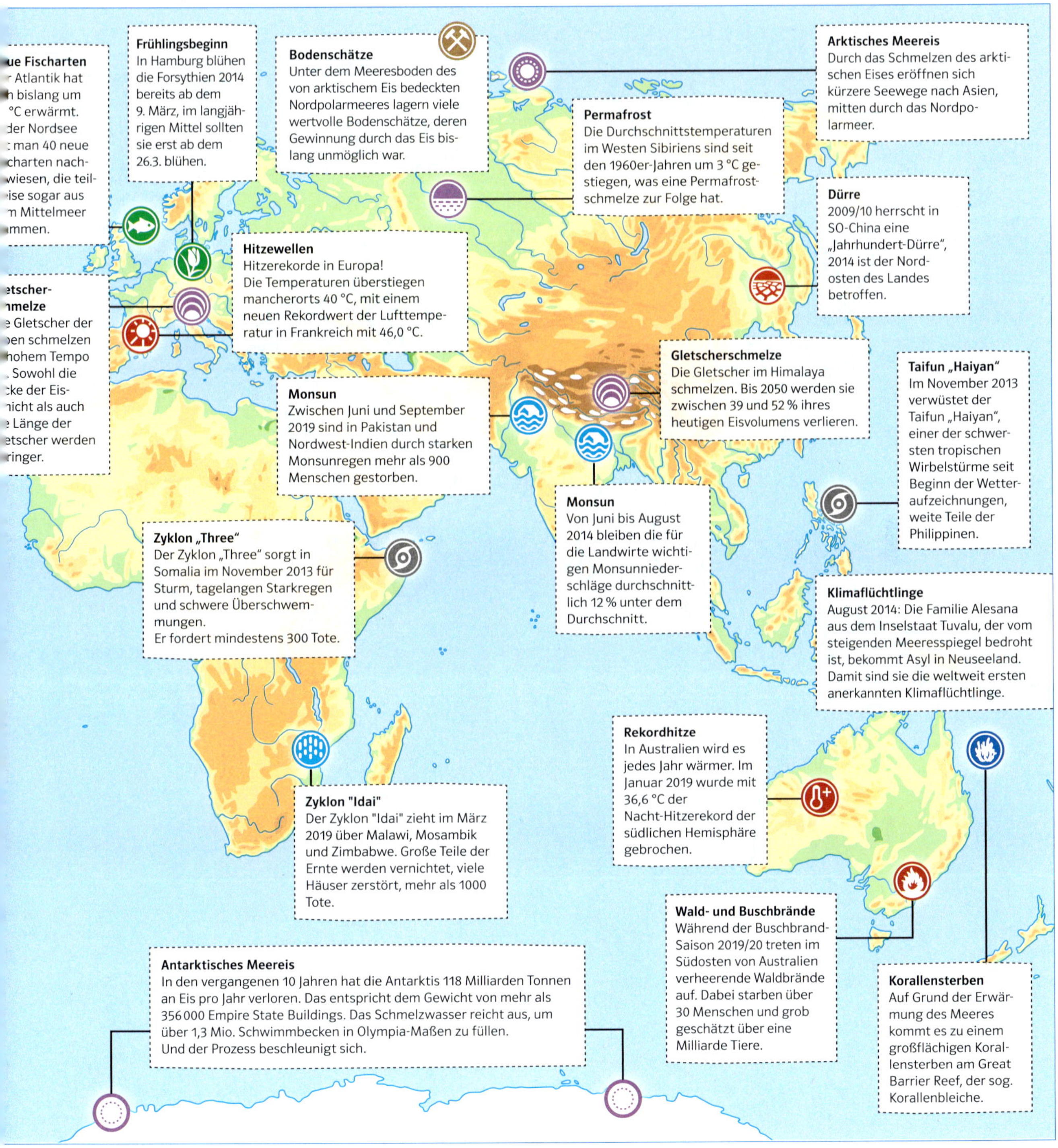

1 ◒

Meist wird ausschließlich von den „Verlierern" des Klimawandels gesprochen. Doch gibt es auch „Gewinner". Erläutere diese Aussage anhand von Regionen und Branchen, die vom Klimawandel profitieren.

2 ◒ MK

Arbeite mithilfe einer Internetrecherche weitere Extremereignisse heraus, die auf eine globale Erwärmung zurückgeführt werden können.

Der natürliche Treibhauseffekt

Um zu verstehen, wie und warum sich das Klima wandelt, muss man erst einmal begreifen, wie das Klima funktioniert. Der natürliche Treibhauseffekt spielt hierbei eine zentrale Rolle.

M1 Der natürliche Treibhauseffekt

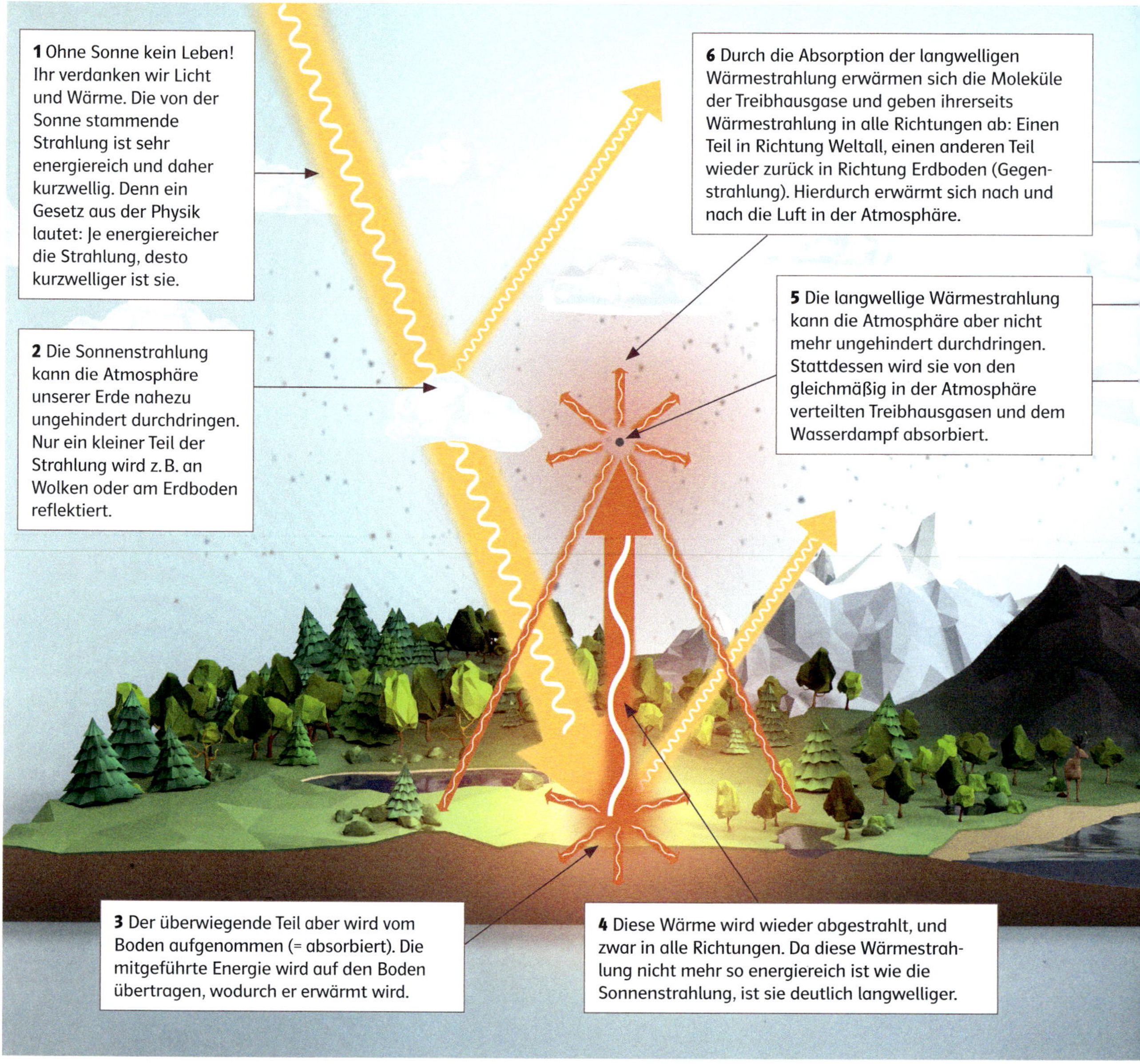

1 ◒
Die Durchschnittstemperatur auf der Erde beträgt etwa 15 °C. Erkläre, wie warm es ohne den natürlichen Treibhauseffekt wäre.

2 ●
Die Sonnenstrahlung kann die Atmosphäre ungehindert durchdringen, die Wärmestrahlung kann diese aber nicht mehr verlassen. Erkläre dies mithilfe der **Infografik M1**.

M2 Beitrag von Wasserdampf und Treibhausgasen zum natürlichen Treibhauseffekt

Treibhausgas		Temperatur-anstieg	Anteil in %	wird freigesetzt durch (= Quellen)
Wasserdampf	H_2O	+ 20,6 °C	62	Verdunstung von Wasser aufgrund der Erwärmung von Wasseroberflächen durch die Sonnenstrahlung
Kohlenstoff-dioxid	CO_2	+ 7,2 °C	22	Stoffwechselprozesse von Tieren und Pflanzen, Vulkanausbrüche, Waldbrände
Lachgas	N_2O	+ 1,4 °C	4	Waldbrände
Ozon (bodennah)	O_3	+ 2,4 °C	7	Bodennahes Ozon wird nicht direkt freigesetzt, sondern durch intensive Sonneneinstrahlung aus Vorläufergasen wie Stickstoffoxiden (NO_x) oder Kohlenmonoxid (CO) gebildet
Methan	CH_4	+ 0,8 °C	2,5	Verdauungsprozesse von Tieren sowie Sümpfe, Waldbrände, Vulkanausbrüche
Weitere Gase	...	+ 0,6 °C	2,5	

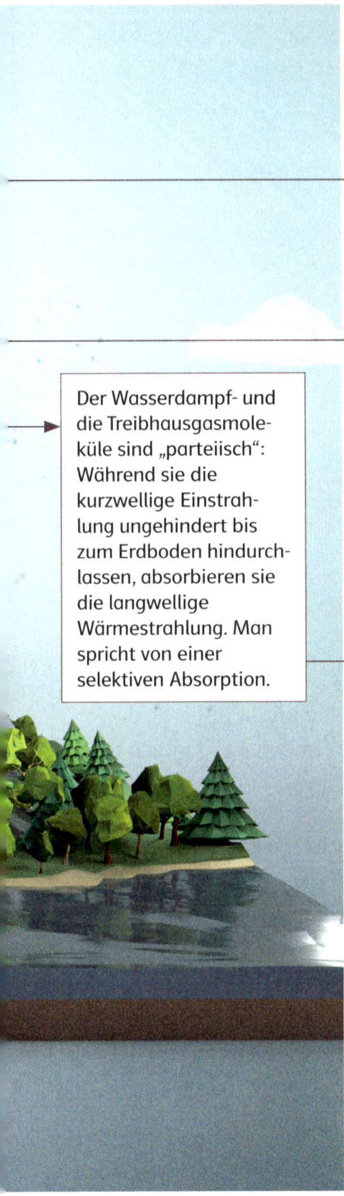

Der Wasserdampf- und die Treibhausgasmoleküle sind „parteiisch“: Während sie die kurzwellige Einstrahlung ungehindert bis zum Erdboden hindurchlassen, absorbieren sie die langwellige Wärmestrahlung. Man spricht von einer selektiven Absorption.

M3 Strahlungsabsorption durch Gase

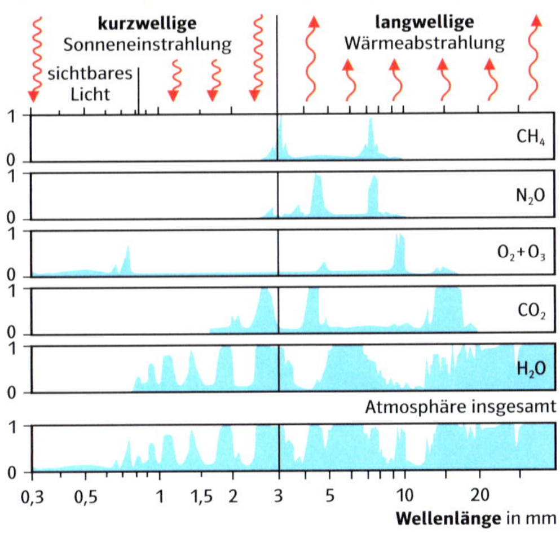

Absorption, relative Einheiten: 0 = keine Absorption, 1 = vollständige Absorption

M4 Zusammensetzung der Atmosphäre

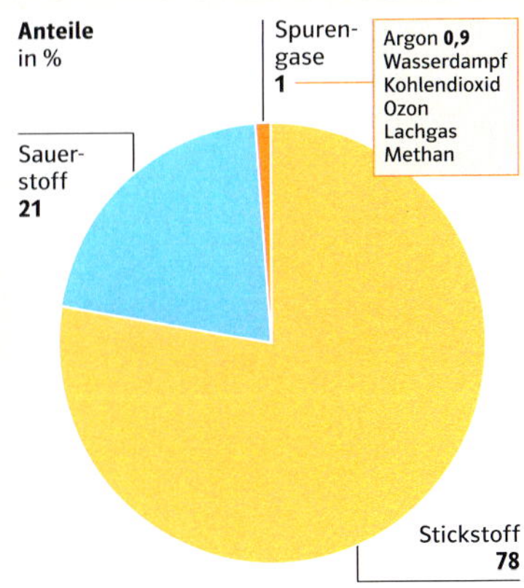

Die Konzentration der natürlichen Treibhausgase macht nur rund 0,04 % der gesamten Erdatmosphäre aus. Und dennoch haben sie einen ganz entscheidenden Einfluss auf das Klima: Im Gegensatz zu Sauerstoff und Stickstoff können sie Wärmestrahlung aufnehmen.

3 ● MK

Erstellt einen Podcast oder einen Erklärfilm über den Prozess des natürlichen Treibhauseffektes.

4 ◒

Wissen für Schlaumeier: Hinkt der Vergleich mit einem Treibhaus? Begründe auch mithilfe des Online-Codes.

Der anthropogene Treibhauseffekt

Spätestens seit Beginn der Industrialisierung im 19. Jahrhundert greift der Mensch stark in die Natur ein. Er rodet Wälder und legt dafür Ackerflächen, Viehweiden, Siedlungen und Verkehrswege an. Er baut Kraftwerke und Fabriken und benötigt Mülldeponien. Dadurch verändert er aber auch gleichzeitig die Zusammensetzung der Atmosphäre – nicht ohne Auswirkungen auf das Klima.

SP Tipp

Aussage bewerten
→ Aufgabe 3

- Ich bin der Meinung, dass ...
- Ich finde, dass ...
- Einerseits ..., andererseits ...
- Trotzdem / dennoch ...
- Ein Vorteil ist ... / Nachteil ist ...

M2 Der Mensch beeinflusst das Klima

M1 Verursacher von CO_2-Emissionen

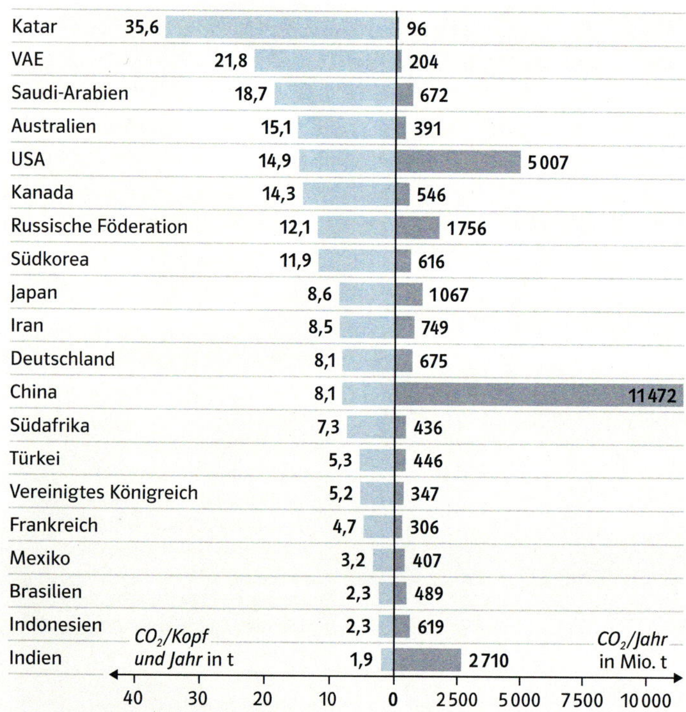

Ein Leben ohne das Verbrennen **fossiler Energieträger** wie Kohle, Erdöl oder Erdgas ist derzeit (noch) nicht vorstellbar. Die meisten Autos und Bahnen stünden still, in den Häusern und Fabriken würde der Strom und die Heizung ausfallen.

Bei dem Verbrennen der fossilen Energieträger wird CO_2 freigesetzt. Es wurde vor sehr langer Zeit von Pflanzen aufgenommen und gespeichert. Aus ihnen wurde in Millionen von Jahren Kohle, Erdöl oder Erdgas. Aktuell verbrennt die Menschheit an einem Tag das, wofür die Natur 500 000 Tage bzw. 1370 Jahre gebraucht hat. Das vorindustriell weitgehend ausgewogene Verhältnis aus CO_2-Freisetzung durch Verbrennung von Biomasse und CO_2-Bindung in Senken durch z. B. Pflanzenwachstum ist gestört. Es kommt zu einer verstärkten Emission von CO_2, dessen Konzentration in der Atmosphäre folglich ansteigt.

Ähnliches gilt auch für die anderen **Treibhausgase** wie Methan, Lachgas, bodennahes Ozon oder FCKW. Und infolgedessen wird auch ein größerer Teil der von der Erdoberfläche ausgehenden langwelligen Wärmestrahlung von den Treibhausgasmolekülen absorbiert und zum Teil wieder zurückgestrahlt. Durch diese verstärkte Gegenstrahlung heizt sich die Atmosphäre auf. Es kommt zu einem zusätzlichen vom Menschen gemachten, also **anthropogenen Treibhauseffekt.**

Verschärfend kommt hinzu, dass sich die großflächige Rodung der Wälder, die in Mitteleuropa schon lange weitgehend vollzogen ist, in anderen Regionen fortsetzt, wie etwa im Amazonas-Regenwald. Dies bedeutet neben der Freisetzung vom bislang im Wald gebundenen CO_2 v. a. die Zerstörung großer und bedeutender CO_2-Senken.

Der menschliche Anteil am natürlichen Treibhauseffekt beträgt derzeit nur 3 Prozent, mit steigender Tendenz. 3 Prozent von 33 °C sind aber gut 1 °C. Das entspricht in etwa der aktuell gemessenen globalen Erwärmung.

M3 Der anthropogene Treibhauseffekt

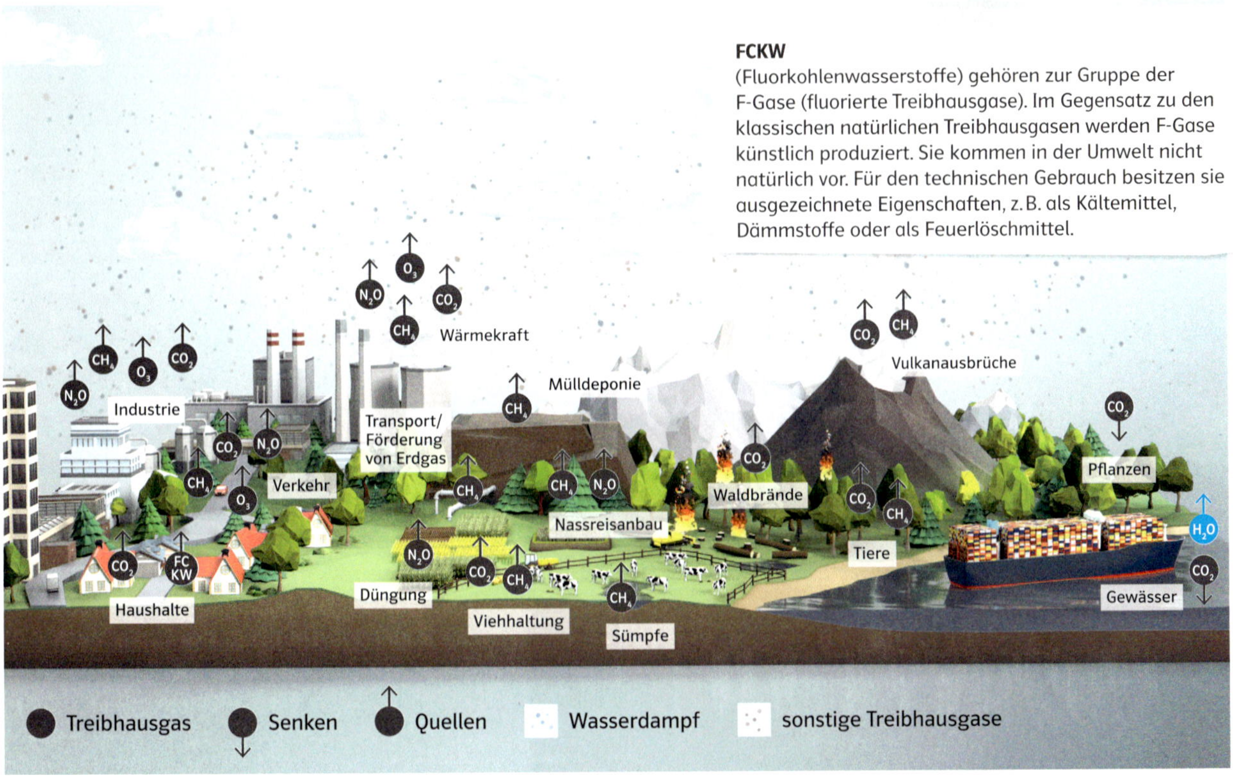

M4 Konzentration wichtiger Treibhausgase in der Atmosphäre

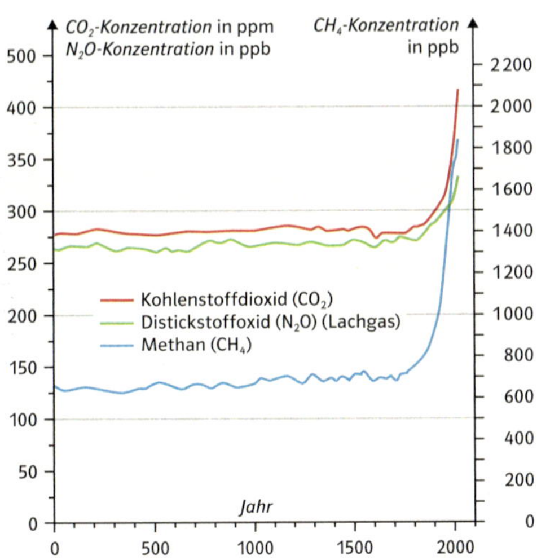

M5 Charakteristika einiger Treibhausgase

	CO_2	CH_4	N_2O	FCKW-11	FCKW-12
Mittlere Verweilzeit in Jahren	50 – 200	12,4	121	45	100
Relatives Treibhauspotenzial[1]	1	25	298	4 600	5 200
Beitrag zum anthropogenen Treibhauseffekt in Prozent[2]	66,4	16,3	6,5	1,8	7,6

[1] Die Wirkung des Treibhausgases wird in Relation gesetzt mit der Wirkung eines CO_2-Moleküls auf den Treibhauseffekt.
[2] Der Rest entfällt auf andere F-Gase sowie auf das troposphärische Ozon.

1 Stelle in einer Tabelle die Prozesse dar, durch die der Mensch den natürlichen Treibhauseffekt verstärkt.

2 Beschreibe die Entwicklung der Konzentration der Treibhausgase und deren Eigenschaften (**Grafik M 4, Tabelle M 5**).

3 SP Bewerte eine der beiden Aussagen:
A „Klimawandel hat globale Wirkungen, aber lokale Ursachen."
B „Für den Energiehunger von heute bezahlen wir erst morgen."

Der Klimawandel in Baden-Württemberg

Auch in Baden-Württemberg verändert sich das Klima. Wie macht sich der Klimawandel bei uns bemerkbar und was ist für die Zukunft zu erwarten? Welche Handlungsoptionen gibt es?

Die Veränderung des Klimas ist nicht nur an den höheren Temperaturen abzulesen. Häufigere Unwetter, Dürreschäden, längere jährliche Wachstumszeiten für die Pflanzen oder vermehrtes Auftreten von Schädlingen sind einige Folgen des Klimawandels.

M1 Grafische Darstellung der jährlichen Durchschnittstemperaturwerte in Baden Württemberg (1881–2022),

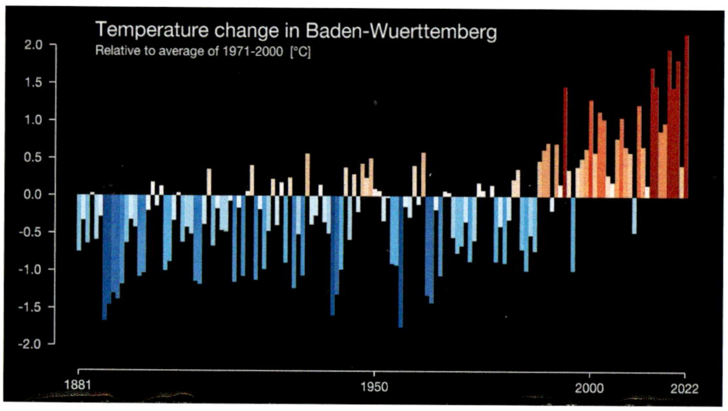

„ShowYourStripes-Diagramme“ nach Professor Ed Hawkins (University of Reading), https://showyourstripes.info/faq

M2 Eine klimatische Momentaufnahme für Baden-Württemberg

„Das Jahr 2022 hat in vielerlei Hinsicht klimatische Rekorde gebrochen: Mit durchschnittlich 10,6 °C war 2022 so warm wie kein anderes Jahr in Baden-Württemberg seit Beginn der Aufzeichnungen 1881. Fast alle Monate zeigen ein Defizit beim Niederschlag gegenüber den Mittelwerten der gleichen Monate im Zeitraum 1961–1990 auf. Im Bodensee führten außergewöhnlich niedrige sommerliche Wasserstände dazu, dass Flachwasserbereiche nur wenig Wasser hatten oder auch trockenfielen. Die außergewöhnlich hohen Temperaturen, die geringen Niederschläge und der reichliche Sonnenschein haben sich auch auf die Natur ausgewirkt. So begann beispielsweise die Apfelblüte 17 Tage früher als im Mittel des Referenzzeitraums 1961–1990. Dies führte in 2022 wie bereits in den Vorjahren zu Spätfrostschäden und in der Folge zu Ertragseinbußen. In den Fließgewässern Baden-Württembergs hatte vor allem der niederschlagsarme und heiße Sommer 2022 lang andauernde, hohe Wassertemperaturen und niedrige Wasserstände zur Folge, was sich negativ auf die Lebensgemeinschaften ausgewirkt hat.“

LUBW, 2022: Klimawandel in Baden-Württemberg (28.08.2023)

Wie sich das Klima in Baden-Württemberg aktuell im Vergleich zur Vergangenheit ändert, lässt sich für die Klimawerte Lufttemperatur, Eistage, Frosttage, Sommertage, heiße Tage, Tropennächte, Niederschlag, Vegetationsbeginn und Waldbrandindex mit dem Klimaatlas des DWD (Material M 3) erkunden.

Klimaprojektionen für Baden-Württemberg

Wie könnte sich das Klima in Baden-Württemberg in den nächsten Jahrzehnten verändern? Aktuelle Berechnungen gehen von einem deutlichen Wandel aus. Nach neuesten Studien muss Baden-Württemberg mit einem noch höheren Temperaturanstieg als bisher angenommen rechnen: Bis 2040 sollen es im Durchschnitt 3 Grad wärmer sein als zu Beginn des Industriezeitalters 1881. Die Modellrechnungen gehen beim Niederschlag davon aus, dass sich die Gesamtjahresniederschläge nicht ändern. Wahrscheinlich wird es eine Abnahme der durchschnittlichen Sommer-Niederschläge geben, während die Winter-Niederschläge sowie die Häufigkeit von Starkregenereignissen und Trockenperioden voraussichtlich zunehmen.

M3 Der Deutsche Klimaatlas des DWD

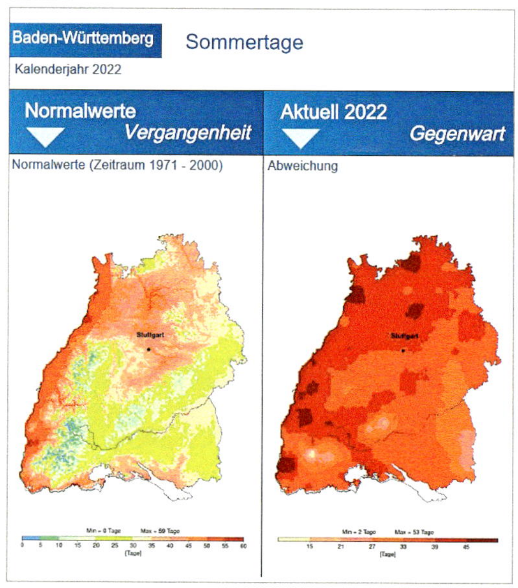

M4 Entwicklung wichtiger Klimakennwerte in Baden-Württemberg nach dem RCP 8.5 Szenario des IPCC

Klimakennwert	Referenz 1971–2000	Klimasignal nahe Zukunft 2021–2050			Klimasignal ferne Zukunft 2071–2100		
		Minimum	Mittel	Maximum	Minimum	Mittel	Maximum
Jahresmitteltemperatur [°C]	8,4	+0,8	+1,4	+1,8	+3,0	+3,8	+4,5
Sommertage (Tmax ≥ 25 °C) [Anzahl]	32,7	+9,0	+12,7	+24,2	+12,5	+41,5	+54,5
Heiße Tage (Tmax ≥ 30 °C) [Anzahl]	5,3	+3,2	+5,3	+11,7	+11,7	+24,4	+32,5
Frosttage (Tmin < 0 °C) [Anzahl]	98,5	−37,2	−26,6	−12,3	−71,3	−58,4	−44,2
Eistage (Tmax < 0 °C) [Anzahl]	23,3	−14,7	−10,2	−3,5	−22,5	−19,5	−15,3
Tropennächte (Tmin ≥ 20 °C) [Anzahl]	0,1	+0,2	+0,9	+2,1	+5,2	+9,9	+17,5
Jahresniederschlag [mm]	1000	−4,5 %	+4,7 %	+7,8 %	−4,6 %	+3,3 %	+1,4 %
Sommerniederschlag [mm]	299	−9,6 %	−1,4 %	+3,1 %	−19,2 %	−14,7 %	+4,8 %
Winterniederschlag [mm]	225	−3,1 %	+5,7 %	+27,1 %	+7,8 %	+18,5 %	+24,9 %
Niederschlag hydrolog. Sommer [mm]	553	−5,0 %	+0,9 %	+11,1 %	−14,3 %	−2,8 %	+6,8 %
Niederschlag hydrolog. Winter [mm]	448	−3,7 %	+6,1 %	+15,9 %	+7,9 %	+15,9 %	+20,9 %
Tage mit Starkniederschlag [Anzahl]	8,1	0	+1,0	+1,7	+1,0	+2,2	+2,8

Erläuterungen zur Tabelle: RCP 8.5 Szenario des IPCC (Weltklimarat): Dieses Szenario geht von einer sehr hohen und ungebremsten Treibhausgasemission aus. Es ist das sog. „Business-as-usual-Szenario", bei dem es keine gezielten Bemühungen gibt, den Ausstoß von Treibhausgasen zu reduzieren. In diesem Szenario setzt sich der aktuelle Trend der steigenden Treibhausgasemissionen fort, und die globale Temperatur steigt bis zum Ende des Jahrhunderts stark an.
Klimasignal: der Anteil der Klimaänderung, der sich dem durch den Menschen verursachten Klimawandel zuordnen lässt.
Hydrologischer Sommer, hydrologischer Winter: Das hydrologische Jahr beginnt daher am 1. November und endet am 31. Oktober des folgenden Jahres. Das Winterhalbjahr dauert vom 1.11. bis zum 30.4., das Sommerhalbjahr vom 1.5. bis zum 31.10.

M5 Abgestorbene Fichten auf der Hornisgrinde infolge von Trockenheit und Borkenkäferbefall

M6 Schlammmassen im Stühlinger Ortsteil Grimmelshofen (Kreis Waldshut) nach Starkregen im Juli 2021

Das hat Auswirkungen auf die Natur: Aufgrund der milden Winter und dem damit verbundenen früheren Temperaturanstieg im Frühjahr beginnt die Pflanzenblüte zunehmend früher, was zu einer Verlängerung der Vegetationsperiode führt. Obwohl die Verlängerung der Wachstumszeit Vorteile mit sich bringt, besteht auch das Risiko von Schäden durch Spätfröste.

1 ◒
Charakterisiere die Veränderungen der jährlichen Durchschnittstemperatur in Baden-Württemberg zwischen 1881 und 2022 (**Grafik M1**).

2 ○
Stelle in einer Übersicht die Veränderungen des Klimas in Baden-Württemberg dar.

3 ● MK
Erläutert mithilfe des Deutschen Klimaatlas des DWD die aktuellen Veränderungen der Klimawerte Lufttemperatur, Eistage, Frosttage, Sommertage, heiße Tage, Tropennächte, Niederschlag, Vegetationsbeginn und Waldbrandindex im Vergleich zu den Normalwerten der Vergangenheit.

4 ●
Erläutere die Entwicklung wichtiger Klimawerte in Baden-Württemberg in naher und ferner Zukunft.

Klimaschutz und Klimaanpassung – eine Aufgabe für alle!

Die Auswirkungen des Klimawandels fordern auch in Baden-Württemberg deutliche Maßnahmen zur Reduktion der Emission von Treibhausgasen (Minderungsstrategie) und zur Anpassung an die deutlichen Auswirkungen des Klimawandels (Anpassungsstrategie). Was passiert bei uns und was kann jeder beitragen?

Tipp:

Auf der Internetseite der KLIMA ARENA kannst du deine eigene CO_2-Bilanz berechnen lassen.

Baden-Württemberg handelt: Maßnahmen gegen den Klimawandel

Im Mittelpunkt der Klima-Anpassungsstrategie stehen die vier **Klimawirkungen**. Zwischen den vier Klimawirkungen gibt es zahlreiche Wechselwirkungen, die bei einer Anpassungsstrategie mitbedacht werden müssen. Damit soll sich die Verwundbarkeit des Landes reduzieren, indem mögliche Klimafolgen und daraus entstehende Gefahren, Schäden und Kosten minimiert werden und gleichzeitig die Widerstandsfähigkeit (Resilienz) erhöht wird. Die Anpassungsstrategie 2023 nennt unter anderem folgende Maßnahmen:

- Hitze, vor allem in städtischen Räumen (z. B. Sicherung von Frischluftschneisen und multifunktionalen Freiräumen oder Informationen zur Sensibilisierung für ein angepasstes Verhalten bei Hitze);
- Trockenheit und Niedrigwasser, vor allem in ländlichen Räumen (z. B. Reduktion des Wasserbedarfs in der Landwirtschaft, Industrie und bei Haushalten oder die Erhaltung bzw. Steigerung der lokalen Wasserspeicherfähigkeit von Böden);
- Starkregen, Hochwasser und andere Extremereignisse (z. B. Berücksichtigung des Klimawandels im Hochwasserschutz oder die Erhöhung des Anteils an unversiegelten Flächen);
- Wandel von Lebensräumen und Arten (z. B. Beseitigung von Barrieren, Stärkung des Biotopverbunds oder die verstärkte Auseinandersetzung mit gebietsfremden Arten und neuen Krankheiten).

M1 Vier Klimawirkungen erfordern Anpassungen

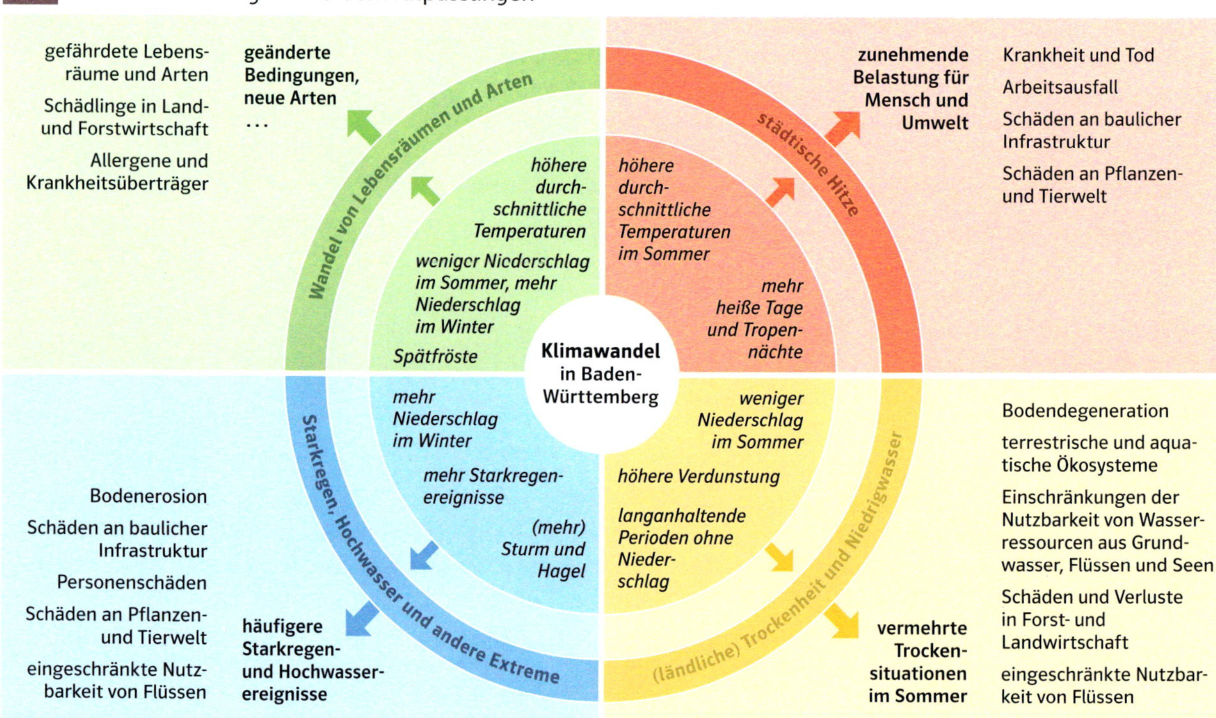

M2 Agrophotovoltaik auf einem Hofgut im Landkreis Sigmaringen: Nutzung von Flächen für landwirtschaftliche Produktion und Energiegewinnung

Klimaschutz – eine Aufgabe für alle!

Ein wichtiges Ziel zum Schutz des Klimas ist es, die CO_2-Emissionen deutlich zu verringern. In Baden-Württemberg sollen nach dem Klimaschutzgesetz bis zum Jahr 2030 die Treibhausgas-Emissionen gegenüber dem Jahr 2019 in allen Bereich deutlich gesenkt werden:

- Energiewirtschaft um 68 %,
- Industrie um 43 %,
- Verkehr um 58 %,
- Gebäude um 39 %,
- Landwirtschaft um 24 %,
- Abfall- und Abwasserwirtschaft um 35 %.

Zwar sind seit 1990 in Deutschland die Treibhausgas-Emissionen deutlich gesunken, aber der CO_2-Verbrauch pro Kopf ist immer noch fast 10 mal höher, als das Klima verträgt. Von einer Klimaneutralität sind wir daher weit entfernt. Die CO_2-Emission pro Kopf wird mit dem **CO_2-Fußabdruck** gemessen. Ein großer Fußabdruck bedeutet, dass man viel CO_2-Emissionen verursacht. Möchte man wissen, wie die eigene CO_2-Bilanz aussieht, kann man den CO_2-Fußabdruck berechnen. Hierzu sind einige Angaben zum Stromverbrauch, Heizbedarf, Konsumverhalten, Essgewohnheiten und Transport notwendig. Beim CO_2-Fußabdruck handelt es sich auch um eine Methode der Ökobilanzierung.

M3 CO_2-Fußabdruck pro Kopf in Deutschland (Durchschnitt 2023)

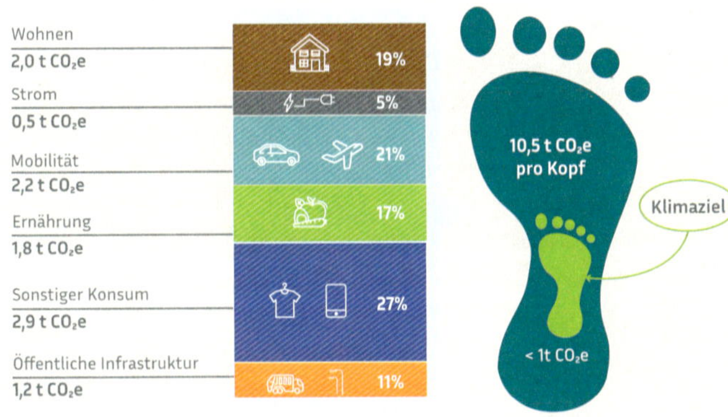

M4 CO_2-Fußabdruck halbieren

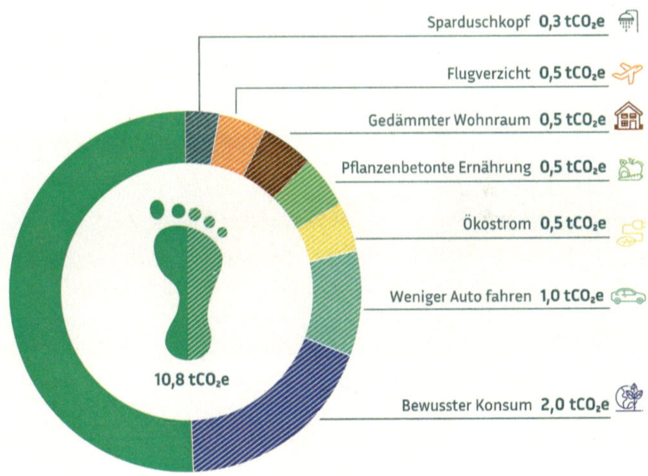

1 ○ Erkläre den Unterschied zwischen Minderungsstrategie und Anpassungsstrategie.

2 ◒ Der Klimawandel hat Auswirkungen in vier Bereichen: Hitze, Trockenheit und Niedrigwasser, Starkregen / Hochwasser und andere Extremereignisse sowie Wandel von Lebensräumen und Arten.

a) Erläutere es an Beispielen aus deiner Region.
b) Stelle dar, welche Anpassungsmaßnahmen dazu in deiner Heimatregion durchgeführt werden oder geplant sind.
c) Erkläre, was du selbst zur Anpassung an den Klimawandel machen kannst.

3 Der CO_2-Fußabdruck ist ist eine gute Unterstützung, sein klimawirksames Verhalten zu überprüfen und zu ändern.

a) Charakterisiere den CO_2-Fußabdruck. ◒
b) MK Arbeite mithilfe des CO_2-Rechners für Jugendliche der KLIMA ARENA deinen eigenen CO_2-Fußabdruck heraus. ◒
c) Beschreibe Möglichkeiten, deinen CO_2-Fußabdruck zu verringern. ○

Wichtige Begriffe

- natürlicher / anthropogener Treibhauseffekt
- Arktis
- CO_2-Fußabdruck
- fossile Energieträger
- Kältegrenze
- Nord-Ost-Passage
- Permafrostboden
- Vegetationszeit
- Wachstumszeit

Sich orientieren

1 Temperaturveränderungen
Nenne mithilfe der **Karte M1** Regionen, die in besonderem Maße von der globalen Erwärmung betroffen sind.

Kennen und verstehen

2 Meeresspiegelanstieg
Begründe, welche Ursachen auf den Meeresspiegelanstieg zutreffen. Der Meeresspiegel steigt an, weil …

a) … die Eisbedeckung des Nordpolarmeeres rund um den Nordpol schmilzt;
b) … das Wasser sich bei der Erwärmung ausdehnt und sein Volumen vergrößert;
c) … die Eispanzer Grönlands und der Antarktis schmelzen;
d) … die Gletscher der Gebirge schmelzen.

3 Anthropogener Klimawandel
Erläutere, was die Bildinhalte der **Fotos M7** mit dem Klimawandel zu tun haben.

4 Unterwegs mit Klimadetektiven
Nenne mindestens drei …

a) Möglichkeiten, Informationen über das Klima vergangener Jahrtausende zu gewinnen;
b) natürliche Ursachen für Klimaschwankungen.

5 Richtig oder falsch?
Überprüfe die falschen Aussagen und schreibe sie richtig auf.

a) Kohlenstoffdioxid ist der Hauptverursacher des natürlichen Treibhauseffektes.
b) Methan wird vor allem durch Düngung von Ackerböden freigesetzt.
c) Die langwellige Ausstrahlung wird größtenteils von den Treibhausgasen absorbiert.
d) Die im Zuge der Konvektion aufsteigende erwärmte Luft wird von den Treibhausgasen aufgehalten.

M1 Temperaturveränderung bis zum Jahr 2100

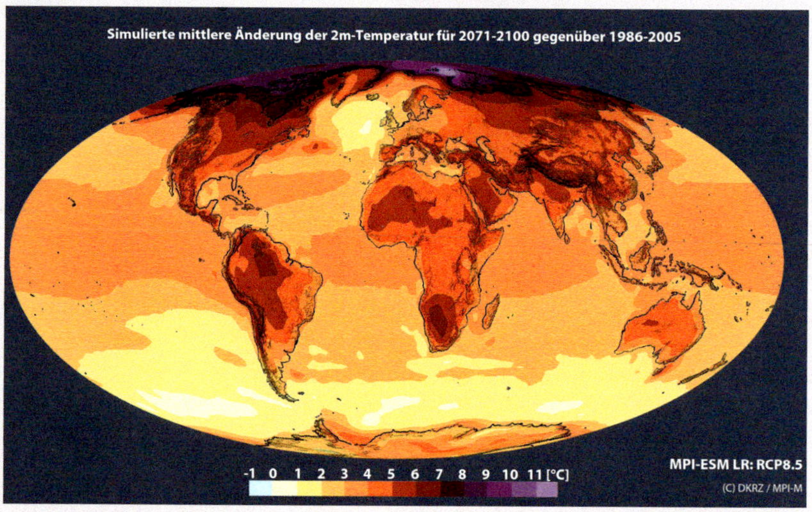

Die Farbflächen zeigen die Veränderung der jährlichen Mitteltemperatur der Periode 2071–2100 gegenüber der Periode 1986–2005 nach dem IPCC-Szenario „weiter wie bisher" (RCP 8.5).

M2 Ankunft der Mauersegler

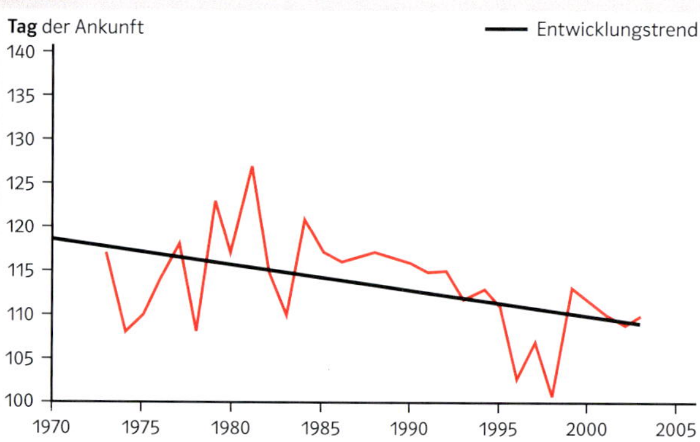

M3 Beginn der Apfelblüte

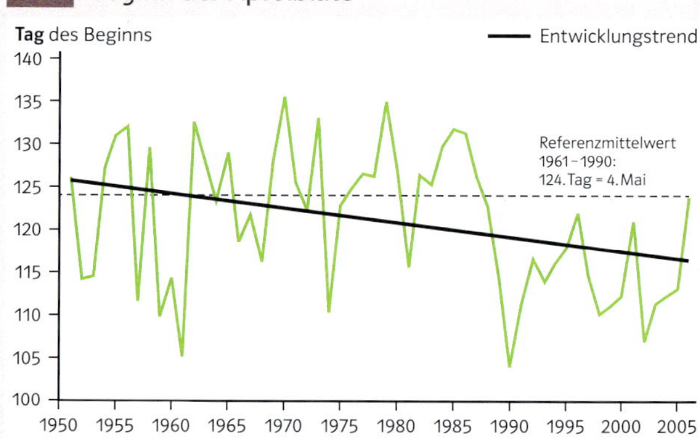

M4 Großzügige Hilfe Neuseelands für die Bevölkerung von Nauru

M5 Höhenwanderung typischer Alpenpflanzen seit den 1990er-Jahren in den Gipfelregionen der Berninagruppe (Schweiz)

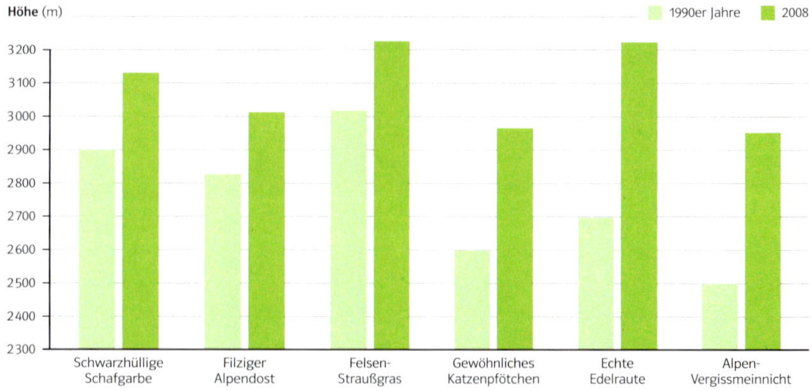

Fachmethoden anwenden

6 Diagramme auswerten

a) Beschreibe die **Diagramme M2** und **M3**.

b) Erläutere, inwieweit diese als Indizien für den Klimawandel angesehen werden können.

Beurteilen und bewerten

7 CO_2-Emissionen beurteilen

Zwei Personen streiten sich darüber, welches Land am meisten CO_2-Emissionen verursacht. Paula meint, es ist China. Anton besteht darauf, dass es die USA ist. Wie würdest du entscheiden? Begründe deine Entscheidung. Nutze dazu auch die **Seite 202 (M1)**.

8 Folgen des Klimawandels

a) Beurteile die **Karikatur M4**.

b) Viele Gletscher werden in den Sommermonaten mit einer Folie bedeckt, um der Gletscherschmelze entgegenzuwirken (**M6**). Beurteile dieses Vorgehen.

M6 Abgedeckter Gletscher

c) Die globale Erwärmung ist auch im Hochgebirge spürbar. Dies hat Konsequenzen für die Pflanzen- und Tierwelt (**M5**). Beurteile die Auswirkungen des Klimawandels auf den Artenreichtum.

9 „Die Entwicklungsländer sind die Leidtragenden eines Problems, das sie nicht verursacht haben!" (Aboubacar Traore, Mitarbeiter der Entwicklungshilfeorganisation Oxfam, zu den Auswirkungen des Klimawandels). Beurteile.

M7

A

B

C

10 MK Informiere dich in der Stadt- bzw. Ortsverwaltung, welche Maßnahmen dein Heimatort ergreift, um den Klimawandel zu bremsen. Gestalte dazu einen Vortrag.

Jetzt kannst du ...

- die Ursachen und Auswirkungen der globalen Klimaänderungen erklären;
- Auswirkungen der globalen Erwärmung anhand der Arktis erläutern;
- die Folgen des Klimawandels auf die wirtschaftliche Erschließung der Polargebiete erörtern;
- den natürlichen und anthropogenen Treibhauseffekt beschreiben;
- Anzeichen des Klimawandels in Baden-Württemberg nennen;
- persönliche Maßnahmen zum Klimaschutz beurteilen.

13

Raumanalyse Burundi

M1 Kaffeeplantage in Burundi

Auf den fast 28 000 Quadratkilometern leben derzeit ca. 12,9 Millionen Menschen. Burundi gehört damit zu den am dichtesten besiedelten Staaten Afrikas. Es zählt aber auch zu den ärmsten Ländern der Welt. Beim Index der menschlichen Entwicklung belegt Burundi Platz 184 von 188. Kaffee ist ein wichtiges Exportgut. Doch die Situation der Kaffeebauern ist schlecht. Ist fair gehandelter Kaffee aus Burundi eine Lösung für eine nachhaltige Entwicklung?

M2 Burundi-Kaffee – produziert in Burundi, fair gehandelt, in Baden-Württemberg getrunken

Eine fragengeleitete Raumanalyse durchführen

So wie jeder Mensch sein eigenes Aussehen hat, so unterschiedlich sind auch die „Gesichter" von Landschaften und Regionen. Sie unterscheiden sich durch Lage, Oberflächenformen, Klima, Bodennutzung, aber auch durch Siedlungsformen und Verkehrswege. Die Wechselwirkungen zwischen Naturfaktoren und gesellschaftlichen Einflüssen gestalten den Raum. Es gibt viele Gründe, im Alltag einen konkreten Raum näher zu betrachten, z.B. zur Vorbereitung einer Reise. Oft wecken auch Auffälligkeiten im Alltag, Veränderungen oder aktuelle Ereignisse unser Interesse, mehr über einen Raum zu erfahren. Sie bringen uns dazu, Fragen an den Raum zu stellen. Antworten kann man mithilfe einer Raumanalyse finden.

Die **Raumanalyse** ist eine geographische Arbeitsmethode, die dazu dient, Ursachen oder Folgen bestimmter Auffälligkeiten oder Veränderungen eines konkreten Raums unter Berücksichtigung seiner Besonderheiten zu erklären und zu verstehen. Dazu werden die raumbezogenen Phänomene, die von Interesse sind, ganz genau beschrieben und entsprechende Zusammenhänge (Einflussfaktoren, Auswirkungen) identifiziert. Eine solche Analyse ermöglicht es, Erklärungen und Antworten für die gestellten Fragen zu finden und dabei Zusammenhänge im Mensch-Umwelt-System des Raums aufzudecken.
Hier findest du die Methodenschritte einer fragengeleiteten Raumanalyse.

M1 Raumanalyse

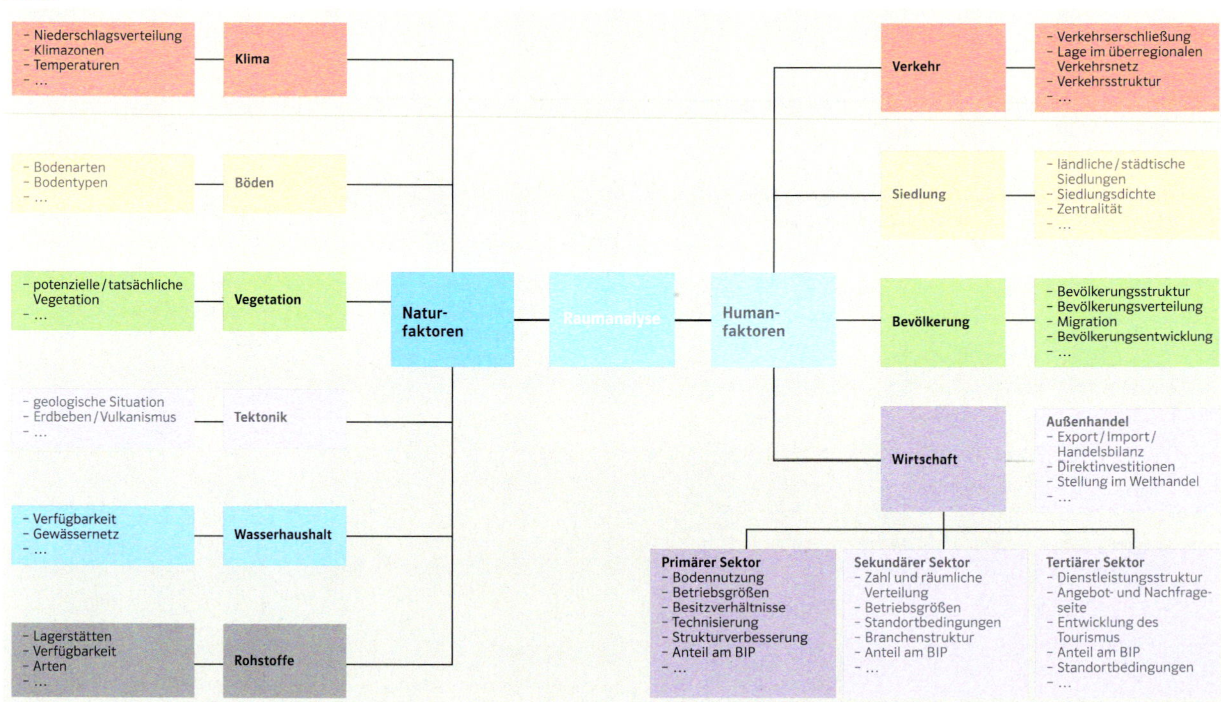

1. Schritt: Frage(n) an den Raum stellen

Eine Frage, die du an jeden Raum stellen kannst, ist: „Warum leben Menschen gerade hier?" Andere Leitfragen kannst du erst stellen, wenn du schon Vorkenntnisse hast. Für Burundi könnte eine Leitfrage sein: **Ist es richtig, den Kaffeeanbau in Burundi durch den Kauf von Burundi-Kaffee zu unterstützen?**

2. Schritt: Lagemerkmale bestimmen und Überblick verschaffen

Du grenzt den Raum ab und beschreibst die Lage und Größe. Grenze ihn z.B. gegen Nachbarstaaten ab, nenne angrenzende Meere oder Gebirge oder gib die Lage im Gradnetz an. Beschreibe dann stichpunktartig die prägenden Merkmale des Raumes (z.B. Relief, Klima). Dann ordnest du den Raum in das System der Landschaftszonen ein.

3. Schritt: Arbeitsschritte planen

Plane deine Arbeitsschritte mithilfe eines Arbeitsplans und berücksichtige dabei vorgegebene Termine, um in der vorgegebenen Zeit Material zu suchen, zu ordnen, zu analysieren, zu bewerten und darzustellen. Überlege, mit welchen Materialien du die Leitfrage(n) beantworten kannst. In unserem Beispiel „Burundi" stehen dir die Materialien zur Verfügung. Sie sollen helfen, die Methode der fragengeleiteten Raumanalyse später auch auf Räume anzuwenden, zu denen du selbst Materialien finden und Informationen recherchieren musst.

4. Schritt: Materialien auswerten

Im Folgenden findest du eine strukturierte Materialsammlung. Die Aufgabenstellungen schlagen dir einen Weg vor, wie du die Materialien auswerten kannst. Selbstverständlich kannst du zusätzliche Informationen einbeziehen und auch eigene Wege finden, die Materialien auszuwerten.
Sortiere das Material danach, ob es zur Beantwortung der Leitfrage beiträgt. Werte die relevanten Unterlagen kritisch aus. Notiere die einzelnen Faktoren, die für die Beantwortung der Leitfrage wichtig sind. Falls sich die verschiedenen Materialien widersprechen, musst du diese Widersprüche klären. Denke daran, dass Materialien oft einseitig verfasst sind und bestimmte Interessen verfolgen.

M2 Partnerland Burundi

„Zwischen Baden-Württemberg und Burundi besteht seit den 1980er-Jahren eine gewachsene Partnerschaft. Neben den freundschaftlichen politischen Verbindungen gibt es eine vielfältige Zusammenarbeit und Projekte von Kommunen, Schulen, Initiativen und Kirchen. ...
Am 16. Mai 2014 unterzeichneten Ministerpräsident Winfried Kretschmann und der Minister für Auswärtige Beziehungen und internationale Zusammenarbeit der Republik Burundi, Laurent Kavakure, in Stuttgart eine förmliche Partnerschaftsvereinbarung zwischen Baden-Württemberg und Burundi. Damit soll die bisherige Partnerschaft weiter gestärkt werden. ... Ziel ist eine gleichberechtigte Partnerschaft im Sinne einer nachhaltigen Entwicklung, die den Interessen der Menschen in beiden Ländern gerecht wird, die Demokratie stärkt und für die Beachtung der Menschenrechte eintritt."

Staatsministerium Baden-Württemberg: Partnerland Burundi (08.11.2023)

5. Schritt: Zusammenhänge und Wechselwirkungen ermitteln

Die einzelnen Informationen, die du aus den Materialien ermittelt hast, müssen miteinander in Verbindung gebracht werden. Eine übersichtliche Methode zur Veranschaulichung der Zusammenhänge ist die Anfertigung eines Wirkungsgefüges.

6. Schritt: Leitfrage(n) beantworten

Wenn du diese fünf Schritte sorgfältig durchgeführt hast, lassen sich Antworten auf deine Leitfrage(n) formulieren.

Natürliche Voraussetzungen

M1

M2 Baum-Savanne im Ruvuvu-Nationalpark

M3 Im Bergland von Burundi

M4 Durchschnittliche Temperaturen und Niederschläge in Bujumbura

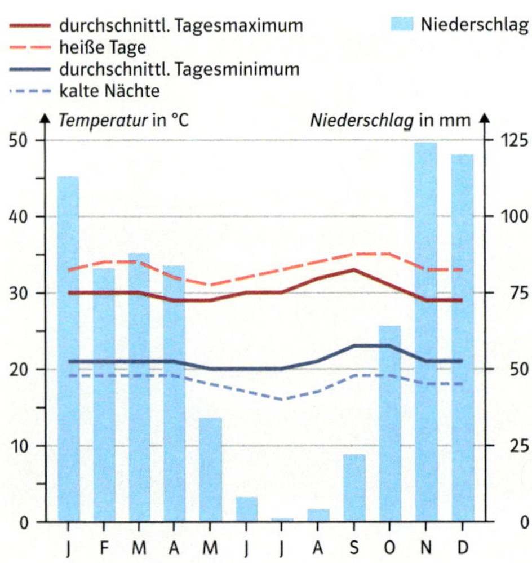

Quelle: nach meteoblue AG

M5 Wald-Savanne im Ruvuvu-Nationalpark

M6 Provinz Gitega in Burundi mit landwirtschaftlichen Feldern: Maniok, Hirse und Mais sind die häufigsten Feldfrüchte

M7 Wolken-, Sonne- und Niederschlagstage in Bujumbura

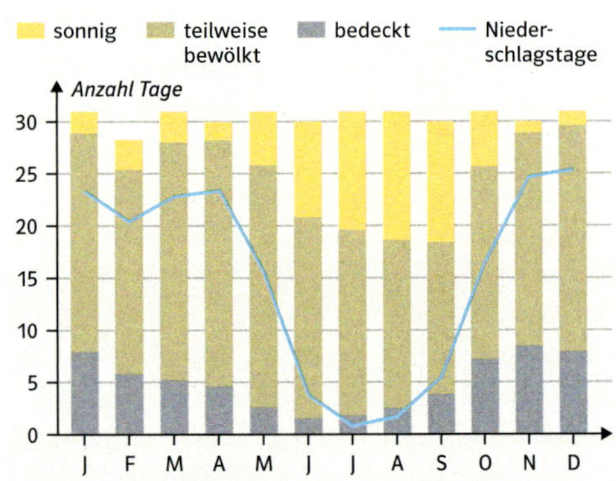

Quelle: nach meteoblue AG

M8 Naturräume und Niederschlagsverteilung in Burundi

Quelle: nach Richard Szydlak

M10 Naturraum und Waldökosysteme Burundis

„Durch seine Lage im afrikanischen Rift-Valley und an der afrikanischen Hauptwasserscheide zwischen den Einzugsgebieten von Kongo und Nil weist Burundi eine sehr vielgestaltige Topografie mit flacheren Bereichen in der Imbo-Ebene, in welcher auch die [ehemalige] Hauptstadt Bujumbura liegt, sowie ausgedehnten Hochebenen auf. Ausgeprägte Steilhanglagen gestalten den Übergang zwischen diesen beiden Gebieten. Dementsprechend differieren auch die Höhenlage, Temperaturen, Niederschlagswerte und Böden deutlich. Der Tanganjikasee stellt mit 775 m ü. NN den tiefsten Punkt des Landes dar, der Gebirgszug der Kongo-Nil-Wasserscheide erreicht Höhen über 2 600 m ü. NN. ... Die große Bandbreite unterschiedlicher Klima- und Bodenzonen und die sehr ausgeprägten topografischen Unterschiede sind die Grundlage für eine sehr hohe Biodiversität und die erstaunliche Vielfalt an natürlichen Waldökosystemen ...“

Habonimana, B. & Megerle, H. & Hein, S.: Wald und Waldbewirtschaftung in Burundi, Holz-Zentralblatt, Nr. 19 vom 11.05.2018 (09.11.2023)

M9 Klimatische Kennwerte der fünf ökoklimatischen Zonen Burundis

Öko-Region	Höhenlage (m ü. NN)	Jahresdurchschnitts-temperatur (°C)	Jahresniederschlag (mm/Jahr)
Imbo-Ebene	800 – 1100	23 – 24,5	800 – 1100
Steilhänge zum Tanganjikasee	1000 – 1700	18 – 28	1100 – 1900
Kongo-Nil-Wasserscheide	1700 – 2 660	14 – 15	1300 – 2 000
Zentrale Hochebenen	1350 – 2 000	17 – 20	1200 – 1500
Tiefebenen von Kumoso und Bugesera	1100 – 1400	20 – 23	1100 – 1550

Nach Habonimana, B. & Megerle, H. & Hein, S.: Wald und Waldbewirtschaftung in Burundi, Holz-Zentralblatt, Nr. 19 vom 11.05.2018 (09.11.2023)

1 ○
Lage Burundis:
a) Beschreibe die Lage innerhalb von Afrika.
b) Ordne Burundi den Landschaftszonen der Erde zu.

2 ◒
Erläutere die Einordnung mithilfe der Klimawerte von Bujumbura.

3 ○
Beschreibe mithilfe der **Karte M 8** und der **Tabelle M 9** die natürliche Ausstattung Burundis.

Kaffeeanbau in Burundi

Burundi zählt zu den am wenigsten entwickelten Staaten der Welt. Mit einem HDI von 0,426 nimmt das Land aktuell den 149. Platz von 156 untersuchten Staaten ein. Die Wirtschaft des Landes sowie der Export basiert wesentlich auf landwirtschaftlichen Produkten, wobei dem Kaffee eine besondere Bedeutung zukommt. Ist das ein zukunftsfähiges Konzept für die weitere Entwicklung?

M1 Arabica-Kaffee

Der Arabica-Kaffee ist die wirtschaftlich bedeutendste Kaffeesorte. Er wird auch als Bergkaffee bezeichnet, da er insbesondere in größeren Höhen gut gedeiht.

M2 Kaffeewaschstation in der Provinz Kayanza auf einer Höhe von 2000 m ü. NN

Burundis Wirtschaft ist sehr stark durch landwirtschaftliche Produktion geprägt. Diese nimmt 75 Prozent der Landesfläche ein und konzentriert sich insbesondere auf den Anbau von Kaffee und Tee. Das Durchschnittseinkommen ist sehr niedrig und die Covid-19-Pandemie hat die wirtschaftlichen Probleme noch weiter verschärft. Dies führt für viele Menschen zu einer ausgeprägten Ernährungsunsicherheit. In den Monaten Juni bis September sind zehn Prozent aller Einwohnerinnen und Einwohner (d.h. fast 1,3 Mio. Menschen) infolge der Wetterbedingungen besonders stark von Hunger betroffen. Hauptursache sind die in dieser Zeit im Norden des Landes verstärkt auftretenden Überschwemmungen sowie die hohen Lebensmittelpreise, die durch die schwache Währung noch verschärft werden.

Der Anbau von hochwertigem Kaffee und dessen Handel als Fairtrade-Produkt gilt als eine mögliche Lösungsstrategie für diese schwierige Lage.

In Burundi herrschen ideale klimatische Bedingungen für den Kaffeeanbau. Das tropisch-wechselfeuchte Klima mit ausreichenden Niederschlägen, die mineralstoffreichen vulkanischen Böden und die ideale Topographie mit Hochebenen über 2000 Meter lassen den Anbau hochwertiger Kaffeebohnen zu. Fast alle Plantagen werden von einem Quellfluss des Nils mit Wasser versorgt.

M3 Landwirtschaft in Burundi

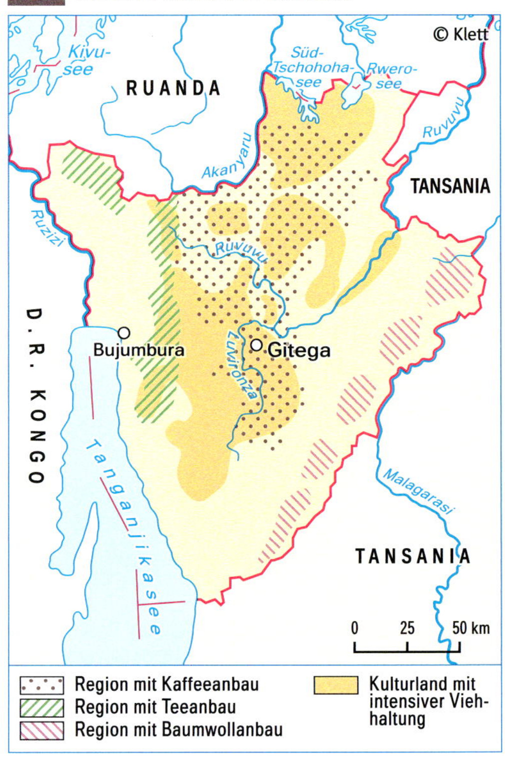

M4 Geschichte des Kaffeeanbaus in Burundi

Den Anfang machten um 1920 die belgischen Kolonialmächte, die um die günstigen Naturbedingungen wussten und die ersten Coffea-Arabica-Bäume anpflanzten. Diese Versuche gelangen sehr gut, sodass in den 1930er-Jahren das Geschäft mit dem Kaffee florierte. Zu den Gewinnern zählten allerdings nur die Belgier, nicht die einheimische Bevölkerung. Zwanzig Jahre später war Kaffee bereits das wichtigste Exportgut der Kolonie. Auch nach der staatlichen Unabhängigkeit im Jahr 1962 setzte die burundische Regierung auf den Export von Kaffee nach Europa als wichtigstes Wirtschaftsprojekt.

In den 1970er-Jahren verstaatlichte die Regierung die Kaffeeplantagen und riet den Kaffeebauern Genossenschaften zu gründen, um die Verarbeitung und den Export gemeinsam zu organisieren und so wirtschaftlich erfolgreicher zu sein. Da der größte Teil der Kaffeeproduktion in kleinbäuerlichen Betrieben und nicht in großen Plantagen erfolgte, war dieser Entwicklungsschritt von besonderer Bedeutung. Die politischen Unruhen und der langanhaltende Bürgerkrieg (1993–2005) machten diesen Vorteil jedoch zunichte. In den letzten Jahren verursachte vor allem die Covid-19-Pandemie große Schwierigkeiten.

M5 Partnerschaft Baden-Württemberg und Burundi

„Gitega ist ... [die Hauptstadt] im Zentrum Burundis. Hier haben sich Kleinbauernfamilien zusammengeschlossen, um gemeinsam eine eigene Verarbeitungsanlage für Kaffee zu bauen. Diese technische Vorraussetzung sowie eine unabhängige Fair-Trade-Zertifizierung waren wichtige Bausteine für die Verarbeitung und Vermarktung ihrer Kaffeekirschen. Die dwp eG Fairhandelsgenossenschaft aus Ravensburg importierte im Dezember 2014 den ersten fair gehandelten Container Kaffee aus Burundi. Er stammt von ca. 700 Mitgliedern der Kleinbauerngenossenschaft „Mboneramiryango“. Der fair gehandelte Burundi-Kaffee ist ein weiterer Baustein für die Partnerschaft zwischen Baden-Württemberg und Burundi. Er wird mittlerweile in vielen Behörden, Kirchengemeinden und Fraktionen des Landes getrunken und bietet den Kleinbauern in Burundi eine Existenzgrundlage.“

Stiftung Entwicklungs-Zusammenarbeit Baden-Württemberg (SEZ): Burundi-Kaffee (09.11.2023)

M6 Hauptexportgüter Burundis, 2022

Export-Produkt	Anteil (%)
Kaffee, Tee, Kakao, Gewürze	38,8
Gold	25,9
Eisen, Stahl, sonstige Metalle	8,5
Tabak, Tabakwaren	5,1
Getränke	5,1
Getreide	4,7
Erdöl	3,7
Sonstige	8,2

M7 Entwicklung der Kaffee-Exporte Burundis

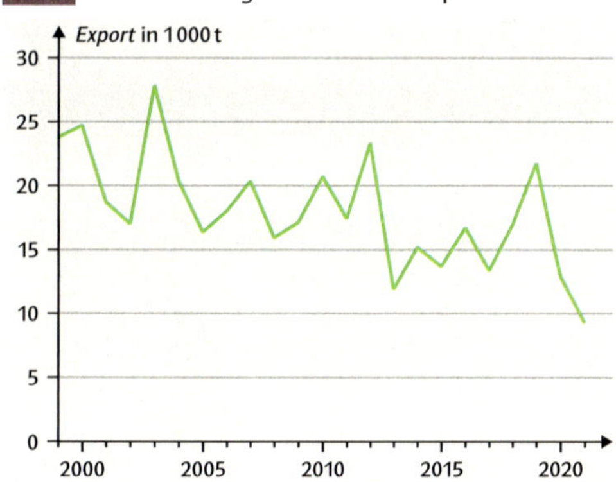

1 ○
Arbeite die Geschichte des Kaffeeanbaus in Burundi heraus.

2 ◒
Analysiere die aktuelle Bedeutung des Kaffeeanbaus für die Wirtschaft Burundis anhand der Materialien.

3 ●
Bewertet die Chancen, die sich für Burundi aufgrund der Partnerschaft mit Baden-Württemberg ergeben.

Gesundheit fördern, ökologisch produzieren und fair handeln – was ist der beste Weg?

Gemessen am Bruttoinlandsprodukt ist Burundi das ärmste Land der Welt. Statistisch stehen jeder Person lediglich 309 US-$ im Jahr zur Verfügung. Das ist weniger als 1 Euro pro Tag. Kann diese Situation durch internationale Entwicklungsprojekte verbessert werden?

M1 Trocknung geernteter und geschälter Kaffeebohnen

Das Bruttoinlandsprodukt (BIP) bemisst den Wert aller Güter und Dienstleistungen, die innerhalb eines Jahres in einem Staat erwirtschaftet werden. Obwohl die Bevölkerung Burundis etwa 12,9 Mio. Menschen zählt, beträgt das BIP nur etwa 2,8 Mrd. Euro. Zum Vergleich dazu beträgt das BIP Baden-Württembergs ca. 536 Mrd. Euro, bei in etwa gleicher bzw. sogar geringerer Bevölkerungszahl.
Der größte Teil der Wirtschaftsleistung Burundis (70 %) werden durch den Anbau und die Verarbeitung von Kaffee erwirtschaftet. Drei Viertel der Bevölkerung lebt in Armut, die medizinische Versorgung ist unzureichend und 90 % der Menschen sichern ihre Ernährung durch eigenen landwirtschaftlichen Anbau in Form von Subsistenzwirtschaft.

Können Entwicklungsprojekte helfen?

Angesichts dieser wirtschaftlichen Lage, die zudem durch ein hohes Bevölkerungswachstum und eine seit Jahren anhaltende innenpolitische Gewalt weiter geschwächt wird, stellt sich die Frage: Können Entwicklungsprojekte helfen, die Situation für die Bevölkerung Burundis zu verbessern? Die Deutsche Gesellschaft für Internationale Zusammenarbeit (GIZ) führt seit 2005 ein Projekt zur Wasser- und Sanitätsversorgung durch, unterstützt Maßnahmen zur Familienplanung, Ernährungssicherheit, zum Ausbau erneuerbarer Energien und zur wirtschaftlichen Entwicklung abgelegener Gebiete Burundis. Andere Organisationen konzentrieren sich vor allem auf die Optimierung des ökologischen Kaffeeanbaus und dessen fairer Vermarktung.

Agroforst und fairer Handel

Seit 2019 setzt die WeltPartner eG aus Ravensburg einen neuen Ansatz beim Anbau und der Vermarktung von Kaffee aus Burundi um. Trotz der massiven Armut im Land sowie der Abhängigkeit der Exportwirtschaft vom Kaffee wurde erst 2014 ein Projekt zum fairen Handel realisiert. Fair gehandelte Agrarprodukte zielen darauf ab, die Einkommenssituation der Kaffeebauern zu verbessern. Zugleich führt das anhaltend hohe Bevölkerungswachstum dazu, dass naturnahe Räume immer weiter zurückgedrängt und noch verbliebene Waldgebiete gerodet werden. Um beiden Problemstellungen entgegenzuwirken, initiierte WeltPartner nicht nur das erste Fairtrade-Projekt, sondern auch ein Versuchsprojekt für den ökologischen Anbau von Kaffee. Dazu wurden 700 Kleinbauernfamilien beraten, wie trotz sehr kleiner Wirtschaftsflächen (ca. 0,5 Hektar) umweltverträglich Kaffee angebaut werden kann. Entsprechend den Ideen des agroforstwirtschaftlichen Anbaus werden schattenspendende Bäume neben Bananenstauden, Kaffeesträucher oder Obstbäume gepflanzt und die Zwischenräume mit Gemüse bepflanzt. Das verhindert zudem den Bodenabtrag durch Erosion. Bislang profitieren etwa 11 000 Familien von diesem Projekt.

Stärkung der Gesundheitsstrukturen

In Zusammenarbeit mit dem „Nationalen Programm für reproduktive Gesundheit" unterstützte die GIZ von 2018 – 2022 auch die Stärkung der regionalen Gesundheitszentren sowie Maßnahmen zur Sensibilisierung junger Menschen für Familienplanung und Verhütungsmaßnahmen. Denn angesichts einer hohen Bevölkerungsdichte von 437 Personen pro Quadratkilometer, eines begrenzten Bildungs- und Gesundheitssystems und einer durchschnittlichen Kinderzahl von 5,5 Kindern pro Frau, ist von einer weiteren Verschärfung der Ausgangslage auszugehen. Daher werden Organisationen, die möglichst viele Menschen erreichen (z. B. Bildungseinrichtungen, Kirchen, staatliche Familienzentren), in den zentral gelegenen Provinzen Mwaro, Muramvya und Gitega unterstützt. Die randlichen Provinzen blieben bislang unberücksichtigt, rücken aber stärker in den Fokus der Hilfsorganisationen. Zugleich zielt das Projekt darauf, Mädchen und Frauen in ihren Rechten, ihrem Bildungsstand und ihrem Selbstbewusstsein zu stärken und gegen die weitverbreitete sexualisierte Gewalt anzugehen. Über 80 000 Jugendliche konnten durch die Maßnahmen bereits erreicht werden.

M2 Ökologischer Kaffeeanbau

M3 Beratungstreffen zur Familienplanung

1 ○
Beschreibe die wirtschaftliche und gesellschaftliche Situation Burundis.

2 ◒
Analysiere die Zielrichtung der vorgestellten Entwicklungsprojekte.

3 ●
Bewertet deren Wirkung auf die gesellschaftliche und wirtschaftliche Entwicklung Burundis.

14

Arbeitsanhang

In diesem Anhang findet ihr wertvolle Hilfen für die selbstständige Arbeit im Geographieunterricht: Zusatzinformationen, eine Methodenübersicht aus dem Vorgängerband, Lösungshilfen zu ausgesuchten Aufgaben, die Erklärungen der wichtigen Begriffe sowie Hilfen zum Verstehen der Operatoren in den Aufgaben.

		J	F	M	A	M	J	J	A	S	O	N	D	Jahr
Deutschland														
List / Sylt, 26 m	°C	1	1	3	6	11	14	16	16	14	10	6	3	8
	mm	57	35	45	40	42	56	62	72	83	89	96	72	749
Hamburg, 16 m	°C	1	1	4	7	12	16	17	17	14	10	5	2	9
	mm	61	42	56	51	56	74	83	70	71	63	72	72	771
Berlin, 57 m	°C	−1	2	5	9	14	17	19	19	14	10	5	2	10
	mm	50	36	38	42	53	60	81	57	43	41	40	40	581
Frankfurt / Main, 113 m	°C	1	1	6	9	14	17	18	19	15	10	5	1	10
	mm	44	40	51	51	61	70	63	66	48	52	58	54	658
Stuttgart, 314 m	°C	1	2	5	9	13	16	18	18	15	10	5	2	10
	mm	38	35	39	54	84	93	63	76	53	41	48	41	665
Alpen														
Zugspitze, 2 963 m	°C	−11	−11	−10	−7	−3	0	2	2	1	−2	−7	−9	−5
(Deutschland)	mm	185	154	186	197	172	185	183	170	115	105	156	183	1 991
Sonnblick, 3 107 m	°C	−13	−13	−11	−8	−4	−1	2	2	0	−3	−8	−11	−6
(Österreich)	mm	128	107	141	154	159	143	157	161	114	100	133	132	1 629
Chur, 555 m	°C	−2	0	4	8	13	15	17	16	14	9	3	0	8
(Schweiz)	mm	41	36	44	43	61	79	111	108	70	62	50	51	756
San Bernardino, 1 639 m	°C	−6	−5	−3	1	5	9	11	11	8	4	0	−4	3
(Schweiz)	mm	66	79	106	131	173	178	192	210	176	186	132	95	1 724
Lugano, 273 m	°C	3	4	7	11	15	19	20	20	17	12	7	3	12
(Schweiz)	mm	57	67	125	159	204	186	181	193	158	181	130	92	1 733
Nordeuropa														
Reykjavík, 61 m	°C	−1	0	1	3	6	9	11	10	7	4	1	0	4
(Island)	mm	76	81	83	58	44	51	51	62	67	86	73	78	810
Bergen, 36 m	°C	2	1	3	6	10	13	15	15	12	8	6	3	8
(Norwegen)	mm	179	139	109	140	83	126	141	167	228	236	207	203	1958
Tromsø, 10 m	°C	−4	−4	−2	1	5	9	12	11	7	3	−1	−3	3
(Norwegen)	mm	81	86	64	60	48	53	72	82	94	125	104	104	973
Stockholm, 52 m	°C	−3	−3	0	4	11	16	17	16	11	8	3	−1	7
(Schweden)	mm	39	27	26	31	31	46	71	65	55	50	53	46	540
Helsinki, 56 m	°C	−7	−7	−3	3	10	15	17	15	10	5	0	−4	5
(Finnland)	mm	41	31	34	37	35	44	73	80	73	73	72	58	651
Westeuropa														
Valentia, 2 m	°C	7	7	8	9	11	13	15	15	14	12	9	8	11
(Irland)	mm	164	123	121	77	89	80	73	112	125	154	147	159	1 424
London, 62 m	°C	4	4	6	8	11	14	16	16	14	11	7	5	10
(Verein. Königreich)	mm	78	53	60	54	55	58	44	55	67	73	76	80	753
Straßburg, 36 m	°C	1	2	6	9	14	17	19	18	15	10	5	2	10
(Frankreich)	mm	32	34	36	46	74	72	55	67	55	41	46	42	600
Marseille, 36 m	°C	6	8	10	13	17	21	24	23	20	16	11	7	15
(Frankreich)	mm	46	54	43	46	42	28	14	27	47	78	57	52	534

		J	F	M	A	M	J	J	A	S	O	N	D	Jahr
Südeuropa														
Lissabon, 95 m	°C	11	12	14	15	18	21	23	23	22	19	15	12	17
(Portugal)	mm	79	96	69	67	53	13	5	7	21	81	118	102	711
Madrid, 667 m	°C	6	7	10	12	16	21	24	24	21	15	9	6	14
(Spanien)	mm	46	46	33	54	41	27	13	9	30	45	64	51	459
Palma de Mallorca, 8 m	°C	9	10	11	13	16	21	24	24	22	18	13	11	16
(Spanien)	mm	37	35	36	39	30	14	9	20	50	63	47	44	424
Messina, 51 m	°C	12	12	13	15	19	23	26	26	24	20	16	13	18
(Italien)	mm	117	95	84	60	33	15	19	26	56	98	106	114	823
Athen, 107 m	°C	9	10	12	15	20	25	27	27	23	18	15	11	18
(Griechenland)	mm	44	48	42	29	18	10	3	4	12	50	51	66	377
Istanbul, 40 m	°C	5	6	8	12	17	21	23	23	20	15	12	8	14
(Türkei)	mm	99	67	62	49	31	22	19	26	41	71	89	122	698
Östliches Mitteleuropa														
Warschau, 107 m	°C	−3	−2	2	8	13	17	18	17	13	8	3	−1	8
(Polen)	mm	22	21	28	32	59	72	67	63	43	38	42	32	519
Prag, 197 m	°C	−2	−1	3	8	13	16	18	17	13	8	3	−1	8
(Tschechische Republik)	mm	23	23	28	38	77	73	66	70	40	30	32	26	526
Budapest, 120 m	°C	−2	2	7	12	17	20	22	21	17	11	5	0	11
(Ungarn)	mm	32	39	35	42	62	69	45	56	39	34	52	40	545
Siliac, 318 m	°C	−4	−1	3	9	14	17	18	17	13	8	3	−2	8
(Slowakei)	mm	44	45	43	47	63	86	59	71	58	50	67	56	689
Osteuropa														
Archangelsk, 13 m	°C	−15	−12	−6	0	7	13	16	13	8	2	−5	−10	1
(Russische Föderation)	mm	32	26	27	30	40	54	57	67	60	60	51	41	545
Moskau, 156 m	°C	−9	−8	−2	6	13	17	18	16	11	5	−1	−6	5
(Russische Föderation)	mm	45	37	34	40	58	76	92	74	64	58	58	52	688
Kasan, 64 m	°C	−13	−12	−5	5	13	17	19	17	11	4	−3	−9	4
(Russische Föderation)	mm	33	28	26	36	37	70	69	67	46	47	46	37	542
Minsk, 234 m	°C	−7	−6	−2	6	13	16	17	17	12	6	1	−4	6
(Belarus)	mm	40	33	41	44	60	79	85	72	58	46	51	53	662
Kiew, 179 m	°C	−5	−4	1	9	15	18	19	19	14	8	2	−2	8
(Ukraine)	mm	46	46	38	48	52	69	87	67	43	39	50	47	632
Südosteuropa														
Bukarest, 90 m	°C	−2	1	6	12	17	21	22	22	17	12	7	2	12
(Rumänien)	mm	47	39	42	48	78	73	57	52	43	47	54	48	628
Belgrad, 132 m	°C	0	3	7	12	17	20	22	21	18	12	7	2	12
(Serbien)	mm	49	44	51	59	70	91	66	53	52	41	56	58	690
Sofia, 595 m	°C	−2	1	5	10	14	18	20	19	16	10	5	1	10
(Bulgarien)	mm	27	33	38	50	73	72	56	52	39	37	47	39	563
Split, 128 m	°C	8	8	10	14	19	23	25	25	21	17	12	9	16
(Kroatien)	mm	79	68	75	66	56	52	28	48	60	78	110	105	825

Land	Fläche 2022 in 1000 km²	Einwohner 2022 in Millionen	Natürliches Bevölkerungswachstum 2021 in %	Geburtenrate 2021 in %	Sterberate 2021 in %	Lebenserwartung 2021 in Jahren	Anteil der Bevölkerung jünger als 15 Jahre 2022 in %	Anteil der Bevölkerung älter als 64 Jahre 2022 in %	Städtische Bevölkerung 2022 in %	[5] Wirtschaftsleistung je Einwohner 2022 in US-$	[4] Erwerbstätige in der Industrie 2021 in % der Erwerbstätigen insgesamt	[4] Erwerbstätige in Dienstleistungen 2021 in % der Erwerbstätigen insgesamt	[4] Anteil der Industrie am BIP 2022 in %	[4] Anteil der Dienstleistungen am BIP 2022 in %	Arbeitslose 2022 in %	[3] Energieverbrauch je Einwohner 2022 in kg Öleinheiten	[2] Analphabeten 2021 in %	[1] Anteil unterernährter Menschen an der Bevölkerung 2021 in %	Einwohner je Arzt 2021	Internet-Nutzer 2021 je 1000 Einwohner
Europa																				
Albanien	27	2,8	−0,1	1,0	1,1	76	16	17	64	6803	22	44	21	47	12	1212	1,6	4,1	514	793
Belarus	203	9,2	−0,7	0,9	1,7	72	17	17	80	7905	33	59	33	48	4	2677	<1	<2,5	210	869
Belgien	30	11,7	0,1	1,0	1,0	82	17	20	98	49583	19	80	21	68	6	5021	<1	<2,5	161	928
Bosnien und Herzegowina	51	3,2	−0,7	0,8	1,6	75	15	18	50	7585	34	54	25	54	14	1979	1,9	<2,5	436	757
Bulgarien	109	6,5	−1,3	0,9	2,2	72	14	22	76	13772	31	63	26	58	4	2939	1,6	<2,5	218	753
Dänemark	40	5,9	0,1	1,1	1,0	81	16	20	88	66983	19	79	21	66	4	2769	<1	<2,5	239	989
Deutschland	349	84,1	−0,3	1,0	1,2	81	14	22	78	48432	28	71	27	63	3	3523	<1	<2,5	223	914
Estland	43	1,3	−0,4	1,0	1,4	77	16	21	70	28333	29	68	24	61	6	3999	<1	<2,5	262	910
Finnland	304	5,6	−0,1	0,9	1,0	82	15	23	86	50537	21	74	25	59	7	5070	<1	<2,5	232	928
Frankreich	548	67,9	0,1	1,1	1,0	82	17	22	82	40964	19	78	17	70	7	3100	<1	<2,5	317	861
Griechenland	129	10,6	−0,6	0,8	1,4	80	14	23	80	20732	15	73	17	67	12	2615	<1	<2,5	159	785
Irland	69	5,1	0,5	1,2	0,7	82	20	15	64	104039	19	77	41	52	4	3247	<1	<2,5	251	952
Italien	296	58,9	−0,5	0,7	1,2	83	12	24	72	34158	27	69	23	65	8	2486	<1	<2,5	241	749
Kroatien	56	3,9	−0,7	0,9	1,6	76	14	22	58	18413	29	64	20	61	7	2018	<1	<2,5	262	813
Lettland	62	1,9	−0,9	0,9	1,8	73	16	22	69	21851	24	70	21	62	6	1843	<1	<2,5	297	912
Litauen	63	2,8	−0,9	0,8	1,7	74	15	21	68	24827	26	68	27	60	6	1991	<1	<2,5	205	869
Luxemburg	3	0,7	0,4	1,1	0,7	83	16	15	92	126426	9	89	12	78	5	5188	<1	<2,5	361	987
Montenegro	13	0,6	−0,3	1,1	1,5	74	18	17	68	9894	19	74	13	61	15	1629	1,0	<2,5	355	822
Niederlande	34	17,7	0,0	1,0	1,0	81	15	20	93	55985	14	84	19	69	4	4815	<1	<2,5	265	921
Norwegen	364	5,5	0,3	1,0	0,8	83	17	18	84	106149	19	78	49	42	3	8334	<1	<2,5	195	990
Österreich	83	9,0	−0,1	1,0	1,0	81	14	20	59	52131	26	71	26	62	5	3670	<1	<2,5	186	925
Polen	306	37,6	−0,5	0,9	1,4	76	15	19	60	18321	31	61	30	57	3	2585	<1	<2,5	262	854
Portugal	92	10,4	−0,4	0,8	1,2	81	13	23	67	24275	24	71	19	66	6	2158	3,2	<2,5	179	823
Rumänien	230	19,0	−0,8	0,9	1,8	73	16	19	54	15892	30	51	29	57	5	1578	1,1	<2,5	324	836
Russische Föderation	16.377	143,6	−0,7	1,0	1,7	69	18	16	75	15345	27	67	33	54	5	4769	<1	<2,5	255	882
Schweden	407	10,5	0,2	1,1	0,9	83	18	20	88	55873	18	80	24	64	7	5153	<1	<2,5	143	947
Schweiz	40	8,8	0,2	1,0	0,8	84	15	19	74	92101	20	78	24	72	4	2868	<1	<2,5	227	956
Serbien	84	6,8	−1,1	0,9	2,0	73	14	21	57	9394	29	57	23	52	9	2377	<1	<2,5	237	812
Slowakei	48	5,4	−0,3	1,0	1,4	75	16	17	54	21258	37	61	29	58	6	2914	<1	2,8	215	889
Slowenien	20	2,1	−0,2	0,9	1,1	81	15	21	56	29457	30	66	29	58	4	2957	<1	<2,5	304	890
Spanien	500	47,6	−0,2	0,7	1,0	83	14	20	81	29350	20	76	21	68	13	2890	<1	<2,5	220	939
Tschechien	77	10,5	−0,3	1,1	1,3	77	16	21	74	27638	37	61	31	58	2	3804	<1	<2,5	183	827
Ukraine	579	38,0	−1,1	0,7	1,9	70	15	19	70	4534	24	61	19	61	8	1402	<1	<2,5	275	792
Ungarn	91	9,7	−0,6	1,0	1,6	74	14	20	73	18463	31	64	26	56	3	2292	<1	<2,5	165	886
Vereinigtes Königreich	242	67,0	0,0	1,0	1,0	81	17	19	84	45850	18	81	18	71	4	2588	<1	<2,5	314	967
Amerika																				
Argentinien	2.737	46,2	0,5	1,4	0,9	75	23	12	92	13686	20	72	23	53	6	1891	<1	3,9	264	872
Bolivien	1.083	12,2	1,2	2,2	1,0	64	31	5	71	3523	19	52	18	..	4	6072	3,9	16,2	1060	660
Brasilien	8.358	215,3	0,5	1,3	0,8	73	20	10	88	8918	21	70	21	59	9	1488	5,7	4,7	469	807
Chile	[illegible]	[illegible]	[illegible]	[illegible]	[illegible]	[illegible]	[illegible]	[illegible]	[illegible]	[illegible]	[illegible]	[illegible]	[illegible]	[illegible]	[illegible]	[illegible]	[illegible]	[illegible]	[illegible]	[illegible]

[1] Diese Kennziffer wird von der FAO nicht für entwickelte Staaten ausgewiesen. [2] Ausgewiesen sind nur Staaten mit Analphabetenrate >1 %. [3] 1 kg Öleinheit = Energie von 1 kg Erdöl (etwa 10 000 Kalorien). Mit dieser Maßeinheit kann man verschiedene Energiearten untereinander vergleichen. [4] Der Anteil der Landwirtschaft ergibt sich, indem man die Anteile der Industrie und Dienstleistungen addiert und von 100 subtrahiert. [5] Gemeint ist das Bruttoinlandsprodukt (BIP) = Maß für die wirtschaftliche Leistung eines Landes; misst den Wert der im Inland hergestellten Waren und Dienstleistungen, soweit diese nicht vorher für die Produktion anderer Waren und Dienstleistungen verwendet werden.

Ecuador	[illegible]	[illegible]	[illegible]	[illegible]	[illegible]	[illegible]	[illegible]	[illegible]	[illegible]	[illegible]	[illegible]	[illegible]	[illegible]	[illegible]	[illegible]	[illegible]	[illegible]	[illegible]	[illegible]
Guatemala	107	17,4	1,5	2,1	0,7	69	32	5	53	5473	22	49	23	62	3	491	16,7	13,3	781	508
Haiti	28	11,6	1,5	2,3	0,9	63	32	5	59	1748	12	42	29	48	15	89	36,3	45,0	4362	389
Honduras	112	10,4	1,5	2,1	0,6	70	30	4	60	3040	23	52	26	56	7	437	11,5	18,7	2106	481
Kanada	8.966	38,9	0,2	1,0	0,8	83	16	19	82	54966	19	79			5	8784	< 1	< 2,5	414	928
Kolumbien	1.110	51,9	0,6	1,4	0,8	73	21	9	82	6630	20	64	27	55	11	1010	4,4	6,6	426	730
Kuba	104	11,2	−0,6	0,9	1,5	74	16	16	77		17	65			1	794	< 1	< 2,5	117	711
Mexiko	1.944	127,5	0,5	1,5	0,9	70	25	8	81	11091	26	62	32	59	3	1634	4,8	< 2,5	415	756
Peru	1.280	34,0	1,0	1,8	0,8	72	26	8	79	7126	17	55	29	55	4	846	5,5	7,0	614	711
USA	9.147	333,3	0,1	1,1	1,0	76	18	17	83	76399	19	79	18	81	4	6772	< 1	< 2,5	279	918
Venezuela	882	28,3	0,8	1,6	0,8	71	28	9	88		18	69			5	1858	2,5	17,9	556	
Afrika																				
Ägypten	995	111,0	1,6	2,3	0,6	70	33	5	43	4295	29	51	33	51	7	856	26,9	5,4	1481	721
Algerien	2.382	44,9	1,7	2,2	0,5	76	31	6	75	4274	31	59	42	42	12	1311	17,2	< 2,5	618	708
Äthiopien	1.129	123,4	2,6	3,2	0,7	65	40	3	23	1028	10	26	23	37	4	75	47,2	21,9	10133	167
Burkina Faso	274	22,7	2,7	3,6	0,9	59	44	3	32	833	7	20	29	41	5	78	54,0	16,2	11871	216
Ghana	228	33,5	2,0	2,8	0,8	64	37	4	59	2176	19	41	32	44	4	299	20,0	4,9	6334	682
Kenia	569	54,0	2,0	2,8	0,8	61	38	3	29	2099	16	51	18	55	6	168	17,4	27,8	4510	288
Kongo, Dem. Rep.	2.267	99,0	3,2	4,2	1,0	59	47	3	47	586	10	35	49	31	5	35	20,0	35,3	3139	229
Libyen	1.760	6,8	1,2	1,8	0,6	72	28	5	81	6716	19	64	80	25	21	2431		8,4	495	
Mali	1.220	22,6	3,2	4,2	0,9	59	47	2	45	833	10	22	20	36	3	101	64,1	12,8	9207	345
Marokko	446	37,5	1,1	1,8	0,6	74	27	8	65	3528	23	43	27	52	10	589	24,2	6,3	1435	881
Niger	1.267	26,2	3,7	4,5	0,8	62	49	2	17	533	8	22			1	35	62,7	16,1	29952	224
Nigeria	911	218,5	2,4	3,7	1,3	53	43	3	54	2184	13	52	31	44	6	219	36,0	15,9	2593	554
Ruanda	25	13,8	2,4	3,0	0,6	66	38	3	18	966	19	27	21	46	13	40	24,1	31,6	9112	305
Sambia	743	20,0	2,8	3,5	0,7	61	43	2	46	1488	9	33	34	58	6	294	13,1	29,8	9880	212
Südafrika	1.213	59,9	0,8	2,0	1,1	62	29	6	68	6776	17	61	24	63	30	1922	4,9	7,9	1247	723
Tansania	886	65,5	3,0	3,6	0,6	66	43	3	37	1192	7	28	28	31	3	78	18,2	23,5	22392	316
Tunesien	155	12,4	0,8	1,6	0,8	74	25	9	70	3777	34	52	23	60	16	819	17,3	3,0	830	790
Asien																				
Bangladesch	130	171,2	1,2	1,8	0,6	72	26	6	40	2688	22	41	34	51	5	250	24,1	11,2	1509	389
China, VR	9.425	1.412,2	0,0	0,8	0,7	78	17	14	64	12720	28	47	40	53	5	2670	3,0	< 2,5	415	731
Indien	2.973	1.417,2	0,7	1,6	0,9	67	25	7	36	2389	25	31	26	49	7	614	25,1	16,6	1394	463
Indonesien	1.878	275,5	0,6	1,6	1,0	68	25	7	58	4788	22	49	41	42	4	847	4,0	5,9	1448	621
Irak	434	44,5	2,3	2,7	0,5	70	38	3	71	5937	21	59	63	35	16	1237	14,0	16,3	1142	
Iran	1.629	88,6	0,7	1,4	0,6	74	24	8	77	4388	34	49	40	47	11	3279	11,3	6,1	678	786
Israel	22	9,6	1,4	2,0	0,5	83	28	12	93	54660	17	82	18	70	3	2893	< 1	< 2,5	294	903
Japan	365	125,1	−0,5	0,7	1,2	84	12	30	92	33815	24	73	28	69	3	3438	< 1	3,2	382	829
Kasachstan	2.700	19,6	1,4	2,4	1,0	70	30	8	58	11244	21	64	35	53	5	3844	< 1	< 2,5	256	909
Korea, Republik	98	51,6	−0,1	0,5	0,6	84	12	17	81	32255	25	70	32	58	3	5858	< 1	< 2,5	397	976
Malaysia	329	33,9	0,9	1,5	0,6	75	23	8	78	11972	28	62	39	51	4	3404	5,0	2,7	447	968
Pakistan	771	235,8	2,0	2,8	0,7	66	37	4	38	1597	25	37	20	52	6	365	40,6	18,5	974	210
Philippinen	298	115,6	1,5	2,2	0,7	69	30	5	48	3499	19	57	29	61	2	436	3,7	5,2	1291	527
Saudi-Arabien	2.150	36,4	1,5	1,7	0,3	77	26	3	85	30436	20	77	53	39	6	7541	2,4	3,8	363	1.000
Singapur	1	5,6	0,3	0,9	0,6	83	12	15	100	82808	14	85	24	71	3	12647	2,7		381	969
Syrien	184	22,1	1,5	2,0	0,5	72	31	5	57		22	65			10	474		27,8	984	
Thailand	511	71,7	0,1	0,9	0,8	79	16	15	53	6909	23	46	35	56	1	1687	5,9	5,2	1072	853
Türkei	770	85,3	0,8	1,5	0,6	76	23	9	77	10616	27	56	32	51	10	1963	3,3	< 2,5	498	814
Vietnam	310	98,2	0,8	1,5	0,7	74	22	9	39	4164	33	38	38	41	2	1116	4,2	5,0	1266	742
Australien																				
Australien	7692	26,0	0,5	1,2	0,7	83	18	17	86	64491	19	79	28	62	4	5456	< 1	< 2,5	238	962
Neuseeland	263	5,1	0,5	1,1	0,7	82	19	16	87	48249	20	74	20	63	3	3864	< 1	< 2,5	284	959

uellen: Global Energy Statistical Yearbook 2023, Grenoble/Singapur; International Energy Agency, Paris; The World Bank, Washington; Statistisches Bundesamt, Wiesbaden; International bour Organization, Genf; World Health Organization, Genf; International Telecommunication Union, Genf; Food and Agriculture Organization of the United Nations, Rom; Central telligence Agency, Langley; National Statistics, Republic of China (Taiwan), Taipeh

Ausgewählte Methoden im Überblick (Band 1)

Mit einem virtuellen Globus die Welt entdecken
(Band 1, Seite 22/23)

Deinen Wohnort erkunden

1. Schritt: Einen Ort suchen
Gib in das Suchfenster deine Adresse oder nur den Ort ein und klicke dann auf <Suche>.

2. Schritt: virtuelle Welt erkunden
Entweder machst du das mit den Navigationsbedienelementen oder mit der Maus:
- Ansicht verschieben: linke Maustaste drücken und gleichzeitig die Maus bewegen.
- Herein- und Herauszoomen: das Mausrad nach vorne und nach hinten drehen.
- Ansicht neigen: Mausrad drücken und Maus zu sich ziehen.

3. Schritt: Ebenen einblenden
Wenn du Häkchen bei den Ebenen setzt, werden Linien (z.B. Ländergrenzen) und Symbole (Icons) mit Informationen eingeblendet.

Tag und Nacht simulieren

1. Schritt: virtuelle Sonne einschalten
Drücke dazu auf das entsprechende Zeichen in der Symbolleiste (Symbol „Den Verlauf der Sonne anzeigen").

2. Schritt: Tageszeit einstellen
Im Betrachtungsfenster erscheint eine Zeitleiste. Damit kannst du die Uhrzeit, aber auch den Tag, den Monat und das Jahr verändern. Bewege dazu den Schieber am Balken von links nach rechts, bis du die gewünschte Uhrzeit oder das gewünschte Datum eingestellt hast. Nun kannst du die Beleuchtungsverhältnisse zu diesem Zeitpunkt auf der Erde sehen.

3. Schritt: Zeit automatisch ablaufen lassen
Durch Drücken auf die rechte Uhr in der Zeitleiste kannst du die Zeit automatisch ablaufen lassen und beobachten, wie sich die Beleuchtungssituation auf der Erde verändert.
Die Sonne erscheint dabei auf den verschiedenen Seiten der Erde. Sie umkreist allerdings nicht die Erde, sondern die Erde bewegt sich selbstverständlich um die Sonne.
Durch Drücken auf die Lupen kannst du den Zeitbereich, in dem der Wechsel von Tag und Nacht ablaufen soll, entweder vergrößern oder verkleinern. Probiere aus, was passiert.
Möchtest du wieder etwas anderes in Google Earth machen, klicke auf das Kreuzchen rechts über dem Schieberegler.

Wie du mit dem Atlas arbeitest
(Band 1, Seite 28/29)

Geographische Namen auffinden

1. Schritt: Kartenseite und Gradnetzfeld ermitteln
Suche zuerst den Namen im Register. Hinter dem Namen stehen zwei Angaben. Die erste Zahl gibt die Kartenseite an, die du aufschlagen musst, z.B. Nördlingen Seite 22/23. Die Angabe F4 kennzeichnet das Gradnetzfeld, in dem das Objekt zu finden ist.

2. Schritt: Lage auf der Karte bestimmen
Suche auf der Seite 22/23 das angegebene Gradnetzfeld F4 auf. Der Buchstabe steht immer oben und die Zahl immer rechts.

3. Schritt: Objektangaben entnehmen
Entnimm wichtige Angaben über das Objekt, z.B. Nördlinger Ries, liegt im Süden Deutschlands, 430 m über NN.

Gebäudenutzung in der Innenstadt kartieren
(Band 1, Seite 62/63)

1. Schritt: Fragestellung formulieren
Formuliert zuerst eine Fragestellung, z.B.: Wie wird das Erdgeschoss genutzt?

2. Schritt: Untersuchungsort festlegen
- Sucht euch Straßen aus, in denen ihr Ergebnisse für eure Fragestellung erwartet, z.B. Hauptstraße oder Fußgängerzone.
- Besorgt euch eine geeignete Kartengrundlage, z.B. im Maßstab von 1:5000.

3. Schritt: Daten vor Ort sammeln
- Fertigt eine Skizze der Straße an oder markiert sie in der Karte.
- Plant euer Vorgehen: Wollt ihr z.B. erst die eine, dann die andere Straßenseite kartieren?
- Geht die Straße entlang und tragt für jedes Haus die Hausnummer auf der Skizze ein. Schreibt dazu, wie z.B. das Erdgeschoss genutzt wird.

4. Schritt: Daten sichten und ordnen
- Wertet eure Ergebnisse aus, indem ihr einzelne Nutzungen zu Gruppen zusammenfasst, z.B. die Mode- und Schuhgeschäfte zu „Geschäfte für Bekleidung".
- Legt für jede Gruppe eine Farbe fest. Dann habt ihr die Grundlage für die Legende einer thematischen Karte.

5. Schritt: Daten in die Karte eintragen
- Übertragt die Hausnummern in eure Karte.
- Malt alle Gebäudenutzungen in der richtigen Farbe aus.

6. Schritt: Daten auswerten
Beantwortet abschließend die im 1. Schritt formulierte Frage.

Klimadiagramme zeichnen und auswerten
(Band 1, Seite 82/83)

Klimadiagramme zeichnen

1. Schritt: Grundlinie zeichnen
Zeichne eine waagerechte, 12 cm lange Grundlinie und teile sie für die Monate ein (1 Monat ≙ 1 cm). Schreibe die Anfangsbuchstaben der Monate unter die Grundlinie.

2. Schritt: Temperatur und Niederschlagsskalen zeichnen
Zeichne links von der Grundlinie eine senkrechte Achse für die Temperaturwerte (rote Zahlen, 1 cm ≙ 10 °C). Trage den Wert für 0 °C an der Grundlinie ein. Wenn es Monate mit Werten unter 0 °C gibt, muss die Achse nach unten verlängert werden. Zeichne rechts von der Grundlinie eine senkrechte Achse für die Niederschläge (blaue Zahlen, 1 cm ≙ 20 mm). Beschrifte die Achsen jeweils mit °C und mm.

3. Schritt: Angaben zur Station eintragen
Schreibe den Namen der Klimastation und die Höhe links oben über das Klimadiagramm. Die Jahresmitteltemperatur schreibst du in die Mitte und die Jahresniederschlagsmenge auf die rechte Seite.

4. Schritt: Temperaturkurve zeichnen
Markiere die mittleren Monatstemperaturen mit einem Kreuz in der Monatsmitte und verbinde sie mit einem roten Stift zu einer Kurve.

5. Schritt: Niederschlagssäulen zeichnen
Markiere die Höhe der mittleren Monatsniederschläge mit einem kleinen Punkt. Zeichne dann bis zu dieser Marke Säulen von 4 mm Breite in Blau. Achte darauf, dass die Säulen mittig über den Monatsbezeichnungen stehen.

Klimadiagramme auswerten

1. Schritt: Lage der Station bestimmen
Lies den Namen und die Höhe der Station ab.

2. Schritt: Temperaturwerte bestimmen
Lies die mittlere Jahrestemperatur ab und ermittle dann den kältesten und den wärmsten Monat.

3. Schritt: Jahresschwankung berechnen
Berechne die Jahresschwankung, das heißt den Unterschied zwischen dem wärmsten und dem kältesten Monat.

4. Schritt: Niederschlagswerte bestimmen
Lies den Jahresniederschlag ab und ermittle die Monate mit dem höchsten und dem niedrigsten Niederschlag.

5. Schritt: Jahresverlauf beschreiben
Beschreibe Temperaturverlauf und Verteilung der Niederschläge.

Eine Tabelle lesen
(Band 1, Seite 114/115)

Tabellen lesen

1. Schritt: Sich orientieren
Überlege, welcher Tabelleninhalt dargestellt ist und ob es eine zeitliche Abgrenzung gibt. Welche Zahlenarten und Maßeinheiten werden verwendet und aus welchem Jahr bzw. aus welcher Quelle stammen die Werte?

2. Schritt: Lesen und Inhalte klären
Betrachte die Bestandteile der Tabelle. Jede Tabelle hat eine Vorspalte und einen Tabellenkopf. Den Inhalten, die in der Vorspalte aufgelistet sind, werden in den Spalten des Tabellenkopfs andere Inhalte gegenübergestellt. Beachte, dass manche Zeilen die Summe aus anderen Zeilen oder Spalten bilden.

3. Schritt: Zahlen miteinander vergleichen
Beschreibe durch den Zahlenvergleich Entwicklungen, Verteilungen oder Anteile. Achte auf besonders auffällige Werte. Welche Zahlen lassen sich vergleichen oder auch zusammenfassen? Darauf musst du besonders achten:
- Besonders große und kleine bzw. die höchsten und tiefsten Werte, also Extremwerte.
- Entwicklungen wie Wachstum, Rückgang, Stillstand oder Schwankungen. Vorsicht: Manche Tabellen enthalten unterschiedliche Zeitsprünge.

4. Schritt: Aussagen formulieren
Notiere dir die wichtigsten Aussagen der Tabelle. Achte auf die Zusammenhänge zwischen den einzelnen Zeilen und Spalten der Tabelle.

Lösungshilfen

2 Globale Wetterphänomene

Seite 16/17

3 Nutze als Orientierungshilfe eine Europakarte. Beachte anschließend die Wolkenbedeckung über Europa und schlussfolgere auf das Wetter in verschiedenen Regionen.

4 Beachte die Drehung des Tiefdruckgebietes gegen den Uhrzeigersinn und die Zugbahn von Westen nach Osten.

Seite 19, 20

2 Gehe schrittweise vor: Erkläre zunächst mithilfe des Textes, unter welchen Bedingungen sich das Bodenhoch- und Bodentiefdruckgebiet bilden. Folge anschließend den Pfeilen zwischen dem Hoch- und Tiefdruckgebiet. Erkläre, von wo nach wo jeweils ein Wind als Ausgleichsströmung weht.

6 Das hast du bestimmt schon einmal gesehen: deinen Atem im Winter, eine beschlagene Autoscheibe, kochendes Wasser, Tau auf einer Wiese am Morgen. Überlege, welcher Prozess hier jeweils zu beobachten ist und erkläre diesen.

7 Gehe schrittweise vor und orientiere dich am Text. Nutze die folgenden Begriffe im richtigen Zusammenhang: Verdunstung, Taupunkt, Kondensation, Temperatur, Schneefall. Überlege auch, welche Bedingung erfüllt sein muss, damit der Niederschlag nicht als Regen, sondern als Schnee fällt.

8 Beachte die Informationen zum Zusammenhang von Taupunkt, Temperatur und Niederschlag.

9 Beachte die Informationen zum Zusammenhang von Taupunkt, Temperatur und Niederschlag.

3 Klima- und Vegetationszonen der Erde

Seite 30/31, 33

1 Schau dir vor allem die Situation am 21. Juni und am 21. Dezember an. Wie ist die Beleuchtung von Nordhalbkugel und Südhalbkugel an den beiden Tagen?

5 Wenn die Erde nicht geneigt wäre, würde die Sonne ganzjährig sehr intensiv den Äquatorbereich beleuchten und die mittleren und höheren Breiten bis zu den Polen in immer weiter abgeschwächter Form.

8 Berücksichtige die Höhe der Orte, die Lage zu Gewässern und Meeresströmungen usw.

Seite 35

4 Beachtet die unterschiedliche Lage der ITC und des Passatkreislaufs zwischen Juli und Dezember.

Seite 41

4 A Beschreibt zunächst für beide Zonen das Klima, dann die Vegetation, wie sie auf den Fotos zu sehen ist.

B Eine Möglichkeit: Legt eine Tabelle an mit den Rubriken Breitenkreis, Temperaturen, Niederschlag, Vegetation.

4 In den Tropen

Seite 49

2 b)
- Höhe der Bäume
- Wurzeln
- Wo sind Nährstoffe gespeichert?
- Anzahl der Baumarten/ha, u.a.

Seite 52

2 Gib zunächst die Bezeichnungen an den Achsen an. Betrachte dann zunächst die Baumwolle und vergleiche deren Entwicklung mit denen der anderen Anbauprodukte.

Seite 55

1 Beschreibe zunächst das ganz linke Bild, indem du auf die unterschiedlichen Prozesse in den einzelnen Stockwerken und im Boden achtest. Wiederhole die Beschreibungen für die beiden anderen Bilder, indem du die gleichen Stockwerke bzw. den Boden betrachtest.

Seite 60

3 b) Achte insbesondere auf die Lage im Gradnetz der drei Orte (v.a. geographische Breite). Formuliere eine Regel für die Savannenregion: „Je ..., desto ...“

5 In den Trockenräumen

Seite 75

5 Bedenkt bei eurer Bewertung, welche natürlichen Voraussetzungen der Sahel hat, wie der Mensch den Sahel überhaupt nutzen kann, wie die Niederschlagsmengen variieren und wo die Grenzen der Nutzung liegen.

6 In den Polarräumen

Seite 89

2
- mit Orange wird der Polartag dargestellt, mit Blau wird die Zeit der Polarnacht gekennzeichnet
- die grauen Flächen beschreiben die Zeit im Jahr ohne Polartag und Polarnacht
- südlich des nördlichen Polarkreises geht die Sonne an sämtlichen Tagen des Jahres auf und wieder unter
- am Nordpol gibt es ein halbes Jahr Polartag (vom 21.3. bis zum 23.9.) und ein halbes Jahr Polarnacht (vom 23.9. bis zum 21.3.)
- in dem Bereich zwischen dem Pol und dem Polarkreis gibt es Phasen, in denen die Sonne nicht aufgeht (Polarnacht, blau) und nicht untergeht (Polartag, orange), aber auch Phasen, in der die Sonne täglich auf- und untergeht (grau)

- auf der x-Achse ist die Dauer eines Jahres dargestellt; ein Strich entspricht etwa 10 Tagen

Seite 95

4 Denke daran, das bei einer nachhaltigen Nutzung wirtschaftliche, soziale und ökologische Bedürfnisse und Interessen dieser und zukünftiger Generationen in Einklang gebracht werden müssen.

7 Eine Welt – ungleiche Welt?!

Seite 107

3 Gehe folgendermaßen vor: Lege ein Blatt an mit der Überschrift „Disparitäten der weltweiten Ernährungssituation".
Gehe nun die einzelnen Materialien (Fotos, Karte, Grafik, Text) durch und suche gezielt nach ausgeprägten Unterschieden (= Disparitäten). Notiere deine Beobachtungen als Spiegelstriche auf deinem Ergebnisblatt.

Seite 109

3 Gehe folgendermaßen vor: Lege ein Blatt an mit der Überschrift „Disparitäten der weltweiten Lebenserwartung".
Gehe nun die einzelnen Materialien (Fotos, Karte, Grafik, Text) durch und suche gezielt nach ausgeprägten Unterschieden (= Disparitäten). In welchen Ländern erreichen die Menschen im Durchschnitt ein langes Leben? In welchen Ländern ist die Lebenserwartung im Durchschnitt geringer? Notiere deine Beobachtungen als Spiegelstriche auf deinem Ergebnisblatt.

Seite 111

3 Gehe folgendermaßen vor: Lege ein Blatt an mit der Überschrift „Disparitäten der weltweiten Bildungssituation".
Gehe nun die einzelnen Materialien (Fotos, Karte, Grafik, Text) durch und suche gezielt nach ausgeprägten Unterschieden (= Disparitäten). Notiere deine Beobachtungen als Spiegelstriche auf deinem Ergebnisblatt.

Seite 113

3 Gehe folgendermaßen vor: Lege ein Blatt an mit der Überschrift „Disparitäten der weltweiten Einkommenssituation".
Gehe nun die einzelnen Materialien (Fotos, Karte, Grafik, Text) durch und suche gezielt nach ausgeprägten Unterschieden (= Disparitäten). Notiere deine Beobachtungen als Spiegelstriche auf deinem Ergebnisblatt.

Seite 115

4 Vergleiche die räumliche Verteilung der Länder mit den höchsten und niedrigsten HDI-Werten mit der Verteilung der Länder mit den höchsten und niedrigsten Werten für die einzelnen Bestandteile des HDI (Lebenserwartung, Schuldauer, Lebensstandard).

Seite 117

3 Sieh dir die Grafik zum Nachhaltigkeitsviereck in Ruhe an. Überlege, was mit „Umwelt", „Politik", „Wirtschaft" und „Soziales" gemeint ist. Überlege, was die eingezeichneten Pfeile bedeuten. Lies nun den Text unter der Abbildung und überprüfe, ob du die im Text genannten Hinweise in der Abbildung entdecken und verstehen kannst. Beginne deine Erklärung etwa mit den Worten: „Das Nachhaltigkeitsviereck veranschaulicht die Idee der Nachhaltigkeit …"

Seite 119

2

- Informiert euch nochmals, was genau mit „Armut" in Deutschland gemeint ist.
- Analysiert dann die Karte und Grafiken / Diagramme und überlegt euch, was die Zahlenangaben bedeuten. Nehmt ggf. einen Atlas zur Hilfe.
- Notiert euch eure Beobachtungen zunächst auf einem Notizblatt. Klärt dann, welchen Eindruck ihr hinsichtlich der regionalen Verbreitung von Armut in Deutschland gewonnen habt.
- Beginnt euren Zeitungsartikel. Denkt daran, dass eure Leser, die sich nicht mit dem Thema befasst haben, ihn verstehen müssen.

Seite 121

4

1. Klärt zunächst nochmals die Teilgebiete der Nachhaltigkeit (Wirtschaft, Umwelt, Soziales) sowie die damit verbundenen Zielsetzungen.
2. Wählt den Bereich, der euch besonders liegt, z. B. Umwelt oder Gesellschaft.
3. Überlegt, ob es in diesem Bereich etwas gibt, das nicht gut ist und wie ihr zu einer Verbesserung beitragen könnt.
4. Schreibt eure Ideen auf.

8 Auf der Suche nach Zukunft

Seite 129

2

1. Was wird dargestellt und aus welchem Jahr stammen die Daten?
2. Ordne die Länder jeweils den Kontinenten zu.
3. Beschreibe die Verteilung der Länder auf die Kontinente.

6

1. Erstelle zunächst eine Tabelle mit den drei Spalten: freiwillige Migration, unfreiwillige Migration, unklar.
2. Entscheide dich bei jeder Ursache, ob die Menschen die Wahl haben in der Heimat zu bleiben oder nicht, und trage diese in die Tabelle ein.
3. Trage die Ursachen, für die eine Zuordnung schwierig ist, in die dritte Spalte ein und diskutiere diese mit deiner Partnerin oder deinem Partner.

9 Weltbevölkerung wohin?

Seite 143

1 Beschreibe zunächst den Zuwachs, z. B. um eine Milliarde. Versuche zu erklären, warum die Weltbevölkerung nach 1990 weiterwächst, obwohl der durchschnittliche jährliche Zuwachs abnimmt.

2 Berechne zunächst den Wert, den die Differenz von Geburten- und Sterberate pro 100 oder 1 000 Einwohner haben muss. Formuliere dann eine Antwort.

Seite 145

3 Eine Vielzahl von möglichen Maßnahmen findet ihr im Internet. Nenne zwei oder drei und überlege, ob eine Steigerung oder eine Abnahme der Wachstumsrate erreicht werden soll. Beurteile dann, wie erfolgreich jede Maßnahme deiner Meinung nach sein kann.

Seite 147

3 a) Schaue dir zuerst alle Länder an und unterscheide in Länder mit wachsender, stagnierender oder fallender Bevölkerung. Wähle jeweils eins aus den Gruppen aus und arbeite weiter. Je mehr Kenndaten der Bevölkerung beachtet werden, umso deutlicher wird der Vergleich ausfallen.
b) Mit den aktuellen Kenndaten der Bevölkerung sind die Geburten-, Sterbe-, Wachstumsrate und Verdopplungszeit gemeint.

11 Globalisierung – die ganze Welt, ein Markt

Seite 175, 177

2 b) Der Gewinn, den die Kleinbauern durch den Verkauf des Kakaos erzielen, ist abhängig vom Weltmarktpreis. Aufgrund der schwankenden Preise erhalten sie mal mehr, mal weniger Geld für ihren Kakao. Überlege, welche Auswirkungen das für die Bauern und ihre Familien hat.

6 Für die Erklärung des „bitteren Beigeschmacks“ solltest du die Lebensbedingungen der Plantagenarbeiter berücksichtigen. Beachte außerdem, welche Akteure die größten Anteile am Verkaufspreis der Schokolade haben.

Seite 179

2 Es hilft, wenn du dir eine Tabelle anlegst, in der du die wirtschaftlichen, sozialen und ökologischen Aspekte für Industrieländer und für Entwicklungsländer erfasst.

Seite 181

4 Durch Subtraktion der Exporte von den Importen kannst du feststellen, ob ein Land eine negative oder eine positive Handelsbilanz aufweist.

Seite 184

3 In der Weltkarte, in die du die Containerhäfen eingetragen hast, kannst du auch die in dieser Tabelle genannten Länder für einen besseren Überblick markieren.

Seite 185

3 Faktoren: Transportgeschwindigkeit, sinkende Transportkosten

Seite 187

2 In der Abbildung **Grundprinzipien des fairen Handels** sind die Grundsätze des fairen Handels zusammengefasst.

12 Herausforderung Klimawandel

Seite 197

4 Denke an die natürlichen Bedingungen wie Klima, Relief, aber auch an die wirtschaftliche Leistungsfähigkeit und die Kosten für Schutzmaßnahmen.

Seite 205

3 Nutzt die Internetseite des DWD unter dem Stichwort „Deutscher Klimaatlas“. Dort kann man das gewünschte Bundesland, die verschiedenen Klimawerte / Klimaelemente, das Jahr u. a. auswählen.

Wichtige Begriffe

A

Agglomerationen: bezeichnet eine räumliche Ballung bzw. Verdichtung von Bevölkerung und Wirtschaft in einem Gebiet.
Antarktis: das Südpolargebiet, das aus dem Kontinent Antarktika und den benachbarten Meeresteilen und Inseln besteht. Auf dem Festland liegt bis zu 3 km dickes Inlandeis.
anthropogener Treibhauseffekt: Verstärkung des natürlichen Treibhauseffekts aufgrund der Tätigkeit des Menschen (v. a. Verbrennung fossiler Brennstoffe), die zu einem Ansteigen des Gehalts an Treibhausgasen in der Atmosphäre führt, woraus wiederum eine langfristige Erhöhung der Erdtemperatur resultiert.
arid: Bezeichnung für ein Klima bzw. Klimagebiet, in dem die mögliche jährliche Verdunstung größer ist als der Niederschlag.
Arktis: das Nordpolargebiet, das aus dem Nordpolarmeer und den nördlichsten Teilen Amerikas, Asiens und Europas besteht. Die nördlichen Meere sind weitgehend von driftendem Eis bedeckt.
Armut: Armut ist nicht gleich Armut. Man unterscheidet zwischen der „absoluten Armut“, die das Überleben eines Menschen infrage stellt. Diese ist nach derzeitigem Verständnis dann gegeben, wenn eine Person weniger als 1,90 US-$ pro Tag zur Verfügung hat. Demgegenüber spricht man in den reichen Ländern von „relativer Armut“. Diese ist dann gegeben, wenn eine Person weniger als die Hälfte des Durchschnittseinkommens zur Verfügung hat.
Artenvielfalt: prägendes Merkmal des Tropischen Regenwalds. Hier entwickelte sich eine bis heute unbekannte Zahl von Pflanzen- und Tierarten.
Atmosphäre: die aus einem Gemisch von Gasen bestehende Hülle eines Himmelskörpers; Hauptbe-

standteile der Luft sind Stickstoff (78 %), Sauerstoff (21 %), Argon (1 %) sowie Spurengase wie Kohlendioxid (0,03 %).

B

Beleuchtungszonen: Bereiche der Erdoberfläche, die im Verlauf eines Jahres von der Sonne unterschiedlich beleuchtet werden.
Bevölkerungsdichte: Zahl der Menschen in einem bestimmten Gebiet im Verhältnis zur Größe des Gebiets. Wird in Einwohner/km^2 angegeben.
Bevölkerungsprognose: Prognose über die zukünftige Bevölkerungsentwicklung aufgrund möglichst realistischer Annahmen über die Entwicklung von Geburten- und Sterberate sowie von Zu- und Abwanderung.
Bevölkerungsstruktur: beschreibt die Zusammensetzung und den inneren Aufbau der Bevölkerung. Dazu werden Merkmale wie Alter, Geschlecht, Stellung im Beruf, Einkommen u. a. verwendet.
Bevölkerungsstrukturdiagramm: grafische Darstellung der Bevölkerung eines Gebiets nach Alter und Geschlecht.
Bevölkerungswachstum: Bezeichnung für die Zunahme der Bevölkerung in einzelnen Teilräumen der Erde.
Bodenfruchtbarkeit: Fähigkeit, Pflanzen ein ertragreiches Wachstum zu ermöglichen.
Bodenversalzung: Prozess der Anreicherung von Salzen im Boden, der vor allem in Gebieten mit aridem bis semiaridem Klima stattfindet. Wegen der hohen Verdunstung und des fehlenden Niederschlagswassers, das in die Tiefe versickert, steigt Grund- oder Bewässerungswasser kapillar nach oben. Die gelösten Salze werden dann an der Oberfläche ausgefällt und können zur Bildung von Salzkrusten führen.
Bruttonationaleinkommen: Geldwert aller in einer Volkswirtschaft im Zeitraum eines Jahres produzierten Güter und erbrachten Dienstleistungen.

C

CO_2-Fußabdruck: zeigt, wie stark sich unser Leben auf das Klima und die Umwelt auswirkt. Der CO_2-Fußabdruck berücksichtigt somit die Menge an Kohlenstoffdioxid, die Personen, Städte, Länder oder Unternehmen in einer bestimmten Zeit ausstoßen.

D

Desertifikation: Ausbreitung von Wüsten und wüstenähnlichen Verhältnissen in Gebiete, in denen aufgrund der natürlichen klimatischen Verhältnisse keine Wüsten sein dürften. Ursache ist oft die Übernutzung durch den Menschen.

E

Entwicklungsland: Staat, der in Bezug auf seine wirtschaftliche, soziale und politische Entwicklung einen relativ niedrigen Stand aufweist. Nach der Einteilung durch die Vereinten Nationen (UN) zählen dazu diejenigen Staaten, deren HDI unter 0,55 liegt.
Erosion: Abtragung von Gestein und Boden durch exogene Kräfte wie Wasser, Küstenströmung und Brandung, Wind sowie Gletscher. Die Abtragungsprozesse können linienhaft und flächenhaft wirken (Bodenerosion). Ist die abtragende Wirkung von fließendem Wasser stärker auf den Untergrund ausgerichtet, führt das zur Tiefenerosion.

F

Flächenbedarf: Bedarf an Fläche für unterschiedliche Nutzungen, z. B. für Verkehr, Wirtschaft u. ä.
Flüchtlinge: gemeinhin Menschen, die erzwungenermaßen und unfreiwillig aufgrund unterschiedlicher Ursachen ihre Heimat verlassen haben. Im völkerrechtlichen Sinne: Menschen, die im Rahmen der Genfer Konvention als Flüchtlinge anerkannt sind.
Flucht: meist überstürztes Verlassen einer akuten Gefahrensituation, bedingt durch natürliche Bedrohungen (z. B. Erdbeben, Dürren), politische Gefährdungen (z. B. Krieg) oder entsprechende Kombinationen.
fossile Energieträger: Energieträger, die die Sonnenenergie vergangener Epochen speichern; die gebräuchlichsten sind Kohle, Erdöl, Erdgas oder Torf.

G

Gated Communities: moderne Luxus-Wohnanlagen für privilegierte Bevölkerungsschichten, die zum Schutz vor kriminellen Übergriffen eingezäunt, meist bewacht und elektronisch gesichert sind.
Geburtenrate: Zahl der Lebendgeborenen bezogen auf eine bestimmte Einwohnerzahl während eines bestimmten Zeitraumes.
Gemäßigte Zone: Beleuchtungszone zwischen den Polar- und Wendekreisen, in denen Jahreszeiten mit unterschiedlich langen Tagen und Nächten auftreten. Die Jahresdurchschnittstemperatur liegt bei etwa 8 °C. Sie gliedert sich in sommergrüne Laub- und Mischwälder, winterkalte Steppen und winterkalte Wüsten.

H

Hochdruckgebiet: Luftmasse mit hohem Druck im Vergleich zu benachbarten Gebieten; die Luftströmung ist nach unten gerichtet, sodass die Luft dort nach außen abfließt.
Höhenstufe: Vegetation in einer bestimmten Abfolge mit zunehmender Höhe. Sie passt sich vor allem an die abnehmende Lufttemperatur an.
Human Development Index (HDI): Maßzahl für den Stand der menschlichen Entwicklung. Drei Indikatoren sind maßgebend: Lebenserwartung bei der Geburt, Bildungsrate und reale Kaufkraft pro Kopf.

humid: Bezeichnung für ein Klima bzw. Klimagebiet, in dem die mögliche jährliche Verdunstung geringer ist als der Niederschlag.
Hurrikan: tropischer Wirbelsturm mit Windstärken über 12 und einem Durchmesser von bis zu 1000 km; er entsteht meist in den westindischen Gewässern und zieht in gebogener Bahn ins Gebiet der Südost-Staaten der USA.

I

Indikator: Messgrößen, die einen bestimmten Zustand anzeigen. Mit ihrer Hilfe versucht man z.B. unterschiedliche Lebensbedingungen in Staaten zu erfassen und miteinander zu vergleichen.
Industrieland: Staat mit einem hohen wirtschaftlichen Entwicklungsstand. Nach der Einteilung durch die Vereinten Nationen (UN) zählen dazu diejenigen Staaten, deren HDI mindestens 0,7 beträgt.
informeller Sektor: Tätigkeiten, die nicht staatlich kontrolliert werden, wie Straßenverkauf, Herstellung und Verkauf eigener Produkte, Durchführung von Kleinreparaturen und Transportarbeiten.
Infrastruktur: die für die Entwicklung eines Gebietes notwendige Ausstattung mit Einrichtungen, u.a. Verkehrsmittel, Verkehrswege, Einrichtungen des Bildungs- und Gesundheitswesens.
Innertropische Konvergenzzone (ITC): Bereich der äquatorialen Tiefdruckrinne, in dem die Passate der Nord- und Südhalbkugel zusammenkommen. Die ITC verlagert sich jahreszeitlich mit dem Sonnenstand.

J

Jahreszeiten: In den höheren Breiten entstehen die Jahreszeiten durch die Schiefe der Ekliptik, den Einstrahlungswinkel und die Tageslänge; sie unterscheiden sich hauptsächlich durch die Temperatur (Sommer und Winter) und werden als klimatische oder thermische Jahreszeiten bezeichnet. In den Tropen unterscheiden sich die Jahreszeiten durch die Niederschlagsmenge (Regenzeit, Trockenzeit).
Jahreszeitenklima: Klima, bei dem der Jahresgang der Temperatur größer ist als der Tagesgang.

K

Kältegrenze: Anbaugrenze für Kulturpflanzen. Ab dieser sind die Temperaturen zu gering, um Kulturpflanzen ausreifen zu lassen.
Kaltfront: Grenzbereich zwischen kalten und warmen Luftmassen, wobei die Kaltluft gegen die Warmluft vorrückt und diese verdrängt.
Kieswüste (Serir): Wüstenform, die vor allem gerundetes kleineres Gesteinsmaterial aufweist.
Klimawandel: Veränderung wichtiger Klimaelemente, besonders der Lufttemperatur, über einen sehr langen Zeitraum. Darunter versteht man insbesondere den anthropogen bedingten Klimawandel, d.h. den vom Menschen verursachten Anteil am globalen Klimawandel.
Korruption: umfasst Delikte wie Bestechung und Bestechlichkeit, Vorteilsnahme und Veruntreuung, Zahlung von Schmiergeld, Erpressung.

L

Landflucht: Wechsel einer großen Anzahl von Menschen aus den ländlichen Gebieten in die Städte.
Lebenserwartung: statistisch ermittelte durchschnittliche Anzahl von Lebensjahren der Bevölkerung in einem Raum.
Luftdruck: Kraft, die die Masse der Erdatmosphäre unter der Wirkung der Erdanziehung auf eine Einheitsfläche ausübt.

M

Megacity/Megastadt: Großstadt bzw. Metropole mit einer Bevölkerung von mehr als 10 Mio. Ew., einer hohen Bevölkerungsdichte (über 2000 Ew./km^2), herausragender Bedeutung im Raum, weltweitem Einfluss sowie großer Wirtschaftskraft.
Menschenrechte: für alle Menschen geltende Rechte, die niemals abgesprochen werden können. Dafür wurden 30 Grundrechte 1948 von den Vereinten Nationen (UNO) in der Allgemeinen Erklärung der Menschenrechte festgeschrieben.
Metropole: bedeutende Groß- oder Hauptstadt, die innerhalb eines Landes ein herausragendes politisches, wirtschaftliches und kulturelles Zentrum darstellt.
Migration: freiwillige oder unfreiwillige, dauerhafte Verlagerung des Wohnsitzes von Personen oder Gruppen. Dies kann innerhalb eines Landes (Binnenmigration) oder auch über Ländergrenzen hinweg (internationale Migration) geschehen.
Mineralstoffkreislauf: Im Tropischen Regenwald herrscht ein geschlossener Mineralstoffkreislauf, bei dem Wurzelpilze für eine schnelle Aufnahme der Mineralstoffe aus dem nährstoffarmen Boden sorgen.
Mischkultur: der gleichzeitige Anbau mehrerer Nutzpflanzenarten entweder in Reihe oder als Stockwerkskultur oder als Unterkultur.
Monokultur: Vorherrschen einer bestimmten Bodennutzung in reinen Beständen und ohne Wechsel der Kulturpflanzen auf überwiegend großflächigen Feldern.

N

Nachhaltigkeit: Prinzip der Nutzung und Entwicklung, mit dem die Lebenschancen der heutigen Generation verbessert werden sollen, ohne die Chancen für zukünftige Generationen einzuschränken.
Naturereignis: konkret messbares tatsächliches Ereignis in der Umwelt, das nicht unmittelbar durch menschliches Handeln verursacht ist.
Naturgefahr: Naturereignisse, die Menschen gefährlich werden.
Naturkatastrophe: wenn bei einem Naturereignis Menschen oder Sach-

güter in größerem Ausmaß zu Schaden kommen.
Nomadismus: überwiegend auf Viehwirtschaft beruhende Wirtschaftsform einer Gruppe. Die Nomaden wechseln mit allen Familienmitgliedern und dem Hausrat ihre Weideplätze. Man unterscheidet Vollnomadismus (ohne festen Wohnsitz) und Halbnomadismus (Wanderungen nur einen Teil des Jahres).
Nord-Ost-Passage: Seeweg von Europa nach Asien durch das Nordpolarmeer, der im Zuge des Klimawandels immer häufiger eisfrei und damit befahrbar ist.

O

Oase: Gebiet in Trockenräumen, das sich durch reicheren Pflanzenwuchs gegenüber der wüstenhaften Umgebung auszeichnet. Ursache dafür sind entsprechende Wasservorkommen. Je nach Art der Wasserförderung unterscheidet man Grundwasser-, Fluss- und Quelloasen.
Ökosystem: ein aus Geo- und Biosystem zusammengesetztes Wirkungsgefüge von verschiedenen Umweltfaktoren. Man unterscheidet innerhalb eines Ökosystems drei Faktorengruppen:
1. belebte Natur (Lebewesen),
2. unbelebte Natur (Klima, Wasser),
3. technische Faktoren (Gebäude, Verkehrssysteme).

Diese drei Gruppen stehen in einem Wechselwirkungsverhältnis.
Outsourcing: Verlagerung von Arbeitsprozessen, z.B. das Nähen einer Jeans an ein anderes Unternehmen.

P

Packeis: aufgetürmtes und verdichtetes Meereis, das eine geschlossene Eisbedeckung bildet.
Passat: ganzjährige, richtungsbeständige Luftströmungen zwischen den subtropischen Hochdruckgebieten und der äquatorialen Tiefdruckrinne. Die Erdrotation bewirkt auf der Nordhalbkugel eine Ablenkung als Nordostpassat, auf der Südhalbkugel als Südostpassat.
Passatzirkulation: Teil der atmosphärischen Zirkulation in den niederen Breiten zwischen 35°N und 30°S. Sie ist als Teil der Hadley-Zirkulation durch großräumige vertikale Luftkreisläufe gekennzeichnet. Dabei verläuft die atmosphärische Strömung zwischen subtropischen Hochdruckgebieten und dem Äquator als Höhenströmung bzw. in Bodennähe als Nordost- und Südostpassat.
Permafrostboden: Bezeichnung für einen in tieferen Horizonten ganzjährig gefrorenen Boden. Nur die obere, wenige Dezimeter dicke Schicht taut im Sommer auf.
Plantage: Großbetrieb der Pflanzenproduktion in den Tropen und Subtropen mit überwiegendem Anbau von Tee, Bananen, Zuckerrohr, Kaffee oder Ölpalmen. Zur Plantage gehören auch die technischen Anlagen zur Aufbereitung und Verarbeitung.
Polarkreis: Die Polarkreise begrenzen bei 66,5° südlicher und nördlicher Breite die Polarzonen. Jenseits der Polarkreise herrschen Polarnacht bzw. Polartag.
Polarnacht, Polartag: Erscheinungen in den Polargebieten, die durch die Schrägstellung der Erdachse gegenüber der Erdbahnebene entstehen. In der Zeit der Polarnacht bleibt die Sonne ständig unter dem Horizont, in der Zeit des Polartages ständig über dem Horizont.
Polarzone: Beleuchtungszone jenseits der Polarkreise, in der Polartag und Polarnacht auftreten und die Temperaturen ganzjährig sehr niedrig sind.
Primärwald: naturbelassene, nicht durch den Menschen beeinflusste Wälder.
Pull-Faktoren: Gründe, die auf die Bevölkerung oder Wirtschaft anziehend wirken und damit eine Wanderungsbewegung auslösen; im engeren Sinne bezeichnet man damit die Anziehungskraft der großen Städte auf die Bevölkerung in den ländlichen Räumen.
Push-Faktoren: Gründe, die die Bevölkerung oder die Wirtschaft zum Abwandern bewegen, vor allem die unzureichenden Lebensumstände und Einkommensmöglichkeiten in den ländlichen Räumen.

R

Raumanalyse: geographische Untersuchung eines abgrenzten Raumes unter einer bestimmten Fragestellung (Leitfrage).
Regenzeit: im Unterschied zur Trockenzeit eine Periode mit regelmäßigen Niederschlägen in den Tropen und Subtropen.

S

Sahel: Sahel ist arabisch und bedeutet Ufer. Die Sahelzone erstreckt sich entlang des Südrandes der Sahara. Unregelmäßige Jahresniederschläge von 100 mm bis 500 mm, die immer wieder ganz ausbleiben, machen die Sahelzone zum Risikoraum.
Sandwüste (Erg): Wüstenform, in der vom Wind das leichte Material zusammengetragen und zu Dünen geformt wird. Die Sandwüste gilt als typische Wüstenform, nimmt aber in der Sahara nur etwa ein Fünftel der Gesamtfläche ein.
Savanne: Vegetationszone der wechselfeuchten Tropen und Subtropen. Je nach Dauer der Regen- und Trockenzeiten verändern sich die Anteile von Gras- und Holzgewächsen. Man unterscheidet Feuchtsavanne, Trockensavanne und Dornsavanne.
Schelfeis: Auf den Kontinentalschelf übergreifendes Inlandeis, das im Wasser des Schelfmeeres schwimmt.
Sekundärwald: artenarmer und niedriger Wald, der auf ehemals gerodeten Flächen ohne menschliche Einwirkung nachwächst.
Shifting Cultivation: Oberbegriff für mehrere Formen der ackerbaulichen Nutzung in den Tropen, wobei ein Wechsel der Anbauflächen erfolgt.

Die Nutzung beruht auf dem Wechsel zwischen mehrjährigem Anbau und lang andauernder Brache. Die Erschließung der Flächen erfolgt durch Brandrodung, die Bearbeitung meist mit der Hacke und dem Pflanzstock.
Slum: Elendsviertel, das sich im Innenstadtbereich befindet. Merkmale sind u.a. verfallene Bausubstanz, niedriger Wohnungsstandard, hohe Kriminalität und Arbeitslosigkeit.
Stein- und Felswüste (Hamada): Wüstenform, die hauptsächlich groben, eckigen Felsschutt in Faust- bis Kopfgröße aufweist.
Sterberate: Zahl der Verstorbenen bezogen auf eine bestimmte Einwohnerzahl während eines bestimmten Zeitraumes.
Stockwerkbau: Pflanzen unterschiedlicher Wuchshöhe gedeihen auf engem Raum nebeneinander.

T

Tageszeitenklima: ein Klima, bei dem die Tagesschwankungen der Temperatur größer sind als die innerhalb eines Jahres.
Tiefdruckgebiet: Gebiet mit relativ niedrigem Luftdruck; die Luftbewegung innerhalb eines Tiefdruckgebietes ist nach oben gerichtet, wodurch in den unteren Schichten Luft in das Tiefdruckgebiet einfließt.
Tornado: kleinräumiger Wirbelsturm, der durch starke Temperaturgegensätze über dem Festland entsteht. Tornados sind Luftschläuche, in deren Zentrum extrem niedriger Luftdruck herrscht, wodurch Häuser auseinandergerissen werden.
Treibeis: Eisschollen, die von der Meeresströmung schwimmend verfrachtet werden.
Treibhausgas: Gase in der Atmosphäre, die an der Entstehung des H_2O-Dampf, CO_2, NO_2, CH_4, O_3, FCKW.
Trockenzeit: im Unterschied zur Regenzeit eine Periode mit geringem oder keinem Niederschlag in den wechselfeuchten tropischen und subtropischen Gebieten der Erde.
Tropen(zone): Beleuchtungszone zwischen den Wendekreisen, in der aufgrund des hohen Einstrahlungswinkels der Sonnenstrahlen ganzjährig hohe Temperaturen herrschen. Die Tage und Nächte sind dort das ganze Jahr fast gleich lang.
Tropische Zone: Gebiet zwischen dem nördlichen und südlichen Wendekreis. Hier steht die Sonne während eines Jahres zweimal, an den Wendekreisen jeweils einmal im Zenit. In den Tropen herrscht ein Tageszeitenklima mit geringen jahreszeitlichen Temperaturschwankungen, wobei die monatliche Durchschnittstemperatur (im Tiefland) immer über 18 °C liegt. Man unterscheidet verschiedene tropische Klimate, wie die immerfeuchten inneren, die wechselfeuchten Tropen sowie die trockeneren Randtropen.

V

Vegetationszeit: Anzahl der Tage im Jahr, in denen ein Pflanzenwachstum möglich ist. Sie ist überwiegend temperaturabhängig. Als Faustregel gilt, dass die meisten Pflanzen Tagesmitteltemperaturen von mindestens 5 °C benötigen.
Verdopplungszeit: der Zeitraum, in dem sich eine Bevölkerung verdoppelt. Diese wird durch den Quotienten 70 : WR abgeschätzt.
Verstädterung: Wachstum der Städte hinsichtlich ihrer Einwohnerzahl und / oder Fläche, Vermehrung der städtischen Siedlungen oder Wachsen des Anteils der Bevölkerung eines Staates, der in Städten lebt.

W

Wachstumsrate: In der Demografie berechnet sich die Wachstumsrate aus der Differenz von Geburten- und Sterberate zuzüglich der Wanderungsgewinne bzw. abzüglich der Wanderungsverluste.
Wachstumszeit: Zeitraum eines Jahres, in dem die Kulturpflanzen wachsen, d.h. austreiben, blühen und reifen. Hierzu benötigen die Pflanzen Licht, Wärme und Feuchtigkeit.
Warmfront: Grenzbereich zwischen kalten und warmen Luftmassen, wobei die Warmluft großflächig an der Kaltluft aufgleitet, sich abkühlt und es somit zu Wolkenbildung und oft länger andauernden Niederschlägen (Landregen) kommt.
Welthandel: der über Ländergrenzen hinausgehende Austausch von Waren, Dienstleistungen und Kapital zwischen den Staaten der Erde.
Welthandelsgüter: Agrarprodukte, die über den nationalen Markt hinaus Bedeutung erlangen und besonders im internationalen Handel von Bedeutung sind.
Wendekreise: Sie begrenzen die Tropenzone. Bei 23,5 Grad Nord bzw. Süd „erreicht“ der Zenitstand der Sonne seinen nördlichsten bzw. südlichsten Punkt.
Wirbelsturm: Wirbelsturm, der nur über tropischen Gewässern (Oberflächentemperatur ab 27 °C) entstehen kann. Er ist durch hohe Niederschläge und große Geschwindigkeiten in der Wirbelbewegung gekennzeichnet. Diese Drehbewegung wird durch die Erdrotation hervorgerufen.
WTO (World Trade Organization): Organisation, die wirtschaftliche Zusammenarbeit und Gestaltung weiterer Handelsbeziehungen durch verbindliche Regelungen organisiert.

Z

Zenit: gedachter Himmelspunkt, der sich senkrecht über dem Beobachtungspunkt auf der Erde befindet.
Zenitalregen: zur Zeit des Sonnenhöchststandes fallender Niederschlag.
Ziele für eine nachhaltige Entwicklung (SDG): Sie beschreiben den für das Jahr 2030 angestrebten Entwicklungsstand der Welt. Die Ziele für eine nachhaltige Entwicklung sind der Kern der Agenda 2030.
Zyklone: ist ein durchziehendes oder „wanderndes“ Tiefdruckgebiet.

Sachregister

Alle fett gedruckten Begriffe sind als „Wichtige Begriffe" hier im Arbeitsanhang erläutert.

Quellennachweis

Bilder: Cover.o. Getty Images, München (Moment/wiratgasem); **Cover.u.** Getty Images, München (RooM/AlexGcs); **VVS.l. u.r.** creanovo - motion & media design GmbH, Axel Kempf, Hannover; **6.1 l.** Getty Images Plus, München (The Image Bank Unreleased/Philippe Lissac); **6.1 r.o.** Alamy stock photo, Abingdon (zixia); **7.2 l.o.** ullstein bild, Berlin; **7.2 r.** Alamy stock photo, Abingdon (flowerphotos); **8.1** Schaar, Wolfgang, Grafing; **9.2** Schaar, Wolfgang, Grafing; **9.3** Von Painter unknown. - own scan from „Allgemeine Forstzeitschrift", München, 7. Jahrgang, Nr. 39 vom 24.09.1952, S. 401 / „Allgemeine Forstzeitschrift", Munich, Vol. 7, No. 39/1952, p. 401, Gemeinfrei, https://commons.wikimedia.org/w/index.php?curid=1388392; **10.1** ShutterStock.com RF, New York (Sarine Arslanian); **10.2** ShutterStock.com RF, New York (Cristian Zamfir); **11.3** stock.adobe.com, Dublin (Henry-Martin Klemt); **11.4** VISUM Foto GmbH, München (Panos Pictures/ David Rose); **12.1** NASA Goddard Space Flight Center Image by Reto Stöckli (land surface, shallow water, clouds). Enhancements by Robert Simmon (ocean color, compositing, 3D globes, animation).; **14.1** Obermann, Helmut, Ettlingen; **14.2** Jäckel, Diana, Erfurt; **14.3** Schaar, Wolfgang, Grafing; **14.4** Obermann, Helmut, Ettlingen; **15.5** Alamy stock photo, Abingdon (Jan Csernoch); **15.6** Jäckel, Diana, Erfurt; **15.7** Alamy stock photo, Abingdon (Rolf Richardson); **16.1** Getty Images Plus, München (E+/ollo); **17.2** Picture-Alliance, Frankfurt/M. (ZUMAPRESS.com/ NASA Earth); **17.3** Schaar, Wolfgang, Grafing; **17.4** Schaar, Wolfgang, Grafing; **18.2** Schaar, Wolfgang, Grafing; **18.3** Schaar, Wolfgang, Grafing; **18.4** Schaar, Wolfgang, Grafing; **18.1 o.** stock. adobe.com, Dublin (Per Tillmann); **18.1 u.** Schaar, Wolfgang, Grafing; **19.5** Schaar, Wolfgang, Grafing; **19.7** iStockphoto, Calgary, Alberta (Arturo Limon); **19.8** ShutterStock.com RF, New York (Mircea C); **19.6 o.r.** Jähde, Steffen, Sundhagen; **20.9** Schaar, Wolfgang, Grafing; **21.12** Schaar, Wolfgang, Grafing; **21.11 A** Schaar, Wolfgang, Grafing; **21.11 B** Schaar, Wolfgang, Grafing; **21.11 C** Schaar, Wolfgang, Grafing; **21.13 r.** Jähde, Steffen, Sundhagen; **22.1** Getty Images, München (Stocktrek Images); **22.2** Schaar, Wolfgang, Grafing; **23.5** Picture-Alliance, Frankfurt/M. (dpa/Travis Heying/The Wichita Eagle); **23.6** Schaar, Wolfgang, Grafing; **24.1** Picture-Alliance, Frankfurt/M. (dpa); **24.2** Ernst Klett Verlag GmbH, Stuttgart; **25.4** Deutscher Wetterdienst, Offenbach; **25.5** Bundesamt für Bevölkerungsschutz und Katastrophenh, Bonn; **25.7** Deutscher Wetterdienst, Offenbach; **26.1** Jähde, Steffen, Sundhagen; **26.2** Rausch, Marion, Linsenhofen; **26.3** iStockphoto, Calgary, Alberta (Britus); **26.4** Rausch, Marion, Linsenhofen; **26.5** Schaar, Wolfgang, Grafing; **27.6** Jacques Descloitres, MODIS Rapid Response Team, NASA/GSFC; **27.7** Getty Images, München (Stocktrek Images); **27.8** Ernst Klett Verlag GmbH, Stuttgart; **27.9** Schaar, Wolfgang, Grafing; **27.10** Schaar, Wolfgang, Grafing; **28.1** Schaar, Wolfgang, Grafing, und Google Inc. (Google Earth; Data SIO, NOAA, U.S. Navy, NGA, GEBCO; Image Landsat/Copernicus; Image IBCAO), Mountain View, CA; **30.1,2,3** Schaar, Wolfgang, Grafing; **31.4** Schaar, Wolfgang, Grafing; **31.5** Ernst Klett Verlag GmbH, Stuttgart; **32.6 r.o.** Schaar, Wolfgang, Grafing; **33.7,8** Jäckel, Diana, Erfurt; **33.9** Ernst Klett Verlag GmbH, Stuttgart; **34.1** ShutterStock.com RF, New York (vinz89); **34.2** Schaar, Wolfgang, Grafing; **35.3,4** Schaar, Wolfgang, Grafing; **35.5** Ernst Klett Verlag GmbH, Stuttgart; **36.1** stock.adobe.com, Dublin (Bob); **36.2** Alamy stock photo, Abingdon (Juan Carlos Muñoz); **37.3** Jäckel, Diana, Erfurt; **38.1** Ernst Klett Verlag, Stuttgart nach Carl Troll, Karlheinz Paffen: Karte der Jahreszeitenklimate der Erde. In: Erdkunde - Archiv für wissenschaftliche Geographie, Bonn 1964, Bd.18, H. 1, S. 5-28; **40.1** iStockphoto, Calgary, Alberta (Ramdan_Nain); **40.2** ShutterStock.com RF, New York (Volodymyr Goinyk); **40.3** ShutterStock.com RF, New York (Gregory A. Pozhvanov); **40.4** stock.adobe.com, Dublin (Franck Monnot); **40.5** Alamy stock photo, Abingdon (shapencolour); **40.6** ShutterStock.com RF, New York (Matteo Festi); **41.7-12** Jäckel, Diana, Erfurt; **42.1** Picture-Alliance, Frankfurt/M. (blickwinkel/S. Meyers); **42.2** Schaar, Wolfgang, Grafing; **42.3** ShutterStock.com RF, New York (Werner Goetz); **42.4** iStockphoto, Calgary, Alberta (PatricioHidalgoP); **43.5** Schaar, Wolfgang, Grafing; **44.1** Ernst Klett Verlag GmbH, Stuttgart; **45.3** Schaar, Wolfgang, Grafing; **45.4** Schaar, Wolfgang, Grafing; **45.5-7** Jäckel, Diana, Erfurt; **45.8** Alamy stock photo, Abingdon (DGP_travel); **45.9** Getty Images Plus, München (iStock/czekma13); **46.1** ShutterStock.com RF, New York (Muzhik); **47.2** ddp media GmbH, Hamburg (Xinhua News Agency (Wang Tiancong) / eyevine); **47.3** Ernst Klett Verlag GmbH, Stuttgart; **48.1** ShutterStock.com RF, New York (BorneoRimbawan); **48.2** ShutterStock.com RF, New York (guentermanaus); **48.3** Thinkstock, München (iStock/Brandon Alms); **48.4** Jäckel, Diana, Erfurt; **49.5** Schaar, Wolfgang, Grafing; **50.1** Alamy stock photo, Abingdon (Ashley Cooper pics); **50.2** Picture-Alliance, Frankfurt/M. (Photoshot); **51.3,4** Jäckel, Diana, Erfurt; **51.5** Getty Images, München (golero); **52.6A** ShutterStock.com RF, New York (Francisco Sandoval Guate); **52.6B** Alamy stock photo, Abingdon (S. Bruce Nace); **52.6C** Getty Images Plus, München (anzeletti); **53.8** Hungreder, Rudolf, Leinfelden-Echterdingen; **53.6D** Getty Images Plus, München (Holger Leue); **53.6E** Alamy stock photo, Abingdon (Ken Hawkins); **54.1** Getty Images, München (Nelson Almeida / AFP); **55.2** Schaar, Wolfgang, Grafing; **55.3** ShutterStock.com RF, New York (guentermanaus); **57.2** Esri Deutschland GmbH, Kranzberg; **57.3** Ernst Klett Verlag GmbH, Stuttgart; **57.4** Esri Deutschland GmbH, Kranzberg; **58.1** Okapia, Frankfurt (John Cancalosi); **58.2** Image Professionals, München (Dr. Morley Read); **58.3** VISUM Foto GmbH, München (Erik Sampers/ ASK); **59.5** Jäckel, Diana, Erfurt, Quelle: www.faszination-regenwald.de; **59.6** Jäckel, Diana, Erfurt, Quelle: www.faszination-regenwald.de; **59.4 r.o.** Schaar, Wolfgang, Grafing; **60.1** ShutterStock.com RF, New York (vladsilver); **61.2** Okapia, Frankfurt (M. & C. Denis-Huot/BIOS); **61.3** Schaar, Wolfgang, Grafing; **61.4** Jäckel, Diana, Erfurt; **61.5** Getty Images Plus, München (brytta); **61.6** Schaar, Wolfgang, Grafing; **61.7** Jäckel, Diana, Erfurt; **61.8** ShutterStock.com RF, New York (tommaso79); **61.9** Schaar, Wolfgang, Grafing; **61.10** Jäckel, Diana, Erfurt; **62.2** Getty Images Plus, München (E+/FG Trade); **62.1 r.** Getty Images, München (Juan Baretto / AFP); **63.3 r.** ShutterStock.com RF, New York (photo25th); **63.4 r.** stock.adobe.com, Dublin (fotoknips); **63.5 r.** Katz, Thorsten, Freiburg; **63.6 r.** Mauritius Images, Mittenwald (imageBROKER / Florian Kopp); **64.1** Schwarwel, Leipzig; **65.2** Ernst Klett Verlag GmbH, Stuttgart; **66.1** ShutterStock.com RF, New York (hermitis); **67.2** iStockphoto, Calgary, Alberta (Photo Disc); **67.3** Ernst Klett Verlag GmbH, Stuttgart; **68.1A** Alamy stock photo, Abingdon (RKive); **68.1B** ShutterStock.com RF, New York (Vladimir Wrangel); **68.1C** Getty Images, München (Martin Harvey); **68.1D** IMAGO, Berlin (imageBROKER / Michael Runkel); **68.1E** Alamy stock photo, Abingdon (Tuul and Bruno Morandi); **68.1F** iStockphoto, Calgary, Alberta (Kenneth Canning); **69.3** Schaar, Wolfgang, Grafing; **70.1** ShutterStock.com RF, New York (marketa1982); **70.2** Alamy stock photo, Abingdon (Abdelkarime Achtaou); **71.3** Schaar, Wolfgang, Grafing; **71.4** Mauritius Images, Mittenwald (imageBROKER / Jochen Tack); **72.1A-D** Schaar, Wolfgang, Grafing; **73.2** Alamy stock photo, Abingdon (frans lemmens); **73.4** iStockphoto, Calgary, Alberta (InkkStudios); **73.5** stock.adobe. com, Dublin (norrie39); **74.1** Schaar, Wolfgang, Grafing; **74.2 r.** IMAGO, Berlin (Ute Grabowsky / photothek); **75.3** Jäckel, Diana, Erfurt, Quelle: Institut National de la Statistique - Niger. Annuaire Stattistique 2010. Environment, unter: http://www.stat-niger.org/statistique/file/Annuaires_Statistiques/Annuaire_ins_2010/34.pdf, aktualisiert nach: http://www.weatheronline. de; **75.4** Jäckel, Diana, Erfurt, nach www.fao.org/faostat/en/#compare; **75.5,6** Schaar, Wolfgang, Grafing; **76.1A l.** Getty Images, München (Universal Images Group); **76.1A r.** laif, Köln (Michael Riehle); **77.2B r.** Picture-Alliance, Frankfurt/M. (imageBROKER/Florian Kopp); **77.3C r.** Mauritius Images, Mittenwald (Mike Goldwater); **77.4D r.** IMAGO, Berlin (Ute Grabowsky / photothek); **78.1** Obermann, Helmut, Ettlingen; **79.2** Jäckel, Diana, Erfurt; **80.1** iStockphoto, Calgary, Alberta (alefbet); **80.2** ShutterStock.com RF, New York (Cat Downie); **80.3** Okapia, Frankfurt (Thomas Hagen); **80.4** iStockphoto, Calgary, Alberta (JoenStock); **80.5** ShutterStock.com RF, New York (Alta Oosthuizen); **81.6** stock.adobe.com, Dublin (Marc); **81.8** Mauritius Images, Mittenwald (Bildagentur-online/Begsteiger/Alamy); **81.7 l.o.** ShutterStock.com RF, New York (Gillian Holliday); **81.7 m.r.** Buffler, Udo, Marburg; **82.2** Ernst Klett Verlag GmbH, Stuttgart; **82.3** stock.adobe. com, Dublin (nimranairpuk); **82.4** stock.adobe.com, Dublin (Aissa Haffar); **82.1A** ShutterStock.com RF, New York (hermitis); **82.1B** stock.adobe.com, Dublin (Mieszko9); **83.5** Jäckel, Diana, Erfurt; **83.6** ShutterStock.com RF, New York (Dennis Wegewijs); **83.7** Jäckel, Diana, Erfurt; **83.8** dreamstime.com, Brentwood, TN (David Burke); **84.1** Alamy stock photo, Abingdon (Oliver Förstner); **85.2** ShutterStock.com RF, New York (Nordroden); **85.3** Ernst Klett Verlag GmbH, Stuttgart; **86.1** Ernst Klett Verlag GmbH, Stuttgart; **86.2** Jäckel, Diana, Erfurt; **87.3** Jäckel, Diana, Erfurt; **87.4** Ernst Klett Verlag GmbH, Stuttgart; **88.2** Schaar, Wolfgang, Grafing; **88.1A** Alamy stock photo, Abingdon (Crister Haug); **88.1B** Alamy stock photo, Abingdon (Crister Haug); **89.3** Jäckel, Diana, Erfurt; **89.4 r.** Mauritius Images, Mittenwald (age fotostock); **89.5 u.** Kai Zimmermann, Xanten; **90.1** Ernst Klett Verlag GmbH, Stuttgart; **91.2 l.m.** stock.adobe.com, Dublin (Yuliia); **91.2 l.o.** Schaar, Wolfgang, Grafing; **91.2 l.u.** Ernst Klett Verlag GmbH, Stuttgart; **91.2 r.m.** Mair, Jörg, München; **91.2 r.o.** Schaar, Wolfgang, Grafing; **92.1** Schaar, Wolfgang, Grafing; **92.2** stock.adobe.com, Dublin (Serg Zastavkin); **93.3** Ernst Klett Verlag GmbH, Stuttgart; **93.4** Picture-Alliance, Frankfurt/M. (dpa/TASS); **93.6** stock.adobe.com, Dublin (Sebastian); **94.7** IMAGO, Berlin (Denis Kozhevnikov/ITAR-TASS); **94.9** 123rf Germany, c/o Inmagine GmbH, Nidderau (nordroden); **95.10** Ernst Klett Verlag GmbH, Stuttgart (Weissmann, Moskau); **95.11** NASA, Washington , D.C. (Visible Earth); **96.1** Schaar, Wolfgang, Grafing; **96.3** laif, Köln (SUTTON/GAMMA); **97.5** Ernst Klett Verlag GmbH, Stuttgart; **98.1** Ernst Klett Verlag GmbH, Stuttgart; **99.2 u.** IMAGO, Berlin (Jan Huebner); **99.3 u.** laif, Köln (Michael Runkel / robertharding); **100.1** Ernst Klett Verlag GmbH, Stuttgart; **100.4.1,2** Jähde, Steffen, Sundhagen; **101.2** Picture-Alliance, Frankfurt/M. (ZUMA Press); **101.3** Jäckel, Diana, Erfurt; **101.4** Getty Images Plus, München (Corbis Documentary/Neil Rabinowitz); **102.1** Picture-Alliance, Frankfurt/M. (dpa/ZB/Jens Kalaene); **103.2** Picture-Alliance, Frankfurt/M. (Reuters / Lucas Jackson); **104.1** Mauritius Images, Mittenwald (Fernando Quevedo de Oliveira / Alamy); **104.2** ShutterStock.com RF, New York (Sodel Vladyslav); **104.3** Jäckel, Diana, Erfurt; Eigene Zusammenstellung nach UNDP (United Nations Development Programme). 2022. Human Development Report 2021-22: Uncertain Times, Unsettled Lives: Shaping our Future in a Transforming World. New York und World Population Prospects; **105.4** Ernst Klett Verlag, Stuttgart nach UNDP: Human Development Report 2021/2022, Uncertain Times, Unsettled Lives - Shaping our Future in a Transforming World, New York. Unter: https://hdr.undp.org/content/human-development-report-2021-22 (Zugriff 12.07.2023); **105.5** Jäckel, Diana, Erfurt; Daten nach UNDP (United Nations Development Programme). 2022. Human Development Report 2021-22: Uncertain Times, Unsettled Lives: Shaping our Future in a Transforming World. New York,)HDR 2021), unter: https://hdr.undp.org; **106.1** United Nations Publications, New York - https://www.un.org/sustainabledevelopment/. The content of this publication has not been approved by the United Nations and does not reflect the views of the United Nations or its officials or Member States.; **106.2** Agentur Focus - Die Fotograf*innen, Hamburg (Peter Menzel); **106.3** Agentur Focus - Die Fotograf*innen, Hamburg (Peter Menzel); **107.4** Ernst Klett Verlag, Stuttgart nach Deutsche Welthungerhilfe e. V. - Welthunger-Index 2021. Unter: www.welthungerhilfe.de/aktuelles/publikation/detail/welthunger-index-2021 (Zugriff 15.09.2022); **107.5** Jäckel, Diana, Erfurt nach Welthunger-Index 2021, Synopse. https://www.globalhungerindex.org/pdf/de/2021/synopse.pdfS.2; **108.1** United Nations Publications, New York - https://www.un.org/sustainabledevelopment/. The content of this publication has not been approved by the United Nations and does not reflect the views of the United Nations or its officials or Member States.; **108.2** ShutterStock.com RF, New York (Irina55); **108.3** Jäckel, Diana, Erfurt nach UNDP; **108.4** Picture-Alliance, Frankfurt/M. (Kai-Uwe Wärner); **109.5** Ernst Klett Verlag, Stuttgart nach United Nations, Department of Economic And Social Affairs, Population Dynamics, unter:https://population.un.org/wpp/Maps/ (Zugriff 22.12.2016); **109.6** Ernst Klett Verlag, Stuttgart nach World Bank Group: World Development Indicators - Life expectancy at birth, total (years), 2020. Unter: http://databank.worldbank.org/data/reports.aspx?source=2&series=SP.DYN.LE00.IN&country= (Zugriff 04.10.2023); **110.1** United Nations Publications, New York - https://www.un.org/sustainabledevelopment/. The content of this publication has not been approved by the United Nations and does not reflect the views of the United Nations or its officials or Member States.; **110.2** Picture-Alliance, Frankfurt/M. (Khaled Abdullah/ Reuters); **110.3** Getty Images Plus, München (E+ / svetikd); **111.4** Ernst Klett Verlag, Stuttgart nach UNESCO Institute for Statistics (UIS): UIS.Stat Bulk Data Download Service - Literacy rate. Unter: apiportal.uis.unesco.org/bdds (Zugriff 19.07.2023); **111.5** Jäckel, Diana, Erfurt; **112.1** United Nations Publications, New York - https://www.un.org/sustainabledevelopment/. The content of this publication has not been approved by the United

Nations and does not reflect the views of the United Nations or its officials or Member States.; **112.2** Getty Images Plus, München (E+ / Edwin Tan); **112.3** ShutterStock.com RF, New York (morganlstudios); **113.4** Quellen: Worldbank: The world by income 2021 und United Nations Conference on Trade and Development (UNCTAD): The Least Developed Countries Report 2021.; **113.5** Jäckel, Diana, Erfurt nach World Bank (2023), Poverty and Inequality Platform (version 20220909_2017_01_02_PROD) [data set]. pip.worldbank.org. Accessed on 2023-01-24; **113.6** Jäckel, Diana, Erfurt nach World Bank (2023), Poverty and Inequality Platform (version 20220909_2017_01_02_PROD) [data set]. pip.worldbank.org. Accessed on 2023-01-24; **114.r.m.** Esri Deutschland GmbH, Kranzberg (Schul-WebGIS: https://webgis.sachsen.schule/); **114.r.o.** Schul-WebGIS, ein Kooperationsprojekt der esri Deutschland GmbH, dem Sächsischen Bildungsserver und Jens Joachim, Luxembourg unter https://webgis.sachsen.schule/; **114.r.u.** Esri Deutschland GmbH, Kranzberg (Schul-WebGIS: https://webgis.sachsen.schule/); **115.1** Schul-WebGIS, ein Kooperationsprojekt der esri Deutschland GmbH, dem Sächsischen Bildungsserver und Jens Joachim, Luxembourg unter https://webgis.sachsen.schule/; **115.2** Esri Deutschland GmbH, Kranzberg (Schul-WebGIS: https://webgis.sachsen.schule/); **115.3** Schul-WebGIS, ein Kooperationsprojekt der esri Deutschland GmbH, dem Sächsischen Bildungsserver und Jens Joachim, Luxembourg unter https://webgis.sachsen.schule/; **116.1** IMAGO, Berlin (Xinhua); **117.2** United Nations Publications, New York - https://www.un.org/sustainabledevelopment/. The content of this publication has not been approved by the United Nations and does not reflect the views of the United Nations or its officials or Member States.; **118.1** Friedrich-Ebert-Stiftung e.V., Berlin: Ungleiches Deutschland. Sozioökonomischer Disparitätenbericht 2023, S.14 (Karte: „Wohlstand und Armut in Deutschland"); **118.2** stock.adobe.com, Dublin (luxorphoto, kagemusha, Ingo Bartussek, ArTo, Alexander Raths, Gina Sanders, Roman Bodnarchuk, jiduha, highwaystarz); **119.4** Jäckel, Diana, Erfurt nach: Paritätische Gesamtverband (2023): Zwischen Pandemie und Inflation. Paritätischer Armutsbericht 2022, S. 7; **119.5** Jäckel, Diana, Erfurt nach: Paritätische Gesamtverband (2023): Zwischen Pandemie und Inflation. Paritätischer Armutsbericht 2022, S. 17; Datenquelle: Statistische Ämter des Bundes und der Länder.; **120.1** Nagel, Holger, Heidenheim; **120.2** IMAGO, Berlin (Funke Foto Services/RainerxRaffalski); **121.5** Nagel, Holger, Heidenheim; **121.6** Nagel, Holger, Heidenheim; **121.7** Nagel, Holger, Heidenheim; **122.1** United Nations Publications, New York - https://www.un.org/sustainabledevelopment/. The content of this publication has not been approved by the United Nations and does not reflect the views of the United Nations or its officials or Member States.; **122.2** Transformationsindex – BTI 2020/ www.bti-project.org/ © Bertelsmann Stiftung 2020; **123.3** Margreet de Heer, Amsterdam; **123.4** Meme eine Webcomics des Brasilianischen Cartoonisten Lute 2012. Unbekannter Urheber zwischen 2015 and 2019; https://knowyourmeme.com/memes/who-wants-change-who-wants-to-change; **123.6** United Nations Publications, New York - https://www.un.org/sustainabledevelopment/. The content of this publication has not been approved by the United Nations and does not reflect the views of the United Nations or its officials or Member States.; **124.1** Worldmapper Ltd., London; **124.2** Worldmapper Ltd., London; **124.3.1** Jähde, Steffen, Sundhagen; **124.3.2** Jähde, Steffen, Sundhagen; **124.3.3** Jähde, Steffen, Sundhagen; **125.3** Germanwatch e.V., Bonn/ Michael Hüter; erschienen in WEITBLICK 1/2018; **125.4** Krause, Jens, Leipzig; Quelle: Statistisches Landesamt Baden-Württemberg, 2020; **126.1** Getty Images, München (Getty Images News / Marco Di Lauro); **127.2** Picture-Alliance, Frankfurt/M. (dpa / Silas Stein); **127.3** iStockphoto, Calgary, Alberta (FatCamera); **128.1** Jäckel, Diana, Erfurt; **129.3** Ernst Klett Verlag GmbH, Stuttgart nach Daten: UNDESA - Population Devision: International migrant stock 2019 und UNHCR STATISTICS - The World in Numbers: Internally displaced persons; **130.1** Schaar, Wolfgang, Grafing; **130.2** laif, Köln (kadir van lohuizen / NOOR); **130.3** Getty Images Plus, München (iStock/Yelena Rodriguez Mena); **130.4** Klett-Archiv, Stuttgart nach Le Monde diplomatique: Auf der Flucht vor dem Klima. In: Atlas der Globalisierung spezial: Klima, Paris 2007, S. 42-43, Dina Ionesco / Daria Mokhnacheva / Francois Gemenne: Die regionalen Auswirkungen des Klimawandels. In: Atlas der Umweltmigration. Bundeszentrale für politische Bildung, Bonn 2017, S. 76-81; **132.1** Schaar, Wolfgang, Grafing; **132.2 l.o.** Picture-Alliance, Frankfurt/M. (dpa/Mika Schmidt); **133.3** ShutterStock.com RF, New York (Anjo Kan); **133.4** Ernst Klett Verlag GmbH, Stuttgart; **134.1** Schaar, Wolfgang, Grafing; **134.2 l.o.** Getty Images Plus, München (iStock/mofles); **135.3** Getty Images, München (The Image Bank/ John Fedele); **135.6** Picture-Alliance, Frankfurt/M. (dpa/EPA/Jaime Avalos); **135.9** Getty Images, München (Warren Little); **136.1** Schaar, Wolfgang, Grafing; **136.2** laif, Köln (UPI Photo / Earl S. Cryer); **138.1** Alamy stock photo, Abingdon (USDA Photo); **138.2** IMAGO, Berlin (Olaf Döring); **139.3** Haitzinger, Horst, München; **140.1** Mauritius Images, Mittenwald (Marcia Chambers / Alamy); **142.1** Butz, Steffen, Karlsruhe; **142.2** Jäckel, Diana, Erfurt; Daten nach: United Nations, Department of Economic and Social Affairs, Population Division (2022): World Population Prospects 2022; **143.3** Jäckel, Diana, Erfurt, Quelle: United Nations Population Division (1950-2050); **144.1** Jäckel, Diana, Erfurt; Daten nach: Soziale und demografische Daten weltweit, DSW-DATENREPORT 2022; **145.2** Eckenfelder, Bettina, Eisenach nach Deutsche Stiftung Weltbevölkerung (DSW), https://www.dsw.org/infografiken/#group-10, PRB World Population Data Sheet 2017; **145.3** Eckenfelder, Bettina,Eisenach nach UN Population Devision, DW: Menschen werden weltweit immer älter, https://www.dw.com/de/menschen-werden-weltweit-immer-%C3%A4lter/a-18751845; **147.2** Ernst Klett Verlag GmbH, Stuttgart; **147.3** Jäckel, Diana, Erfurt; Zusammenstellung der Daten nach United Nations: Department of Economic and Social Affairs, Population Division (2022): World Population Prospects 2022; **148.1** Ernst Klett Verlag GmbH, Stuttgart nach: UNAIDS (2023): HIV estimates with uncertainty bounds, 1990-2022; Q_Redaktion: UNAIDS (2023): HIV estimates with uncertainty bounds, 1990-2022. Unter: https://www.unaids.org/en/resources/documents/2023/HIV_estimates_with_uncertainty_bounds_1990-present (Zugriff 27.09.2023); **149.3** Jäckel, Diana, Erfurt nach UNAIDS (2023): HIV estimates with uncertainty bounds, 1990-2022; **149.4** Jäckel, Diana, Erfurt nach UNAIDS (2023): HIV estimates with uncertainty bounds, 1990-2022; **149.5** Jäckel, Diana, Erfurt nach: Statista GmbH, Hamburg (2023, Quellen: UNAIDS; WHO); (Ranking der 25 Länder mit der höchsten Prävalenz von HIV/ AIDS in den Jahren 2001 und 2022); **150.1** Jäckel, Diana, Erfurt; Daten: UN Department of Economic and Social Affairs: World Population Prospects 2022; **151.2** Jäckel, Diana, Erfurt; **152.1A** Jäckel, Diana, Erfurt, Quelle: Family care international and the safe motherhood inter-agency Group, Centers for desease control and prevention, vital statistics Report, CDC Atlanta; **152.1B** IMAGO, Berlin (Friedrich Stark); **152.1C** Jäckel, Diana, Erfurt, Quelle: Deutsche Stiftung Weltbevölkerung, Hannover; **153.2A** Jäckel, Diana, Erfurt; Daten: KNBS and ICF. 2023. Kenya Demographic and Health Survey 2022. Key Indicators Report. Nairobi, Kenya, and Rockville, Maryland, USA: KNBS and ICF. (Seite 15); **153.2B** iStockphoto, Calgary, Alberta (ranplett); **153.2C** Jäckel, Diana, Erfurt, Quelle: Datenreport der Stiftung Weltbevölkerung 2013 und Demographic and Health Surveys 2008-2013; **153.3A** Jäckel, Diana, Erfurt, Quelle: Datenreport der Stiftung Weltbevölkerung 2013 und Demographic and Health Surveys 2008-2013; **153.3C** iStockphoto, Calgary, Alberta (Juanmonino); **154.1** Jäckel, Diana, Erfurt, leicht verändert nach Jürgen Bähr: Bevölkerungsgeographie: Verteilung und Dynamik der Bevölkerung in globaler, nationaler und regionaler Sicht. Stuttgart: Ulmer (UTB), 1997, Abb. 62.; **154.2** Worldmapper Ltd., London; **154.3** Jäckel, Diana, Erfurt, Quelle: CIA World Factbook, www.cia.gov/library/publications/the-world-factbook/geos/bg.html und www.cia.gov/library/publications/the-world-factbook/geos/da.html; **155.4** Ernst Klett Verlag GmbH, Stuttgart; **155.5** Jäckel, Diana, Erfurt nach Deutsche Stiftung Weltbevölkerung (DSW) unter: https://www.dsw.org/weltbevoelkerung (Zugriff am 23.03.2023); **156.1** iStockphoto, Calgary, Alberta (chameleonseye); **158.1** ShutterStock.com RF, New York (Light and Vision); **159.2** United Nations, Department of Economic and Social Affairs: World Urbanization Prospects 2018. Unter: https://population.un.org/wup/Download/ (Zugriff: 19.09.2022); **159.3 r.** Schaar, Wolfgang, Grafing; **160.1** Schaar, Wolfgang, Grafing; **160.3** ShutterStock.com RF, New York (WitR); **161.4** Ernst Klett Verlag GmbH, Stuttgart; **161.5** Ernst Klett Verlag GmbH, Stuttgart; **161.7** Jäckel, Diana, Erfurt; **162.8** Alamy stock photo, Abingdon (Barry Lewis); **162.9** Alamy stock photo, Abingdon (Chris Pancewicz); **162.10** ShutterStock.com RF, New York (James Dalrymple); **163.11** Ernst Klett Verlag, Stuttgart nach Programa Universitario de Estudios sobre la Ciudad - Universidad Nacional Autónoma de México: Crecimiento de la ZMVM 1950-2010, Quelle: Elaboración PUEC-UNAM con base en el Marco Geoestadístico Municipal 2005, versión 1; 2009, versión 4.1; 2010, versión 5.México: IG, UNAM e INEGI; **164.13** Alamy stock photo, Abingdon (Richard Ellis); **164.15** ShutterStock.com RF, New York (Art Konovalov); **165.16** ShutterStock.com RF, New York (Andrea Izzotti); **165.17** stock.adobe.com, Dublin (Fernando); **166.1** Butz, Steffen, Karlsruhe; **167.2-4** Jäckel, Diana, Erfurt; **168.1 l.o.** ddp media GmbH, Hamburg (Florian Kopp); **169.2** ShutterStock.com RF, New York (Caio Pederneiras); **169.3 l.o.** Getty Images Plus, München (E+/FG Trade Latin); **170.1** Getty Images Plus, München (Danny Lehman/ The Image Bank); **171.2** Singer, Andy, St. Paul, MN; **171.3** iStockphoto, Calgary, Alberta (PeskyMonkey); **171.4** Diana Jäckel, Erfurt nach United Nations: World Urbanization Prospects; **171.5** Nach United Nations: World Urbanization Prospects. The 2014 Revision. Highlights. New York 2014, S. 13; **171.6** ShutterStock.com RF, New York (Christine Gonsalves); **172.1** Getty Images Plus, München (yangna); **173.2** dreamstime.com, Brentwood, TN (Taras Bodnar); **174.1** Okapia, Frankfurt (Hans Reinhard); **174.2** Jäckel, Diana, Erfurt; **174.3** Jähde, Steffen, Sundhagen; **174.4** Jäckel, Diana, Erfurt; Daten: ICCO (2023): Statistics - Cocoa Monthly Average; **175.6** Ernst Klett Verlag, Stuttgart, Daten: FAO (2023): FAOSTAT, Crops and livestock products - cocoa beans, 2021; **176.7** Schaar, Wolfgang, Grafing; **176.10 u.** Getty Images, München (Reportage Archive/Benjamin Lowy); **177.11** Jäckel, Diana, Erfurt; Daten: Fairtrade Deutschland e.V. (2023): Zahlen & Fakten. Entwicklung von Fairtrade in Deutschland; **177.13** epd-bild, Frankfurt (Jutta Ulmer); **177.15** TransFair e.V. / Fairtrade Deutschland, Köln; **178.2** Schaar, Wolfgang, Grafing; **178.1A** Alamy stock photo, Abingdon (Rob Crandall); **178.1B** Mauritius Images, Mittenwald (alamy/ Joerg Boethling); **178.1C** ShutterStock.com RF, New York (Sorbis); **179.5** Jäckel, Diana, Erfurt; **179.3 r.** Getty Images, München (Dhiraj Singh / Bloomberg); **180.1** Jäckel, Diana, Erfurt nach WTO Data – Merchandise exports by product group and destination – annual (Million US dollar), https://data.wto.org/; **181.2** Ernst Klett Verlag, Stuttgart nach Worldbank - Net barter terms of trade index (2000 = 100). Unter: https://data.worldbank.org/indicator/TT.PRI.MRCH.XD.WD (Zugriff 14.05.2020), World Trade Organization - World Trade Statistical Review 2019. Unter: www.wto.org/english/res_e/statis_e/wts2019_e/wts19_toc_e.htm (Zugriff 14.05.2020); **182.1** Butz, Steffen, Karlsruhe; **183.2** Ernst Klett Verlag, Stuttgart; Daten: FAOSTAT (2023) Crops and livestock products - cocoa beans, 2021; **184.4** Getty Images, München (Getty Images News/VCG); **185.1** ShutterStock.com RF, New York (mariakraynova); **186.1** Fairtrade Deutschland e.V., Köln; **186.2** Fairtrade Deutschland e.V., Köln (Jakub Kaliszewski); **186.3** ShutterStock.com RF, New York (HollyHarry); **186.4** Jäckel, Diana, Erfurt nach: Statista GmbH, Hamburg (Daten:Fairtrade International); (Umsatz mit Fairtrade-Produkten weltweit in den Jahren 2004 bis 2018 (in Millionen Euro)); **186.5** Jäckel, Diana, Erfurt; **187.7** Jäckel, Diana, Erfurt ; Statista GmbH, Hamburg (Daten: TransFair 2023); (Umsatz mit Fairtrade-Produkten in Deutschland in den Jahren 1993 bis 2022 (in Millionen Euro)); **188.1** Ernst Klett Verlag, Stuttgart; Daten: FAO (2023): FAOSTAT, Crops and livestock products - coffee green, 2021; **189.2** Ernst Klett Verlag, Stuttgart nach Fairtrade (2020): Die Fairtrade-Welt; **189.4** Schaar, Wolfgang, Grafing; **190.1** Picture-Alliance, Frankfurt/M. (KEYSTONE/Peter Schneider); **191.2** Picture-Alliance, Frankfurt/M. (Mads Claus Rasmussen/Ritzau Scanpix); **191.3** Getty Images, München (AFP/GABRIEL BOUYS); **193.2** Ernst Klett Verlag, Stuttgart nach National Snow and Ice Data Center (NSIDAC), European Environment Agency, Arctic Monitoring and Assessment Programme (AMAP), Snow, Water, Ice and Permafrost in the Arctic (SWIPA): The melting cryosphere, 2019.; **194.1A l.o.** Schaar, Wolfgang, Grafing; **194.1A r.o.** Alamy stock photo, Abingdon (Cindy Hopkins); **195.2B l.u.** Ernst Klett Verlag GmbH, Stuttgart; **195.3C r.** stock.adobe.com, Dublin (Andrey Mirzoyants); **196.2** Jäckel, Diana, Erfurt, nach https://wiki.bildungsserver.de/klimawandel/index.php/Antarktischer_Eisschild; **196.3** Jäckel, Diana, Erfurt; **196.1A** © Sammlung Gesellschaft für ökologische Forschung / Gerhard Rohrmoser; **196.1B** © Sammlung Gesellschaft für ökologische Forschung / Francoise Funk-Salami; **196.1C** Mauritius Images, Mittenwald (Marcel Gross / Alamy); **197.6** Ernst Klett Verlag GmbH, Stuttgart; **197.5 r.u.** Jähde, Steffen, Sundhagen; **197.7 u.** Picture-Alliance, Frankfurt/M. (Basilio Sepe/ZUMA Press Wire); **198.1** Jäckel, Diana, Erfurt; Daten nach: NASA Goddard Institute for Space Studies (2023): GISS Surface Temperature Analysis; **198.3** Schaar, Wolfgang, Grafing; **200.1** creanovo – motion & media design GmbH, Axel Kempf, Hannover; **201.3** Jäckel, Diana, Erfurt, nach Christian-Dietrich Schönwiese, Bernd Diekmann: Der Treibhauseffekt. Rohwolt, Reinbek 1991, S.117; **201.4** Jäckel, Diana, Erfurt; **202.1** Jäckel, Diana, Erfurt ; Statista GmbH, Hamburg (Global Carbon Project); (Höhe der CO2-Emissionen nach ausgewählten Ländern weltweit im Jahresvergleich 1990 und 2021(in Millionen Tonnen)); Statista GmbH, Hamburg (IEA; Global Carbon Atlas); (Energiebedingte CO2-Emissionen pro Kopf weltweit nach ausgewählten Ländern im Jahr 2021(in Tonnen)); **202.2** ShutterStock.com RF, New York

(Danicek); **203.3** Jäckel, Diana, Erfurt, nach creanovo; **203.4** Jäckel, Diana, Erfurt; Daten nach: U.S. Enviromental Protection Agency (EPA) (2022): Climate Change Indicators: Atmospheric Concentrations of Greenhouse Gases; **204.1** University of Reading: Graphics and lead scientist: Ed Hawkins, National Centre for Atmospheric Science, UoR.; Data: Berkeley Earth, NOAA, UK Met Office, MeteoSwiss, DWD, SMHI, UoR & ZAMG; CC-BY-4.0 Lizenzbestimmungen: http://creativecommons.org/licenses/by/4.0/legalcode, siehe *1; **204.3** Deutscher Wetterdienst, Offenbach; **205.5** stock.adobe.com, Dublin (Horner); **205.6** Picture-Alliance, Frankfurt/M. (dpa/Thomas Reichelt); **206.1** Jäckel, Diana, Erfurt nach: Ministerium für Umwelt, Klima und Energiewirtschaft Baden-Württemberg (2023): Strategie zur Anpassung an den Klimawandel in Baden-Württemberg, S.5 (Die vier Klimawirkungen.Quelle: LUBW, Ecologic Institut); **207.2** stock.adobe.com, Dublin (Thaut Images); **207.3** Quelle: Umweltbundesamt CO2-Rechner (Stand 2023) (c) Kompetenzzentrum Nachhaltiger Konsum; https://creativecommons.org/licenses/by-sa/4.0/deed.de, Mountain View ; CC-BY-SA-4.0 Lizenzbestimmungen: https://creativecommons.org/licenses/by-sa/4.0/legalcode, siehe *3; **207.4** Quelle: https://nachhaltigerkonsum.info/service/bigpoints - https://creativecommons.org/licenses/by-sa/4.0/deed.de, Mountain View ; CC-BY-SA-4.0 Lizenzbestimmungen: https://creativecommons.org/licenses/by-sa/4.0/legalcode, siehe *3; **208.1** Deutsches Klimarechenzentrum GmbH (DKRZ), Hamburg (Michael Böttinger); **208.2** Jäckel, Diana, Erfurt; **208.3** Jäckel, Diana, Erfurt; **209.4** Butz, Steffen, Karlsruhe; **209.5** Eckenfelder, Bettina, Eisenach nach Walther, Gian-Reto; Beißner, Sascha; Burga, Conradin A. (2005): Trends in the upward shift of alpine plants, Journal of Vegetation Science 16, 541-548; **209.6** Mauritius Images, Mittenwald (Andi Duff); **209.7A** stock.adobe.com, Dublin (digitalstock); **209.7B** stock.adobe.com, Dublin (claudia Otte); **209.7C** dreamstime.com, Brentwood, TN (Alexander Podshivalov); **210.1** Alamy stock photo, Abingdon (Pablo Caridad); **211.2** iStockphoto, Calgary, Alberta (Bartosz Hadyniak); **212.1** Jäckel, Diana, Erfurt; **213.2 o.** Getty Images Plus, München (hadynyah); **214.1** Schaar, Wolfgang, Grafing; **214.2** stock.adobe.com, Dublin (EcoView); **214.3** stock.adobe.com, Dublin (Nieuwenkampr); **214.4** Jäckel, Diana, Erfurt. Quelle: meteoblue AG: Simulierte historische Klima- und Wetterdaten für Bujumbura https://www.meteoblue.com/de/wetter/historyclimate/climatemodelled/bujumbura_burundi_425378 (08.11.2023); **214.5** Mauritius Images, Mittenwald (Pulsar Imagens / Alamy Stock Photo); **214.6** stock.adobe.com, Dublin (Nieuwenkampr); **214.7** Jäckel, Diana, Erfurt. Quelle: meteoblue AG: Simulierte historische Klima- und Wetterdaten für Bujumbura https://www.meteoblue.com/de/wetter/historyclimate/climatemodelled/bujumbura_burundi_425378 (08.11.2023); **215.8** Ernst Klett Verlag, Stuttgart nach waldwissen.net (2022): Habonimana,B.; Megerle, H. und s. Hein ; Wald und Waldbewirtschaftung in Burundi: Naturraum, Waldtypen und Forstgeschichte; Karte; Richard Szydlak; **216.1** iStockphoto, Calgary, Alberta (yotrak); **216.2** stock.adobe.com, Dublin (Yaroslav Astakhov); **216.3** Ernst Klett Verlag GmbH, Stuttgart; **217.7** Jäckel, Diana, Erfurt nach iwacu-burundi.org (2022): L'exportation du café en chute libre https://www.iwacu-burundi.org/lexportation-du-cafe-en-chute-libre/ (09.11.2023); IWACU Open Data: Quantité du Café exportée en tonnes (T) de 1999-2021, Source originale des données : Banque de la République du Burundi, License ODbL 1.0./Creative Commons; **218.1** Mauritius Images, Mittenwald (Yaroslav Astakhov / Alamy); **218.l.m.o.** United Nations Publications, New York - https://www.un.org/sustainabledevelopment/. The content of this publication has not been approved by the United Nations and does not reflect the views of the United Nations or its officials or Member States.; **218.l.m.u.** United Nations Publications, New York - https://www.un.org/sustainabledevelopment/. The content of this publication has not been approved by the United Nations and does not reflect the views of the United Nations or its officials or Member States.; **218.l.o.** United Nations Publications, New York - https://www.un.org/sustainabledevelopment/. The content of this publication has not been approved by the United Nations and does not reflect the views of the United Nations or its officials or Member States.; **218.l.u.** United Nations Publications, New York - https://www.un.org/sustainabledevelopment/. The content of this publication has not been approved by the United Nations and does not reflect the views of the United Nations or its officials or Member States.; **219.2** Alamy stock photo, Abingdon (ton koene); **219.3** Picture-Alliance, Frankfurt/M. (Ute Grabowsky/photothek.net); **220** F1online digitale Bildagentur, Frankfurt (Image Source); **240** Getty Images Plus, München (iStock/demaerre); **241-252** Ernst Klett Verlag GmbH, Stuttgart; **258-259** Oser, Liliane, Hamburg;

Texte: **24.3** Simon Trippler: Die Entfernung von Gewittern, Deutscher Wetterdienst (DWD) v. 28.06.2020, unter: https://www.dwd.de/DE/wetter/thema_des_tages/2020/6/28.html (Zugriff: 17.08.23); **25.6** Bundeszentrale für gesundheitliche Aufklärung (BZgA): Gewitter – Was (nicht nur) Kinder wissen sollten, unter: https://www.kindergesundheit-info.de/themen/sicher-aufwachsen/sicherheit-im-alltag/gewitter/#:~:text=Blitze%20schlagen%20gern%20im%20h%C3%B6chst,10%20m%20Abstand%20Schutz%20suchen (Zugriff: 17.08.23); **53.7** https://de.statista.com/statistik/daten/studie/329093/umfrage/erntemenge-der-fuehrenden-anbaulaender-von-bananen-weltweit/ (Zugriff: 09/2023); **93.5** Jens Hartmann: Norilsk - eine Stadt, unter schwerem Leid der Eiswüste abgetrotzt. (15.02.1999) Unter: https://www.welt.de/print-welt/article566370/Norilsk-eine-Stadt-unter-schwerem-Leid-der-Eiswueste-abgetrotzt.html (Zugriff 25.07.2023, gek.); **97.7** Claudia Vallentin: Waldbrände. Jahr des Feuers. (01.01.2021) Unter: https://www.zeit.de/wissen/umwelt/2020-12/waldbraende-2020-feuer-saison-klimawandel-kalifornien-arktis-regenwald (Zugriff 25.07.2023, gek.); **119.3** Nach Laenderdaten.info (2023): Die 50 reichsten Länder der Welt, 2022, unter: https://www.laenderdaten.info/die-reichsten-laender.php (06.11.2023); **123.5** Ziele für nachhaltige Entwicklung: Partnerschaften zur Erreichung der Ziele. (18.08.2023) Unter: https://www.bundesregierung.de/breg-de/themen/globale-partnerschaften-1140096 (Zugriff 07.11.2023, gek.); **128.2** UNO-Flüchtlingshilfe: Zahlen & Fakten zu Menschen auf der Flucht, aus. Global Trends. Bericht 2022, unter: https://www.uno-fluechtlingshilfe.de/informieren/fluechtlingszahlen (Abruf: 20.10.2023); **133.5** nach: UNO-Flüchtlingshilfe: Fluchtrouten. Auf der Suche nach Schutz und Sicherheit, unter: https://www.uno-fluechtlingshilfe.de/informieren/fluchtrouten (Abruf: 20.10.2023); **133.6** nach: UNO-Flüchtlingshilfe: Fluchtrouten. Auf der Suche nach Schutz und Sicherheit, unter: https://www.uno-fluechtlingshilfe.de/informieren/fluchtrouten (Abruf: 20.10.2023); **135.4** nach: Bruno Urmersbach: Weltweit: Ranking der 20 Senderländer mit den höchsten Rücküberweisungen (outflow) von Migranten 2022, v. 29.08.2023, unter: https://de.statista.com/statistik/daten/studie/697044/umfrage/senderlaender-mit-den-hoechsten-rueckueberweisungen-von-migranten/ (Abruf: 20.10.2023); **135.5** nach: Bruno Urmersbach: Top 20 Empfängerländer mit den höchsten Rücküberweisungen (inflow) von Migranten 2022, v. 29.08.2023, unter: https://de.statista.com/statistik/daten/studie/696972/umfrage/empfaengerlaender-mit-den-hoechsten-rueckueberweisungen-von-migranten/ (Abruf: 20.10.2023); **143.4** Deutsche Stiftung Weltbevölkerung (DSW): DSW Datenreport 2022, unter: https://www.dsw.org/wp-content/uploads/2023/02/DSW-Datenreport_2022_web.pdf, (Zugriff: 09/2023); Zur besseren altersgemäßen Verständlichkeit wurde der Originaltext verändert, ohne den Inhalt und/oder Sinn zu verändern.; **143.5** Deutsche Stiftung Weltbevölkerung (DSW): DSW Datenreport 2022, unter: https://www.dsw.org/wp-content/uploads/2023/02/DSW-Datenreport_2022_web.pdf, (Zugriff: 09/2023); Zur besseren altersgemäßen Verständlichkeit wurde der Originaltext verändert, ohne den Inhalt und/oder Sinn zu verändern.; **146.1** nach: United Nations, Department of Economic and Social Affairs, Population Division (2022). World Population Prospects 2022, Online Edition unter: https://population.un.org/wpp/Download/Standard/MostUsed/ (Zugriff: 09/2023); Zur besseren altersgemäßen Verständlichkeit wurde der Originaltext verändert, ohne den Inhalt und/oder Sinn zu verändern.; **160.2** Christine Buth: Mexiko-Stadt, v. 25.06.2021, unter: https://www.planet-wissen.de/kultur/metropolen/mexiko_stadt_mega_city_vor_mega_herausforderung/index.html (Zugriff: 30.06.2023); **163.12** Christine Buth: Mexiko-Stadt, v. 25.06.2021, unter: https://www.planet-wissen.de/kultur/metropolen/mexiko_stadt_mega_city_vor_mega_herausforderung/index.html (Zugriff: 30.06.2023); **164.14** Christine Buth: Mexiko-Stadt, v. 25.06.2021, unter: https://www.planet-wissen.de/kultur/metropolen/mexiko_stadt_mega_city_vor_mega_herausforderung/index.html (Zugriff: 30.06.2023); **175.5** https://de.statista.com/statistik/daten/studie/370455/umfrage/exportmenge-der-fuehrenden-exportlaender-von-kakaobohnen-weltweit/; **176.8** https://wko.at/statistik/laenderprofile/lp-elfenbeinkueste.pdf; **176.9** Bundesministerium für wirtschaftliche Zusammenarbeit und Entwicklung: Mehr Einkommen und ausgewogenere Ernährung für Kakaobauern in Westafrika, unter: https://www.bmz.de/de/themen/laendliche-entwicklung/landwirtschaftliche-wertschoepfungsketten/kakaobauern-22146 (Zugriff: 30.06.2023); **177.12** Verändert nach: TransFair e.V. 2020; **179.4** Frederik Fleig: Nächster Halt Äthiopien, auf: Deutsche Welle v. 16.05.2019, unter: https://www.dw.com/de/textilindustrie-nächster-halt-äthiopien/a-48738628 (Zugriff: 30.06.2023); **181.4** https://de.statista.com/statistik/daten/studie/37013/umfrage/ranking-der-top-20-exportlaender-weltweit/ https://de.statista.com/statistik/daten/studie/157858/umfrage/groesste-importlaender-weltweit/; **183.3** Nach Statista (2023): Erntemenge der führenden Anbauländer von Tee weltweit in den Jahren 2020 und 2021, unter: https://de.statista.com/statistik/daten/studie/202107/umfrage/die-10-groessten-teeproduzenten/ und https://de.statista.com/statistik/daten/studie/385689/umfrage/erntemenge-von-tee-weltweit/ (25.05.2023); **184.1** https://de.statista.com/statistik/daten/studie/877487/umfrage/containerumschlag-nach-laendern-weltweit/; **184.3** https://de.statista.com/statistik/daten/studie/29697/umfrage/umschlagvolumen-der-groessten-containerhaefen-der-welt/; **185.2** https://de.statista.com/statistik/daten/studie/166333/umfrage/groesste-frachtflughaefen-der-welt-nach-frachtumschlag/; **185.3** BDL report, 2019, unter: https://www.bdl.aero/wp-content/uploads/2019/05/Report-Luftfahrt-und-Wirtschaft-2019.pdf; **185.4** BDL report, 2019, unter: https://www.bdl.aero/wp-content/uploads/2019/05/Report-Luftfahrt-und-Wirtschaft-2019.pdf; **185.5** https://de.statista.com/statistik/daten/studie/1200551/umfrage/luftfrachtverkehr-weltweites-transportvolumen/; **187.6** Sophia Bilz: Interview: Faire Kleidung durch Fairtrade, Stand 2019, unter: https://buygoodstuff.de/interview-faire-kleidung-durch-fairtrade/ (zugriff: 30.06.2023); **187.8** https://www.fairtrade-deutschland.de/service/presse/zahlen-fakten; **189.3** https://icac.org/DataPortal/DataPortal?Year=2021/22%20pro; **192.1** Francesca Doglioni u. Torsten Kanzow: Fact Sheet: Das Grönländische Eis, v. 2021, hrsg. v. Deutsches Arktisbüro am Alfred-Wegener-Institut (AWI), unter: https://www.arctic-office.de/publikationen/fact-sheets/?key=1-7&cHash=aba5cbcf33d4bd3213d38963a655a843 (Zugriff: 08/2023); **195.2B r.u.** Nach: CHNL Information Office (2023): Shipping traffic at the NSR in 2022 unter: https://arctic-lio.com/nsr-2022-short-report/ (Zugriff: 22.08.2023); **198.2** Statista 2023, unter: https://de.statista.com/statistik/daten/studie/157755/umfrage/klimawandel-die-weltweit-waermsten-jahre-seit-1880/ (Zugriff: 08/2023); **203.5** Umweltbundesamt, v. 14.11.2022, unter: https://www.umweltbundesamt.de/themen/klima-energie/klimaschutz-energiepolitik-in-deutschland/treibhausgas-emissionen/die-treibhausgase (Zugriff: 08/2023); **204.2** Landesanstalt für Umwelt Baden-Württemberg (LUBW): Klimawandel in Baden-Württemberg, v. 2022, unter: https://www.lubw.baden-wuerttemberg.de/klimawandel-in-bw (Zugriff: 29.11.2023); **205.4** Ministerium für Umwelt, Klima und Energiewirtschaft Baden-Württemberg & Landesanstalt für Umwelt Baden-Württemberg (LUBW), v. 12/2020, unter: https://pudi.lubw.de/detailseite/-/publication/10182, S. 26 (Zugriff: 08/2023); **213.2 u.** Zusammenarbeit. Partnerland Burundi. Unter: https://stm.baden-wuerttemberg.de/de/in-europa-und-der-welt/entwicklungszusammenarbeit/burundi (Zugriff 10.11.2023, gek.); **215.9** Habonimana, Bernadette & Megerle, Heidi & Hein, Sebastian: Wald und Waldbewirtschaftung in Burundi, in: Holz-Zentralblatt Nr. 19 v. 11.05.2018, S. 456-458, unter: https://www.hs-rottenburg.net/fileadmin/user_upload/Forschung/Forschungsprojekte/Management/Burundi/Burundi-Teil_1-HZB.pdf (Zugriff: 11/2023); **215.10** Habonimana, Bernadette & Megerle, Heidi & Hein, Sebastian: Wald und Waldbewirtschaftung in Burundi, in: Holz-Zentralblatt Nr. 19 v. 11.05.2018, S. 456-458, unter: https://www.hs-rottenburg.net/fileadmin/user_upload/Forschung/Forschungsprojekte/Management/Burundi/Burundi-Teil_1-HZB.pdf (Zugriff: 11/2023); **217.5** Stiftung Entwicklungs-Zusammenarbeit Baden-Württemberg (SEZ): Burundi-Kaffee, unter: https://bw-burundi.com/themen/partnerschaften-bw-burundi/kaffee-burundi (Zugriff: 11/2023); **217.6** Statista, v. 18.10.2023, unter: https://de.statista.com/statistik/daten/studie/1325381/umfrage/wichtigste-exportgueter-fuer-burundi/ (Zugriff: 11/2023);

15

Haack-Kartenteil

Die folgenden Karten bieten dir eine schnelle Orientierung. Sie zeigen einen Überblick über die Räume, die im Unterricht behandelt werden. Mit dem Register kannst du geographische Objekte suchen, ganz so, wie du es von der Arbeit mit dem Atlas gewohnt bist.
Für alle physischen Karten gilt die Kartenlegende auf dieser Seite. Interessierst du dich für Einzelheiten oder Karten mit bestimmten thematischen Inhalten, so schlage in deinem Haack Weltatlas nach.

Kontinent- und Weltkarten

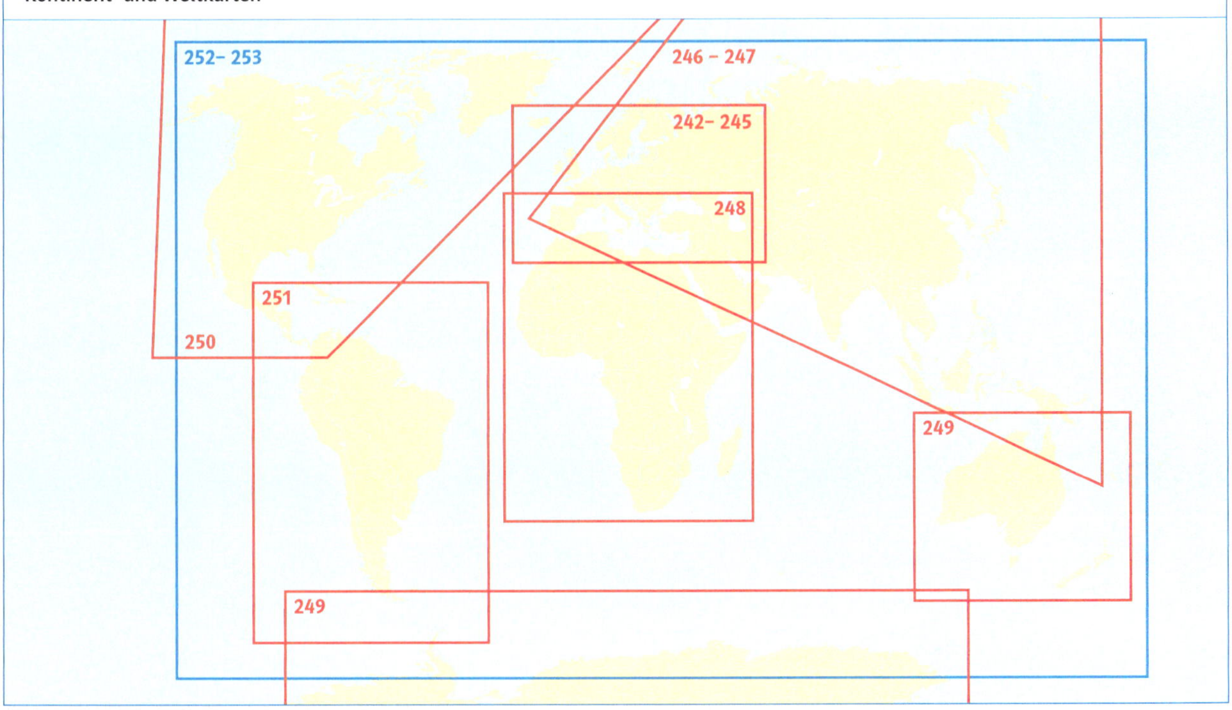

Kartenlegende

Orte

- über 10 000 000 Einwohner
- 5 000 000 – 10 000 000
- 1 000 000 – 5 000 000
- 500 000 – 1 000 000
- 100 000 – 500 000
- unter 100 000

Grenzen

- Staatsgrenze
- Grenze eines Bundeslandes oder Verwaltungsgebietes
- umstrittene Grenze, Waffenstillstandslinie
- **TOGO** Staat
- Lomé Hauptstadt eines Staates
- Färöer abhängiges Gebiet mit Selbstverwaltung
- **Bayern** Bundesland oder Verwaltungsgebiet
- München Hauptstadt eines Bundeslandes oder Verwaltungsgebietes

Flüsse, Seen

- Fluss
- zeitweise Wasser führender Fluss
- zeitweise gefüllter See
- See
- Schifffahrtskanal
- Stausee mit Staudamm

Baden-Württemberg

Klett
1 : 4 000 000
0 50 100 km
6° östl. L. v. Gr.
Nordsee
Ostsee
DÄNEMARK
Schleswig-Holstein
Mecklenburg-Vorpommern
Niedersachsen
Norddeutsches Tiefland
Sachsen-Anhalt
Brandenburg
Nordrhein-Westfalen
Hessen
Thüringen
Sachsen
Rheinland-Pfalz
Saarland
Baden-Württemberg
Bayern
Mittelgebirge
Südwestdeutsches Stufenland
Alpenvorland
NIEDERLANDE
BELGIEN
LUXEMBURG
FRANKREICH
SCHWEIZ
LIECHTENSTEIN
ÖSTERREICH
TSCHECHIEN
POLEN
Pommern
Lothringen
Elsass
Alpen
Ostalpen
Alsen
Fünen
Møn
Falster
Lolland
Rødby-havn
Gedser
Fehmarn
Kieler Bucht
Lübecker Bucht
Kap Arkona
Rügen
Sassnitz
Stralsund
Greifswald
Pommersche Bucht
Nordfriesische Inseln
Ostfriesische Inseln
Westfriesische Inseln
Helgoland
Helgoländer Bucht
Flensburg
Kiel
Lübeck
Rostock
Schwerin
Neubrandenburg
Müritz
Stettin
Schwedt
Landsberg
Warthe
Oder
Hamburg
Cuxhaven
Wilhelmshaven
Bremerhaven
Bremen
Emden
Oldenburg
Leeuwarden
Groningen
IJsselmeer
Almere
Amsterdam
Utrecht
Arnheim
Enschede
Nimwegen
Tilburg
Eindhoven
Maastricht
Lüttich
Lüneburg
Hannover
Wolfsburg
Braunschweig
Salzgitter
Magdeburg
Berlin
Potsdam
Cottbus
Osnabrück
Bielefeld
Gütersloh
Paderborn
Münster
Hamm
Essen
Dortmund
Duisburg
Bochum
Mönchengladbach
Wuppertal
Düsseldorf
Köln
Aachen
Bonn
Siegen
Rothaargebirge
Kassel
Göttingen
Harz
Brocken 1142
Halle
Leipzig
Dresden
Görlitz
Neiße
Spree
Reichenberg
Aussig
Chemnitz
Zwickau
Gera
Jena
Erfurt
Eisenach
Thüringer Wald
Erzgebirge
Elbe
Saale
Mulde
Havel
Weser
Aller
Ems
Leine
Fulda
Rhein
Maas
Ruhr
Mittellandkanal
Nord-Ostsee-Kanal
Gießen
Fulda
Rhön
Koblenz
Eifel
Ardennen
Wiesbaden
Taunus
Frankfurt
Mainz
Darmstadt
Spessart
Hunsrück
Trier
Mosel
Luxemburg
Kaiserslautern
Saarbrücken
Saar
Ludwigshafen
Mannheim
Heilbronn
Karlsruhe
Pforzheim
Stuttgart
Reutlingen
Schwäbische Alb
Neckar
Donau
Ulm
Augsburg
München
Landshut
Passau
Linz
Isar
Inn
Lech
Main
Schweinfurt
Würzburg
Bayreuth
Hof
Eger
Prag
Moldau
Pilsen
Böhmen
Böhmerwald
Großer Arber 1456
Bayerischer Wald
Budweis
Erlangen
Fürth
Nürnberg
Regensburg
Ingolstadt
Metz
Nancy
Straßburg
Vogesen
Oberrheinisches Tiefland
Schwarzwald
Freiburg
Feldberg 1493
Mülhausen
Basel
Konstanz
Bodensee
Friedrichshafen
Zürich
Schweizer Mittelland
Aare
Luzern
Bern
Vaduz
Chur
Innsbruck
Brenner 1374
Wildspitze 3774
Zugspitze 2962
Bayerische Alpen
Rosenheim
Salzburg
Dachstein 2995
Großglockner 3797
Hohe Tauern
Drau
Villach
Klagenfurt
Landhöhen
über 2000 m
1000 – 2000 m
500 – 1000 m
200 – 500 m
100 – 200 m
0 – 100 m
unter 0 m
2962 Höhe über dem Meeresspiegel (in m)

Landhöhen
über 5000 m
2000 – 5000 m
1000 – 2000 m
500 – 1000 m
200 – 500 m
100 – 200 m
0 – 100 m
unter 0 m
Inlandeis, Gletscher
4810 Höhe über dem Meeresspiegel (in m)
ABKÜRZUNGEN:
BOS. U. BOSNIEN UND
HERZ. HERZEGOWINA
KOS. KOSOVO
LIE. LIECHTENSTEIN
LUX. LUXEMBURG
NORDM. NORDMAZEDONIEN
SLOW. SLOWENIEN
S.M. SAN MARINO
V.A.E. VEREINIGTE ARABISCHE EMIRATE
1:20 000 000
0 100 200 500 km
ATLANTISCHER
OZEAN
Europäisches
Nordm
nördl. Pola
ISLAND
Reykjavik
Hvannadalshnukur
2119
Färöer (dän.)
NORWE
Shetlandinseln
Orkney-inseln
Bergen
Hebriden
Nordsee
1343
Glasgow
VEREINIGTES KÖNIGREICH
Newcastle upon Tyne
Belfast
IRLAND
Dublin
Slea Head
Cork
Manchester
Sheffield
Nottingham
Birmingham
London
Bristol
Land's End
Southampton
NIEDER-LANDE
Amsterdam
Rotterdam
DÄNEMA
Kopenha
Der Kanal
Kanal-inseln (brit.)
Brest
Brüssel
BELGIEN
Köln
Dortmund
DEUTSCH
Normandie
Bretagne
Paris
LUX.
Luxemburg
Frankfurt
Nantes
Loire
Tours
Seine
FRANKREICH
Golf von Biscaya
Limoges
Zürich
Bern
SCHWEIZ
LIE.
Lyon
Vogesen
Zentral-massiv
4810 Mont Blanc
Mailand
Turin
Bordeaux
La Coruña
Kap Finisterre
Galicien
Kantabrisches Gebirge
Bilbao
Toulouse
Pyrenäen
3404
ANDORRA
Marseille
Genua
MONACO
Nizza
Porto
Duero
PORTUGAL
Ebro
Lissabon
Tejo
Madrid
Zaragoza
SPANIEN
Barcelona
Korsika
VATIKAN-STADT
Rom
Valencia
Balearen
Palma
Mallorca
Sevilla
Málaga
3478
Murcia
Sardinien
Cagliari
Straße von Gibraltar
Gibraltar (brit.)
Ceuta (span.)
Melilla (span.)
Oran
Algier
Azoren (port.)
Ponta Delgada
São Miguel
Funchal
Madeira (port.)
Rabat
Casablanca
Fès
MAROKKO
Marrakesch
Mittlerer Atlas
Tellatlas
Maghreb
Sizilien
Tunis
TUNESIEN
Sfax
Kleine Syrte
2328
Agadir
4165
Hoher Atlas
Antiatlas
Saharaatlas
Kanarische Inseln
Teneriffa (span.)
Pico de Teide 3718
Fuerte-ventura
Gran Canaria
Las Palmas
Béchar
Laayoune
Hamada des Draa
Westlicher Großer Erg
Ouargla
Tripo
Tripolitan
WEST-SAHARA (marokkanische Verwaltung)
nördl. Wendekreis
ALGERIEN
Östlicher Großer Erg
Sahara
MAURETANIEN
MALI
westl. L. 0° östl. L. v. Gr.

© Klett
Nordkap
Hammerfest
Barentssee
Murmansk
Halbinsel Kola
Lappland
Weißes Meer
Archangelsk
Petschora
Narodnaja 1894
Ural
Uralgebirge
Sibirien
Surgut
Chanty-Mansijsk
Westsibirisches Tiefland
Irtysch
Omsk
Tobol
Tjumen
Petropawl
Oulu
FINNLAND
Finnische Seenplatte
Karelien
Bottnischer Meerbusen
RUSSISCHE FÖDERATION
Nördliche Dwina
Onegasee
Jekaterinburg
Perm
Tscheljabinsk
Astana
Kirow
Ischewsk
Rudny
Helsinki
Ladogasee
Uppsala
Åland (finn.)
St. Petersburg
Tallinn
ESTLAND
Peipussee
Stockholm
Gotland
Jaroslawl
Kasan
Kama
Nabereschnyje Tschelny
Ufa
1640
Magnitogorsk
Nischni Nowgorod
Uljanowsk
LETTLAND
Riga
323
Waldaihöhe
Wolga
Moskau
Rjasan
Pensa
Samara
Orenburg
Aqtöbe
Ostsee
LITAUEN
Düna
Wilna
Königsberg (zu Russ. Föd.)
Danzig
Minsk
Lipezk
Saratow
Kasachensteppe
KASACHSTAN
Syr-Darja
Masuren
BELARUS
Homel
Woronesch
Warschau
Weichsel
Aralsee
Senke
Kaspische Senke
POLEN
Wolynien
Kiew
Charkiw
Don
Wolgograd
USBEKISTAN
Krakau
Lemberg
Luhansk
-28
Amu-Darja
Nukus
Daşoguz
2655
UKRAINE
Dnipro
Donezk
Astrachan
SLOWAKEI
Bratislava
Karpaten
Rostow
Manytschniederung
Kaspisches Meer
Aqtau
Chisinau
Budapest
UNGARN
MOLDAU
Odessa
Krasnodar
Siebenbürgen
RUMÄNIEN
2543
Südkarpaten
Halbinsel Krim
1545
Sewastopol
Kaukasus
Elbrus 5642
Sotschi
TURKMENISTAN
Aschgabat
Belgrad
Bukarest
GEORGIEN
Tiflis
Walachei
Donau
Constanța
Schwarzes Meer
ASERBAIDSCHAN
Baku
Sarajewo
SERBIEN
BULGARIEN
Varna
ARMENIEN
Eriwan
Samsun
Trabzon
MONTENEGRO
Pristina
KOS.
Podgorica
Balkan
Sofia
Bosporus
Pontisches Gebirge
Armen. Hochland
Ararat 5165
4821
Ardabil
Rascht
Skopje
Rhodopen
Istanbul
Ostanatolien
Täbris
Elburs
5604 Demawend
Teheran
Tirana
NORDM.
Saloniki
Kizilirmak
Urmiasee
ALBANIEN
2911
Bursa
Ankara
Vansee
Urmia
Kayseri
Anatolien
Westanatolien
TÜRKEI
Diyarbakır
Mosul
Qom
GRIECHENLAND
İzmir
Konya
3585
Adana
Kirkuk
IRAN
Ägäisches Meer
Athen
Assad-Stausee
Tigris
Isfahan
Peloponnes
Taurus
Antalya
Aleppo
Zagrosgebirge
Kykladen
SYRIEN
Bagdad
4548
ZYPERN
Nikosia
Homs
Euphrat
Mesopotamien
Kreta
LIBANON
An-Nadschaf
Ahwas
Schiras
Beirut
Damaskus
IRAK
Al-Basra
Meer
ISRAEL
Tel Aviv-Jaffa
Amman
KUWAIT
Kuwait
Bengasi
Jerusalem
-422
Persischer Golf
Alexandria
Port Said
JORDANIEN
Große Syrte
Cyrenaika
Nil
Kairo
Akaba
Manama
BAHRAIN
Gizeh
Halbinsel Sinai
SAUDI-ARABIEN
KATAR
Doha
LIBYEN
-133
ÄGYPTEN
2637
V.A.E.

Birmingham
Manchester
VER. KÖNIGREICH
London
Nordsee
SPANIEN
Madrid
Bordeaux
Paris
B.
Amsterdam
NL.
DÄN.
Brüssel
Hamburg
Kopenhagen
FRANKREICH
L.
DEUTSCH-LAND
Berlin
Lyon
AND.
Barcelona
Mont Blanc
4810
Turin
S.
TSCH.
POLEN
München
Prag
Warschau
Marseille
Mailand
Korsika
ÖST.
Wien
Sardinien
SL.
SLOWAKEI
Rom
KR.
Budapest
ITALIEN
BO.
UNG.
Neapel
Belgrad
MO.
SER.
RUM.
KO.
Bukarest
AL.
NM.
Sofia
BUL.
Sizilien
GRIECHEN-LAND
Athen
İstanbul
Bursa
İzmir
Ankara
TÜRKEI
LIBYEN
Kreta
ZYPERN
Adana
Aleppo
SYRIEN
LIBANON
Beirut
Tel Aviv-Jaffa
Damaskus
Jerusalem
Amman
ISRAEL
JORDANIEN
Alexandria
Gizeh
Kairo
Asyut
ÄGYPTEN
Assuan
Nil
Rotes Meer
SAUDI-ARABIEN
Medina
Dschidda
Mekka
Riad
SUDAN
Khartum
ERITREA
Asmara
Sanaa
JEMEN
Aden
DSCHIBUTI
Dschibuti
Golf von Aden
Addis Abeba
ÄTHIOPIEN
Somali-Halbinsel
KENIA
SOMALIA
Mogadischu
Mombasa
Daressalam
Kap Delgado
Aldabra-Inseln
Amiranten-inseln
Victoria
SEYCHELLEN
Moroni
KOMOREN
Äquator
Mittelmeer
Schwarzes Meer
Kaukasus
GEORGIEN
Tiflis
ARM.
Eriwan
AS.
Baku
Kasp. Meer
Täbris
Mosul
IRAK
Bagdad
Euphrat
Tigris
Al-Basra
KUWAIT
Kuwait
Persischer Golf
Manama
BAHR.
KATAR
Doha
Abu Dhabi
V.A.E.
Dubai
Große Arabische Wüste
Maskat
Ras al-Hadd
OMAN
Golf von Oman
Teheran
Elburs
Zagrosgebirge
Isfahan
Schiras
IRAN
Wüste Lut
Meschhed
Aschgabat
TURKMENISTAN
USBEKISTAN
Karakum
Kysylkum
Amu-Darja
Syr-Darja
Aralsee
Taschkent
Bischkek
Almaty
KIRGISISTAN
Duschanbe
TADSCHIKISTAN
Pamir
Herat
Hindukusch
Kabul
AFGHANISTAN
Kandahar
Islamabad
Quetta
PAKISTAN
Karachi
Indus
Multan
Lahore
Pandschab
Arabisches Meer
Sokotra
Kap Guardafui
NORWEGEN
Oslo
SCHWEDEN
Stockholm
FINNLAND
Helsinki
Ostsee
EST.
LET.
LIT.
St. Petersburg
Minsk
BELARUS
UKRAINE
Kiew
Charkiw
Dnipro
Donezk
Odessa
MOL.
Rostow
Moskau
Osteuropäisches Flachland
Nischni Nowgorod
Woronesch
Kasan
Perm
Saratow
Samara
Ufa
Wolga
Don
Wolgograd
Kaspische Senke
Astrachan
Ural
Orenburg
Uralgebirge
Jekaterinburg
Tscheljabinsk
Kasachensteppe
Astana
KASACHSTAN
Balqaschsee
Murmansk
Nordkap
Barentssee
Archangelsk
Nördl. Dwina
Workuta
Nordpolarmeer
Nowaja Semlja
Karasee
Dikson
Halbinsel Taimyr
Kap Tscheljuskin
Laptewsee
Sewernaja Semlja
Neusibirische Inseln
Norilsk
Jenissei
Untere Tunguska
RUSSISCHE FÖDERATION
Westsibirisches Tiefland
Sibirisches Bergland
Irtysch
Ob
Omsk
Nowosibirsk
Angara
Krasnojarsk
Bratsk
Irkutsk
Sajan
Altai
Ulan-Bator
MONGOLEI
Dsungarei
Ürümqi
Tian Shan
Taklamakan Wüste
Tarimbecken
Altun Shan
Nan Shan
Lanzhou
Kunlun Shan
Karakorum
Tibet
CHINA
Transhimalaya
Himalaya
Chengdu
Mt. Everest
NEPAL
Kathmandu
BHUTAN
Thimphu
Delhi
New Delhi
Wüste Tharr
Jaipur
Agra
Ganges
Lakhnau
Hindustan
Prayagraj
Patna
Ahmadabad
Hyderabad
Indore
Bhopal
Rajkot
Asansol
Surat
INDIEN
Nagpur
Kolkata
Mumbai
Aurangabad
Pune
Dekkan
Westghats
Ostghats
Bhubaneswar
Vishakhapatnam
Hubballi-Dharwad
Hyder-abad
Vijayawada
Golf von Bengalen
Bengaluru
Chennai
Lakshadweep-inseln
Kozhikode
Kochi
Madurai
Kap Comorin
Sri Lanka
Colombo
SRI LANKA
MALEDIVEN
Male
Dhaka
BANGLA-DESCH
Chittagong
Myitkyina
MYANMAR
Mandalay
Naypyidaw
Rangun
Chiang Mai
Bangkok
Andamanen (ind.)
Nikobaren (ind.)
Halbinsel Malakka
George Town
Medan
Sumatra
INDISCHER OZEAN
Tschagosinseln (brit.)
90° östl. Länge v. Greenwich

© Klett
Landhöhen
über 5000 m
2000 – 5000 m
1000 – 2000 m
500 – 1000 m
200 – 500 m
0 – 200 m
unter 0 m
Inlandeis, Gletscher
8846 Höhe über dem Meeresspiegel (in m)
ABKÜRZUNGEN:
AL. ALBANIEN
AND. ANDORRA
ARM. ARMENIEN
AS. ASERBAIDSCHAN
B. BELGIEN
BAHR. BAHRAIN
BO. BOSNIEN UND HERZEGOWINA
BUL. BULGARIEN
DÄN. DÄNEMARK
EST. ESTLAND
KO. KOSOVO
KR. KROATIEN
L. LUXEMBURG
LET. LETTLAND
LIT. LITAUEN
MO. MONTENEGRO
MOL. MOLDAU
NL. NIEDERLANDE
NM. NORDMAZEDONIEN
ÖST. ÖSTERREICH
P. PORTUGAL
RUM. RUMÄNIEN
S. SCHWEIZ
SER. SERBIEN
SL. SLOWENIEN
TSCH. TSCHECHIEN
UNG. UNGARN
V.A.E. VEREINIGTE ARABISCHE EMIRATE
PAZIFISCHER OZEAN
Beringmeer
Anadyrgebirge
Anadyr
Korjakengebirge
Kolymagebirge
Pobeda 3147
Magadan
Kamtschatka
Kljutschewskaja Sopka 4750
Petropawlowsk-Kamtschatski
Aléuten (USA)
Kommandeur-Inseln
Ochotskisches Meer
Kurilen
Sachalin
Stanowoigebirge
Aldan
Amur
Chabarowsk
Sichote-Alin
Großer Hinggan
Mandschurei
Qiqihar
Harbin
Jilin
Changchun
Shenyang
Fushun
Anshan
Dalian
Wladiwostok
Japanisches Meer (Ostmeer)
D. VR. KOREA
Pjöngjang
Seoul
Incheon
Busan
REP. KOREA
Gelbes Meer
Hokkaido
Sapporo
Honshu
Sendai
JAPAN
Saitama
Tokyo
Yokohama
Kyoto
Nagoya
Kobe
Osaka
Hiroshima
Fukuoka
Midwayinseln (USA)
nördlicher Wendekreis
Wake-Insel (USA)
Marcusinsel (jap.)
Bonin-inseln (jap.)
Vulkan-inseln (jap.)
MARSHALLINSELN
Majuro
Gilbert-inseln
Bairiki
South Tarawa
KIRIBATI
Äquator
Hawaii-Inseln (USA)
Nördliche Marianen (USA)
Marianen
Guam (USA)
Hagåtña
Palikir
Pohnpei
Yaren
NAURU
Chuuk-inseln
Karolinen
MIKRONESIEN
Yap-inseln
Ngerulmud
PALAU
Tianjin
Zibo
Qingdao
Jinan
Xuzhou
Nanjing
Suzhou
Hefei
Shanghai
Wuhan
Hangzhou
Ostchines. Meer
Nanchang
Wenzhou
Fuzhou
Changsha
Südchinesisches Bergland
Taipeh
Taiwan
Kaohsiung
Ryukyu-Inseln
Shantou
Kanton
Shenzhen
Foshan
Hongkong
Haikou
Hainan
Südchines. Meer
Luzon
Manila
PHILIPPINEN
Mindoro
Palawan
Iloilo
Cebu
Mindanao
Davao
Zamboanga
Da Nang
Chi-Minh-Stadt
Kota Kinabalu
Bandar Seri Begawan
BRUNEI DARUSSALAM
Sulu-Inseln
Manado
Halmahera
Sorong
Molukken
Seram
Ambon
Borneo
Kuching
Balikpapan
Pontianak
Sulawesi
Makassar
Große Sunda-Inseln
INDONESIEN
Java
Semarang
Bandung
Surabaya
Kleine Sunda-Inseln
Dili
TIMOR-LESTE
Timorsee
Arafurasee
Aru-Inseln
Darwin
AUSTRALIEN
Kap-York-Halbinsel
Gr. Barriereriff
Jayapura
PAPUA-NEUGUINEA
Neuguinea
Port Moresby
Merauke
Neuirland
Bismarck-Archipel
Neubritannien
Bougainville
SALOMONEN
Honiara
Neue Hebriden
VANUATU
Port Vila
Korallensee
Nouméa
Neukaledonien (franz.)
1 : 40 000 000
0 500 1000 km

FRANKREICH
Paris
München
SCHWEIZ
DEU.
SLOWAKEI
UKRAINE
Donezk
Rostow
Astrachan
Lyon
4810
Mont Blanc
ÖST.
Wien
Budapest
UNG.
MOL.
RUSS. FÖD.
KASACHS-TAN
USBEKI-TAN
Bordeaux
Mailand
Turin
KR.
Belgrad
RUMÄNIEN
Odessa
Bukarest
Marseille
Korsika
BO.
SER.
BUL.
Sofia
MO.
KO.
NM.
Schwarzes Meer
Kaukasus
5642
GEORGIEN
Tiflis
ARM.
AS.
Eriwan
Baku
TURKMENISTAN
Porto
PORTUGAL
Madrid
SPANIEN
Barcelona
Lissabon
Sevilla
3478
Gibraltar (brit.)
Ceuta (span.)
Melilla (span.)
Balearen
Sardinien
Rom
Neapel
ITALIEN
AL.
GRIECHEN-LAND
Athen
İstanbul
Bursa
İzmir
Ankara
3916
TÜRKEI
5165
Adana
Tabris
Mosul
Elburs
Teheran
5604
IRAN
Kaspisches Meer
Madeira (port.)
Casablanca
Rabat
Oran
Algier
Tunis
2328
3326
Sizilien
Mittelmeer
MALTA
Kreta
ZYPERN
Aleppo
LIB.
SYRIEN
Bagdad
Euphrat
Tigris
Zagrosgebirge
4548
Isfahan
Schiraz
MAROKKO
Marrakesch
4165
Atlasgebirge
TUNESIEN
Tripolis
Bengasi
Beirut
Damaskus
Tel Aviv-Jaffa
Jerusalem
Amman
IRAK
Al-Basra
Kanarische In. (span.)
Agadir
Ghardaïa
Alexandria
ISRAEL
JORDANIEN
Kuwait
KUWAIT
Gizeh
Kairo
-133
2637
Persischer Golf
ALGERIEN
LIBYEN
Libysche Wüste
SAUDI-ARABIEN
BAHRAIN
Doha
KATAR
V.A.E.
Laayoune
WEST-SAHARA (marokkanische Verwaltung)
In Salah
Sabha
ÄGYPTEN
Riad
Medina
Sahara
nördlicher Wendekreis
Ahaggar
2918
Tamanrasset
Assuan
Nil
Rotes Meer
Dschidda
Mekka
MAURETANIEN
3265
Tibesti
3415
1934
2310
Aïr
Nouakchott
MALI
NIGER
Agadez
TSCHAD
Khartum
ERITREA
Asmara
JEMEN
Sanaa
3760
Aden
Dakar
Senegal
SENEGAL
GAMBIA
Banjul
GUINEA-BISSAU
Bamako
Niamey
BURKINA FASO
Ouagadougou
Tschad
3024
SUDAN
Weißer Nil
Blauer Nil
4620
DSCHIBUTI
Dschibuti
Golf von Aden
Conakry
GUINEA
Kano
Maiduguri
N'Djamena
Kaduna
NIGERIA
1781
Hochland von Äthiopien
Addis Abeba
Hargeysa
2406
Somali-Halbinsel
Freetown
SIERRA LEONE
1752
CÔTE D'IVOIRE
GHANA
TOGO
BENIN
Niger
Abuja
Chari
Sudd
Monrovia
LIBERIA
Obere Guinea
Yamoussoukro
Abidjan
Accra
Lomé
Ibadan
Lagos
Porto Novo
Hochland von Adamaoua
4070
ZENTRALAFR. REP.
SÜDSUDAN
ÄTHIOPIEN
4307
Golf von Guinea
Malabo
Bioko
Douala
Jaunde
Bangui
Dschuba
SOMALIA
KAMERUN
Oubangui
UGANDA
Turkanasee
KENIA
Mogadischu
SÃO TOMÉ U. PRÍNCIPE
São Tomé
ÄQUAT.-GUINEA
Libreville
REP. KONGO
Kongo
Kongobecken
Kisangani
5109
Kampala
5199
Mt. Kenia
Äquator
Annobón
GABUN
Kigali
Victoriasee
Nairobi
RUANDA
BURUNDI
Gitega
Bujumbura
5895
Kibo
Mombasa
Brazzaville
D.R. KONGO
Kasai
Kinshasa
Kananga
Mbuji-Mayi
Tanganjikasee
Dodoma
Sansibar
Daressalam
TANSANIA
Pointe-Noire
Niederguinea
Ascension (brit.)
Luanda
2895
ATLANTISCHER OZEAN
Kolwezi
Lubumbashi
SEYCHELLEN
2610
ANGOLA
MALAWI
Kitwe
Malawisee
KOMOREN
Moroni
Lilongwe
Mayotte (franz.)
2876
Lubango
Lusaka
SAMBIA
Sambesi
3000
MOSAMBIK
Nampula
St. Helena (brit.)
Kap Frio
Okavango
Harare
SIMBABWE
Straße von Mosambik
Antananarivo
Beira
NAMIBIA
Namib
BOTSUANA
Bulawayo
MADAGASKAR
Windhuk
Kalahari
südlicher Wendekreis
Gaborone
Pretoria
Maputo
Mbabane
ESWATINI
Johannesburg
Maseru
Drakensberge
3482
LESOTHO
Durban
Oranje
SÜD-AFRIKA
INDISCHER OZEAN
Kapstadt
Kap der Guten Hoffnung
East London
Gqeberha
1:40 000 000
0
500
1000
km
30° östl. Länge v. Greenwich
45°
15°
0°
A
B
C
D
E
F
1
2
3
4
5
6
7
© Klett
Landhöhen
über 5000 m
2000 – 5000 m
1000 – 2000 m
500 – 1000 m
200 – 500 m
0 – 200 m
unter 0 m
5895 Höhe über dem Meeresspiegel (in m)
ABKÜRZUNGEN:
AL. ALBANIEN
ARM. ARMENIEN
AS. ASERBAIDSCHAN
BO. BOSNIEN UND HERZEGOWINA
BUL. BULGARIEN
KO. KOSOVO
KR. KROATIEN
LIB. LIBANON
MO. MONTENEGRO
MOL. MOLDAU
NM. NORDMAZEDONIEN
ÖST. ÖSTERREICH
RUSS. RUSSISCHE
FÖD. FÖDERATION
SER. SERBIEN
UNG. UNGARN
V.A.E. VEREINIGTE ARABISCHE EMIRATE

© Klett
Kleine Sunda-In.
Dili
TIMOR-LESTE
INDONESIEN
Timor
Sumba
Timorsee
Arafurasee
Merauke
Kap York
Port Moresby
4072
PAPUA-NEUGUINEA
Honiara
SALOMONEN
TUVALU
Ellice-Inseln
Santa-Cruz-Inseln
Neue Hebriden
VANUATU
Port Vila
Rotuma
Vanua Levu
Viti Levu
Suva
FIDSCHI
Neukaledonien (franz.)
Nouméa
südlicher Wendekreis
Korallensee
Darwin
Arnhemland
Carpentariagolf
Kap-York-Halbinsel
Cairns
1611
Großes Barriereriff
Kimberleyplateau
Derby
Mount Isa
Townsville
Port Hedland
Große Sandwüste
Macdonnellkette
1510
Alice Springs
Rockhampton
1226
Hamersleykette
AUSTRALIEN
867
Uluru
Great Dividing Range
Großes Artesisches Becken
-12
Große Victoriawüste
1515
Brisbane
PAZIFISCHER OZEAN
Leonora
Geraldton
Nullarborebene
Port Augusta
Darling
Gr. Dividing Range
Norfolkinsel (austr.)
Lord-Howe-Insel (austr.)
Kermadecinseln (neuseeld.)
Newcastle
Perth
Esperance
Große Australische Bucht
Adelaide
Murray
Canberra
Sydney
2230
Mt. Kosciuszko
Geelong
Melbourne
Bassstraße
Tasmansee
Auckland
Nordinsel
Hamilton
INDISCHER OZEAN
Tasmanien
1617
Hobart
NEUSEELAND
2797
Wellington
Südinsel
Christchurch
3764
Dunedin
Stewart-insel
Chathaminseln (neuseeld.)
1:40 000 000
0 500 1000 km
Australien
Landhöhen
über 2000 m
1000–2000 m
500–1000 m
200– 500 m
0– 200 m
unter 0 m
2230 Höhe über dem Meeresspiegel (in m)
120°
135°
150° östl. Länge v. Gr.
165°
180°
15°
30°
45°
A B C D E F
1 2 3 4

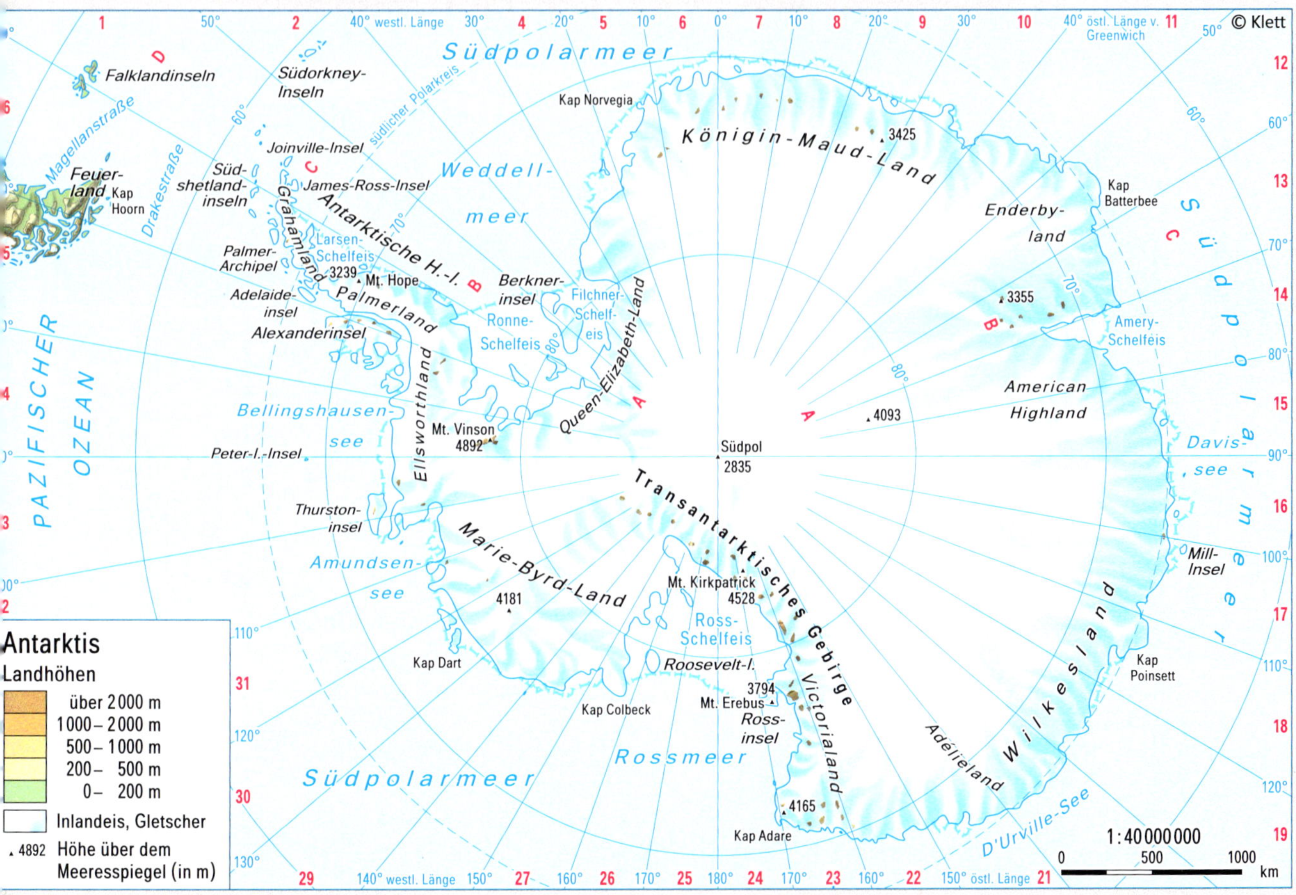

© Klett
Südpolarmeer
Falklandinseln
Südorkney-Inseln
südlicher Polarkreis
Magellanstraße
Feuerland
Kap Hoorn
Drakestraße
Joinville-Insel
Süd-shetland-inseln
James-Ross-Insel
Weddellmeer
Kap Norvegia
Königin-Maud-Land
3425
Grahamland
Antarktische H.-I.
Larsen-Schelfeis
Palmer-Archipel
3239
Mt. Hope
Palmerland
Adelaide-insel
Alexanderinsel
Berkner-insel
Filchner-Schelf-eis
Ronne-Schelfeis
Queen-Elizabeth-Land
Enderbyland
Kap Batterbee
Südpolarmeer
3355
Amery-Schelfeis
American Highland
PAZIFISCHER OZEAN
Bellingshausensee
Ellsworthland
Mt. Vinson
4892
4093
Südpol
2835
Davissee
Peter-I.-Insel
Transantarktisches Gebirge
Thurston-insel
Marie-Byrd-Land
Amundsensee
Mill-Insel
Mt. Kirkpatrick
4528
4181
Ross-Schelfeis
Wilkesland
Kap Dart
Roosevelt-I.
Kap Poinsett
3794
Mt. Erebus
Rossinsel
Kap Colbeck
Victorialand
Adélieland
Rossmeer
4165
Kap Adare
D'Urville-See
1:40 000 000
0 500 1000 km
Antarktis
Landhöhen
über 2000 m
1000–2000 m
500–1000 m
200– 500 m
0– 200 m
Inlandeis, Gletscher
4892 Höhe über dem Meeresspiegel (in m)
40° westl. Länge
40° östl. Länge v. Greenwich
140° westl. Länge
150° östl. Länge
0°
180°

© Klett
RUSSISCHE FÖDERATION
Anadyr
Anadyrgebirge
Ostsibirische See
Wrangelinsel
Nordpolarmeer
Beringmeer
Beringstraße
Kap Pr. of Wales
Nome
Kap Barrow
Beaufortsee
Yukon
Brookskette
Alaska (USA)
2749
Alaskakette
6168 Denali
Halbinsel Alaska
Anchorage
Kodiak
Golf von Alaska
5959
Whitehorse
Juneau
Alexanderarchipel
Haida Gwaii
Mackenziegebirge
Mackenzie
Inuvik
Amundsengolf
McClure-Straße
Banksinsel
Victoria-Insel
Königin-Elisabeth-Inseln
2926
Ellesmereland
Sverdrup-Inseln
Parry-Inseln
Kanadisch-arktischer Archipel
Melville-Halbinsel
Baffininsel
2147
Baffin Bay
Barren Grounds
Großer Bärensee
Yellowknife
Großer Sklavensee
Peace River
Küstengebirge
Rocky Mountains
Hudson Bay
Hudsonstraße
Ungava-Halbinsel
Churchill
Labrador
Goose Bay
Labradorsee
Kalaallit Nunaat (dän.)
2164
3231
3700
Grönland
2850
Nuuk (Godthåb)
Uummannarsuaq
nördlicher Polarkreis
Davisstraße
Dänemarkstraße
Jan Mayen (norw.)
Europäisches Nordmeer
Färöer (dän.)
ISLAND
2119
Reykjavík
Edmonton
Calgary
KANADA
4042
Vancouver
Vancouverinsel
Seattle
4392
Portland
Kaskadenkette
Prärien (Great Plains)
Winnipeg
Missouri
Moosonee
Oberer See
Quebec
Montreal
Ottawa
Toronto
St.-Lorenz-Golf
Neufundland
St. John's
Kap Race
St-Pierre u. Miquelon (franz.)
Halifax
Boston
Kap Cod
New York
Philadelphia
Baltimore
Washington
Virginia Beach
Raleigh
Charlotte
Charleston
Appalachen
2037
Minneapolis
Milwaukee
Chicago
Detroit
Cleveland
Pittsburgh
Cincinnati
Ohio
Kansas City
St. Louis
Nashville
Memphis
Atlanta
Mississippi
Arkansas
Kap Mendocino
Küstenkette
Sierra Nevada
Sacramento
San Francisco
San José
Großes Becken
Salt Lake City
4202
Las Vegas
4418
-85
Colorado
4399
Denver
VEREINIGTE STAATEN (USA)
Los Angeles
San Diego
Tijuana
3078
Phoenix
Oklahoma City
Dallas
3658
Juárez
Hermosillo
Chihuahua
Austin
Houston
San Antonio
New Orleans
Rio Grande
Halbinsel Florida
Orlando
Kap Canaveral
Miami
Bermuda (brit.)
ATLANTISCHER OZEAN
nördlicher Wendekreis
Guadalupe (mex.)
Halbinsel Niederkalifornien
Westl. Sierra Madre
Östl. Sierra Madre
Hochland von Mexiko
Torreón
Monterrey
Golf von Mexiko
Nassau
BAHAMAS
Turks- u. Caicos-In. (brit.)
Jungferninseln (brit. u. USA)
Havanna
KUBA
Straße von Yucatán
Mérida
Halbinsel Yucatán
Cayman-inseln (brit.)
JAMAIKA
Kingston
HAITI
Port-au-Prince
Santo Domingo
DOMINIK. REP.
Puerto Rico (USA)
Große Antillen
PAZIFISCHER OZEAN
León
Guadalajara
Mexiko
4265
5452
5700
Puebla
Revilla-Gigedo-Inseln (mex.)
MEXIKO
BELIZE
Belmopan
GUATEMALA
Guatemala
HONDURAS
San Pedro Sula
Tegucigalpa
San Salvador
EL SALVADOR
NICARAGUA
Managua
San José
3820
COSTA RICA
PANAMA
Panama
Karibisches Meer
Kap Gallinas
Caracas
Valencia
Maracaibo
VENEZUELA
Barranquilla
5780
4978
Llanos de Orinoco
Orinoco
Bucaramanga
5493
Medellín
Bogotá
KOLUMBIEN
Cali
Clippertoninsel (franz.)
Kokosinsel (cost.)
Malpelo-Insel (kol.)
Landhöhen
über 5000 m
2000–5000 m
1000–2000 m
500–1000 m
200–500 m
0–200 m
unter 0 m
Inlandeis, Gletscher
6168 Höhe über dem Meeresspiegel (in m)
1:40 000 000
0
500
1000
km
90° westl. Länge v. Greenwich
105°
120°
75°
60°
45°
30°
15°
A
B
C
D
E
F
G
H
I
J
K
L
M
1
2
3
4
5
6

© Klett
60° westl. Länge v. Greenwich
MEXIKO
Mérida
Halbinsel Yucatán
BELIZE
Belmopan
GUATEMALA
Guatemala
HONDURAS
San Pedro Sula
Tegucigalpa
San Salvador
EL SALVADOR
NICARAGUA
Managua
San José
3820
COSTA RICA
PANAMA
Panama
Cayman-inseln (brit.)
KUBA
Große Antillen
JAMAIKA
Kingston
HAITI
Port-au-Prince
Santo Domingo
DOMINIK. REP.
Jungferninseln (USA) (brit.)
Anguilla (brit.)
Saint-Martin/ (franz.)
Sint Maarten (ndl.)
Saint-Barthélemy (franz.)
Puerto Rico (USA)
ST. K.
Monts. (brit.)
ANTIGUA U. BARBUDA
Guadeloupe (franz.)
DOMINICA
Martinique (franz.)
SAINT LUCIA
BARBADOS
SAINT VINCENT U. DIE GRENADINEN
TRINIDAD U. TOBAGO
GREN.
Kleine Antillen
Karibisches Meer
Aruba (ndl.)
Curaçao (ndl.)
Bonaire (ndl.)
Barranquilla
Maracaibo
Caracas
Valencia
5780
Bucaramanga
4978
Llanos de Orinoco
Orinoco
Ciudad Guayana
Georgetown
Paramaribo
Cayenne
Medellín
5493
Bogotá
VENEZUELA
GUYANA
SURINAME
Franz.-Guayana
2810
Bergland von Guayana
Cali
5750
KOLUMBIEN
3014
Rio Negro
Kokosinsel (cost.)
Malpelo-Insel (kol.)
Quito
ECUADOR
6272
Guayaquil
Galápagosinseln (ecuad.)
Anden
Östl. Anden
Iquitos
Amazonas-tiefland
Manaus
26
Amazonas
Marañón
Ucayali
Madeira
Xingu
Belém
São Luis
Teresina
Fortaleza
Natal
Recife
Maceió
Salvador
1801
BRASILIEN
Tocantins
Campos Brasilianisches Bergland
Caatinga
São Francisco
Trujillo
Huascarán 6768
Andenvorland
Mamoré
Porto Velho
PERU
Lima
Titicacasee
6421
6613
Kordilleren
BOLIVIEN
La Paz
Santa Cruz
Arequipa
6520
Altiplano
Sucre
Cuiabá
893
Pantanal
Paraguay
Brasilia
Goiânia
Campo Grande
Belo Horizonte
2787
2890
Chaco
Paraná
Campinas
São Paulo
Rio de Janeiro
Trinidade (bras.)
südlicher Wendekreis
Pilcomayo
PARAGUAY
Asunción
Curitiba
PAZIFISCHER OZEAN
ATLANTISCHER OZEAN
Antofagasta
Atacama
San Miguel de Tucumán
Gran Chaco
Desventuradas-Inseln (chil.)
CHILE
6880
La-Plata-Tiefland
Uruguay
ARGENTINIEN
Porto Alegre
Córdoba
Aconcagua 6959
Rosario
URUGUAY
Juan-Fernández-Inseln (chil.)
Valparaíso
Mendoza
Santiago de Chile
Buenos Aires
Montevideo
Río de la Plata
Pampa
4708
Concepción
Mar del Plata
3776
Bahía Blanca
Río Negro
Valdivia
Patagonien
Comodoro Rivadavia
4058
Río Gallegos
Falklandinseln (brit.)
Magellanstraße
Punta Arenas
Feuerland
Kap Hoorn
Südgeorgien (brit.)
Drakestraße
Südsandwich-inseln (brit.)
Südshetland-inseln
Südorkney-inseln
Palmer-Archipel
Grahamland
Antarktische Halbinsel
südlicher Polarkreis
Äquator
ABKÜRZUNGEN:
GREN. GRENADA
Monts. Montserrat
ST. K. SAINT KITTS U. NEVIS
Landhöhen
über 5000 m
2000–5000 m
1000–2000 m
500–1000 m
200–500 m
0–200 m
unter 0 m
Inlandeis, Gletscher
6959 Höhe über dem Meeresspiegel (in m)
1:40000000
0 500 1000 km

Nordpolarmeer
Alaska (USA)
nördl. Polarkreis
KANADA
Kalaallit Nunaat (dän.)
ISLAND
Reykjavik
Färöer (dän.)
Ottawa
St-Pierre u. Miquelon (franz.)
VEREINIGTE STAATEN (USA)
Washington
Bermuda (brit.)
Azoren (port.)
Madeira (port.)
Kanarische Inseln (span.)
ATLANTISCHER
OZEAN
nördl. Wendekreis
MEXIKO
Mexiko
Havanna
Nassau
BAHAMAS
KUBA
DOMINIK. REP.
Puerto Rico (USA)
Kingston
HAITI
JAMAIKA
Port-au-Prince
Sto. Domingo
BELIZE
Belmopan
GUATEMALA
Guatemala
HONDURAS
Tegucigalpa
San Salvador
EL SALVADOR
NICARAGUA
Managua
COSTA RICA
San José
Panama
PANAMA
ANTIGUA U. BARBUDA
ST. K.
Guadeloupe (franz.)
DOMINICA
ST. LUCIA
Martinique (franz.)
BARBADOS
ST. VINCENT U. DIE GRENADINEN
GRENADA
TRINIDAD U. TOBAGO
Port-of-Spain
Caracas
VENEZUELA
Georgetown
GUYANA
Paramaribo
SURINAME
Franz.-Guayana
Bogotá
KOLUMBIEN
Äquator
Quito
ECUADOR
Galápagos-inseln (ecuad.)
BRASILIEN
Brasilia
PERU
Lima
PAZIFISCHER
OZEAN
BOLIVIEN
Sucre
PARAGUAY
Asunción
südl. Wendekreis
Pitcairn (brit.)
CHILE
Santiago de Chile
ARGENTINIEN
URUGUAY
Montevideo
Buenos Aires
Falkland-In. (brit.)
Südpolarmeer
südl. Polarkreis
Ascension (brit.)
St. Helena (brit.)
Tristan da Cunha (brit.)
Spitzbergen (norw.)
NORWEGEN
Oslo
DÄN.
Kopenhagen
VEREIN. KÖNIGREICH
IRLAND
Dublin
London
NL.
Amst.
Berlin
B.
Br.
L.
Lux.
DEUTSCHLAND
Paris
FRANKREICH
LI.
Be.
S.
Ljub.
SM.
AND.
MON.
VAT.
ITALIEN
PORTUGAL
Lissabon
Madrid
SPANIEN
Algier
Tunis
TUNESIEN
Tripolis
Rabat
MAROKKO
ALGERIEN
Laayoune
WESTSAHARA (marokkan. Verwaltung)
CABO VERDE
Praia
MAURETANIEN
Nouakchott
MALI
NIGER
Niamey
Dakar
SENEGAL
GAMBIA
Banjul
Bamako
BURKINA FASO
GUINEA-BISSAU
Bissau
Ouagadougou
GUINEA
Conakry
Freetown
SIERRA LEONE
Monrovia
LIBERIA
Yamoussoukro
CÔTE D'IVOIRE
GHANA
Accra
TOGO
Lomé
BENIN
Porto Novo
NIGERIA
Abuja
KAMERUN
Malabo
ÄQUAT.-GUINEA
SÃO TOMÉ U. PRÍNCIPE
São Tomé
Libreville
GABUN
Brazzaville
Luanda
Windhuk
AL. ALBANIEN
AND. ANDORRA
AR. ARMENIEN
E. Eriwan
AS. ASERBAIDSCHAN
B. BELGIEN
Br. Brüssel
BO. BOSNIEN UND HERZEGOWINA
Sa. Sarajewo
BUL. BULGARIEN
DÄN. DÄNEMARK
EST. ESTLAND
GEO. GEORGIEN
GR. GRIECHENLAND
ISR. ISRAEL
Je. Jerusalem
JORD. JORDANIEN
K. KOSOVO
KR. KROATIEN
Z. Zagreb
L. LUXEMBURG
Lux. Luxemburg
LET. LETTLAND

Maßstab ca. 1 : 75 000 000
Nordpolarmeer
nördl. Polarkreis
RUSSISCHE FÖDERATION
Moskau
Astana
KASACHSTAN
Ulan-Bator
MONGOLEI
USBEKISTAN
Bischkek
KIRGISISTAN
Taschkent
GEO.
Tiflis
AR.
AS.
Baku
TURKMENISTAN
Aschgabat
Duschanbe
TADSCHIKISTAN
Ankara
TÜRKEI
SYRIEN
Nik.
Bei.
Dam.
LIB.
Je.
Amman
ISR.
JORD.
Bagdad
IRAK
Teheran
IRAN
Kabul
AFGHANISTAN
Islamabad
PAKISTAN
KUWAIT
Kuwait
SAUDI-ARABIEN
BAHRAIN
Manama
KATAR
Riad
Doha
V.A.E.
Abu Dhabi
Maskat
OMAN
JEMEN
Sanaa
ERITREA
Asmara
DSCHIBUTI
Dschibuti
Addis Abeba
ÄTHIOPIEN
SOMALIA
Mogadischu
UGANDA
Kampala
KENIA
Nairobi
Kigali
Gitega
BURUNDI
Dodoma
TANSANIA
MALAWI
Lilongwe
MOSAMBIK
Maputo
ESWATINI
KOMOREN
Moroni
Victoria
SEYCHELLEN
Antananarivo
MADAGASKAR
MAURITIUS
Port Louis
New Delhi
NEPAL
Kathmandu
Thimphu
BHUTAN
Dhaka
BANGLADESCH
INDIEN
MYANMAR
Naypyidaw
Andamanen (ind.)
Colombo
SRI LANKA
MALEDIVEN
Male
CHINA
Peking
D. VR. KOREA
Pjöngjang
Seoul
REP. KOREA
Tokyo
JAPAN
Taipeh
Taiwan
Hanoi
LAOS
Vientiane
VIETNAM
THAILAND
Bangkok
KAMBODSCHA
Phnom Penh
PHILIPPINEN
Manila
Bandar Seri Begawan
BRUNEI DARUSSALAM
Kuala Lumpur
MALAYSIA
SINGAPUR
INDONESIEN
Jakarta
Dili
TIMOR-LESTE
PAZIFISCHER OZEAN
nördl. Wendekreis
Nördliche Marianen (USA)
Guam (USA)
MARSHALL-INSELN
Ngerulmud
PALAU
Palikir
MIKRONESIEN
Äquator
PAPUA-NEUGUINEA
Port Moresby
SALOMONEN
Honiara
VANUATU
Neukaledonien (franz.)
südl. Wendekreis
INDISCHER OZEAN
AUSTRALIEN
Canberra
NEUSEELAND
Wellington
Südpolarmeer
südl. Polarkreis
LIECHTENSTEIN
LIBANON
Beirut
LITAUEN
MONTENEGRO
MOLDAU
MONACO
NIEDERLANDE
Amsterdam
NORDMAZEDONIEN
ÖSTERREICH
Wien
RUM. RUMÄNIEN
S. SCHWEIZ
Be. Bern
SER. SERBIEN
Bel. Belgrad
SK. SLOWAKEI
Brat. Bratislava
SL. SLOWENIEN
Ljub. Ljubljana
SM. SAN MARINO
ST. K. ST. KITTS UND NEVIS
TSCH. TSCHECHIEN
Pg. Prag
U. UNGARN
Bud. Budapest
V.A.E. VEREINIGTE ARABISCHE EMIRATE
VAT. VATIKANSTADT
Dam. Damaskus
Nik. Nikosia
© Klett

Kartenregister

A

B

C

D

E

M

N

O

P

Q

R

SP Operatoren nach Anforderungsbereichen

Operatoren sind Verben, die dir signalisieren, wie du eine Aufgabe bearbeiten sollst.
Achte auf inhaltliche und sprachliche Anforderungen.
Die Operatoren sind mit unterschiedlichen Leistungsanforderungen verbunden und in drei Anforderungsbereiche gegliedert.

Anforderungsbereich I

umfasst die Wiedergabe und Beschreibung von Sachverhalten und Materialien sowie die Verwendung gelernter und geübter Arbeitstechniken und Methoden (Reproduktion).

beschreiben

- Gib schlüssig wieder, was du auf dem Bild oder im Text wahrnimmst.
- Achte auf wesentliche Merkmale (d.h., erfasse den Kern einer Sache).
- Verwende, wenn möglich, Fachbegriffe.
- Beachte bei Vorgängen die zeitliche Reihenfolge.
- *Ich sehe / erkenne ...*
- *Das Material / Bild zeigt ...*
- *Im Vordergrund befindet sich ...*
- *Dahinter / davor / neben ...*
- *Zuerst ..., dann ..., danach ...*

bezeichnen

- Formuliere kurz und genau, was der Begriff bedeutet.
- Formuliere Sachverhalte aus Tabellen, Schaubildern, Diagrammen oder Karten begrifflich präzise.
- *Mit ... bezeichnet man ...*
- *... bedeutet: ...*

nennen

- Entnimm aus dem Material (z.B. Text, Bild, Karte, Tabelle) die gesuchten Begriffe oder Informationen.
- Führe die Sachverhalte nacheinander in knapper Form auf.
- *Folgende Punkte kann ich nennen: ...*
- *... heißt ...*
- *... wird ... genannt.*

Anforderungsbereich II

umfasst die selbstständige Bearbeitung, Ordnung und Erklärung bekannter Sachverhalte sowie das angemessene Anwenden gelernter Inhalte und Methoden auf andere Sachverhalte (Reorganisation und Transfer).

analysieren

- Werte ein Material oder Sachverhalt (z.B. eine Abbildung oder einen Text) gezielt aus.
- Suche nach wichtigen Merkmalen bzw. Antworten.
- Stelle diese Merkmale strukturiert bzw. übersichtlich dar.
- *Betrachtet man ..., dann ...*
- *Folgende Merkmale kann ich ablesen: ...*
- *Daraus geht hervor, dass ...*
- *Besonders wichtig ist ...*

begründen

- Suche in Texten und Materialien nach Gründen, Argumenten oder Belegen (z.B. für eine Behauptung) und stelle diese im Zusammenhang dar.
- *Da ... / weil ... / denn ...*
- *Deshalb ... / dadurch ...*
- *Aufgrund ... / Aus diesem Grund ...*

charakterisieren

- Beschreibe und bestimme Sachverhalte und Vorgänge mit ihren typischen Merkmalen.
- *Anhand ... zeichnet sich ... aus.*
- *Typische Merkmale sind ...*

darstellen

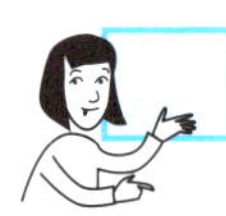

- Beschreibe und verdeutliche Sachverhalte strukturiert und zusammenhängend.
- *Ich gliedere ... wie folgt: Zuerst werde ich auf ... eingehen. Anschließend ... Zum Schluss fasse ich nochmal zusammen.*

einordnen, zuordnen

- Verbinde Informationen, die zusammengehören.
- Stelle Sachverhalte oder Vorgänge begründet in einen vorgegebenen Zusammenhang.
- *... passt zu / gehört zu ...*
- *... steht im Zusammenhang mit ...*
- *Man kann ... diesem Aspekt zuordnen.*
- *... lässt sich einteilen in ...*

erklären

- Setze dich vertieft mit den Einzelheiten einer Sache auseinander.
- Stelle Sachverhalte und Informationen schlüssig aus Kenntnissen in einen Zusammenhang.
- Stelle die Sache so dar, dass ein anderer sie versteht.
- *Dies kann man erklären mit ...*
- *Es bedeutet, dass ... / Das heißt, ...*
- *Da / weil / aufgrund ...*
- *Infolgedessen ...*